주기율표

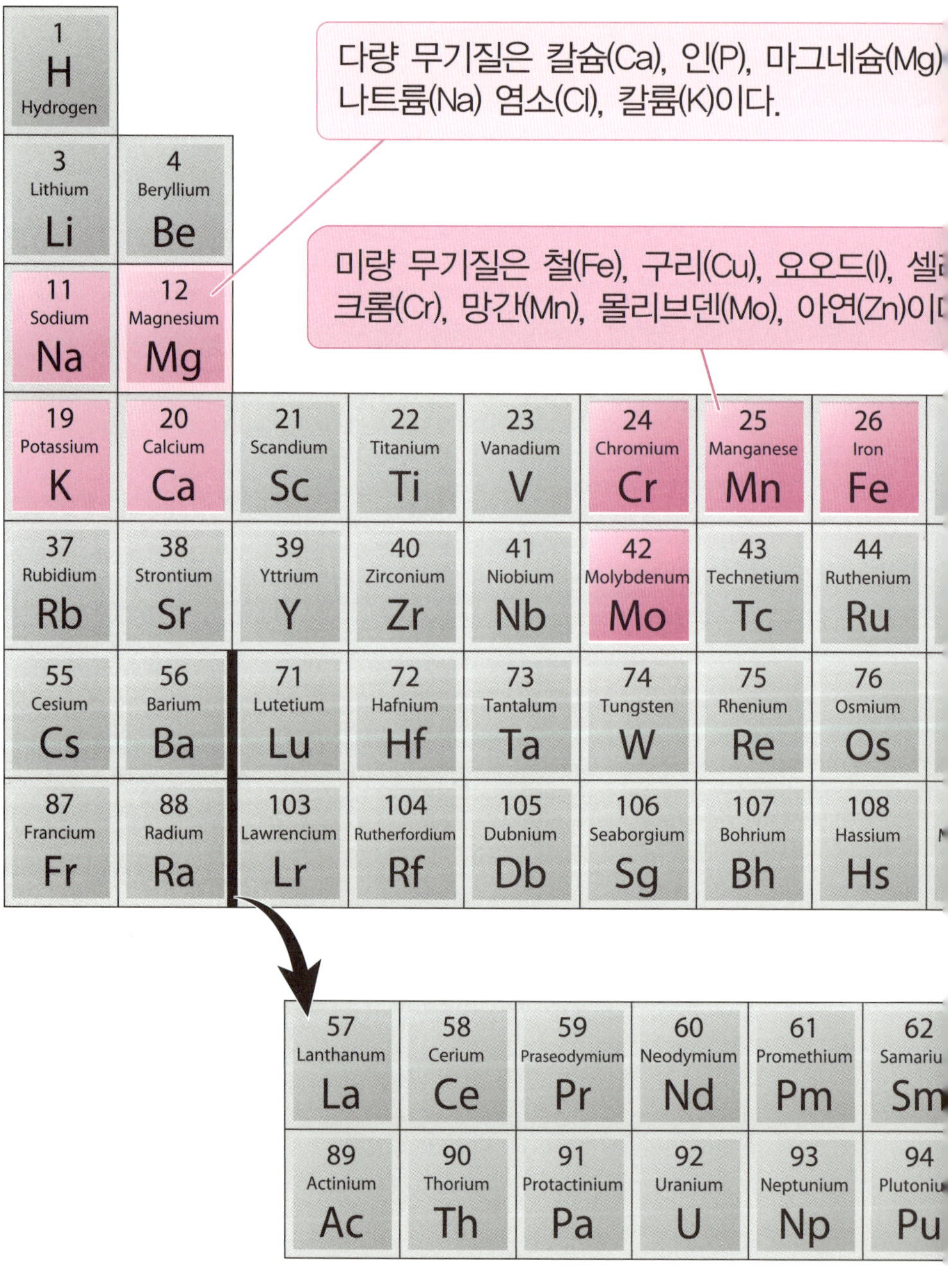
다량 무기질은 칼슘(Ca), 인(P), 마그네슘(Mg)
나트륨(Na) 염소(Cl), 칼륨(K)이다.
미량 무기질은 철(Fe), 구리(Cu), 요오드(I), 셀
크롬(Cr), 망간(Mn), 몰리브덴(Mo), 아연(Zn)이
1 H Hydrogen
3 Lithium Li
4 Beryllium Be
11 Sodium Na
12 Magnesium Mg
19 Potassium K
20 Calcium Ca
21 Scandium Sc
22 Titanium Ti
23 Vanadium V
24 Chromium Cr
25 Manganese Mn
26 Iron Fe
37 Rubidium Rb
38 Strontium Sr
39 Yttrium Y
40 Zirconium Zr
41 Niobium Nb
42 Molybdenum Mo
43 Technetium Tc
44 Ruthenium Ru
55 Cesium Cs
56 Barium Ba
71 Lutetium Lu
72 Hafnium Hf
73 Tantalum Ta
74 Tungsten W
75 Rhenium Re
76 Osmium Os
87 Francium Fr
88 Radium Ra
103 Lawrencium Lr
104 Rutherfordium Rf
105 Dubnium Db
106 Seaborgium Sg
107 Bohrium Bh
108 Hassium Hs
57 Lanthanum La
58 Cerium Ce
59 Praseodymium Pr
60 Neodymium Nd
61 Promethium Pm
62 Samariu Sm
89 Actinium Ac
90 Thorium Th
91 Protactinium Pa
92 Uranium U
93 Neptunium Np
94 Plutoniu Pu

							2 Helium He
		5 Boron B	6 Carbon C	7 Nitrogen N	8 Oxygen O	9 Fluorine F	10 Neon Ne
		13 Aluminum Al	14 Silicon Si	15 Phosphorus P	16 Sulfur S	17 Chlorine Cl	18 Argon Ar
29 Copper Cu	30 Zinc Zn	31 Gallium Ga	32 Germanium Ge	33 Arsenic As	34 Selenium Se	35 Bromine Br	36 Krypton Kr
47 Silver Ag	48 Cadmium Cd	49 Indium In	50 Tin Sn	51 Antimony Sb	52 Tellurium Te	53 Iodine I	54 Xenon Xe
79 Gold Au	80 Mercury Hg	81 Thallium Tl	82 Lead Pb	83 Bismuth Bi	84 Polonium Po	85 Astatine At	86 Radon Rn

64 olinium Gd	65 Terbium Tb	66 Dysprosium Dy	67 Holmium Ho	68 Erbium Er	69 Thulium Tm	70 Ytterbium Yb
96 rium Cm	97 Berkelium Bk	98 Californium Cf	99 Einsteinium Es	100 Fermium Fm	101 Mendelevium Md	102 Nobelium No

Biochemistry

알기 쉬운 생화학

김나현 · 김　승 · 도성탁 · 박경미 · 신창호
유경혜 · 정무상 · 정지영 · 채기수 · 최명재

㈜지구문화
JIGU CULTURE Co.Ltd

머리말

생화학은 생명의 본질을 화학적으로 접근하여 생명현상을 밝혀 인체의 면역력을 높이고, 건강에 기여하는 학문입니다.

따라서 인류가 보다 건강한 생활을 영위할 수 있도록 하는 모든 학문, 즉 생명과학, 식품학, 영양학, 간호학, 보건학, 위생학, 그리고 환경학 등 많은 학문들이 생화학의 기초지식을 습득하여 응용하고 있습니다.

이 책은 생화학의 기초를 이해하고 실제로 응용할 수 있도록 하는 핵심내용을 담아 최소한의 화학 상식으로도 수강할 수 있도록 그림과 사진을 많이 싣는 한편, 최신 정보자료를 수록, 집필하였습니다.

생명의 화학적 현상의 기본이 되는 세포와 생체막의 구조와 기능, 그리고 물과 완충액, 단백질, 효소 등에 대한 기본적인 개념과 특성을 파악할 수 있도록 하였으며, 생체의 중요한 구성요소이며 에너지원인 당질과 지질 등에 대해서는 그것의 화학적 분석과 대사를 연속적으로 기술하여 상호관계를 이해할 수 있게 하였습니다.

특히 유전공학의 기초가 되는 핵산 화학, 유전정보의 보존과 전달 및 조절에 관한 부분은 최신 내용을 수록, 쉽게 설명하기 위해 노력하였습니다.

또한 최근에 영양학 및 보건학 분야가 광범위한 생화학적 지식을 필요로 하는 예방의학적인 면에 큰 비중을 두고 있는 점을 감안하여 비타민, 호르몬, 무기질, 혈액과 뇨의 생리화학, 면역에 대한 내용을 별도의 장에서 상당한 수준까지 소개하였습니다.

이 책을 집필함에 있어 식품, 보건, 간호분야에서 생화학을 오랫동안 강의해 온 교수들이 위에서 언급한 내용의 알찬 교재로 만들기 위한 여러 번의 숙의를 거쳐 완성되었습니다만 미흡한 부분이 없지 않을 것으로 사료됩니다.

앞으로 기회가 있을 때마다 새로운 내용의 자료를 보충, 좀 더 완벽한 생화학 교재로 거듭나고자 다짐합니다. 선배 · 동학 교수님들의 애정어린 충고와 후원을 부탁드립니다.

끝으로 이 책이 햇빛을 보게 되기까지 많은 자료를 제공해 주신 선배 집필 교수님들과 미려한 편집과 디자인을 위해 애써주신 지구문화사 임직원들에게 심심한 감사를 드립니다.

2020년 새 봄에

집필자 대표

차 례

CONTENTS

Chapter 02 물 및 산과 염기의 화학

Chapter 03 탄수화물

차 례

Chapter 04 아미노산과 단백질의 화학

Chapter 05 지 질

CONTENTS

Chapter 06 핵 산

차 례

Chapter 07 효소, 비타민, 무기질

Chapter 08 생체에너지론과 대사의 통합

차 례

Chapter 10 단백질 대사

CONTENTS

Chapter 11 지질대사

Chapter 12 핵산 대사

차 례

Chapter 13 물질대사의 역할

Chapter 14 유전정보 보존과 전달

CONTENTS

Chapter 1.

서 론

SECTION 1 생화학(Biochemistry)이란?

생화학은 생명의 화학으로 생물화학(biological chemistry)이라고도 한다. 즉, 생체를 구성하고 있는 분자들의 구조와 그들 사이에서 일어나는 화학적인 현상을 통해 생명현상을 연구하여 규명하고자 하는 학문이다.

생명현상을 밝히기 위한 학문에는 생화학 외에도 생체의 구조나 형태를 연구하는 해부학(anatomy), 생체의 기능이나 현상을 밝혀내는 생리학(physiology), 해부학과 생리학을 통합한 학문인 해부생리학(anatomy & physiology) 등이 있다.

생화학의 발전을 통해 이들 인접학문의 기초를 다져 병의 원인규명이나 의약품의 개발, 무공해 농약 및 새로운 품종개발에 이르기까지 다양한 방면에 중요한 역할을 하고 있다.

생화학은 20세기 초에 이르러서야 화학의 한 전문분야로서 인정받았다.

라부아지에(Antoine Laurent de Lavoisier) 시대부터 생리학자는 생물현상을 해명하는 데 화학적 방법과 사고방식을 이용해 왔다. 리비히(J. Liebig)는 1840년대에 많은 농업문제를 연구했으며, 19세기 후반 파스퇴르(L. Pasteur), 퀴네(W. Quine) 등은 산소의 작용에 대해 연구했다.

Guide

라부아지에 (1743~1794) 프랑스의 화학자. 근대화학의 창시자로 과학의 여러분야뿐만 아니라 공공분야에서도 많은 업적을 남겼다.

1890~1910년에 비로소 피셔(E. Fischer)의 노력으로 생체조직에 관련된 화학분야에 눈부신 연구가 이루어짐으로써 탄수화물(carbohydrate)이나 단백질(protein) 같은 중요한 세포를 구성하는 물질의 기본적인 화학구조가 밝혀졌다.

1910년 이후에는 이 같은 연구의 보급으로 생화학의 새로운 전문분야가 화학의 오래된 분야와 맞서게 됨으로써 그 자리를 넘겨받을 것으로 예측된다. 기존화학 및 물리학의 모든 분야에 대한 방법을 이용할 수 있게 되었고, 이러한 점들은 생화학의 발전에 결정적인 역할을 하게 되었다.

그 결과, 1930년대에는 비타민과 호르몬의 화학적 성질에 관한 지식이 급속히 증대했다. 또한 에너지 대사작용(metabolism) 연구 결과에 의해 생세포 가운데 탄수화물 대사작용이 복잡하다는 것과 동식물 체내에서 인산에스테르(phosphoric ester)가 매우 중요한 역할을 한다는 사실이 밝혀졌다. 더욱이 이들 지식을 응용해 광합성의 본질을 이해하게 되었다.

개개 단백질의 분리와 연구가 급속히 이루어짐으로써 이들 필수불가결한 화합물의 역할을 이해하는 데 새로운 이론이 등장할 것으로 전망되며, 핵단백질 연구는 생명의 본질을 이해하기 위한 길을 열었다.

오늘날의 생화학은 기존의 화학적 · 물리학적 기본 법칙이 생체에서도 그대로 적용되는 사실을 통해 훨씬 빠른 발전을 이루었으며, 분석기기와 새로운 분석기법의 발견으로 생체 문제들을 연구 및 해결할 수 있게 되었다.

앞으로 생화학은 화학적인 방법을 통해 생명현상을 밝혀 가고, 더 나아가 병적 상태나 건강 상태일 때의 화학성분이나 대사과정의 차이를 규명함으로써 인류의 생명활동 연장에 이바지하게 될 것이다.

SECTION2 화학의 기초 지식

1. 생체를 구성하는 원소

Guide

생물체의 살아있는 상태란 구축성, 조절성, 복제성이 있는 경우를 말한다.

생물체는 여러 가지 화학물질이 복잡하게 조직화되어 살아 있는 상태(living state)를 유지하고 있다. 살아 있는 상태란, 스스로를 구성하는 구축성(assembling)과 일정한 상태를 유지하기 위한 조절성(regulating)이 있으며 자신과 같은 것을 만들 수 있는 복제성(replicating)이 있는 경우를 말한다. 생물의 각 기관, 기관을 만들고 있는 세포, 세포 내 구조물, 이것을 구성하는 여러 가지 생체분자의 구조와 배치 등을 보아도 생체는 고도로 조직화되어 있음을 알 수 있다.

이러한 생물체에서의 복잡성과 조직성의 기초는 당연히 자신을 구성하는 물질의 기본 단위인 원소의 성질에 기인한다. 세포를 구성하고 있는 원소는 자연계에 존재하는 원소 중에서 단지 27개 원소로만 구성되어 있다. 그 중에서도 탄소(carbon; C), 수소(hydrogen; H), 산소 (oxygene; O), 질소(nitrogen; N)의 4가지 주요 원소가 세포질량의 90% 이상을 차지하고 있다.

세포를 구성하는 4가지 주요 원소들은 소량의 인(P)과 황(S) 등의 원소와 함께 아미노산, 단백질, 당질, 지질, 핵산 등의 여러 가지의 생물학적 기능에 필요한 생체분자를 구성한다.

세포에는 칼슘(Ca), 인(P), 나트륨(Na), 칼륨(K), 황(S), 염소(Cl), 마그네슘(Mg) 등의 원소들이 구성성분으로 존재하고 이들을 무기질(mineral)이라 한다. 또한, 이들 중에는 이온상태로 존재하며 이들은 전해질 균형과 신경자극의 전달에 필요하고 효소의 활성을 위해서도 필요하다.

그밖에도 무기질 중에는 극히 미량으로 존재하면서 특별한 작용을 하는 원소가 포함되어 있으며 이들을 미량원소(trace element)라 한다.

표 1-1 생물체를 구성하는 원소

생체분자 구성원소	이온형으로 존재하는 원소	미량원소	
탄소(C)	나트륨(Na)	철(Fe)	니켈(Ni)
수소(H)	칼륨(K)	구리(Cu)	크롬(Cr)
질소(N)	마그네슘(Mg)	아연(Zn)	불소(F)
산소(O)	칼슘(Ca)	망간(Mn)	셀렌(Se)
인(P)	염소(Cl)	코발트(Co)	실리콘(Si)
황(S)		요오드(I)	주석(Sn)
		몰리브덴(Mo)	붕소(B)
		바나듐(V)	비소(As)

2. 원자

원자(atom)는 원소의 성질을 나타내는 가장 작은 단위이다. 모든 원자는 원자핵에 양전하(positive)를 띠는 양성자(proton)와 전하를 갖지 않는 중성자(neutron)로 구성되어 있다. 또한, 핵 주위를 음전하(negative)를 갖는 전자(electron)들이 빠르게 돌고 있다.

원자가 가진 전자의 수는 원자핵의 양성자 수와 동일하다. 그러므로 양전하와 음전하의 균형으로 인해 같은 수의 양성자와 전자를 갖는 원자는 전기적으로 중성(전하가 없다)을 나타낸다.

각각의 원소는 원자의 핵이 가지는 양성자 수로 원자번호(atomic number)를 갖는다. 예를 들어 양성자 1개를 갖는 수소는 원자번호가 1이며, 양성자가 6개인 탄소는 원자번호가 6이다. 원자핵의 양성자 수와 중성자 수를 더한 값을 그 원소의 질량수(mass number)라고 한다. 탄소는 양성자(6개)와 중성자(6개)를 더한 12가 질량수이다.

전자는 일정 에너지를 얻으면 원자로부터 방출될 수 있다. 원자가 전자를 잃으면 양(+)으로 하전되어 양이온(cation)이 되고, 원자가 전자를 얻어서 음(−)으로 하전되면 음이온(anion)이 된다.

분자(molecular)는 단순히 화학결합에 의해 연결된 같은 또는 다른 종류의 원소 둘 이상으로 이루어진다. 분자는 화학적 조성을 원소기호를 이용하여 나타낼 수 있고, CH_4는 탄소(C) 원자 하나에 수소(H) 원자 네 개가 결합한 것을 나타낸다. 이러한 원소기호의 조합을 분자식(molecular formula)이라고 하며, 분자 내에서 원자들이 각각 결합하고 있는 것을 표시한 것을 구조식(structure formula)이라고 한다. (그림 1-2)

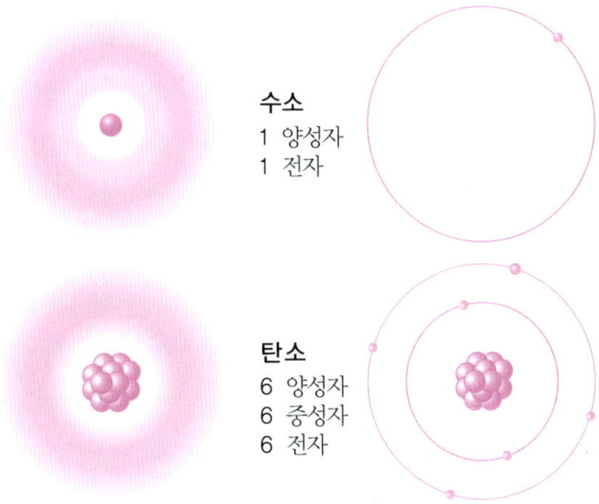

그림 1-1 수소와 탄소의 원자 모형

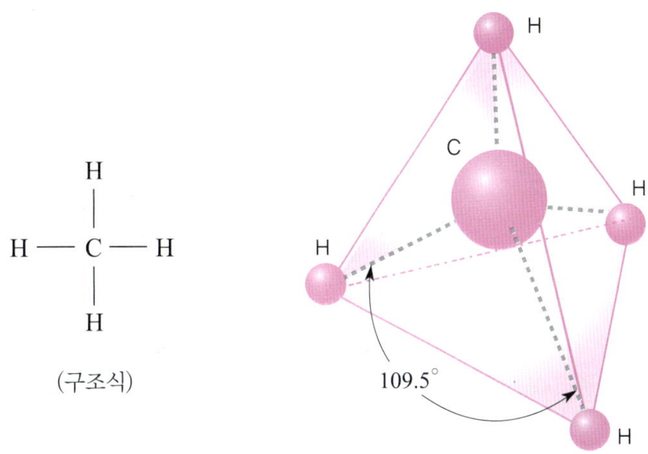

그림 1-2 메탄(CH_4)의 화학구조

3. 동위원소

핵 속에 같은 수의 양성자를 갖는 원소가 다른 수의 중성자를 갖는 형태로 존재할 수 있다. 즉, 원자번호는 같지만 질량수가 다른 원자를 동위원소(isotope)라고 한다. 동위원소는 화학적 성질이 거의 동일하기 때문에 다양한 생물대사 연구에 트레이서(tracer)로서 활용되기도 한다. 그러한 예로 ^{125}I, ^{131}I, ^{51}Cr, ^{99m}Tc, ^{59}Fe 등이 있다.

4. 생물분자의 결합

(1) 이온결합 (ionic bond)

양성자보다 많은 전자를 가진 원자는 음의 전하를 띠고, 전자보다 많은 양성자를 가지는 원자는 양의 전하를 띤다. 전하를 띠지 않는 염소원자는 17개의 전자를 가지므로 세 번째 오비탈(orbital) 준위에 공백이 하나 있다. 이때 염소는 다른 곳으로 전자를 받아들여서 공백을 채우고자 한다. 이렇게 받아들인 여분의 전자는 염소원자를 음이온(Cl^-)으로 만든다.

> **Guide**
> 오비탈(orbital)
> 전자가 발견될 수 있는 장소를 보여주는 확률분포지도.

나트륨원자는 같은 오비탈에 전자가 하나뿐이기 때문에 7개를 획득하기보다는 1개를 내보내는 것이 쉽다. 만약 최외각에 있는 1개의 전자가 궤도를 이탈하면 나트륨 원자는 양성자에 비해 전자가 부족해져서 양이온(Na^+)이 된다.

양전하를 가진 양이온과 음전하를 갖는 음이온이 정전기적으로 서로 당기는 현상을 이온결합이라 한다.(그림 1-3 참조) 양이온과 음이온이 규칙적인 배열을 통해 입체적으로 정렬하게 되는 결정을 이온결정이라고 하고, 이온결합을 통해 생성된 물질을 이온성 물질이라 한다.

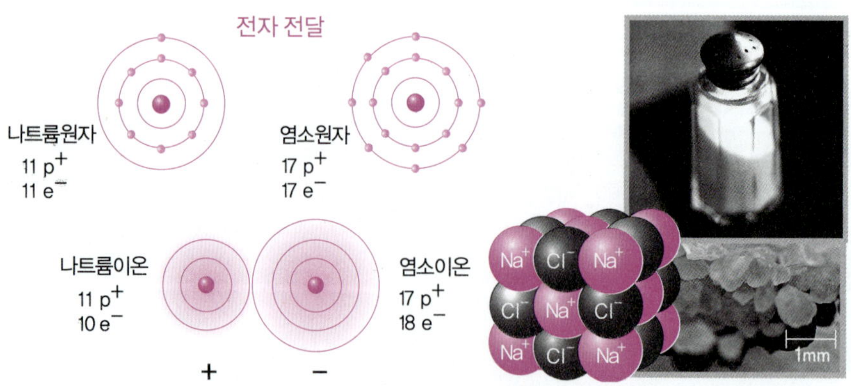

그림 1-3 Na와 Cl의 이온결합과 이온성 물질(NaCl)

(2) 공유결합 (covalent bond)

공유결합은 화학결합의 일종으로 전자 한 쌍을 두 원자가 서로 공유함으로써 결합을 유지하는 화학적인 결합 상태이다. 공유결합으로는 배위 결합, 펩티드 결합(p.23 guide 참고), 에스테르 결합 등이 있다. 물 분자를 예로 들면, 수소원자와 산소원자가 각각 전자를 내놓아 전자쌍을 만들고, 이 전자쌍을 함께 나누어 가짐(공유)으로써 결합되어 있다. 이때 비공유 전자쌍이 공유 전자쌍을 강하게 밀기 때문에 물 분자는 굽은형 구조를 가진다.

비극성 공유결합에서는 같은 원자 사이(H_2, O_2, N_2 등)에서 형성된다. 두 원자가 전자를 동등하게 공유하기 때문에 분자는 양 말단에서 전하의 차이가 없다.

극성 공유결합은 다른 원자와 원자 사이에서 형성된다. 두 원자 간의 전기음성도의 차이에 따라 전자를 잡아당기는 힘이 달라서 전자의 편향이 생기게 된다. 즉, 전자의 분포에 따라 미약하게나마 양전하와 음전하를 띠는 것을 볼 수 있다. 그러한 예로 물 분자(H–O–H)는 2개의 극성 공유결합을 가진다.

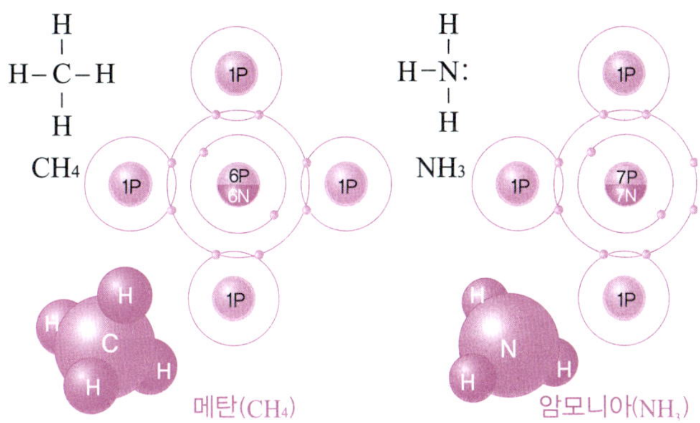

그림 1-4 메탄과 암모니아의 공유결합

(3) 수소결합 (hydrogen bond)

극성 공유결합에 참여하는 수소원자는 약한 양전하(δ^+)를 띠므로 음전하를 띤 원자를 끌어당긴다. 음전하의 원자가 다른 분자 혹은 같은 분자의 다른 부분에 결합하는 경우 수소원자와 그 원자의 상호 작용을 수소결합이라 한다.

수소결합력은 공유결합력의 10분의 1로 쉽게 형성되고 파괴된다. 이 결합은 물과 함께 생물분자의 구조와 기능에 중요한 역할을 한다.

단백질이나 DNA의 이중나선과 같은 것을 결합하고 있으며, 결합력이 약해 단백질 분해가 잘되고 필요한 단백질로 바꾸기가 쉽다. DNA의 이중나선도 두 가닥으로 쉽게 분리되어 세포분열이 잘 이뤄지게 된다. 수소결합도 방향성 반복결합이 이루어지면 나무처럼 딱딱한 물질을 만들어 낼 수 있다.

공유결합과 수소결합으로 이뤄진 물질의 대표적인 것이 '물' 인데, 물 분자 H_2O는 강한 공유결합으로 이뤄져 있으며 전기 충격이 아니면 분해되지 않는다. 그러나 이들 H_2O 분자들을 결합시켜 물을 만드는 것은 약한 수소결합이다.

이처럼 공유결합과 수소결합으로 불규칙한 결합을 하면 힘이 상쇄되어 부드러운 물질이 된다. 물 분자는 끝에 음전하와 양전하를 띠고 있어서 여러 가지 물질과 잘 섞이게 된다.

강한 공유결합은 원자들을 결합시켜 안정된 분자를 만들고, 약한 수소결합은 분자들을 결합시켜 부드러운 물질, 즉 물이나 단백질이나 DNA를 만들어 준다.

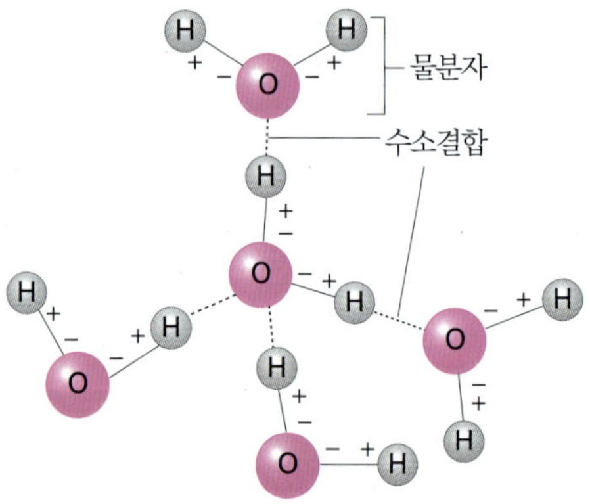

그림 1-5 물 분자 사이의 공유결합

5. 극성과 비극성

공유결합에서 설명하였듯이 전기음성도의 차이로 인해 전자의 편향이 생기고 이로 인해 분자 내에서 부분적으로 음(δ^-)으로 하전된 부분과 양(δ^+)으로 하전된 부분이 생기게 되는 것을 극성(polarity)이라 한다. 그리고 메탄(CH_4)처럼 분자 전체에서 전자의 편향이 없는 경우를 비극성 또는 무극성(nonpolar)이라 한다.

극성 분자와 비극성 분자는 서로 친화성이 없다. 세포가 물에 둘러싸여 있는 환경에서 어떤 분자가 물에 친화성이 있는지는 매우 중요하다. 즉, 극성의 물질은 물 분자와 친화성이 있다. 이러한 성질을 일컬어 친수성(hydrophilicity)이라 한다. 반면에 비극성의 분자는 물 분자와 친화성이 없다. 이러한 성질을 소수성(친유성, hydrophobicity)이라고 한다.

물질을 용해시킨 액체를 용매(solvent)라고 하며, 용해되어 있는 물질을 용질(solute)이라고 한다. 물 분자는 극성이 있기 때문에 극성 용매(polar solvent)라고 하고, 물과 친화성이 없는 벤젠(C_6H_6; benzene)과 같은 용매는 비극성 용매(nonpolar solvent)라고 한다.

6. 원자단과 유도체

생체분자는 탄소원자를 골격으로 한 구조에 다양한 원자나 원자의 집합체가 결합되어 이루어져 있다. 이 원자의 집합체를 원자단(atomic group)이라고 하며, 많은 화합물 중에 공통적으로 들어 있는 원자집단을 작용기(group)라고 한다.

또한 화합물의 원자나 원자단이 다른 원자나 원자단에 의해 위치가 재배열되거나 다른 원자나 원자단이 결합하여 만들어진 것을 원래 화합물의 유도체(derivative)라고 한다. 예를 들어 글루코오스의 –CHO가 산화되어 COOH가 된 화합물이나 환원되어 CH_2OH가 된 것을 글루코오스의 유도체라고 한다.

7. 탄소 (Carbon)

탄소는 다음과 같은 성질 때문에 생체분자를 구성하는 기본 원소가 되는 것으로 생각된다. 탄소의 원자 구조를 보면 6개의 전자를 가지고 있으며 $1s^2$, $2s^2$, $2p^2$(탄소원자 1s, 2s, 2p 궤도에 각각 2개의 전자를 가진다는 뜻)은 전자 배열구조를 하고 있다.

탄소는 2s 및 2p 궤도의 전자를 쉽게 잃지 않지만 다른 원소와 전자를 공유하여 다음과 같이 전자쌍 공유에 의한 공유결합(covalent bond)을 형성한다. 이것은 탄소원자가 4개의 다른 원자와 결합할 수 있음을 말한다.

표 1-2 주요 작용기(functional group)

작용기	구조	예
하이드록실기 (Hydroxy group)	$-OH$	알코올 CH_3-CH_2-OH 에탄올(ethanol) 페놀 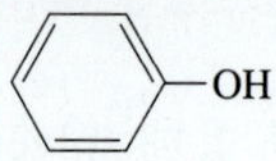 페놀(phenol)
알데히드기 (Aldehyde group)	$-\overset{O}{\overset{\Vert}{C}}-H$ $(-CHO)$	CH_3-CHO 아세트알데히드 (acetaldehyde)
카르복실기 (Carboxylgroup)	$-\overset{O}{\overset{\Vert}{C}}-OH$ $(-COOH)$	CH_3-COOH 초산 (acetic acid)
케톤기 (Ketone group)	$>C=O$ $\left(-\overset{O}{\overset{\Vert}{C}}-\right)$	$(CH_3)_2C=O$ 아세톤 (acetone)
아미노기 (Amino group)	$-NH_2$	$H_2C(NH_2)-COOH$ 글리신 (glycine)
페닐기 (Phenyl group)	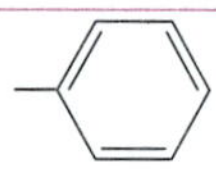	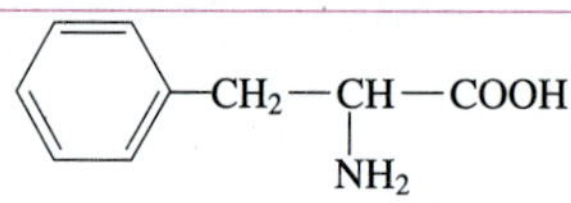 페닐알라닌 (phenylalanine)
술프하이드릴기 (Sulfhydryl group=thiol group)	$-SH$	$HS-CH_2-CH(NH_2)-COOH$ 시스테인 (cysteine)
아세틸기 (Acetyl group)	$-\overset{O}{\overset{\Vert}{C}}-CH_3$ $(-COCH_3)$	$CH_3-\overset{O}{\overset{\Vert}{C}}-CH_2-COOH$ 아세토아세트산 (acetoacetate)

$$C + 4H \longrightarrow H:\overset{H}{\underset{H}{\ddot{\underset{..}{C}}}}:H$$

← 전자쌍에 의한 공유결합

methane

이와 같이 탄소는 수소나 산소 또는 질소 등과 안정한 공유결합을 쉽게 형성할 수 있으며 더욱이 탄소는 그림 1-6에서처럼 단일(single), 이중(double), 삼중(triple) 결합할 수 있고 사슬형과 고리형의 구조도 형성할 수 있다.

이러한 탄소원자의 특성은 다양한 공유결합 배열을 가능하게 하므로 수백만 종의 물질이 만들어질 수 있는 기본이 될 수 있게 하며 생명의 기초요소로서 사용되는 데 아주 적합한 다양성을 가진 원소임을 명확하게 알 수 있다.

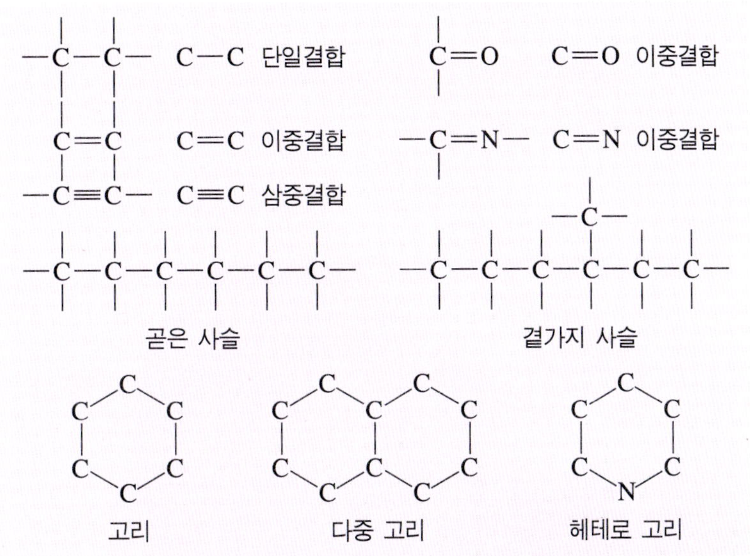

그림 1-6 탄소의 다양한 결합형태

Guide

• 전기음성도 (electronegative)
극성결합을 이루는 화학결합 안에서 전자를 자신에게로 끌어오는 능력.
주기율표의 같은 주기에서 오른쪽으로 갈수록 전기음성도는 증가하고, 같은쪽에서는 아래로 내려갈수록 감소한다. 플루오린(F)이 가장 전기음성도가 큰 원소이다.

• 펩티드 결합 (peptide bond)
아미노산이 축합반응하여 단백질을 형성할 때 하나의 아미노산의 아미노기 ($-NH_2$)와 다른 아미노산의 카르복실기 (−COOH) 사이에서 한 분자의 물이 빠져나가면서 −CO−NH 생긴 결합을 펩티드 결합이라 한다.

산소, 질소, 수소도 전자쌍을 공유하여 안정된 공유결합을 만들 수 있으나 탄소만큼 다양한 결합형태를 이룰 수 없다. 산소와 질소는 보통 단일결합 또는 이중결합을 만들고 수소는 단일결합만 만들 수 있다.

산소는 전기음성도(electronegative)가 매우 큰 원소이며 이러한 특성은 물의 특이한 성질과 수소결합(hydrogen bond)이라는 특수한 결합의 근거가 된다. 또 산소는 세포 내에서 에너지를 생산할 때 최종 전자수용체로 작용한다.

질소는 탄소와 결합하여 더욱 다양한 물질이 구성될 수 있게 하며, 특히 펩티드 결합(peptide bond)이라는 단백질의 주요 결합구조를 이룬다. 그리고 질소는 유전정보를 저장하고 전달하는 핵산을 구성하는 성분이기도 하다. 수소는 탄소와 산소 그리고 질소의 공유결합에서 부족한 전자를 채움으로써 안정한 화합물이 되게 하는 중요한 역할을 하며, 또 수소결합 형성과 세포 내 전자전달계에 관여한다.

SECTION3 세포의 구성요소

세포(cell)는 대사능력이 있고 환경에 대한 조절 반응을 보이며 생장과 생식을 하는 생명의 특성을 지니고 있다. 그렇기에 세포는 생명활동을 유지시키기 위한 최소의 구성단위이다. 인체의 세포들은 모양 · 크기 · 역할 면에서 다양하면서도 공통적인 특징을 가지고 있다. 세포는 원형질막과 핵, 그리고 세포질을 근간으로 한다.

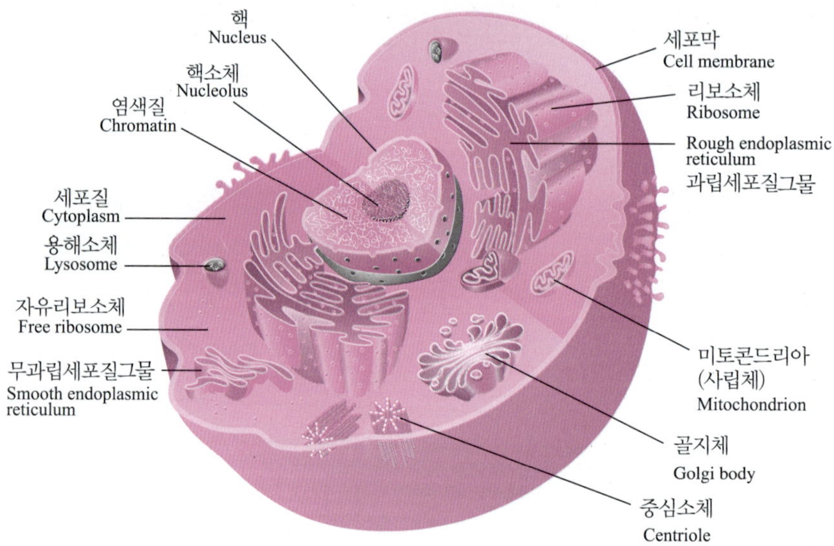

그림 1-7 세포의 구성요소

세포는 개체의 형태를 결정하는 기능을 갖는 최소의 단위로 주로 탄소(C), 수소(H), 질소(N), 산소(O)로 구성된다. 그밖에도 칼슘(Ca), 염소(Cl), 마그네슘(Mg), 나트륨(Na) 등의 원소도 포함된다. 성인은 약 60~100조 개의 세포로 구성되어 있다. 크기는 대개 직경 10μm 정도이지만 직경 7μm의 적혈구로부터 200μm의 난세포까지 다양하다.

세포는 그 구조에 따라 단순한 단세포성인 원핵세포(prokaryote)와 진핵세포(eukaryote)로 분류되며 세포막이나 미토콘드리아(식물에서는 엽록체) 등 소기관에서의 차이를 보인다.

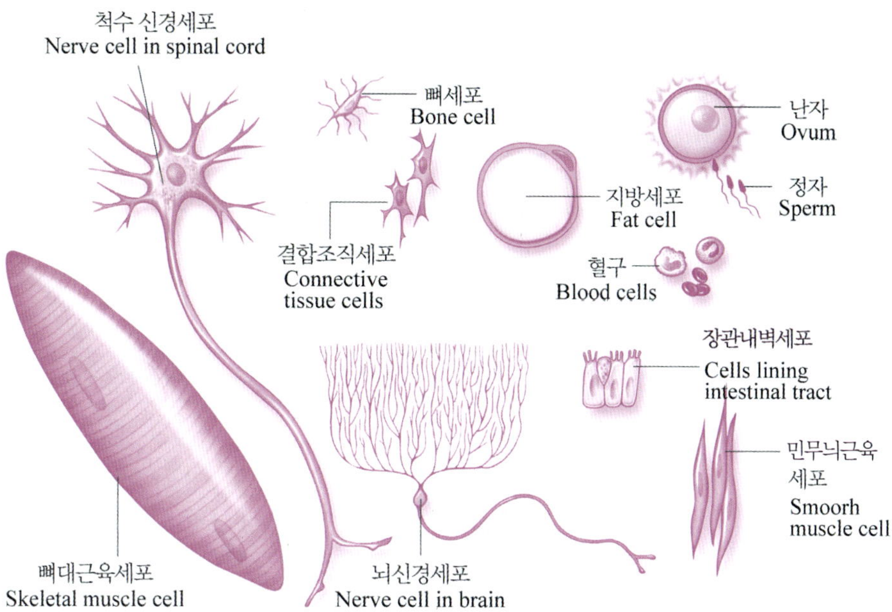

그림 1-8 세포의 여러 형태들

1. 생명체

인간은 하나의 수정란에서 시작하여 수많은 세포분열과 증식 및 분화 과정을 거쳐서 다세포체인 생체, 개체로서 존재한다. 즉, 세포가 모여 하나의 조직을 이루고, 이 조직 여러 개가 모여 특정의 기능을 가지는 기관을 형성한다. 그리고 기관들이 체계적으로 조합을 이루어 하나의 개체를 만드는 것이다. 세포(cell)는 생명의 가장 기본이 되는 단위이며, 여러 종류의 미세한 소기관으로 이루어진다.

이러한 세포들 역시 궁극적으로는 물, 메탄, 이산화탄소, 암모니아, 질소, 수소 등과 같은 간단한 분자로 이루어져 있고, 이러한 간단한 분자 역시 원자로부터 만들어진다.

그러므로 생체는 원자로부터 출발하여 분자, 세포 내 소기관, 세포, 조직, 기관, 개체 등 여러 과정을 거쳐서 만들어진 것이다.

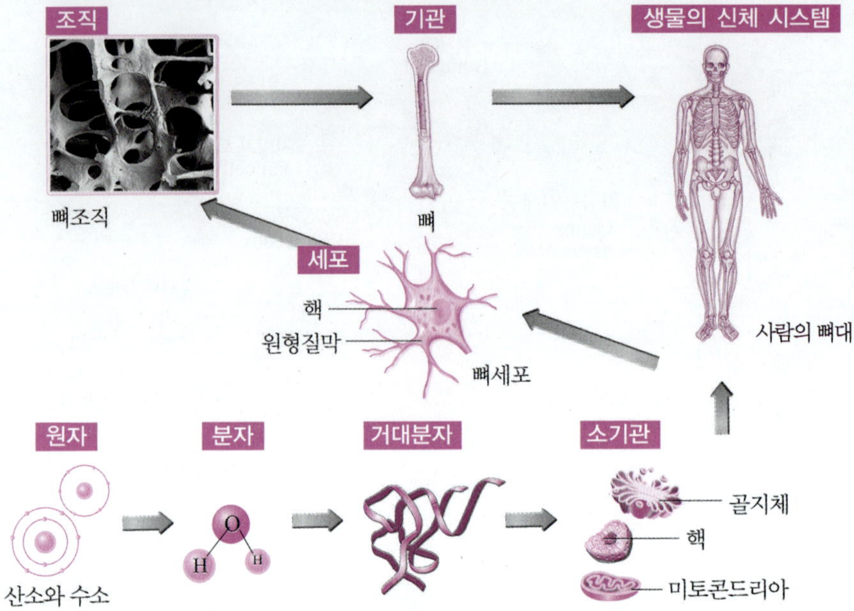

그림 1-9 인체의 구조가 구성되는 단계

2. 세포의 구조

거의 모든 세포는 원형질막(plasma membrane)으로 둘러싸여 있고, 그 속에 핵(적혈구 제외)과 소기관(organelles) 및 세포질(cytoplasm)로 구성되어 있으며, 각각의 구성요소는 특정한 용도를 가진다.

(1) 세포막 (cell membrane)

세포막은 형질막이라 하며, 두께가 약 5μm인 얇은 막으로서 세포질과 외계를 경계짓고, 세포 내의 환경을 일정하게 유지시키는 역할을 비롯하여 세포 내외로 물질을 운반하는 역할을 한다. 세포막은 지질 이중층(lipid bilayer)으로 되어 있고 지질 이중층의 주성분인 인지질(phospholipids)은 하나의 인산기를 갖는 머리와 2개의 지방산 꼬리가 글리세롤 골격에 붙어 있다.

머리는 친수성으로 물에 녹지만 꼬리는 소수성으로 물과 반발한다. 많은 인지질은 물속에서 물 분자와의 상호작용으로 인해 물 표면에서 얇은 띠나 필름을 형성한다. 이를 단분자막(monofilm)이라고 한다.

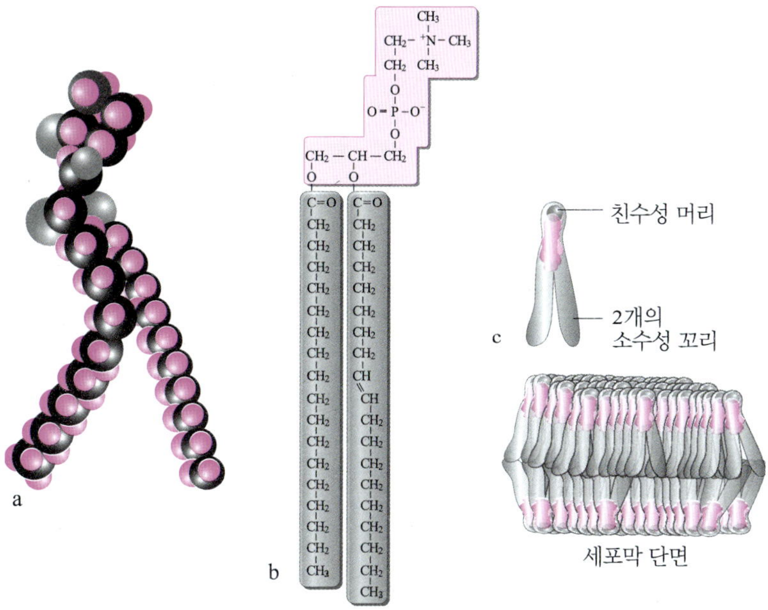

그림 1-10 인지질의 구조

세포막은 이 단분자막이 두 장으로 구성되어 있다. 즉 각각 소수성 부분이 안쪽으로, 친수성 부분이 바깥쪽으로 향하는 이중층 구조를 이루게 된다.

세포소기관도 막으로 둘러싸여 있고 각각 고유한 기능을 가지고 있다. 세포막, 핵막, 세포소기관막을 생체막(biomembrane)이라 부른다. 막 성분들은 완전히 비공유결합으로 이루어져 있기 때문에 직접 화학적인 방법으로 막의 구조를 결정하기는 어렵다.

막의 구조에 대한 여러 제안 중에서 싱거(Singer)와 니콜슨(Nicolson)이 제안한 유동 모자이크 모델(liquid fluid model)은 막에 대해서 알려져 있는 대부분의 성질을 설명하는 데 가장 적합하다. 그림 1-11은 유동 모자이크 모델을 보여준다.

세포막은 인지질, 당지질, 스테롤, 그리고 단백질이 모자이크 형태로 구성되어 있다. 세포막은 인지질의 이중층으로 구성되어 있고, 막단백질은 유동성이 있는 지방질이 이분자층을 이루는 '바다에 마치 빙산처럼 둥둥 떠 있는 것' 과 같은 모델이다.

이것은 생체막이 고정된 구조를 가지는 것이 아니라, 단백질이 움직이면서 돌아다니는 것이 가능한 동적 구조이다. 그러나 막 내에서 단백질이나 지방질 분자가 한 막면으로부터 다른 막면으로 확산되는 일은 거의 없다.

3. 생체막의 기능

생체막은 일정한 모양을 갖추고 세포의 내용물들을 고정시켜 주는 경계면이라 정의할 수 있다. 이러한 경계면을 통해 보호막의 역할을 수행한다. 생체막은 세포의 생명활동에 필요한 물질을 선택적 또는 능동적으로 취하고 유해한 반응산물을 세포 밖으로 방출하는 물질교환을 적절히 조절한다. 생체막을 통과할 대상을 선택하는 성질 때문에 선택적 투과성(selective permeability)을 가지고 있다.

생체막은 소수성 부분을 가지고 있어서 물에 쉽게 용해되는 친수성 분자는 세포막을 쉽게 통과할 수 없으며 막의 외부와 내부 사이 물질교환에 제약이 있다. 이러한 문제에 대처하는 방법으로는, 물에 용해된 분자가 막을 가로질러 수송되는 3종류의 기전이 있다. 이러한 기전을 막운반(membrane transport) 또는 막투과라고 한다.

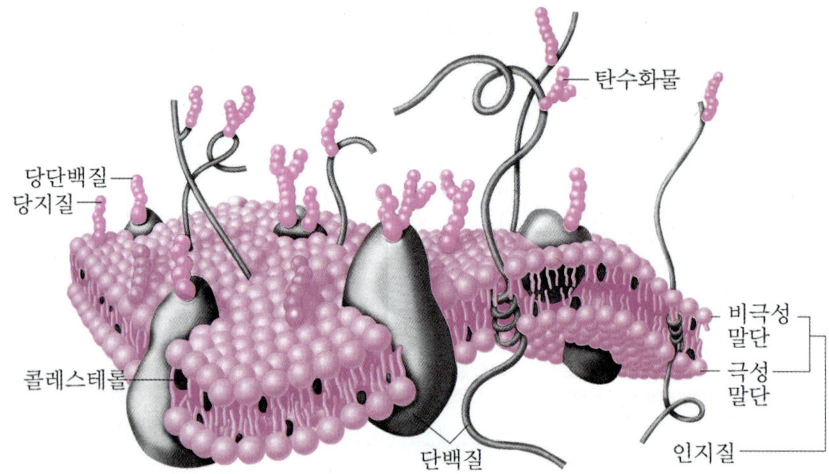

그림 1-11 생체막의 유동 모자이크 모델

4. 막의 이동방법

세포막을 통해 물질이 이동되는 방법에는 크게 수동적 이동(passive transport)과 능동적 이동(active transport)으로 나뉜다. 수동적 이동은 외부 에너지를 필요로 하지 않지만, 능동적 이동은 에너지를 필요로 한다.

수동적 이동은 다음과 같이 4가지로 나뉜다.

(1) 단순확산 (simple diffusion)

확산은 수동적 이동의 가장 일반적인 현상이다. 즉, 물질의 농도가 높은 곳에서 낮은 곳으로 이동하는 것으로 물질의 이동에 에너지(ATP)가 사용되지 않는다. 예를 들어 물병에 잉크를 떨어뜨리면 전체의 농도와 색깔이 같아질 때까지 퍼지는 현상, 또는 교실에 향수의 냄새가 교실전체로 퍼져나가는 현상 등이다.

확산은 허파에서 혈액 속으로 산소가 이동하는 데 필요하다. 또한, 혈액에서 허파로 노폐물(이산화탄소)을 몸 밖으로 이동시키는 데 중요하다.

그림 1-12 단순확산 모델

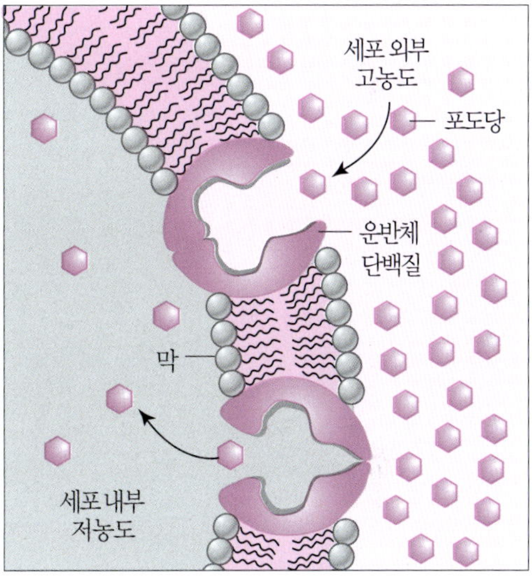

그림 1-13 포도당의 촉진확산

(2) 촉진확산 (facilitated diffusion)

촉진확산은 확산의 변이로 물질이 막을 통과할 때 도움을 받는 것이다. 이는 농구 게임에서 다른 선수의 도움을 받아 골을 넣는 경우에 비유할 수 있다. 인체에서 확산하는 데 도움을 받아 공을 넣는 물질의 예로 포도당을 들 수 있다.

포도당이 막을 통과하려고 할 때 회전문을 만나면 쉽게 통과할 수 있을 것이다. 일단 포도당이 회전문 앞에 도달하면 빠르게 밀리게 되어 막을 통과하는 것이다.

(3) 삼투현상 (osmosis)

삼투압은 수동적 이동의 또 다른 형태로, 물(용매)이 물질과 농도를 같게 하려고 선택적 투과성 막을 지나가는 현상이다. 선택적 투과성 막을 중심으로 양쪽의 농도가 같아질 때까지 물은 막을 통과하여 낮은 농도에서 높은 농도로 이동하려고 한다. 고농도의 물질이 물을 당기는 힘을 삼투압(osmotic pressure)이라고 한다. 물에 녹는 물질은 용질(solute)이라 하는데, 용질의 농도가 클수록 삼투압이 커져서 물을 더 가져오게 된다.

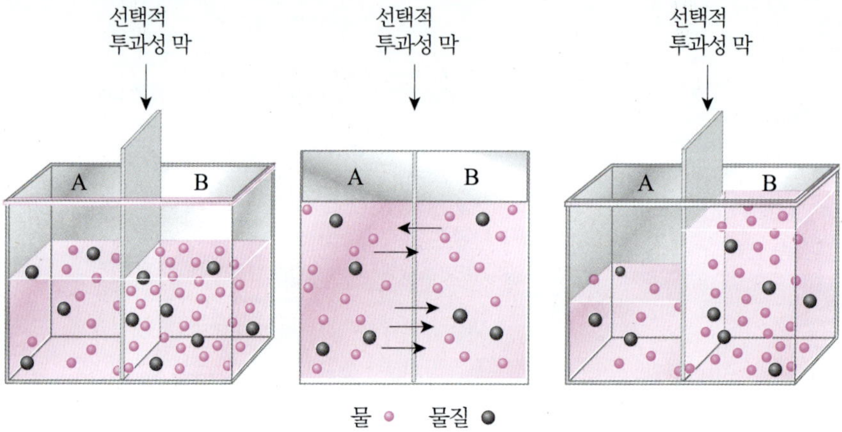

그림 1-14 삼투압 모델

(4) 여과 (filtration)

여과는 수동적 이동의 마지막 형태이다. 여과는 물을 끌어당기는 삼투압과는 달리 압력에 의해 용해된 물질들이 막을 통과하는 것이다. 여과를 일어나게 하는 압력은, 많은 사람들이 한 사람씩만 통과 가능한 문을 통과하거나 물총의 방아쇠를 당길 때 발생하는 압력과 유사하다.

인체에서 주로 공급해 주는 힘으로는 심장의 펌프질이 있는데, 이 힘에 의해 혈액이 콩팥으로 흘러서 여과가 일어날 수 있다.

능동적 이동은 다음과 같이 3가지로 나뉜다.

(5) 능동적 수송 펌프 (active transport pumps)

능동적 수송 펌프는 물질을 이동시키기 위해 아데노신 3인산(ATP)이라는 분자 형태의 에너지를 필요로 한다. 에너지가 필요한 이유는 이 과정이 이미 고농도의 물질을 소유한 곳으로 물질을 보내야 하기 때문이다.

우리 세포에서 일어나는 흔한 예로 Na^+/K^+-ATPase(Na^+-pump)라고 하는 단백질에 의해 Na^+과 K^+의 교환이다. 막을 관통하는 Na^+/K^+-ATPase에 의해 세포 내부로부터 3분자의 Na^+를 내보내고 K^+ 2분자가 세포 내로 유입된다.

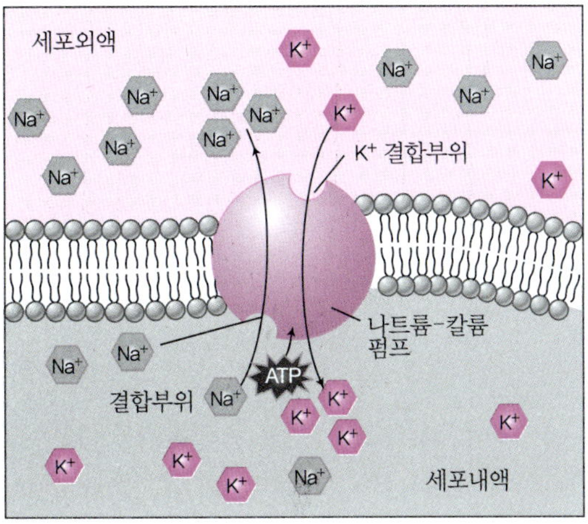

그림 1-15 능동적 수송 펌프

(6) 세포 내 유입 (endocytosis)

물질이 세포막을 통과하기에 너무 클 때 세포가 액체나 음식물을 섭취하기 위한 방법이다. 그 과정은 세포막이 섭취하려는 물질을 막의 일부로 둘러싸서 소포 또는 액포(vesicle)를 형성한 다음에 세포막에서 떨어져서 세포 안으로 들어가는 방식이다.

그 물질이 고체 입자일 때는 포식작용(phagocytosis)이라 한다. 백혈구가 몸에 감염을 막기 위해 박테리아에 작용하는 것이 대표적이다.

반면에 물과 같은 용액을 섭취할 경우에는 음세포작용(pinocytosis)이라 한다.

(7) 세포 외 유출 (exocytosis)

세포가 물질을 밖으로 내보내는 경우를 말한다. 어떤 세포는 세포 밖으로 필요로 하는 물질을 만들어서 내보낸다. 일단 물질이 만들어지면, 막에 의해 둘러싸여 소포를 이루어서 세포막 쪽으로 이동한다.

이 소포가 세포막과 융합하여 물질이 세포 밖으로 방출되는 것이다.

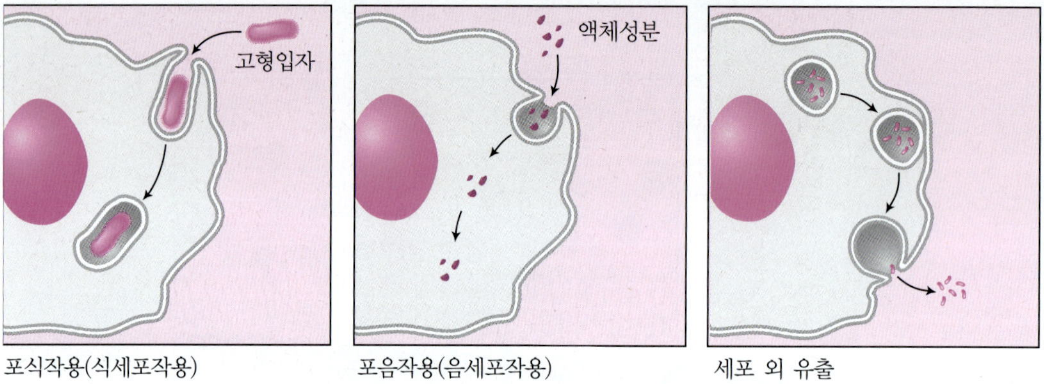

그림 1-16 세포 내 · 외 능동수송의 종류

5. 세포질 (Cytoplasm)

생물들이 생존하기 위해서는 균형잡힌 환경을 요구한다. 예컨대 인간은 산소와 질소가 알맞게 혼합된 공기, 해양생물은 알맞은 염도의 바닷물, 닭의 배아는 달걀의 흰자를 필요로 한다. 마찬가지로, 세포 안쪽은 생존을 위한 특별한 환경을 필요로 하는데 이를 세포질이라 한다.

6. 핵과 핵소체 (Nucleus and nucleolus)

세포 내부에는 보통 하나의 핵이 존재하나 1개 이상의 복수 핵(골격근 세포, 뼈파괴세포, 일부 간 세포)이 존재하는 세포도 있다. 핵의 형태는 구형, 나뭇잎형, 원반형 등으로 다양하다.

핵은 내부 · 외부 두 장의 핵막(nuclear membrane)으로 둘러싸여 있고 핵의 내부를 핵질(nucleoplasm)이라고 한다. 또한, 핵 내외로 물질이 통과할 수 있는 구멍(핵막공, nuclear pore)이 있다.

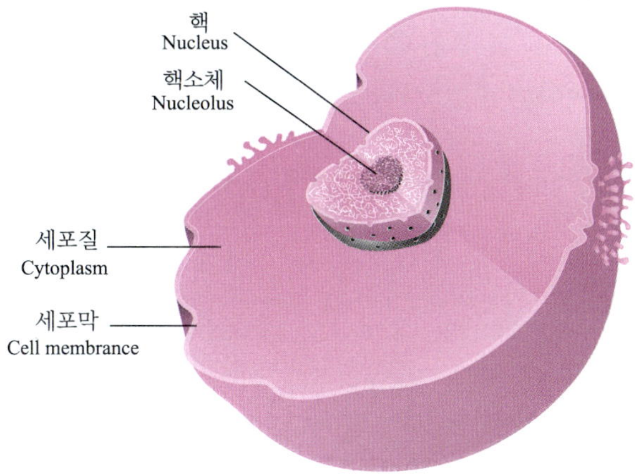

그림 1-17 핵과 핵소체

핵(nucleus)은 DNA가 단백질과 복합체를 형성할 수 있는 염색질(chromatin)이 세포분열할 때 응축되어 실 모양 또는 막대기 모양 같은 염색체(chromosome)와 핵소체(인, nucleolus)를 함유하고 있다. 염색체의 DNA에는 유전정보가 축적되어 있으며 이것을 전사하기 위한 장소를 제공한다.

또 핵에는 여러 가지 가수분해 효소를 함유하고 mRNA 및 tRNA를 합성하는 장소가 되는 핵질이 있다. 핵소체는 다량의 RNA를 함유하며 rRNA를 합성하고 수식하여 세포질로 보내는 역할을 한다.

7. 리보소체 (Ribosome)

리보소체(리보솜)는 세포질에서 둥둥 떠 있거나 세포질그물에 존재하는 세포소기관이다. RNA로 구성되어 있고 효소나 세포 복구 및 생식에 필요한 단백질들의 생성을 돕는다. 세포질 내부에 산재하고 있는 리보솜을 유리(free)형 리보솜이라 한다.

8. 중심체 (Centrosomes)

동물 및 균류 · 조류 · 이끼류와 같은 하등식물의 세포질 안에서 핵 가까이에 위치하고 있는 소기관으로서 이 속에는 보통 1개 또는 2개의 중심립이 있다. 핵분열이 시작되면 1개의 중심체가 분열하여 2개로 되어 각각 핵의 양극으로 이동하고, 그 주위에 성상체(星狀體)가 발달하게 된다. 중심체는 세포분열에 관여하는 중심소체(centrioles)를 가지고 있다.

9. 미토콘드리아 (사립체, Mitochondria)

미토콘드리아는 2개의 막, 즉 평활한 외막과 굴곡이 많은 내막으로 둘러싸인 구조로 되어 있으며 세포 내 에너지 대사의 중심적인 역할을 한다. 세포의 에너지 대사에 관여하는 효소는 외막, 외막과 내막의 사이, 내막, 바탕질(matrix) 내에 모여 있다. 또 보효소, 기질, 효소 등을 외부보다 훨씬 고농도로 농축할 수 있고 이것은 효소반응 속도에 영향을 준다. 내막과립에서는 산화적 인산화의 최종반응인 ATP의 합성이 일어난다.

미토콘드리아 내막은 전자전달계를 형성하는 일련의 단백질이 존재한다. 또한, ATP합성효소(ATP synthase)가 속막을 관통하여 존재한다. 미토콘드리아 안쪽을 바탕질이라 하며, 바탕질에는 구연산 회로(크렙스 회로, citric acid cycle)와 지방산화계(fatty acid β-oxidation system)등 에너지 대사에 관여하는 반응계의 효소가 존재한다.

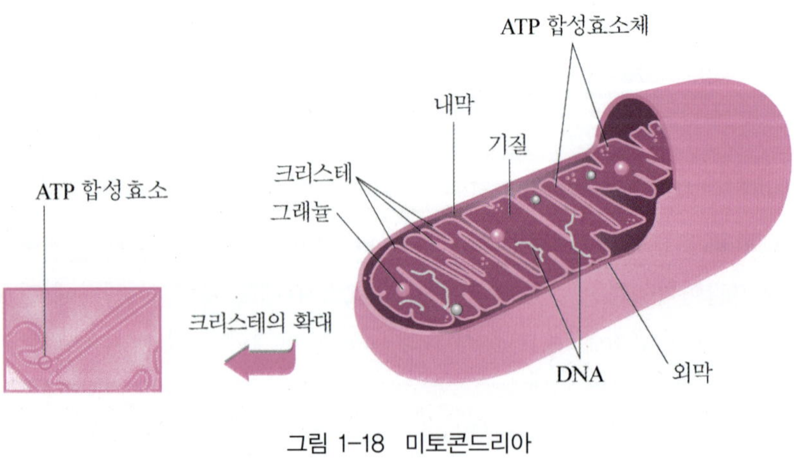

그림 1-18 미토콘드리아

미토콘드리아는 자신의 유전정보를 제공하는 독자적인 DNA를 함유하고 있다.

10. 세포질그물 (형질내세망, 소포체, Endoplasmic reticulum; ER)

소포체는 막으로 된 통로로서 세포 전체에 걸쳐서 존재하며 원형질막과 연결되어 있다. 소포체의 주요 기능은 세포소기관을 구성하는 데 필요한 거대 분자의 생합성과 세포 외로 분비할 단백질을 저장하고 가공하는 것이다. 또 세포 내부와 외부로 물질을 수송하는 작용을 한다.

일부 소포체의 표면에는 핵단백질로 된 리보솜의 작은 입자들이 부착되어 있는 과립세포질그물(조면형질내세망, rough endoplasmic reticulum; rER)과 리보솜이 부착되지 않아 매끄러운 표면을 가지는 무과립세포질그물(활면형질내세망, smooth endoplasmic reticulum; sER)이 있다.

과립세포질그물에서 단백질이 합성된 후 골지체(golgi body)로 보내진다. 리보솜은 세포에서 단백질 합성이 일어나는 장소이다. 무과립세포질그물에서는 지질(lipid)과 스테로이드(steroids)를 합성하고 지방산(fatty acid)의 산화와 약물의 대사에 관여한다. 그 밖에 소포체에는 여러 가지 막성의 효소가 존재한다.

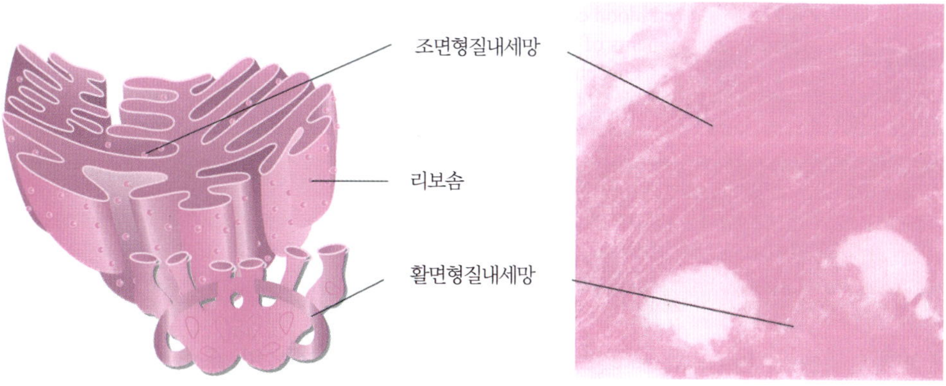

그림 1-19 세포질그물

11. 골지체 (Golgi body)

골지체(Golgi body)는 분비과립(secretory granule)을 만들고 세포막 및 세포벽 구성성분을 만들며 용해소체(lysosome) 구조를 조직화한다. 많은 단백질들은 다당류 사슬과 같은 아미노산 이외의 다른 성분을 함유하고 있기 때문에 리보솜에서 합성된 폴리펩티드(polypeptide)는 반드시 완전한 것이 아니다.

그러므로 합성된 폴리펩티드는 소포체에 있는 통로 속으로 분비되어 골지체로 수송된다. 골지체에서는 폴리펩티드 사슬이 연장되기도 하고 특이한 글리코실기(glycosyl) 전달효소에 의해 당류가 첨가되어 다당류 사슬을 형성시킬 수도 있다. 완성된 생성물은 골지소포에 싸여서 세포막으로 이동하여 세포막과 융합하고 소포 안에 들어 있던 단백질을 세포 바깥 환경으로 방출한다.

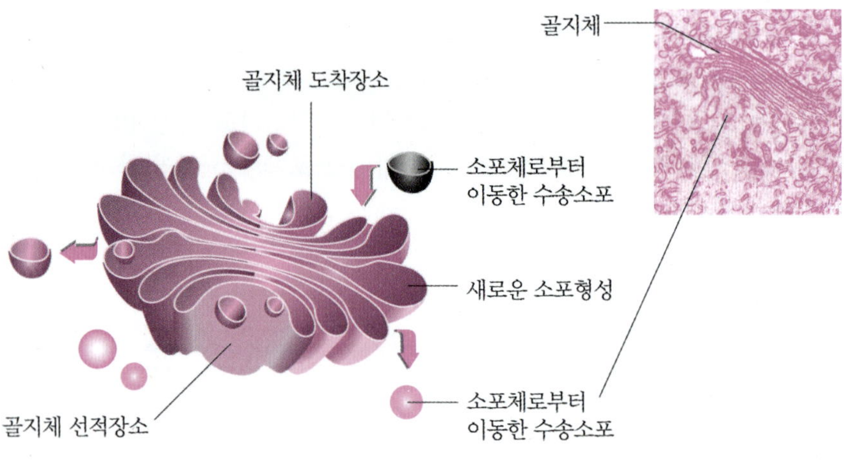

그림 1-20 골지체

12. 용해소체 (Lysosome)

용해소체는 단일막으로 둘러싸인 작은 주머니로 되어 있으며 포스파타아제(phosphatase), 프로테아제(단백질분해효소, protease), 당질분해효소(glycosidase), 리파아제(지질분해효소, lipase), 핵산가수분해효소(nuclease) 등 약산성에서 작용하는 3,050종 이상의 가수분해효소가 집중되어 있다.

이것은 세포에서 청소부 역할을 하며 세포가 죽으면 바로 세포성분들을 분해한다. 또 식작용의 과정에서 이물질들을 분해할 필요가 있을 때도 관여하는 것으로 생각된다. 골지체에 의해 조직화된 용해소체는 탐식과립과 합체하여 소화액포를 형성하고 미소화물은 세포 외로 배출되거나 자가탐식소포를 만든다.

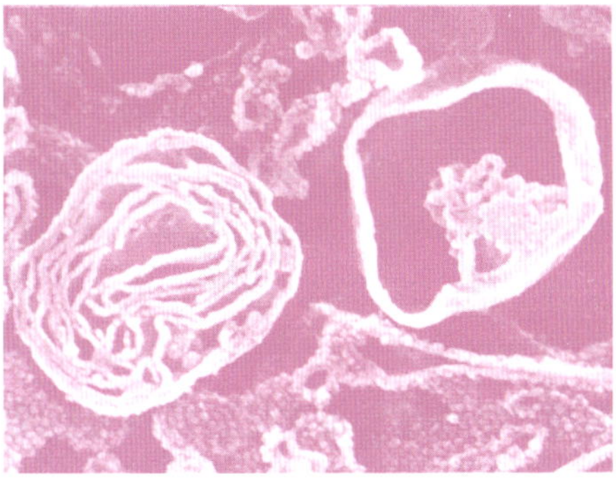

그림 1-21 용해소체

Question

1. 생화학이란 무엇을 연구하는 학문인가?
2. 생체를 구성하는 주요원소는?
3. 물분자를 구성하는 결합과 물분자-물분자 간의 결합은 무엇인가?
4. 극성과 비극성을 간단히 설명하시오.
5. 생체막의 기능을 간단히 설명하시오.
6. 능동적 이동과 수동적 이동의 가장 큰 차이점은?
7. 세포소기관의 기능을 간단히 설명하시오.
8. 개체의 유전정보가 축적되어 있는 것은?
9. 에너지의 공급원으로 작용하는 세포소기관은?
10. 단백질의 가공을 통해 세포 밖으로 방출시키는 세포소기관은?

Chapter 2. 물 및 산과 염기의 화학

SECTION 1 물

물은 세포 전체 중량의 70~90%를 차지하는, 생물체에 가장 많이 함유되어 있는 물질이며 생명에 필수적인 것이다. 세포가 소비하는 영양물질, 그것을 산화하는 데 필요한 산소, 그 결과로 생기는 노폐물 등은 모두 물에 용해되어 운반된다. 물은 생체의 용매로서 우수하고도 특이한 성질을 가지고 있는데 이러한 특성은 생체계 특성을 결정하는 데 주된 역할을 한다.

대부분의 생체성분들은 물에 용해되어 산이나 염기로 작용할 수 있는 원자단을 함유하고 있으며 이러한 물질들의 생물학적 활성은 대부분 산이나 염기로 작용할 때 나타난다.

혈액과 세포 내에 들어 있는 액체에는 산 또는 염기로 작용하는 여러 가지 물질이 포함되어 있으며, 대사활동에 의해 H^+의 농도가 끊임없이 변화하여 이 물질들에 영향을 주고 있다. 그래서 생체 내에는 pH를 일정하게 유지하기 위한 다양한 완충계를 가지고 있다.

1. 생화학반응 : 용매로서의 물

물은 대부분 세포들의 주요 구성성분이다. 물의 기하학적 구조와 용매로서의 특성은 생체계의 특성을 결정하는 주요 역할을 한다. 화학결합에서 서로 다른 원자들이 전자를 공유할 때 전기음성도(electronegativity)의 차이 때문에 동일하게 분할하지 않으며 이로 인하여 전자가 불균일하게 분포하는 결합은 극성을 나타낸다.

물 분자의 O–H 결합에서 산소와 수소의 전기음성도를 비교하면 산소의 전기음성도가 더 크므로 전자를 더 많이 끌어당긴다. 산소와 수소 사이의 전기음성도 차이는 부분적으로 양과 음의 전하를 띠게 하므로 O–H 결합은 극성결합이다.

메탄의 C−H 결합에서처럼 전기음성도 차이가 매우 작은 경우에 결합의 전자분포는 거의 같고 결합은 비극성이다. C−O 결합은 탄소와 산소 사이의 전기음성도의 차이 때문에 극성이다.

표 2-1 주요 원소들의 전기음성도

원 소	전기음성도
산 소(O)	3.5
질 소(N)	3.0
황 (S)	2.6
탄 소(C)	2.5
인 (P)	2.2
수 소(H)	2.1

전기음성도의 값은 상대치이며 양의 값으로 나타낸다. 일부 금속의 경우는 1보다 작은 값이며 플루오르(F)의 경우에는 4로서, 대부분 1~4의 범위를 나타낸다.

물의 용매로서의 특성은 주로 물의 극성 성질이 결정한다. 염화칼륨(KCl)과 같이 완전히 전하를 띤 이온성 화합물과 에탄올(C_2H_5OH)이나 아세톤[$(CH_3)_2C=O$]과 같이 부분적으로 전하를 띠는 극성 화합물들은 물에 녹는 경향이 있다. 이것은 다른 전하 사이에 정전기적 인력이 작용하여 물 쌍극자의 음극 말단은 양이온이나 다른 쌍극자 물질의 양성 부분을 끌어당기고 물 분자의 양성 말단은 음이온이나 다른 쌍극자물질의 음성 쪽을 끌어당기기 때문이다. 이로 인하여 두 전하는 보다 낮은 에너지를 가지게 하고 에너지의 전하는 보다 안정한 계를 만든다.

물에 쉽게 녹는 극성화합물은 알코올, 아민, 유기산 등 하나 또는 그 이상의 산소나 질소와 같은 전기적으로 음성인 원자를 함유하는 작은 유기분자이다. 이들 분자의 쌍극자와 물 쌍극자 사이의 인력은 용해하는 경향을 만든다. 이온성과 극성 물질은 이 경향 때문에 친수성(hydrophilic)이다.

Guide

염화칼륨(KCl)과 같이 완전히 전하를 띤 이온성 화합물과 에틸알코올(C_2H_5OH)이나 아세톤[$(CH_3)_2C=O$]과 같이 부분적인 전하를 갖고 있는 극성(polar) 화합물들은 물에 녹기 쉽다.

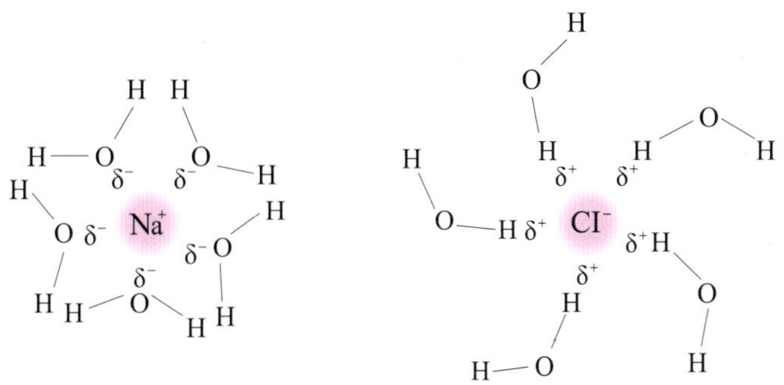

그림 2-1 이온과 물 사이의 이온−쌍극자 상호작용

탄화수소(탄소와 수소만을 포함하고 있는 화합물)는 비극성이다. 비극성 화합물에는 화합물의 용해도에 영향을 주는 적당한 이온-쌍극자 또는 쌍극자-쌍극자 상호작용이 존재하지 않으므로 이들은 물에 녹지 않는다. 비극성분자와 물 분자 사이의 상호작용은 쌍극자 상호작용보다 약하다.

물 분자의 영구적인 쌍극자는 이들 결합에서 전자의 공간적인 배치를 왜곡시킴에 의해 비극성분자에서 일시적인 쌍극자를 유도할 수 있다. 물 분자의 영구적 쌍극자와 비극성분자의 유도된 쌍극자 사이에서의 정전기적 인력을 비교하면 영구적 쌍극자가 훨씬 강하다. 이 때문에 물과 비극성분자의 회합은 물 분자 자신들의 회합보다 매우 적게 존재하게 된다.

결과적으로 비극성분자는 물에 녹지 않으므로 소수성(hydrophobic)이다. 비극성의 고체는 물에 녹지 않을 것이고 비극성 액체와 물은 두 층으로 분리될 것이다(two-layer system).

어떤 분자는 극성(친수성)과 비극성(소수성) 부분을 모두 가질 수 있으며 이런 형태의 분자에서 한 부분은 물에, 다른 부분은 비극성 환경에 녹으려는 경향이 있기 때문에 양친매성(amphipathic)이라 한다.

비극성분자들 사이의 상호작용은 일시적인 쌍극자와 유도된 쌍극자 사이의 인력에 의존하며 이 인력은 매우 약하다. 일시적인 쌍극자는 이웃한 분자에서 또 다른 쌍극자를 유도할 수 있으며, 이러한 회합은 수명이 짧고 상호작용 에너지는 작다. 이러한 일시적 쌍극자와 유도된 쌍극자 사이의 상호작용을 van der Waals bond라 하며 물리화학에서는 London force라 한다.

물은 구부러져 있는 분자이며, 그 결합각은 104.3°이다. 산소는 부분적인 음전하를 가지고 있으며, 수소는 부분적인 양전하를 가지고 있다. 전하가 골고루 분포하지 않아서 물의 쌍극자 모멘트가 크게 생긴다.

그림 2-2 물(H_2O) 분자의 구조

2. 수소결합

수소결합(hydrogen bonding)은 비공유적 상호작용의 또 다른 중요한 형태로 정전기에 의한 쌍극자-쌍극자 상호작용의 특수한 경우라 할 수 있다. 수소가 산소나 질소 또는 불소와 같은 전기음성도가 큰 원자와 공유적으로 결합할 때 극성결합이 되도록 부분적인 양전하를 가지게 된다. 이 부분적인 양전하는 다른 전기음성적 원자의 비공유 전자쌍과 상호작용할 수 있으며 세 원자는 모두 직선에 놓이고 수소결합을 형성한다.

이 배열은 수소에서 부분적 양전하가 가장 크게 되도록 하며 필연적으로 다른 전기음성적 원자의 비공유 전자쌍과의 상호작용이 가장 강하게 되도록 한다.

수소가 공유적으로 결합하고 있는 전기음성적 원자를 수소결합 공여체(hydrogen-bond donor)라 하고, 상호작용에서 비공유 전자쌍에 기여하는 전기음성적 원자를 수소결합 수용체(hydrogen-bond acceptor)라 하는데, 수소는 수용체에 공유적으로 결합되지 않는다.

수소결합된 물 분자의 기하학적 배열은 용매로서 물의 특성에 있어서 중요함을 암시한다. 물에서 결합각은 104.3°이며 비공유 전자쌍 사이의 각도도 비슷하기 때문에 결과적으로 물 분자는 사면체 배열을 가진다. 액체 물은 100개 이상의 물 분자가 함유된 수소결합된 배열로 이루어진다.

물 분자들 사이의 수소결합은 얼음 결정의 규칙적인 격자구조에서 더욱 분명하게 볼 수 있다. 그러나 액체인 물에서 이런 형태의 수소결합된 배열과 얼음 결정 구조 사이에는 약간의 차이가 있다.

액체 물에서 수소결합은 일부 분자들은 끊어져 나오고 다른 것들은 덩어리에 결합하면서 끊임없이 파괴되고 형성된다. 덩어리는 25°C 액체에서 10^{-10}~10^{-11}초에 파괴되고 재형성된다. 얼음결정은 보다 안정한 배열의 수소결합을 가지며 물론 100분자보다 엄청나게 많은 분자를 함유한다.

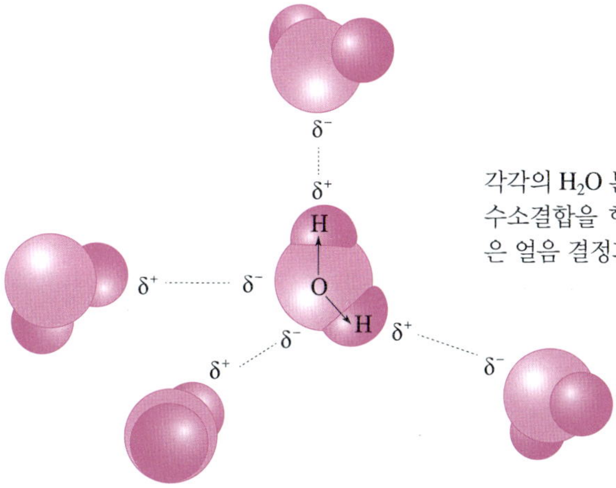

각각의 H_2O 분자는 다른 분자 4개와 수소결합을 형성하고 있다. 이 배열은 얼음 결정과 유사하다.

그림 2-3 물의 사면체형 수소결합

수소결합은 정상 공유결합보다 매우 약하다. O–H 공유결합을 파괴하는데 요구되는 에너지는 110kcal/mol인 반면에 물의 수소결합 에너지는 약 5kcal/mol이다. 이와 같이 비교적 작은 양의 에너지라 할지라도 융점, 비점, 얼음에 대한 물의 밀도 등과 같은 물의 특성에 매우 큰 영향을 준다.

물의 융점과 비점은 분자의 크기에서 예견될 수 있는 것보다 매우 높다.

메탄과 암모니아는 물과 비슷한 분자량을 갖지만 매우 낮은 융점과 비점을 가진다. 이들 물질의 분자 사이 인력은 물 분자 사이의 인력보다 약하다. 물에서 수소결합에 의한 인력은 얼음을 녹이거나 물을 끓일 때 극복된다.

얼음은 완전히 수소결합된 배열의 분포와 분자 사이에 비어있는 공간때문에 낮은 밀도를 가지며, 액체 물은 이와 반대의 성질로 큰 밀도를 가진다.

수소결합은 물이 용매로 작용하는 데에도 관계한다. 즉, 극성 용질이 수소결합의 공여체 또는 수용체를 제공할 수 있으면 추가적으로 비특이적 쌍극자–쌍극자 상호작용에 의하여 물과 수소결합을 형성할 수 있다.

알코올, 아민, 카르복실산, 에스터 등은 알데히드 및 케톤 등과 마찬가지로 모두 물과 수소결합을 형성할 수 있기 때문에 물에 녹는다.

수소결합의 또 다른 생물학적 중요성은 DNA, RNA, 단백질을 포함한 생물학적으로 중요한 분자의 3차원적 구조를 안정화하는 데 있다. DNA에서 이중나선의 두 가닥은 상보적인 염기 사이에서 수소결합에 의해 유지되고 t-RNA 역시 수소결합에 의해 안정된 복합적 3차원적 구조를 가진다.

단백질에서 수소결합은 α-helix와 β-sheet 구조라는 2가지 중요한 구조의 기초를 제공한다.

SECTION 2 산과 염기

여러 중요한 화합물의 생화학적 특성은 그들의 산–염기 특성에 의존한다. 산은 프로톤(proton, 수소이온) 공여체로, 그리고 염기는 프로톤 수용체로 정의된다. 어떻게 산과 염기가 프로톤을 쉽게 얻고 잃는가는 화합물의 화학적 성질에 의존한다.

물에 산이 해리되는 정도는, 강산인 경우는 근본적으로 완전히 해리되며, 아주 약산의 경우에는 실제로 해리가 일어나지 않은 것까지 분포가 다양하며 그 중간의 어느 값도 가능하다.

산의 강도는 주어진 일정량의 산이 물에서 해리될 때 방출되는 수소이온의 양을 말하는데, 이 강도를 나타낸 것을 산 해리상수(acid dissociation constant) 또는 Ka' 라고 부른다. 일정량의 산이 물에 녹아 있을 때 유리되는 수소이온의 양은 산의 세기를 수치적으로 나타내는 데 유용하다.

산의 해리상수(Ka')는 다음과 같이 나타낼 수 있다.

$$\underset{\text{산}}{HA} \rightleftharpoons H^+ + \underset{\text{짝염기}}{A^-}$$

$$Ka' = \frac{[H^+][A^-]}{[HA]}$$

이 식에서 [ ]는 몰 농도(mol/L)를 나타낸다. 산에 대한 Ka' 는 온도에 따라 변화하며 Ka'는 산이 많이 해리될수록 커지고 Ka' 가 클수록 강한 산이다.

표 2-2 생리적으로 중요한 물질들의 해리상수

물질명	산(HA)	짝염기(A^-)	Ka'	pKa'
Acetic acid	CH_3COOH	CH_3COO^-	1.76×10^{-5}	4.76
Ammonium ion	NH_4^+	NH_3	5.6×10^{-10}	9.25
Carbonic acid(1)	H_2CO_3	HCO_3^-	4.3×10^{-7}	6.37
Carbonic acid(2)	HCO_3^-	CO_3^{2-}	5.6×10^{-11}	10.20
Citric acid(1)	$HOOCCH_2C(OH)^-$ $(COOH)CH_2COOH$	$HOOCCH_2C(OH)^-$ $(COOH)CH_2COO^-$	8.14×10^{-4}	3.09
Citric acid(2)	$HOOCCH_2C(OH)^-$ $(COOH)CH_2COO^-$	$^-OOCCH_2C(OH)^-$ $(COOH)CH_2COO^-$	1.78×10^{-5}	4.75
Citric acid(3)	$^-OOCCH_2C(OH)^-$ $(COOH)CH_2COO^-$	$^-OOCCH_2C(OH)^-$ $(COO^-)CH_2COO^-$	3.9×10^{-6}	5.41
Lactic acid	$CH_3CHOHCOOH$	$CH_3CHOHCOO^-$	1.38×10^{-4}	3.86
Malic acid(1)	$HOOCCH_2CHOHCOOH$	$HOOCCH_2CHOHCOO^-$	3.98×10^{-4}	3.40
Malic acid(2)	$HOOCCH_2CHOHCOO^-$	$^-OOCCH_2CHOHCOO^-$	5.5×10^{-6}	5.26
Phosphoric acid(1)	H_3PO_4	$H_2PO_4^-$	7.25×10^{-3}	2.14
Phosphoric acid(2)	$H_2PO_4^-$	HPO_4^{2-}	6.31×10^{-8}	7.20
Phosphoric acid(3)	HPO_4^{2-}	PO_4^{3-}	3.98×10^{-13}	12.4
Pyruvic acid	$CH_3COCOOH$	CH_3COCOO^-	3.16×10^{-3}	2.50
Succinic acid(1)	$HOOCCH_2CH_2COOH$	$HOOCCH_2CH_2COO^-$	6.17×10^{-5}	4.21
Succinic acid(2)	$HOOCCH_2CH_2COO^-$	$^-OOCCH_2CH_2COO^-$	2.3×10^{-6}	5.63

정확하게 표현된 산-염기 반응은 물이 용제 및 염기로 작용하는 프로톤 전이반응으로 이 반응에서 물은 용매로 뿐만 아니라 염기로도 작용한다.

$$\underset{\text{산}}{HA(aq)} + \underset{\text{염기}}{H_2O(l)} \rightleftharpoons \underset{\text{물에 대한 짝산}}{H_3O^+(aq)} + \underset{\text{산에 대한 짝산}}{A^-(aq)}$$

(aq)라는 기호는 수용액의 용질이라는 표시이고 (l)은 용액상태의 물이라는 표시이다.

1. 수소이온농도 (pH)

물의 산-염기 특성은 생물학적 과정의 용제로서 물의 중심적인 역할 때문에 중요하다. 물은 매우 적은 양이지만 H^+와 OH^-로 해리하며 이 반응에서 평형상수(Keq)는 25°C에서 1.8×10^{-16}이다.

$$H_2O \rightleftharpoons H^+ + OH^- \qquad Keq = \frac{[H^+][OH^-]}{[H_2O]} = 1.8 \times 10^{-16}$$

순수한 물의 몰 농도 $[H_2O]$는 1,000/18, 즉 55.5M로 어떤 용질의 농도와 비교하여도 매우 크며 불변이라고 할 수 있다.

$$= 1.8 \times 10^{-16} \times 55.5 = [H^+][OH^-] = K\text{w}$$

$$K\text{w} = [H^+][OH^-] = 1.00 \times 10^{-14}$$

그러므로 새로운 상수 Kw를 이온적이라 하며 수용액 중의 H^+와 OH^-의 농도관계를 나타낸다. 즉, 이 관계에서 순수한 물의 H^+농도를 계산할 수 있다. 물은 일염기산(분자당 1개의 프로톤을 해리한다)이기 때문에 H^+의 농도$[H^+]$는 OH^-의 농도$[OH^-]$와 같다.

$$K\text{w} = [H^+][OH^-] = (10^{-7}) \times (10^{-7}) = 10^{-14}$$

$$[H^+] = 10^{-7}M = [OH^-]$$

그러므로 25°C의 순수한 물에서 Kw는 산 또는 염기를 포함한 모든 수용액에 대하여 10^{-14}이며 이 상수를 산성 및 염기성의 수용액에 대한 pH를 계산하는 데 사용된다.

(1) pH

pH라는 개념은 1909년 Sörensen에 의해 도입되었는데 이것은 대수를 이용하여 H^+의 농도를 나타내는 것이다.

$$pH = \log\frac{1}{[H^+]} = -\log[H^+]$$

$$pH = -\log[H^+] = -\log10^{-7} = -(-7) = 7$$

일부 수용액 시료의 pH 값은 간단한 계산으로 구해진다.

10^{-3}M HCI $[H^+] = 10^{-3}M$ pH = 3
10^{-4}M NaOH $[OH^-] = 10^{-3}M$ $[H^+] = 10^{-4}$ M pH = 10

강염기 NaOH에 대한 $[OH^-]$는 용액의 농도와 같으므로 $[H^+]$는 $[H^+] = Kw/[OH^-]$로부터 얻어진다. pH 7의 순수한 물은 중성이며 산성 용액은 7보다 낮은 pH값을 가지고 염기성 용액은 7보다 높은 pH값을 가진다.

산의 해리상수 Ka'도 pH의 경우와 마찬가지로 정의하면 pKa' 는 다음과 같이 나타낼 수 있다.

$$pKa' = -\log Ka'$$

pKa' 는 산도의 또 다른 수치적 측정이며 pKa' 값이 작을수록 강한 산이다.

(2) 헨더슨–하셀발히식(Henderson-Hasselbalch)

헨더슨–하셀발히식은 산과 짝염기를 함유하는 용액의 pH와 함께 어떤 약산의 Ka' 를 연결한 편리한 식이다.

$$Ka' = \frac{[H^+][A^-]}{[HA]}$$

$$[H^+] = \frac{Ka'[OH^-]}{[A^-]}$$

$$pH = -\log Ka' \frac{[HA]}{[A^-]}$$

$$pH = -\log Ka' - \log \frac{[HA]}{[A^-]}$$

$$pH = pKa' - \log \frac{[HA]}{[A^-]}$$

$$pH = pKa' + \log \frac{[A^-]}{[HA]}$$

이 식이 헨더슨–하셀발히식이며, 반응 혼합물의 pH조절에 사용되는 완충액의 특성을 예견하는데 편리하게 이용할 수 있다.

완충액에서 산의 농도 [HA]와 짝염기의 농도 $[A^-]$가 같은($[HA]=[A^-]$) 경우에 $[A^-]/[HA]$ 비는 1이고 1의 대수는 0이므로 용액이 같은 농도의 약산과 그것의 짝염기를 함유할 때 그 용액의 pH는 약산의 pKa' 값과 같다.

2. 적정곡선

산성 시료에 염기를 첨가하면서 적정하면 용액의 pH가 변화하며 이 과정을 나타낸 것이 적정곡선(titration curve)이다. 어떤 산과 완전하게 반응하는 데 필요한 염기의 양을 1당량이라 하며 적정에서 산이 정확하게 중화되는 점을 당량점(equivalence point)이라 한다.

초산에 염기를 첨가하면서 pH를 측정하여 pH가 초산의 p*K*a′ 와 같아질 때 적정곡선에서 변곡점에 도달함을 알 수 있다.

헨더슨-하셀발히식에서 보았던 것처럼 약산과 이것의 짝염기, 즉 초산과 초산이온의 농도가 동일한 혼합물에서 pH와 p*K*a′ 가 일치한다. 변곡점의 pH는 4.76으로 초산의 p*K*a′ 와 같으며 변곡점은 0.5당량의 염기가 가해졌을 때 나타난다.

변곡점 근처에서는 많은 염기가 첨가되어도 pH는 별로 변화하지 않는다. 1당량의 염기가 첨가되면 당량점에 도달하며 이 때 모든 초산은 초산이온으로 변환되어 존재한다.

다음 그림은 첨가되는 NaOH의 양이 증가함에 따라 변화되는 초산과 초산이온의 상대적인 양을 보여주는 것으로 초산과 초산이온의 백분율을 더하면 100%가 된다. 산(초산)은 NaOH가 첨가되는 적정이 진행됨에 따라 그것의 짝염기(초산이온)로 점진적으로 전환된다.

산과 짝염기의 백분율을 추적하는 것은 적정에서 일어나는 반응의 전체적인 의미를 이해하는 데 도움이 된다.

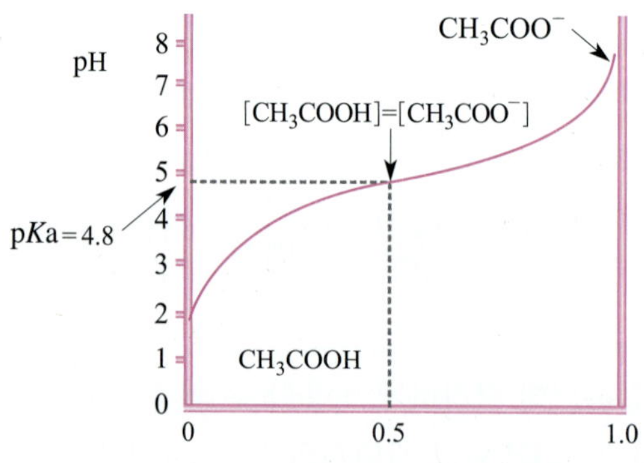

그림 2-4 초산(아세트산)의 적정곡선

p*K*a 부근에서 적정곡선이 비교적 평평하게 나타나는 지역이 있다. 이 부근의 적정곡선에서는 가해 준 염기에 따른 pH의 변화가 거의 없는 것을 알 수 있다.

3. 완충액

Guide

0.1M HCl 대신에 0.1M NaOH로 같은 실험을 한다면 용액은 $0.001M = 10^{-3}M$ NaOH가 될 것이며 $[OH^-] = 10^{-3}M$이므로 $[H^+] = 10^{-11}$이고 pH는 11이다.

완충액(buffer solution)은 약산과 짝염기의 혼합물로 구성되며 어느 정도의 강산이나 강염기를 첨가하여도 pH변화가 크게 일어나지 않는 특성이 있다. pH 7의 순수한 물이나 완충액에 강산이나 강염기를 동량 첨가할 때 일어나는 pH변화를 비교해 보자.

0.1M HCl 1mL를 순수한 물 99mL에 가한다면 결과적으로 용액은 $0.001M = 10^{-3}M$ HCl이 될 것이고 pH 3이 된다.

순수한 물 대신에 99.0mL의 완충액을 사용한다면 결과는 달라진다. 일수소 인산이온과 이수소 인산이온, 즉 HPO_4^{2-}와 $H_2PO_4^-$를 적당한 비율로 함유하는 용액은 완충액이 될 수 있다. pH 7.0에 해당하는 $[HPO_4^{2-}]$ / $[H_2PO_4^-]$ 비율을 헨더슨-하셀발히식으로부터 계산하면 HPO_4^{2-} 0.6, $H_2PO_4^-$ 1의 비율이므로 HPO_4^{2-}의 농도가 0.06M이고 $H_2PO_4^-$의 농도가 0.10M인 인산 완충액을 예로 들어 설명한다.

0.1M HCl 1mL를 99mL의 완충액에 첨가하면 다음과 같은 반응이 일어나 첨가된 거의 대부분의 H^+는 소모될 것이다.

$$HPO_4^{2-} + H^+ \rightleftharpoons H_2PO_4^-$$

이때의 pH를 헨더슨-하셀발히(Henderson-Hasselbalch)식과 인산이온 농도로부터 계산해 보면 새로운 pH는 6.99가 될 것이고 비완충액인 순수한 물에서보다 매우 작게 변화함을 알 수 있다. 한편 완충액에 1mL의 0.1M NaOH를 첨가하면 다음과 같은 반응이 일어나 역시 첨가된 거의 대부분의 OH^-는 소모될 것이다.

$$H_2PO_4^- + OH^- \rightleftharpoons HPO_4^{2-} + H_2O$$

OH^-의 증가는 H^+농도의 감소와 pH 상승을 뜻한다. 그러나 이때의 pH를 계산해 보면 pH=7.01로서 역시 순수한 물에서보다 pH의 변화는 매우 작음을 알 수 있다. 많은 생화학적 반응은 pH가 특정한 범위 내에 있지 않으면 일어나지 않으므로 결과적으로 완충액은 매우 큰 중요성을 가진다.

적정되는 시료의 pH는 적정곡선의 변곡점 부근에서 매우 느리게 변화하며 변곡점에서는 원래 존재하는 산의 1/2이 짝염기로 변환된다. 인산의 2번째의 이온화, 즉 $H_2PO_4^- \rightleftharpoons H^+ + HPO_4^{2-}$는 위에서 예로 든 완충액의 완충작용에 대한 근거가 된다.

적정의 변곡점에서 pH는 7.2이며 $H_2PO_4^-$이온의 p*K*a′ 는 같은 수치 값이다. 이 pH에서 용액은 산인 $H_2PO_4^-$이온과 염기인 HPO_4^{2-}이온을 동일한 농도로 함유한다.

완충액에는 어느 정도의 산과 그것의 짝염기가 존재하기 때문에 비교적 일정한 범위의 pH를 유지할 수 있으며 이러한 조건은 산의 p*K*a′ 또는 pH 값에서 형성된다.

그 이유는 완충액에는 OH^+가 첨가될 때 이것과 반응할 수 있는 적당량의 산형이 있고 H^+가 첨가될 때 역시 이것과 반응할 수 있는 적당량의 염기형이 있기 때문이다.

$H_2PO_4^-$ / HPO_4^{2-} 쌍은 pH 7.2 부근의 완충액으로 적당하고 CH_3COOH / CH_3COO^-쌍은 pH 4.76 부근의 완충액으로 적당하다. p*K*a′ 이하의 pH값에서는 산형이 우세하고 p*K*a′ 이상의 pH값에서는 염기형이 우세하다. 산과 염기의 비율이 1:10이면 p*K*a′ 는 약 1단위 높은 pH에 상당한다.

적정곡선에서 pH가 급격히 변화하지 않는 평평한 부분은 p*K*a′ 가 어느 쪽에서든 약 1pH단위의 범위에 걸쳐 있으므로 완충액의 효과는 약 2pH단위의 범위에 있음을 알 수 있다.

완충액이 매우 낮은 농도의 산과 염기를 함유한다면 산을 매우 적게 첨가하여도 포함된 염기형을 모두 소모시키므로 완충능력이 없어지게 된다. 완충액의 완충능력은 그것에 함유된 약산과 짝염기 각각의 절대량 및 2가지 형태의 비율과 관계가 있다. 그러므로 낮은 농도의 산과 염기로 된 완충액은 낮은 완충용량을 가지는 반면에, 다량의 산과 염기를 함유하는 완충액은 높은 완충용량을 가진다.

4. 생체에서의 pH 조절기구

생체에서는 언제나 생리적 · 화학적 조절이 작용하기 때문에 이들의 pH는 극단적으로 한쪽으로 치우치지 않고 일정하게 유지된다. 이것은 세포 내외의 여러 가지 완충계에 의해 가능하며 생체 내의 pH는 화학적 및 생리적 작용에 의한 완충계에 의해 조절된다.

대부분의 세포 내 액체는 인산이온 농도가 효과적인 완충을 위해 충분하지만 혈액에서 인산이온 수준은 완충을 위해 불충분하므로 다른 계가 여기에 작용한다. 혈액에서 완충계는 탄산(H_2CO_3)의 해리에 기인하며 p*K*a는 36.5°C에서 6.1이다.

$$H_2CO_3 \rightleftharpoons H^+ + HCO_3^-$$

사람 혈액의 pH 7.4는 이 완충계의 완충범위의 거의 한계이지만 다른 요인이 이 상황에 개입한다. 단백질 헤모글로빈은 적혈구 세포의 주된 구성분이고 이것의 작용은 폐에서 조직으로 산소를, 그리고 조직에서 폐로 이산화탄소를 운반하는 것이다. 이산화탄소는 물과 혈액에 용해될 수 있으며 용해된 이산화탄소는 탄산을 형성한 다음에 중탄산이온 HCO_3^-를 생성하도록 반응한다.

$$\begin{array}{rcl} CO_2(g) & \rightleftharpoons & CO_2(aq) \\ CO_2(aq) + H_2O(l) & \rightleftharpoons & H_2CO_3(aq) \\ H_2CO_3(aq) & \rightleftharpoons & H^+(aq) + HCO_3^-(aq) \\ \hline \text{전체: } CO_2(g) + H_2O(l) & \rightleftharpoons & H^+(aq) + HCO_3^-(aq) \end{array}$$

탄산의 pKa' 보다 1단위 높은 혈액의 pH에서 용존 CO_2의 대부분은 HCO_3^-로 존재한다. 숨을 내쉬기 위해 폐로 운반된 CO_2는 헤모글로빈의 전하를 가진 기와 이온결합으로 결합된 HCO_3^-형으로 존재한다. 폐의 이산화탄소 가스의 압력과 혈액의 pH사이에는 직접적인 상관관계가 있다.

Guide

해리평형이란?
물질이 해리될 때에, 해리되는 물질과 해리되어 생기는 물질 사이의 평형.

혈액의 pH는 탄산의 해리평형(解離平衡)에 크게 의존하며 다음과 같은 헨더슨-하셀발히(Henderson-Hasselbalch)식이 성립한다.

혈액의 정상 pH는 7.4이고 탄산의 해리상수(解離常數) pKa'는 36.5°C에서 6.1이므로

$$pH = pKa' + \log \frac{[HCO_3^-]}{[H_2CO_3]}$$

$$7.4 = 6.1 + \log \frac{[HCO_3^-]}{[H_2CO_3]}$$

으로부터 $[HCO_3^-]/[H_2CO_3] = 20$이 된다.

또 이산화탄소 분압에 대한 정상체온에서의 혈장 중의 흡수계수(mmol/mmHg)는 0.03이고 pCO_2가 40mmHg라면

$$[H_2CO_3] = 0.03 \cdot pCO_2 = 0.03 \times 40 = 1.2\text{mEq/L} = 0.12\text{mEq/dL}$$

$$[HCO_3^-] = 20 \times 0.12 = 2.4\text{mEq/dL}$$

그러므로 pCO_2= 40mmHg일 때 $[H_2CO_3]$= 0.12mEq/dL, $[HCO_3^-]$= 2.4mEq/dL로 된다.

그리고 인산은 혈액 중에서 다음과 같은 평형상태를 형성한다.

인산의 해리상수 p*K*a′= 6.8(36.5°C)이고 혈액의 정상 pH는 7.4이므로 다음과 같은 식이 성립한다.

$$H_2PO_4^- \overset{pKa'}{\rightleftharpoons} H^+ + HPO_4^{2-}$$

$$7.4 = 6.8 + \log\frac{[HPO_4^{2-}]}{[H_2PO_4^-]}$$

그러므로 정상 pH의 혈액에서 $[HPO_4^{2-}]$ / $[H_2PO_4^-]$는 4이므로 HPO_4^{2-} 이온이 4, $H_2PO_4^-$ 이온이 1의 비율로 존재한다.

(1) 화학적 pH 조절

생체 내에서는 중탄산계, 인산계, 암모니아, 헤모글로빈, 단백질계, 유기산계 등의 완충작용에 의해 화학적으로 pH를 조절한다.

1) 중탄산계에 의한 조절작용

$$HCO_3^- \xleftarrow{H^+} H_2CO_3 \longleftarrow H_2O + CO_2$$

2) 인산계에 의한 완충작용

$$HPO_4^{2-} \xleftarrow{H^+} H_2PO_4^-$$

3) 암모니아에 의한 완충작용

$$NH_3 \xleftarrow{H^+} NH_4^+$$

4) 헤모글로빈에 의한 완충

$$HbO_2^- \xleftarrow{H^+} HHb + O_2$$

5) 단백질계에 의한 완충작용

$$\text{Protein}^- \xleftarrow{H^+} \text{H-protein}$$

6) 유기산계에 의한 완충작용

$$RCOO^- \xleftarrow{H^+} RCOOH$$

(2) pH의 생리적 조절

생체 내의 pH는 다음과 같은 작용을 통해서 생리적으로 조절된다.

1) 호흡

혈중의 H^+농도가 높으면 직접 또는 뇌의 화학감수성 영역을 매개하여 호흡중추를 자극시키면 과호흡의 결과로 CO_2분압이 내려가고 H^+농도도 내려간다.

2) 신장

신장에서 산성뇨 또는 알칼리성뇨를 만들어 배설하는 것으로 혈액의 pH 변동을 방지하고 있다. 대사과정에서 생긴 젖산 및 pyruvate 등의 불휘발산이나 염산, 인산, 황산 등의 무기산 등의 일부 음이온은 Na^+에 의해 중화되어 있으나 세뇨관에서의 재흡수 시 H^+와 치환되면 요는 산성화된다.

3) 암모니아의 생성

아미노산의 탈아미노반응 등으로 생긴 암모니아는 다른 염기성 양이온의 대용으로 사용되어 암모니아 염을 형성하며 1일에 30~40mg이 요 중으로 배설된다. 또 암모니아는 이산화탄소와 반응하여 요소를 형성하여 배설된다.

4) 뼈의 칼슘 용출

장기간의 산성증인 경우에는 Na^+ 대신 Ca^{2+}이 요중에 나타난다. 칼슘이온은 뼈의 구성성분인 hydroxyapatite[$Ca_{10}(PO_4)_6(OH)_2$]가 혈장 중에 용출하여 생성되며 H_2CO_3와 반응하여 HCO_3^-를 생성하고 산의 중화에 이용된다.

(3) 산증과 알칼리증

생체 내는 여러 가지 완충작용에 의해 pH가 일정하게 유지되고 있으며 혈액에서는 pH 7.4로 일정하다. 혈액 중에는 이때에 $H_2CO_3:HCO_3^- =$ 1:20 또는 $H_2PO_4^-:HPO_4^{2-} = 1:4$의 비율로 이들의 성분이 함유되어 있다. 그러나 이 평형이 무너지면 산증(acidosis)이나 알칼리증(alkalosis)이 된다.

혈액의 pH 상승이 급격하여 산성 쪽으로 급하게 기울면 혈중의 Ca^{2+}이 감소하여 테타니(tetany)가 일어나고 pH의 저하가 급격하면 의식장해나 혼수가 일어난다.

호흡성 산증은 주로 H_2CO_3의 증가에 의하며 HCO_3^-의 농도는 변화하지 않는다. 이것은 폐의 가스교환 저하, 폐렴, 폐울혈, 폐기종, 기관지천식, 기도폐색, 심질환, 호흡중추의 억제(morphine 중독), 불완전하게 작동하는 인공호흡장치에 의해 일어난다.

대사성 산증은 H_2CO_3의 변화는 없으나 HCO_3^-가 감소하는 일반적인 산증이다. 체내의 상대적인 산의 증가에 의해 일어나는 것으로 당뇨병, 기아, 운동이나 경련 등에 의한 젖산 생성, 그리고 다량의 단백질 섭취, 구토나 하리 등에 의한 HCO_3^-의 손실, 세뇨관 이상에 의한 HCO_3^-의 재흡수 부전 등에 의해 일어난다.

호흡성 알칼리증은 HCO_3^-농도에 상응하지 않는 H_2CO_3의 감소에 의한 것으로 폐의 가스교환 상승, 과호흡, 뇌염, 발열, 뇌성혼수, 호흡계에 영향을 주는 중추신경질환, 살리실산 유도체 중독초기, 부적당한 인공호흡 장치의 사용, 고지(高地)에서의 생활 등으로 나타난다.

대사성 알칼리증에서는 H_2CO_3는 그다지 변화하지 않으나 HCO_3^-가 특별히 증가하며 체내의 상대적인 염기의 증가 또는 위궤양이나 십이지장궤양 등에서 알칼리제제나 $NaHCO_3$의 투여 및 구토나 위세척에 의한 위분비물 중의 염소 결핍으로 일어난다.

표 2-3 산-염기 장애의 분류

분 류		변 화	
Metabolic	Acidosis	HCO_3^-	감소
	Alkalosis	HCO_3^-	증가
Respiratory	Acidosis	$pCO_2(H_2CO_3)$	증가
	Alkalosis	$pCO_2(H_2CO_3)$	감소

Question

1. 물을 극성분자로 만들어 주는 것은 무엇 때문인지 설명하시오.

2. 아래 용어들에 대하여 정의하고 간략히 설명하시오.
   (a) 전기음성도
   (b) 수소결합
   (c) 산
   (d) 염기
   (e) 해리상수

3. pH를 정의하고, 헨더슨–하셀발히(Henderson-Hasselbalch)식에 대하여 설명하시오.

4. 적정곡선에 대하여 정의하고 간략히 설명하시오.

5. 완충용액에 대하여 정의하고 간략히 설명하시오.

Chapter 3.

탄수화물

탄수화물(carbohydrate)은 일반식 $C_n(H_2O)_n$으로 표시되는 화합물을 말한다. 당질에는 단위체인 단당류(monosaccharide), 이것이 2~10개 축합된 올리고당류(oligosaccharide), 다수의 단당류가 탈수 축합한 다당류(polysaccharide)가 있다.

SECTION 1 단당류(Monosaccharide)

단당류는 다당류나 올리고당류가 더 이상 가수분해되지 않는 기본단위인 당류로 알데히드(aldehyde)기 또는 케톤(ketone)기를 가진 화합물이다. 알데히드기를 가진 단당류를 알도오스(aldose), 케톤기를 가진 단당류를 케토오스(ketose)라 한다.

1. 단당류의 종류와 입체이성질체

단당류는 일반적으로 $(CH_2O)n(n>3)$으로 표시되며 탄소수에 따라 삼탄당(triose), 사탄당(tetrose), 오탄당(pentose), 육탄당(hexose), 칠탄당(heptose) 등으로 분류된다.

단당류의 최소단위는 삼탄당이며 대표 삼탄당인 glyceraldehyde는 그림 3-1과 같이 1개의 알데히드기를 함유하는 알도오스이다.

Glyceraldehyde는 1개의 비대칭탄소를 가지고 있어서 광학적으로 활성인 2개의 거울상 이성체가 존재한다. 이 경우, $-CH_2OH$에 가장 가까운 탄소원자에 붙어 있는 $-OH$기가 오른쪽에 있는 것을 D-형으로 정의하고 왼쪽에 있는 것을 L-형으로 정의한다.

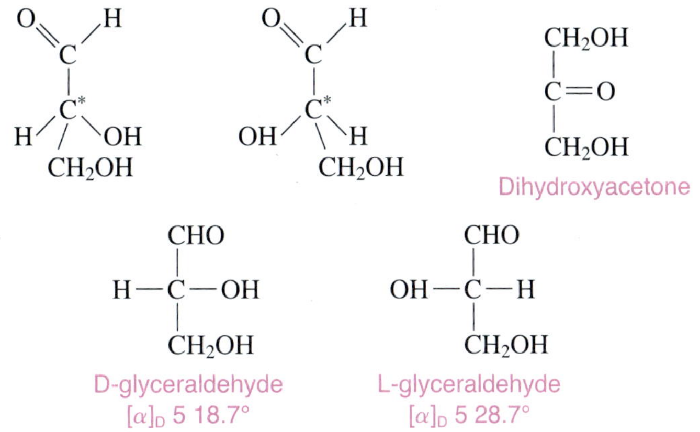

그림 3-1 Triose의 구조

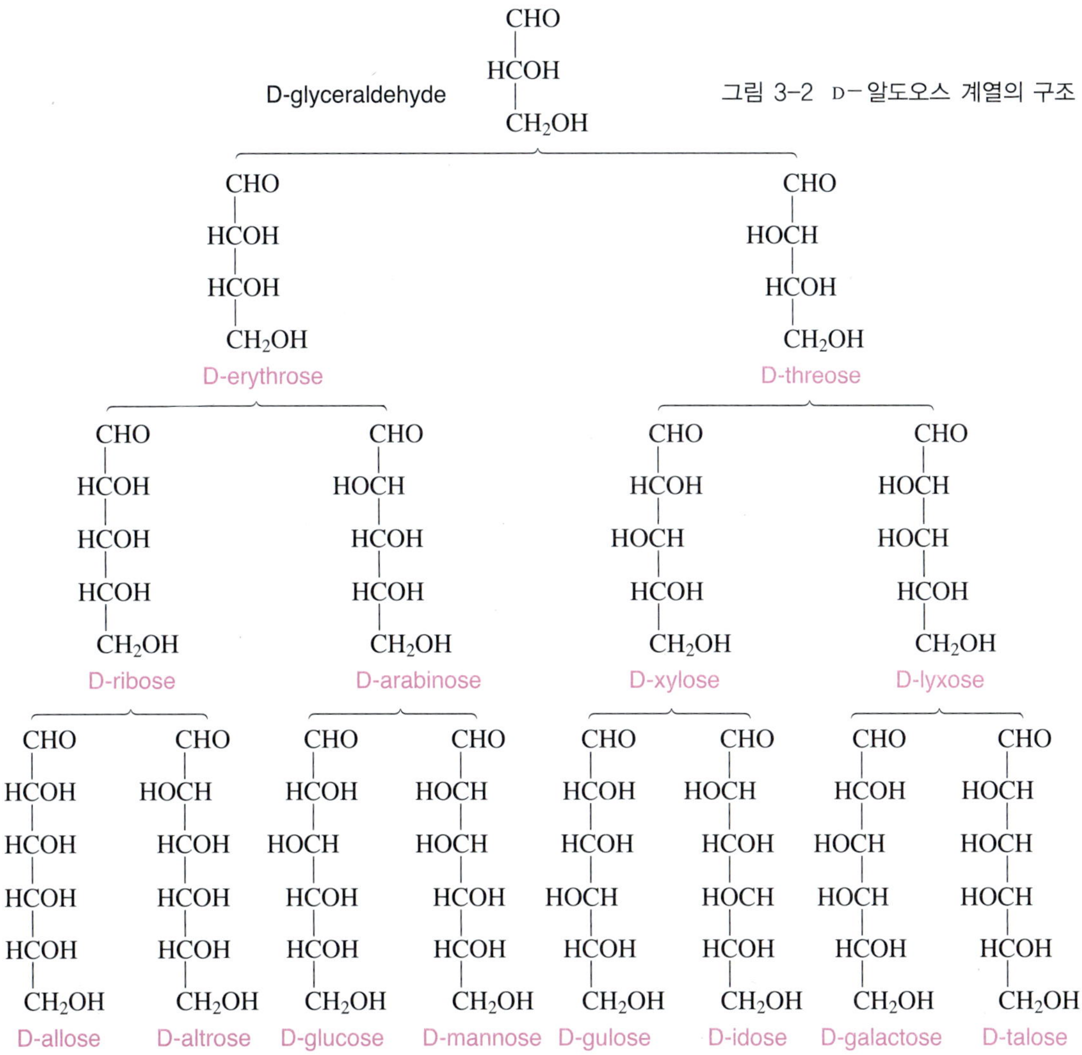

그림 3-2 D-알도오스 계열의 구조

그림 3-2에 D-계열의 알도오스의 구조를 나타내었다. 이것에서 알 수 있는 것처럼 aldohexose에서는 비대칭탄소가 4개이므로 $2^4=16$개의 이성체가 있으며 D- 및 L-계열의 8쌍의 거울상 이성체가 있다.

이들의 구조에서 D-글루코오스와 D-만노오스 또는 D-글루코오스와 D-갈락토오스에서와 같이 히드록시기의 배위가 한 곳만 서로 다른 것을 에피머(epimer)라 한다. 그러나 D-만노오스와 D-갈락토오스는 한 개 이상의 탄소에서 구조가 다르기 때문에 에피머가 아니다.

2. 단당류의 고리 구조

단당류는 분자 내의 알데히드기(또는 케톤기)와 특정 위치의 -OH기 사이에 hemiacetal(또는 hemiketal)을 형성하여 고리 구조를 하고 있다.

단당류가 이러한 고리 구조를 가지면 알데히드기나 케톤기는 새로운 히드록시기를 형성한다. 이 히드록시기를 헤미아세탈(또는 헤미케탈)성 히드록시기라 하며 다른 탄소에 결합된 히드록시기보다 반응성이 크다.

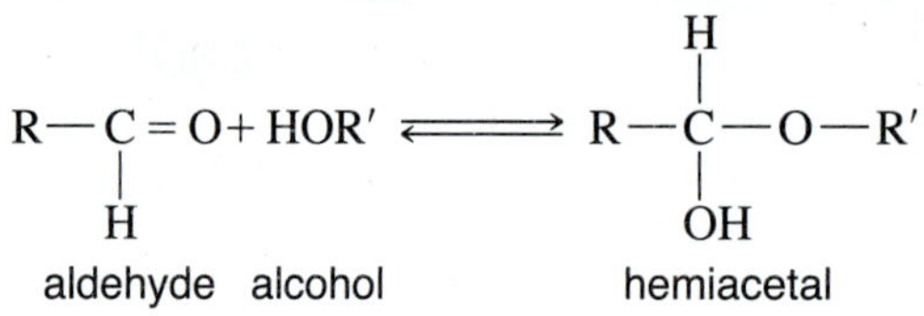

글루코오스는 1위치의 알데히드가 5위치의 히드록시기(-OH)와 분자 내 헤미아세탈을 만들어 피란(pyran)과 비슷한 육각형 고리 구조의 피라노오스(pyranose)가 된다. 이때 1위치의 탄소에 붙어 있는 헤미아세탈성 히드록시기의 입체배위에 따라 새로 생기는 이성체를 아노머(anomer)라 하며 **α**, **β**로 구별한다.

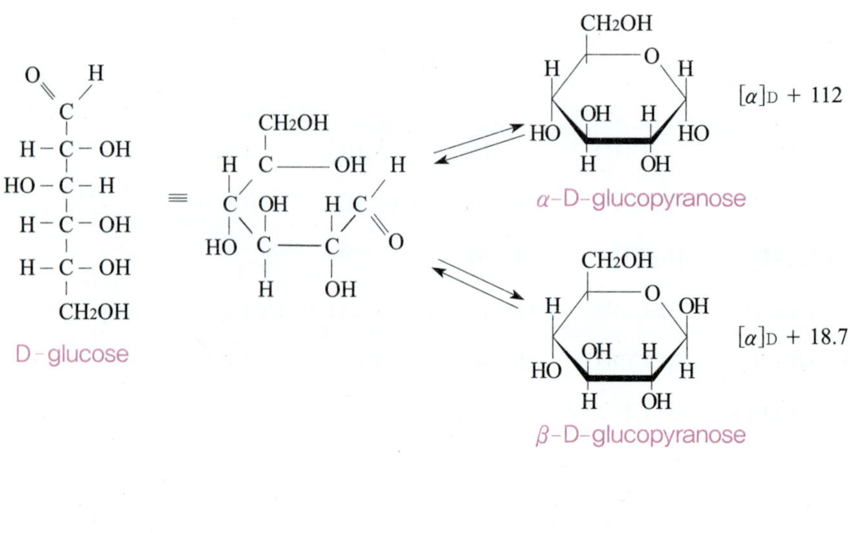

피라노오스(pyranose) 고리를 포함하는 면에서 히드록시기(-OH)가 아래쪽에 있을 때는 **α**-아노머, 윗쪽에 있을 때는 **β**-아노머라 하며 각각 특유한 선광도를 나타낸다. **α**-D-glucopyranose의 선광도는 $[\alpha]_D^{20}=+112°$이고 β-D-glucopyranose의 선광도는 $[\alpha]_D^{20}=+18.7°$이며 수용액 중에서는 변선광(mutarotation)에 의해서 평형($[\alpha]_D^{20}=+52.7°$)에 도달하게 된다. 평형상태에서는 **β**-형 63.8%, **α**-형 36.2%의 혼합물이다.

프룩토오스(Fructose)와 같은 케토헥소오스(ketohexose)는 2위치의 케톤(ketone)기와 5위치의 히드록시기 사이에 헤미케탈(hemiketal)을 만들어 퓨란(furan)과 비슷한 오각형 고리 구조의 푸라노오스(furanose)가 된다.

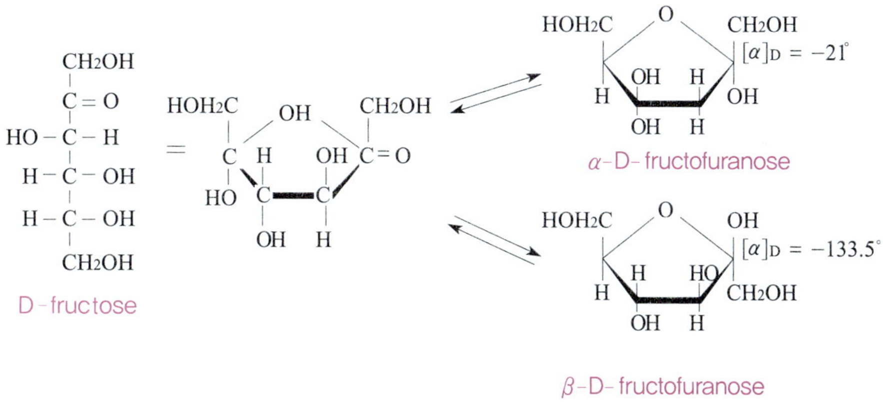

여기에 나타낸 glucopyranose와 fructofuranose의 고리구조는 Haworth의 투영식에 의해 입체적으로 표시할 수 있다. 그러나 이러한 당의 고리구조를 표시하는데 있어서 Haworth의 투영도가 입체적으로 원자의 배치를 표시하는데 반드시 편리한 것은 아니다. 그래서 유기화학에서 보는 것처럼 당화학에도 입체배위(conformation)의 개념이 들어오게 되었다.

당의 pyranose고리에서 원자 상호간의 공간관계는 시클로헥산(cyclohexane)과 비슷한 것으로 생각된다. 시클로헥산의 입체배위는 그림 3-3과 같이 의자형(chair form)과 보트형(boat form)이 있으며 각 탄소에 결합한 수소원자는 $C_1-C_3-C_5$를 연결한 면에 수직인 축방향 a(axial)와 그 면에 평행한 적도방향 e(equatorial)로 나누어진다.

이러한 시클로헥산 고리의 입체구조 개념을 pyranose고리에 적용하면 가능한 입체배위는 의자형 배위(C1배위 및 1C배위) 2종류와 보트형 배위 6종류가 가능하다. 그림 3-3에 **β**-D-glucopyranose의 C1 및 1C배위를 나타내었다.

β-D-glucopyranose의 C1배위는 히드록시기가 모두 e배향이기 때문에 여러 가지 단당류 중에서 에너지적으로 가장 안정하며 이것은 자연계에 존재하는 당류 중에서 글루코오스가 가장 풍부하게 존재하는 것과 관계가 있을 것이다.

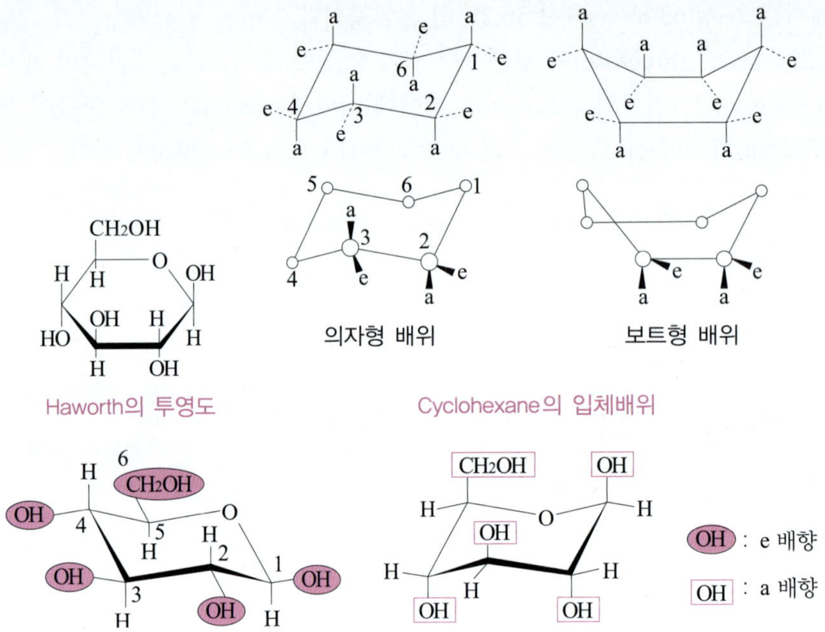

그림 3-3 β-D-glucopyranose의 입체구조

3. 단당류의 일반성질

탄수화물은 기본적으로 aldehyde(또는 ketone)기를 가진 폴리히드록시(polyhydroxy) 화합물이며 특징적인 반응은 이들의 작용기에 의해 일어난다.

(1) 환원작용

단당류는 알데히드 또는 케톤기를 가지고 있어서 알칼리성 용액 중에서 가열하면 구리(Fehling, Bertrand, Somogyi-Nelson 법), 은(Tollens 시약), 비스무트(Nylander 법), 페리시안화칼륨[$K_3Fe(CN)_6$, Hagedorn-Jensen 법] 등으로 환원한다. 이 성질을 이용하면 당을 정성 또는 정량분석할 수 있다.

Guide

단당류를 알칼리성 용액 중에서 가열하면

- 구리(Somogyi-Nelson 법)
- 비스무트(Nylander 법)
- 페리시안화칼륨(Hagedom-Jensen 법)
- 은(Tollens 시약) 등으로 환원한다.

(2) 산화작용

알도오스(aldose)를 브롬 등으로 약하게 산화하면 알데히드기가 카르복시기로 산화되어 알돈산(aldonic acid)이 된다. 유리산 형태의 알돈산은 약간 가온하면 용이하게 aldolactone이 된다. 질산화 같은 강한 산화제로 산화하면 알도오스는 이염기산인 사카린산(saccharic acid)이 된다. 글루코오스(glucose)에서는 glucosaccharic acid를 생성한다. (그림 3-4 참조)

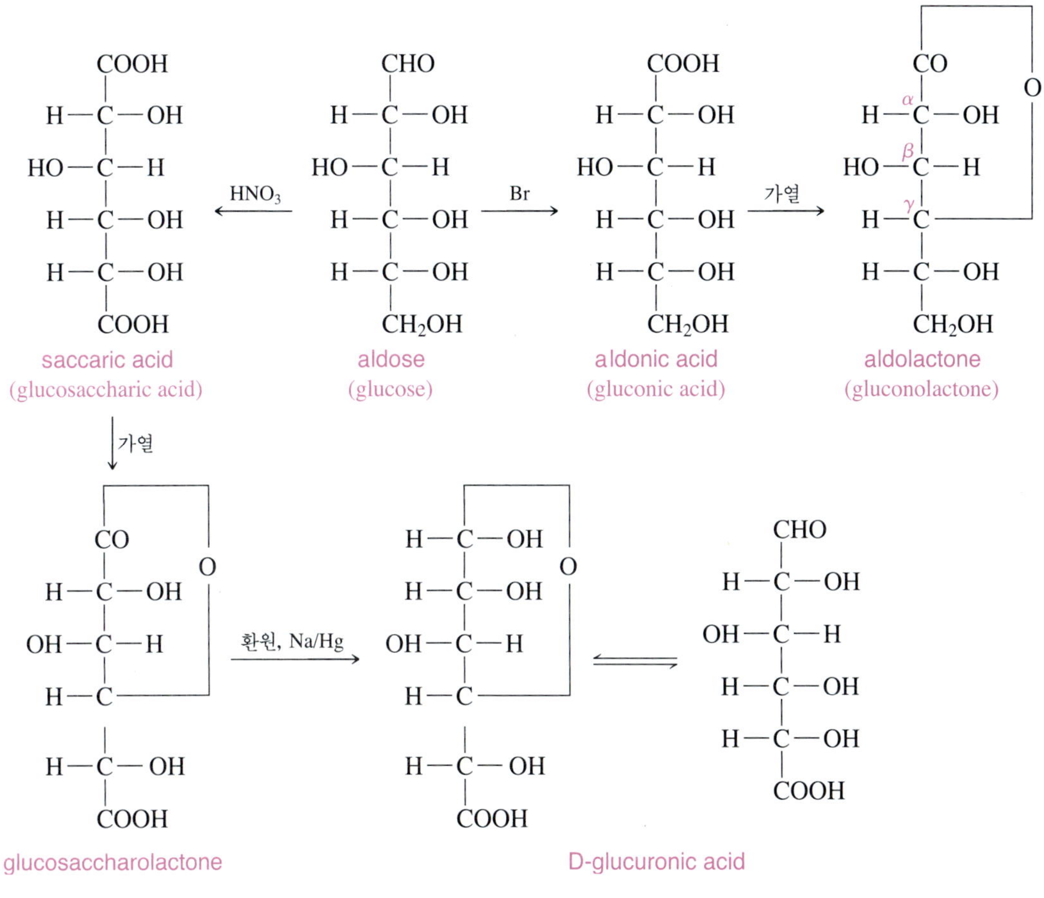

그림 3-4 알도오스(glucose)의 산화

(3) 에스테르화 반응

당의 히드록시기는 여러 가지 산과 에스테르를 만든다. 당의 초산 에스테르는 단당류의 분리 확인, 구조결정, 합성중간체 생성 등에 이용된다. 황산 에스테르는 천연에서 황산 콘드로이친(chondroitin sulfate), 헤파린

(heparin) 등의 뮤코다당류에 존재한다. 인산 에스테르는 생체 내 대사과정의 중간체로 중요한 역할을 한다. 리보오스(ribose)의 인산화는 ATP나 GTP 등을 구성하여 RNA 성분이 되거나 에너지 전달기능을 하고, UDP-glucose는 글리코겐 합성과정에서 글루코오스의 공여체로 작용한다.

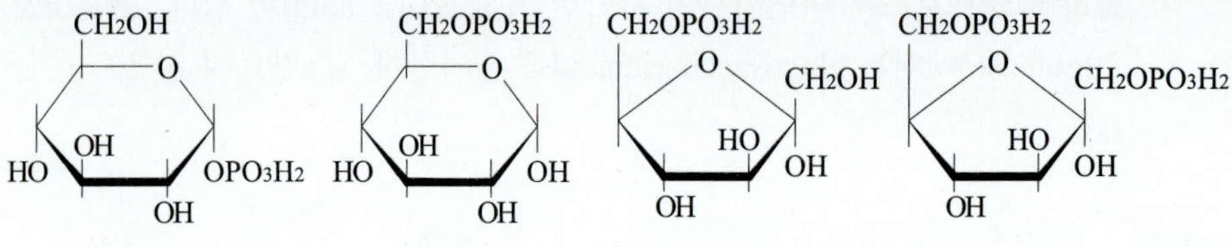

glucose-1-phosphate glucose-6-phosphate fructcose-6-phosphate fructcose-1,6-diphosphate

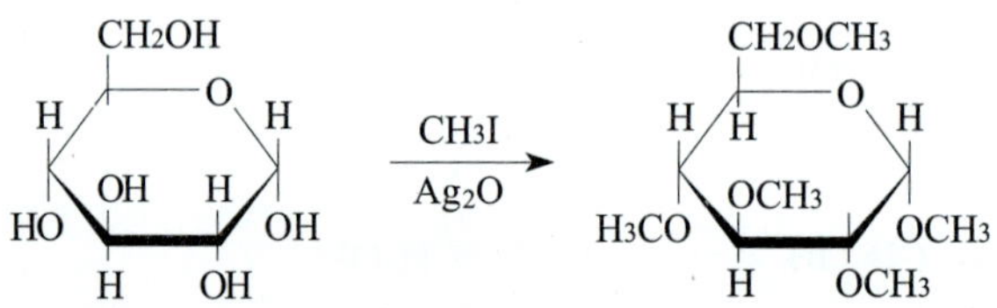

(4) 글리코시드(glycoside) 결합

당의 hemiacetal성(글리코시드성) 히드록시기는 분자 내의 다른 히드록시기보다 반응성이 강하여 단당류 또는 다른 화합물의 히드록시기와 탈수축합반응을 일으킨다. 이 결합을 글리코시드 결합이라 하고 결합물을 배당체(glycoside)라 하며, 아노머형에 따라 **α**-글리코시드 또는 **β**-글리코시드의 두 가지 이성체가 존재한다. 다당류, 당지질, 당단백질 등에는 단당류가 거의 글리코시드 결합으로 연결되어 있다.

4. 중요한 단당류와 그 유도체

천연에는 삼탄당에서 칠탄당에 이르기까지 여러 종류의 단당류가 식물, 동물 및 미생물계에 분포하고 있으며 L-아라비노오스(L-arabinose), D-자일로오스(D-xylose), D-리보오스(D-ribose), D-글루코오스(D-glucose), D-갈락토오스(D-galactose), D-만노오스(D-mannose), D-프룩토오스(D-fructose) 등 펜토오스(pentose) 및 헥소오스(hexose)가 일반적이지만 D-글루코오스와 D-프룩토오스 이외의 대부분의 단당류는 생체의 구성성분 또는 중요한 생물기능분자로 존재한다.

다음은 천연에서 흔히 발견되는 단당류에 대해서 간단하게 설명한다.

(1) 오탄당 (pentose)

아라비노오스는 천연에서 대부분 L-arabinofuranse형으로 존재하며 침엽수의 아라비노갈락탄(arabinogalactan), 식물의 헤미셀룰로오스(hemicellulose)나 아라비아 고무 등의 점질물 또는 pectin질의 구성성분이다.

결핵균 등 미생물의 항원다당에서는 D-아라비노오스가 발견된다. D-리보오스와 D-디옥시리보오스[D-deoxyribose(2-deoxyribose)]는 모두 동식물 세포의 핵산(RNA 및 DNA)의 구성성분이다. 또 D-리보오스는 리보플라빈(riboflavin)등 몇 가지 보효소의 성분으로도 존재한다. D-자일로오스는 헤미셀룰로오스의 주성분인 자일란(xylan)을 구성하고 있다.

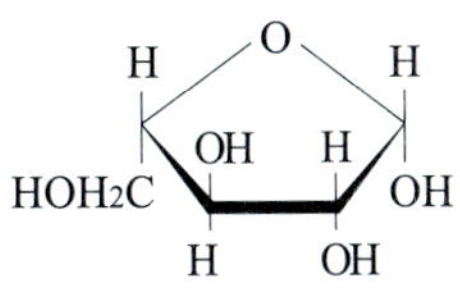

L-arabinose

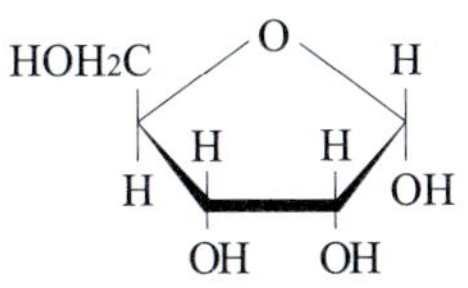

D-ribose

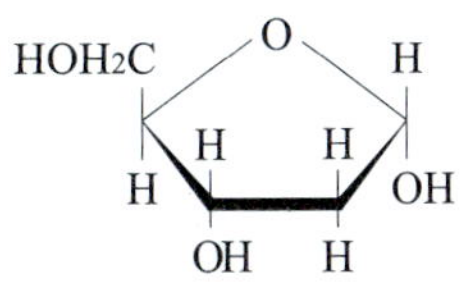

D-deoxyribose

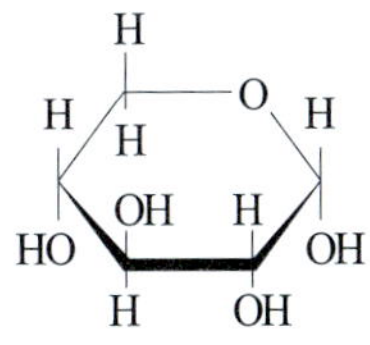

D-xylose

(2) 육탄당 (hexose)

D-글루코오스는 우선성이기 때문에 덱스트로오스(dextrose)라고도 하며 자연계에 가장 많이 존재하는 당류이다. 유리상태로 혈액이나 벌꿀, 과실 등에 존재하고 수크로오스(sucrose), 락토오스(lactose) 등의 올리고당과 셀룰로오스(cellulose), 글리코겐, 전분 등의 다당류를 구성하고 있다. 글루코오스를 결정화하는 경우 50°C 이하에서는 주로 α-형(수화물)이, 또 100°C 이상의 고온에서는 β-형의 글루코오스가 얻어진다.

글루코오스는 혈액 중에 약 0.1%의 농도로 존재하며 혈액 중의 글루코오스가 과잉으로 되면 주로 간에서 글리코겐으로 축적되고 필요에 따라 분해되어 혈액 중의 글루코오스 농도를 일정하게 유지한다.

D-갈락토오스는 락토오스, 라피노오스(raffinose) 등의 올리고당, 그리고 한천이나 카라기난(carrageenan) 등 해조 다당류의 성분이다. 해조 다당류를 구성하는 갈락토오스의 일부는 C-3과 C-6 사이에서 탈수가 일어나 고리화된 3, 6-anhydrogalactose로 존재한다.

갈락토오스는 당지질의 성분이기도 하며 혈액형 B형 물질의 당사슬 말단에 α-결합으로 연결된 갈락토오스 잔기는 B형 결정기의 역할을 한다.

D-만노오스는 식용식물 근경인 곤약(*Amorphophallus konjac*)에 글루코만난(glucomannan)의 형으로, 참마의 점질물에 만난(mannan)의 형으로 함유되어 있다. 기타 여러 가지 식물점질물이나 헤미셀룰로오스의 구성성분으로 존재하며 효모 등 미생물의 세포벽 성분으로도 발견된다.

최근 많은 효소, 면역글로불린 등 생체에 중요한 당단백질의 당사슬 부분에도 존재하는 것으로 알려져 있다.

D-프룩토오스는 좌선성이어서 레불로오스(levulose)라고도 하며 설탕과 함께 과즙이나 벌꿀 중에 유리 상태로 존재하며 돼지감자나 다알리아의 근경 중에 이눌린(inulin)이라는 다당류로 저장되어 있다. 프룩토오스는 설탕보다도 달고 저온에서 상쾌한 감미를 나타내며 체내에서 대사되기 어려운 점 등 때문에 감미료로 많이 이용되고 있다.

L-푸코오스(L-fucose)와 L-람노오스(L-rhamnose)는 6-디옥시헥소오스(6-deoxyhexose)이다. L-푸코오스는 해조(fucoidin), 식물고무(tragacanth gum) 등의 다당, 여러 가지 당단백질의 구성성분이다. 혈액형 O형 물질의 당사슬의 말단에도 존재하며 혈액형 결정기로 작용한다.

L-람노오스는 식물 중에 배당체로 존재하고 있으며 미생물 특히 살모넬라(*Salmonella*)균 리포다당의 O-항원에도 함유되어 있다.

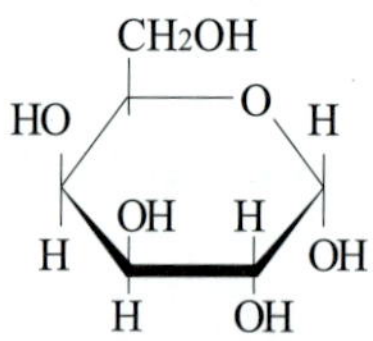

D-galactose

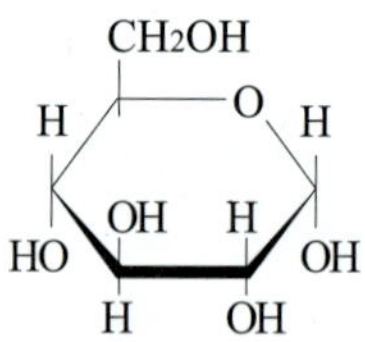

D-glucose

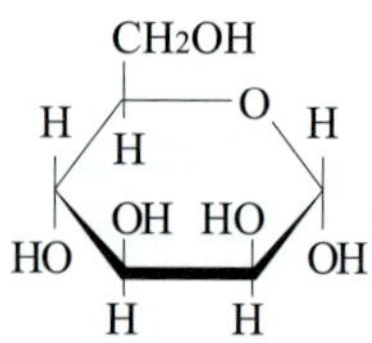

D-mannose

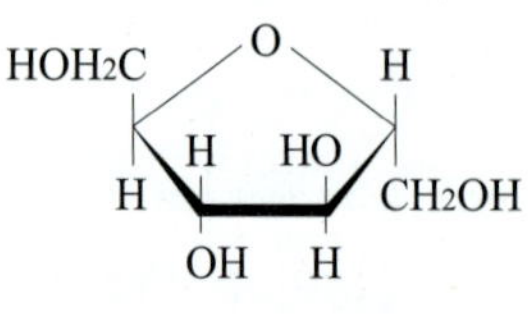

D-fructose

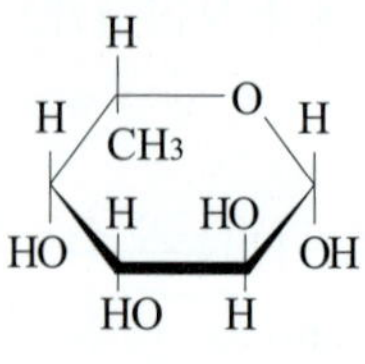

L-fucose

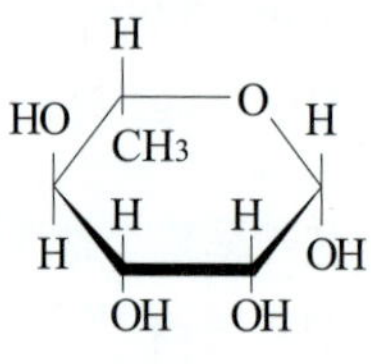

L-rhamnose

(3) 산성당 (sugar acid)

1) 알돈산 및 사카린산

글루콘산(gluconic acid)은 곰팡이, 세균에 존재하며 글루코오스 옥시다아제(glucose oxidase)에 의해 생성된다. 이것의 칼슘염이나 철염은 각각 칼슘이나 철의 보급제로 이용되며 락톤(lactone)형은 두부응고제나 산미료 등의 식품첨가물로 이용된다.

글루코사카린산(glucosaccharic acid)은 인도고무나무 유액 중에 존재하며 갈락토오스의 산화로 생성된 글루코사카린산(galactaric acid)은 점액 중에 존재하기 때문에 점액산(mucic acid)이라고도 한다.

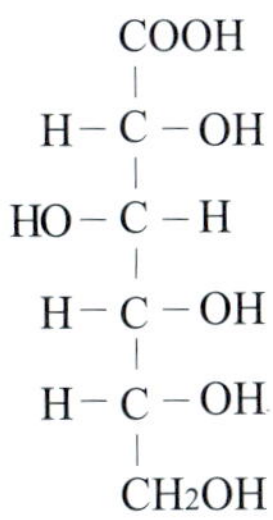

D-gluconic aicd

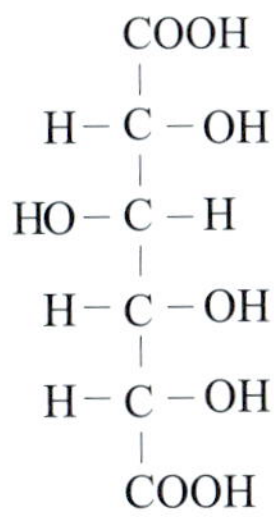

D-glucosaccharic aicd

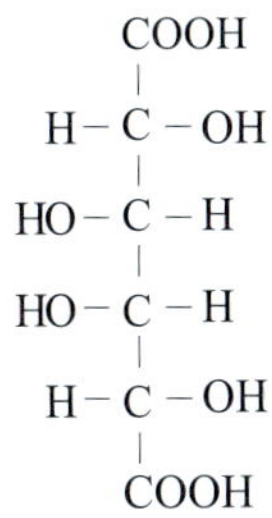

D-galactaric aicd

2) 우론산 (uronic acid)

천연에는 D-글루쿠론산(D-glucuronic acid), D-갈락투론산(D-galacturonic acid), D-만누론산(D-mannuronic acid), L-굴루론산(L-guluronic acid)과 L-이두론산(L-iduronic acid) 등 5종류의 우론산이 존재한다.

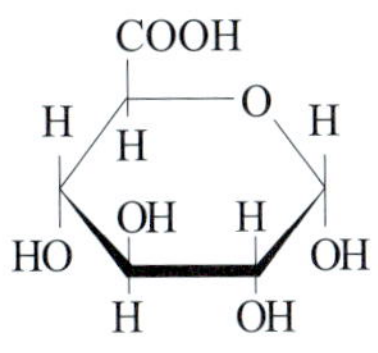

D-glucuronic acid

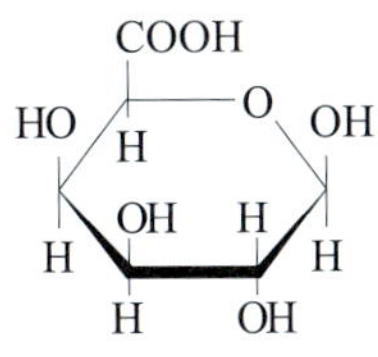

D-galacturonic acid

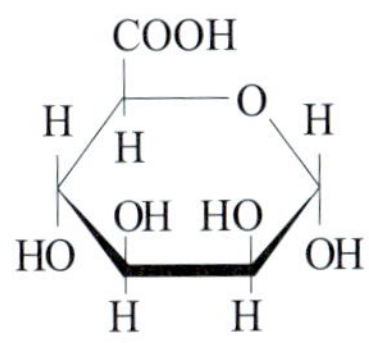

D-mannuronic acid

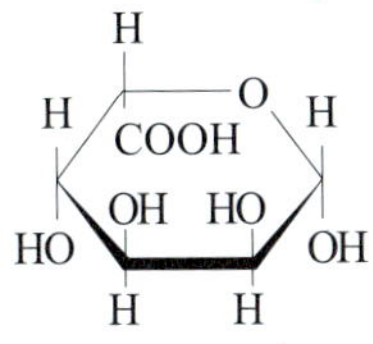

L-guluronic acid

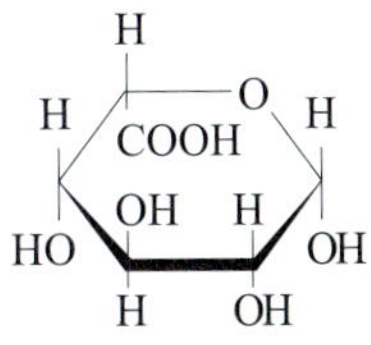

D-iduronic acid

글루쿠론산은 많은 식물점질물, 무코다당류의 성분이며 갈락투론산은 펙틴의 주요성분이다. 해조류에 존재하는 알긴산(algnic acid)은 주로 만누론산으로 구성되어 있으며 굴루론산도 함유한다. 이두론산은 황산 콘드로이친의 한 종류인 데르마탄황산(dermatan sulfate)에 함유되어 있으며 헤파린(heparin) 중에도 존재한다.

(4) 당 알코올 (sugar alcohol)

단당류의 알데히드기나 케톤기가 환원되면 당 알코올이 생성되며 오탄당의 알코올을 펜티톨(pentitol), 육탄당의 알코올을 헥시톨(hexitol)이라 한다.

리비톨(ribitol)과 자일리톨(xylitol)은 감미료로 이용되며 특히 후자는 우론산 대사경로의 중간체이다. 솔비톨(sorbitol)은 글루코오스나 프룩토오스의 환원으로, 또 만니톨(mannitol)은 만노오스의 환원으로 생성되며 이들 모두 식물에 존재하며 역시 감미료로 이용된다.

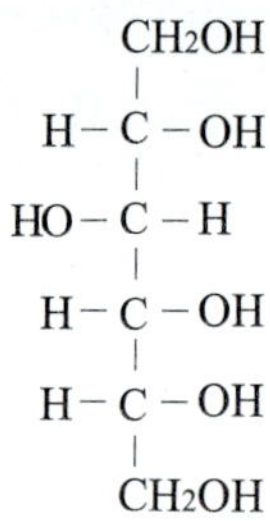

D-sorbitol

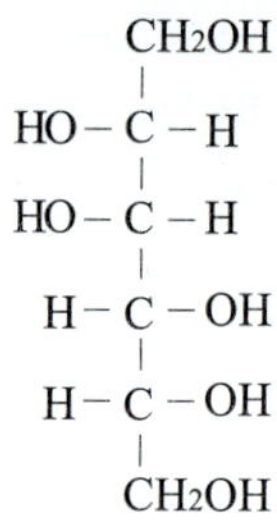

D-mannitol

(5) 아미노당 (amino sugar)

알도헥소오스(aldohexose), 2 위치의 히드록시기가 아미노기로 치환된 것을 헥소사민(hexosamine)이라 하며 D-글루코사민(D-glucosamine)과 D-갈락토사민(D-galactosamine)은 동물조직 중의 무코다당류나 당단백질의 중요한 성분이다.

D-글루코사민은 또 갑각류에 키틴(chitin)으로서 또는 무람산(muramic acid)과 결합하여 세균의 세포벽 펩티도글리칸[peptido-glycan(mucopeptide)]의 골격구조물로 되어 있다. 이들의 아미노당은 천연상태에서는 대부분 N-아세틸글루코사민(N-acetylglucosamine) 등 아미노기가 아세틸화 되어 있다. N-아세틸갈락토사민(N-acetylgalactosamine)은 혈액형 A형 물질의 결정기로 되어 있다. 헥소사민 및 N-아세틸헥소사민은 p-아미노벤조알데히드(p-aminobenzaldehyde) 시약(Ehalich 시약)을 이용한 엘슨-모건 법

및 이것을 개량한 비색법으로 정량할 수 있다.

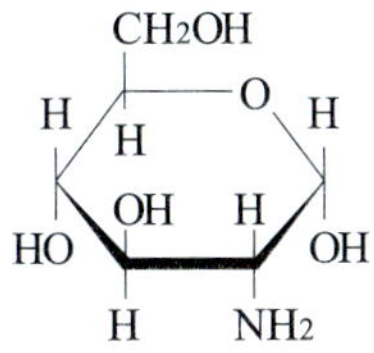

D-glucosamine

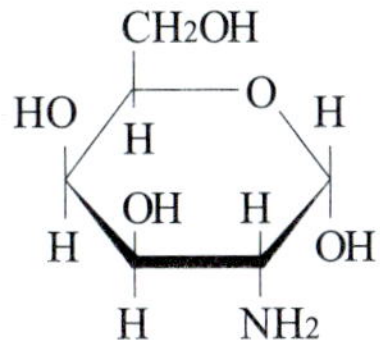

D-galactosamine

무람산은 모든 세균세포벽에 N-아세틸글루코사민과 반복적으로 β-(1 →4)결합의 사슬을 구성하여 펩티도글리칸(peptidoglycan)의 골격부분을 형성한다. 피루브산(pyruvate)과 D-만노사민의 aldol 축합으로 생성된 뉴라민산(neuraminic acid)에 N-acetyl-, 또는 N-glucosyl-기가 붙은 산성아미노당을 시알산(sialic acid)이라 한다. 이것은 많은 당단백질이나 당지질의 당사슬 말단에 위치하고 있으며 생장기 식물의 잎의 선단부분에도 존재한다.

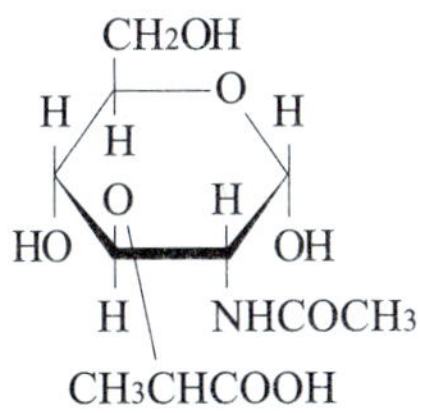

N-acetylmuramic acid

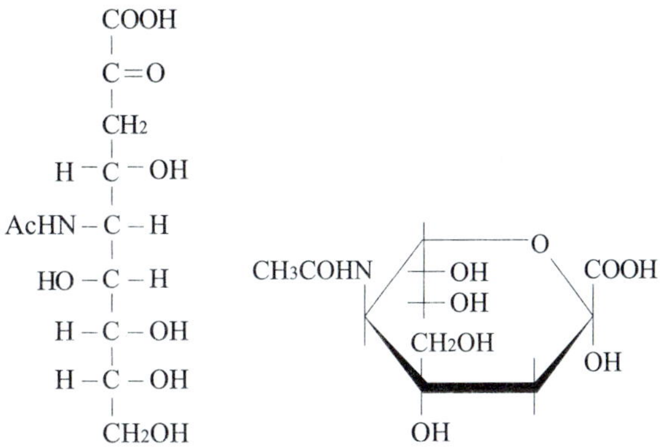

N-acetylnetylineuraminic acid

SECTION 2 올리고당 (Oligosaccharide)

3~8개 정도의 단당류가 차례로 글리코시드 결합으로 연결된 것을 올리고당이라 한다. 천연에 유리상태로 존재하는 이당류로는 수크로오스(sucrose), 락토오스(lactose), 트레할로오스(trehalose) 등이 있다. 삼당류로는 라피노오스(raffinose), 스타키오스(stachyose) 등이 있다.

1. 이당류

(1) 설탕 (sucrose)

설탕은 글루코오스와 프룩토오스가 α-1, β-2 결합한 이당류로 식물계에 널리 존재한다.

산으로 가수분해하면 동량의 글루코오스와 프룩토오스를 생성하며, 이 상태를 전화당(invert sugar)이라 한다. 설탕은 글루코오스의 α-위치의 헤미아세탈(heminacetal)성 히드록시기(C-1)와 프룩토오스의 β-위치의 헤미케탈성 히드록시기(C-2) 사이에서 글리코시드 결합을 하고 있기 때문에 비환원성 당이다.

(2) 유당 (lactose)

유당은 D-갈락토오스와 D-글루코오스가 β-1,4 결합을 하고 있는 이당류로 포유동물의 유즙 중에 존재한다. β-갈락토시다아제[(β-galactosidase (lactase)]에 의해 갈락토오스와 글루코오스로 가수분해되며, 이 효소가 결핍되면 유당불내증(lactose intolerance)으로 된다.

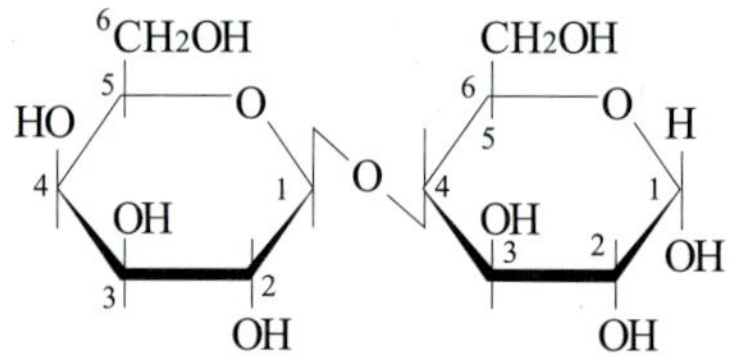

lactose (β-1,4)

(3) 맥아당 (maltose)

맥아당은 글루코오스 2분자가 α-1,4 결합한 이당류로 전분의 기본 구성단위이며 아밀로오스(amylose)를 β-아밀라아제(β-amylase)로 분해하면 거의 정량적으로 생성된다. α-글루코시다아제(maltase)에 의해 2분자의 글루코오스로 가수분해된다.

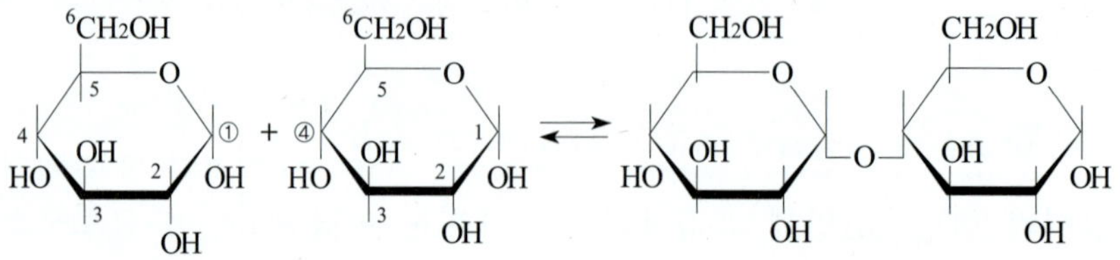

D-glucose

maltose(α-1,4)

(4) 셀로비오스 (cellobiose)

셀로비오스는 셀룰로오스를 산으로 가수분해하면 얻어지는 이당류로 맥아당과 마찬가지로 2분자의 글루코오스로 구성되어 있지만 β-1,4 결합을 하고 있다는 점이 다르다.

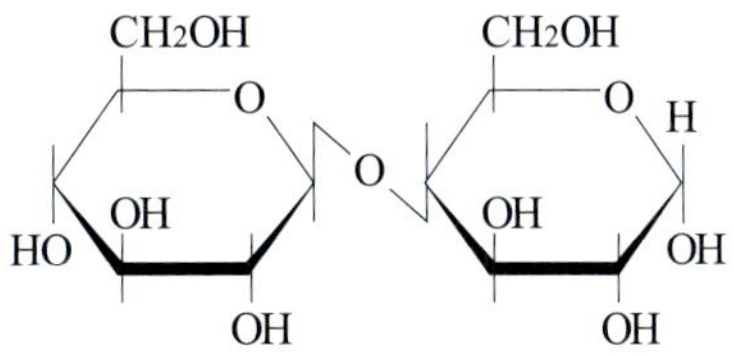

cellobiose

기타 여러 가지 식품 중에서 발견되는 이당류로는 2분자의 글루코오스가 α-1,6 결합으로 연결된 이소말라토오스(isomaltose), α-1,1 결합으로 연결되어 있는 비환원성인 트레할로오스(trehalose) 등이 있다.

2. 그 밖의 올리고당

식물 특히 두류의 종자, 근경, 지하경 등에는 수크로오스의 구조를 포함하는 라피노스(raffinose)계의 올리고당이 존재한다(그림 3-5 참조). 예를 들면 콩에는 라피노스와 스타키오즈(stachyose)가 비교적 다량 함유되어 있으며, 설탕의 원료인 사탕무에도 라피노스가 함유되어 있다.

Guide
- **라피노스(raffinose)** 사탕수수, 곡류 등 식물계에 널리 분포되어 있는 3당류.
- **스타키오즈(stachyose)** 단당류가 여러 개 합해서 이루어진 다당류의 일종. 석잠풀 속의 뿌리나 루우핀 열매에 들어 있다.

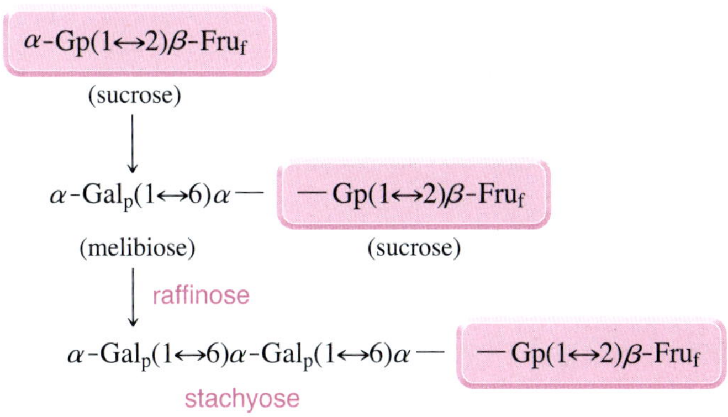

그림 3-5 라피노스계의 올리고당

SECTION 3 다당류 (Polysaccharide)

1. 동질다당류

(1) 전분 (starch)

전분은 고등식물의 종자, 근경 등의 저장기관에 입자상태로 다량 함유되어 있는 글루코오스로 구성된 다당류이다. 전분입자는 식물에 따라 크기와 형태가 특징적이기 때문에 전분의 종류를 식별하는데 이용된다(그림 3-6 참조).

보통 전분은 α-1, 4결합으로만 연결되어 있는 아밀로오스(20~25%)와 α-1, 6결합의 측쇄를 포함하는 아밀로펙틴(75~80%)의 복합체이다.

그러나 찹쌀, 찰옥수수 등에 함유된 전분은 거의 아밀로펙틴으로 되어 있다. 전분을 균일하게 가열하여 n-부탄올(n-butanol)을 가하면 아밀로오스만 부탄올과 복합체를 형성하여 침전하므로 아밀로펙틴과 분리할 수 있다. 전분을 화학적 효소적 방법으로 저분자화한 것을 덱스트린(dextrin)이라 한다.

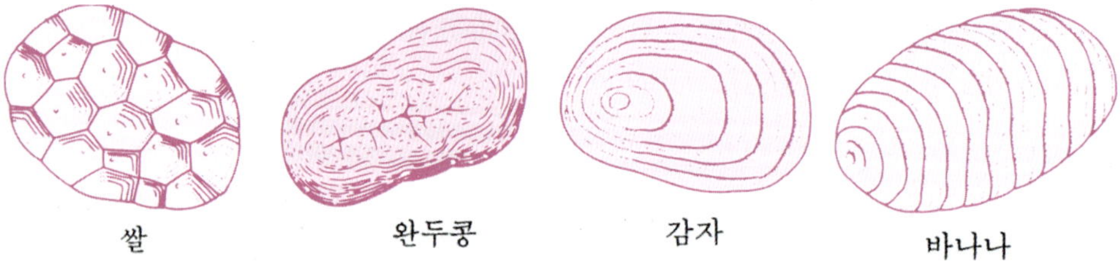

그림 3-6 식물에 존재하는 전분입자의 형태

1) 아밀로오스 (amylose)

아밀로오스는 D-글루코피라노오스(D-glucopyranose)가 α-1, 4 결합으로 연결되어 긴 사슬형을 이루고 있다(그림 3-7 참조). 아밀로오스의 중합도(DP ; degree of polymerization)는 측정법에 따라 다르나 보통 300~1,500 정도(분자량은 수천~수십만)이다.

아밀로오스는 그림 3-7에서와 같이 1회전에 6개의 글루코오스 잔기가 들어가는 나선구조를 가지고 있으며 요오드를 가하면 요오드가 나선내에 들어가 포접화합물을 형성하여 청색(최대흡수파장 약 650nm)을 나타낸다. 이것을 요오드-전분 반응이라 한다.

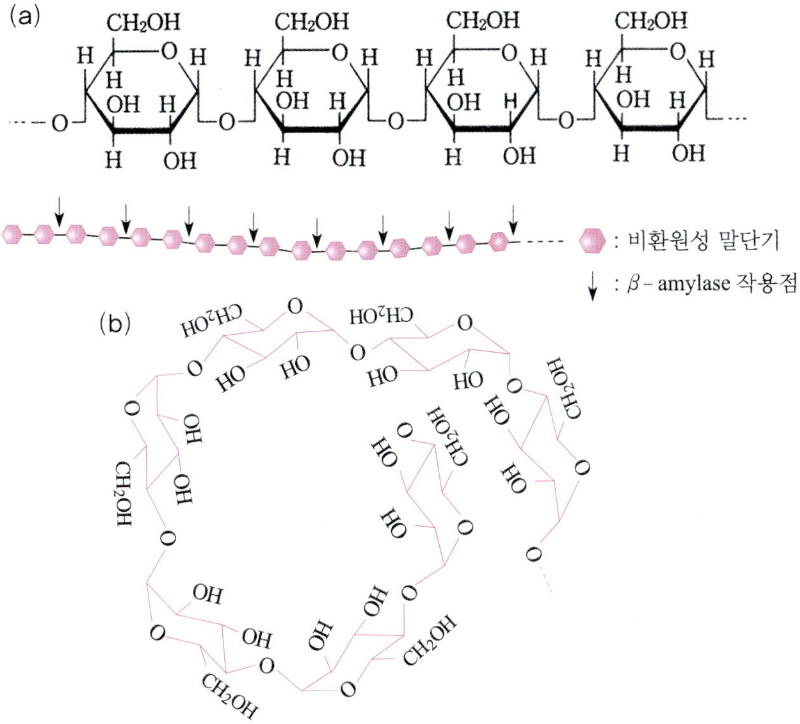

그림 3-7 아밀로오스의 구조와 β-아밀라아제에 의한 분해

2) 아밀로펙틴 (amylopectin)

전분입자의 주된 구성성분인 아밀로펙틴은 분자량 $40\sim500\times10^6$이라는 거대분자로 전분의 호화에 관계한다. 이것은 아밀로오스와는 달리 평균 20~25개의 **α**-1, 4 결합의 글루코오스 잔기에 1개의 비율로 C6에서 **α**-1, 6 결합으로 분지된 구조로 되어 있다(그림 3-8 참조).

아밀로펙틴의 가지는 A, B, C 사슬로 구별하며 C사슬은 환원성 말단기를 가지며 분자 중에 1가닥만 존재한다. B사슬은 C사슬에 **α**-1, 6 결합으로 연결되며 동시에 A 사슬의 가지를 가지고 있다.

이와 같은 분자구조를 가지면 사슬끼리의 수소결합에 의한 회합을 방해하기 때문에 아밀로오스와는 달리 노화되기 어렵고 긴 나선구조를 가지지 않으므로 요오드-전분반응은 적색(최대흡수파장 약 540nm)을 나타낸다.

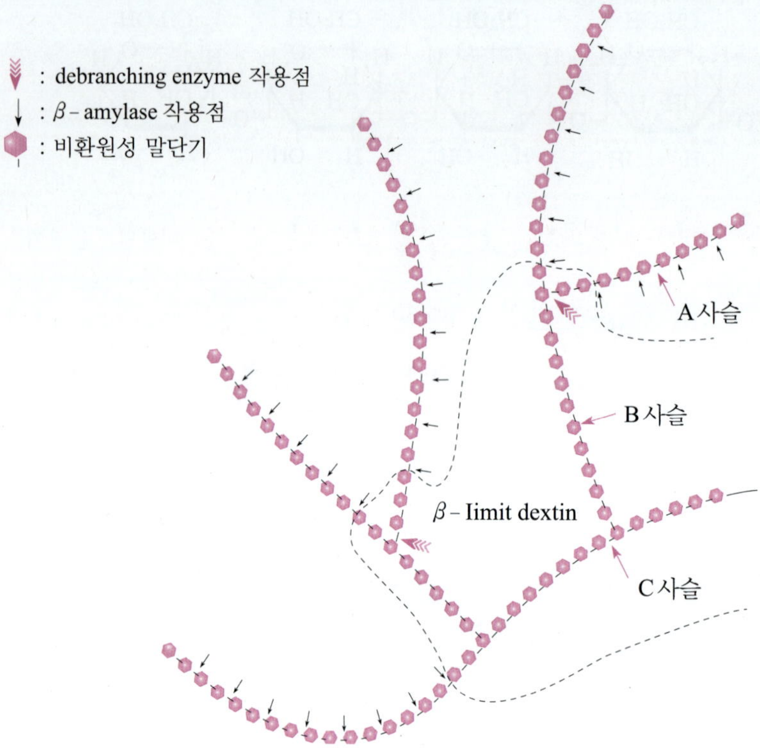

그림 3-8 아밀로펙틴의 분자구조와 β-아밀라아제 작용

3) 덱스트린 (dextrin)

아밀로펙틴을 α-아밀라아제로 가수분해하면 가지를 남긴 α-한계(limit) 덱스트린(중합도 7~8)이 얻어진다. 또 β-아밀라아제로 가수분해하면 2~3개의 글루코오스잔기를 가진 β-한계 덱스트린이 생성된다. 한계 덱스트린은 장점막에서 분비되는 올리고-1, 6-글루코시다아제[oligo-1, 6-glucosidase(isomaltase)]에 의해 가수분해된다.

시클로덱스트린(cyclodextrin)은 글루코오스 6~12개가 α-1, 4 결합으로 연결되어 고리형의 구조를 가지는 특수한 올리고당이며 기본적인 것은 6개의 글루코오스로 구성된 α-시클로덱스트린, 7개의 글루코오스로 구성된 β-시클로덱스트린, 8개의 글루코오스로 연결된 γ-시클로덱스트린의 3종류이다.

이들은 전분에 *Bacillus macerans* 등이 생산하는 특수한 전이효소인 시클로말토덱스트린-글루카노트란스페라아제[cyclomaltodextrin-glucanotransferase(CGTase)]를 작용시키면 얻을 수 있다.

시클로덱스트린은 그림 3-9에서 보는 바와 같이 분자의 외측 주변부에 친수성의 히드록시기가 존재하고 공동(cavity) 내부에는 소수성을 나타내는 CH−기가 존재하기 때문에 공동 내에 비극성 분자를 받아들여 포접화합물을 형성하는 성질이 있다.

따라서 시클로덱스트린은 향신료 등 휘발성 물질의 휘산 억제, 불포화지방산, 의약품, 비타민 등과 같은 불안정한 화합물의 안정화, 지용성물질의 가용화 및 유화, 조해성 및 점착성물질의 분체화 등에 이용된다.

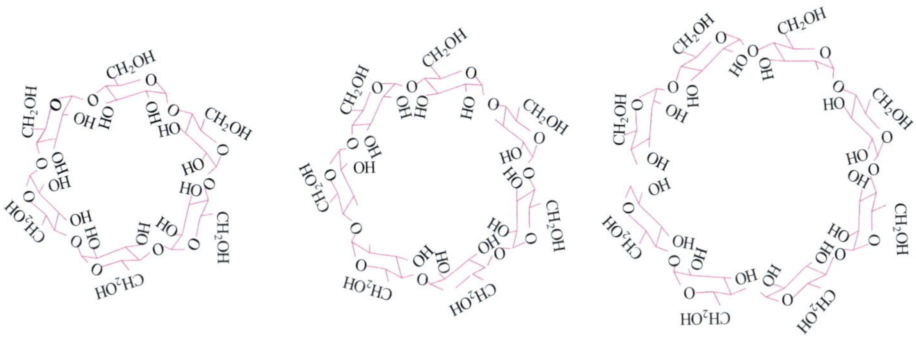

α - cyclodexrin β - cyclodexrin γ - cyclodexrin

그림 3-9 시클로덱스트린

4) 전분의 효소에 의한 분해

α−아밀라아제는 **α**−1, 4 결합을 무질서하게 가수분해하는 효소로 전분에 작용시키면 환원력 증가와 함께 점도 저하가 급격하게 일어나기 때문에 액화효소라고도 한다.

α−아밀라아제를 아밀로오스에 작용시키면 최종적으로 말토오스와 글루코오스를 생성하고 아밀로펙틴에서는 말토오스, 말토트리오스(maltotriose), **α**−한계 덱스트린을 생성한다. **β**−아밀라아제는 전분이나 글리코겐에 작용하여 **α**−1, 6 분지결합에서 가까운 쪽에서 2~3개의 덱스트린 잔기를 가진 **β**−한계 덱스트린과 말토오스를 생성한다(그림 3−8 참조).

이 분해양식에서 알 수 있는 것처럼 **β**−아밀라아제는 전분에 작용하여 많은 환원당(maltose)을 생성하지만 점도는 거의 저하하지 않으므로 당화효소라고도 한다. 이때의 가수분해율은 아밀로펙틴에서 50~60%이며 더욱 분지가 많은 글리코겐에서는 40~50%이다.

글루코아밀라아제(glucoamylase)는 전분을 비환원성 말단에서 글루코오스 단위로 가수분해하는 효소로 현재 전분에서 글루코오스를 공업적으로 생산하는 데 이용하고 있다.

고구마 등의 식물, 동물의 근육, 간 등에 존재하며 생체 내의 당대사에 중요한 효소인 포스포릴라아제(phosphorylase)는 전분이나 글리코겐에 작용하여 글루코오스-1-인산염(glucose-1-phosphate)을 만든다.

이 효소는 **α**-1, 6 결합에는 작용하지 않으므로 몇 개의 글루코오스 잔기가 연결된 한계 덱스트린(ϕ-덱스트린)을 남긴다.

$$(\alpha\text{-1,4-glucose})_n + \text{인산} \rightleftharpoons \text{glucose-1-phosphate} + (\alpha\text{-1,4-glucose})_{n-1}$$

α-1, 6-분지절단효소(debranching enzyme)는 아밀로펙틴 또는 글리코겐의 **α**-1, 6 결합부위에 작용하여 분지를 제거하는 효소(그림 3-8 참조)이다. 세균(*Pseudomonas*속)에서 발견된 이소아밀라아제(isoamylase)는 아밀로펙틴이나 글리코겐의 분지를 완전히 절단하여 각 분지의 길이에 해당하는 **α**-1, 4 결합만 가지는 것을 생성한다.

(2) 글리코겐 (glycogen)

동물전분이라고도 하는 글리코겐은 α-1, 4 결합의 주쇄에 약 3개의 글루코오스 잔기마다 6~12개 정도의 글루코오스 잔기가 α-1, 4 결합으로 연결된 측쇄가 α-1, 6 결합으로 분지를 만들고 거기에 또 분지가 형성된 망상구조를 하고 있다(그림 3-10 참조).

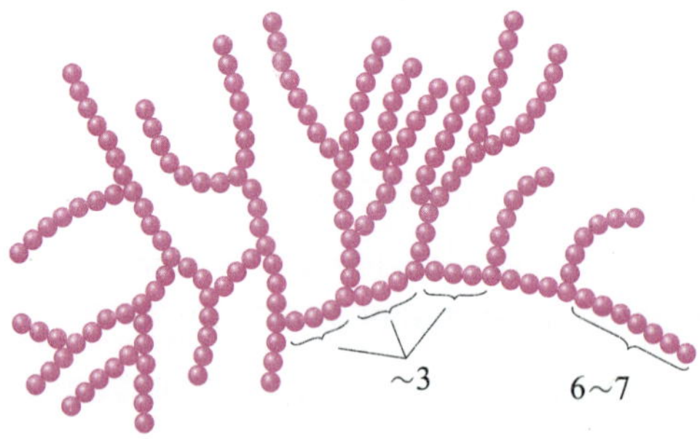

그림 3-10 glycogen의 구조

글리코겐은 물이나 알코올에 불용이고 과립상태로 동물세포에 저장되어 있으며 옥수수 종자나 하등식물, 곤충, 효모 곰팡이류, 세균류에도 존재한다. 글리코겐은 아밀로펙틴보다 더 많은 분지를 가지고 있고 길이가 짧기 때문에 요오드-전분반응은 적갈색(최대흡수파장 460nm)을 나타낸다.

또 글리코겐을 **α**-아밀라아제나 **β**-아밀라아제로 가수분해하면 글루코오스, 말토오스, 한계 덱스트린이 생성된다.

성인의 체내에는 약 350g의 글리코겐이 있으며 간에 약 100g, 골격근에 약 250g 존재한다. 간에서 글리코겐이 포스포릴라아제에 의해 가인산분해되면 글루코오스-6-인산염을 거쳐 글루코오스로 되어 혈당 공급에 이용되며, 근육에서는 해당경로로 들어가 운동에너지로 이용된다.

(3) 셀룰로오스 (cellulose)

셀룰로오스는 식물세포벽의 주성분으로 천연에 가장 풍부하게 존재하는 섬유상의 구조다당류이다. 목화(면)에 94~98%, 아마에 80%, 황마에 60~70%, 목재에는 40~50%의 셀룰로오스가 함유되어 있다.

동물에는 멍게에 함유되어 있고, 세균에는 *Acetobacter xylinum*이 균체 외로 셀룰로오스를 분비한다. 셀룰로오스는 3,000개 이상의 D-글루코오스가 β-1, 4 결합으로 연결된 직쇄구조로 되어 있으며 전분과는 달리 분지는 존재하지 않는다(그림 3-11 참조).

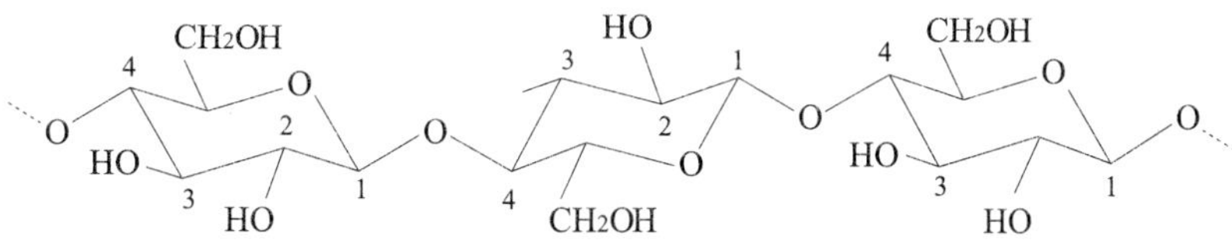

그림 3-11 셀룰로오스 분자의 구조

이와 같은 직쇄구조 때문에 셀룰로오스는 사슬끼리 서로 수소결합으로 견고하게 회합하여 부분적으로 결정을 형성한다. 셀룰로오스는 물에 불용이고 강산에 의해서만 가수분해될 수 있으며 달팽이, 흰개미, 곰팡이, 반추동물인 염소나 소의 위에 기생하는 세균은 셀룰로오스를 분해하는 효소인 셀룰라아제(cellulase)를 분비한다.

사람은 셀룰라아제를 분비하지 않으므로 셀룰로오스는 영양원이 되지는 않으나 소화관에서의 생리적 작용 때문에 중요시되고 있다.

셀룰로오스의 유도체인 DEAE-셀룰로오스[$-CH_2CH_2N^+(C_2H_5)_3$기와의 에테르]나 CM-셀룰로오스($-CH_3COO^-$기와의 에테르)와 같은 이온교환성 셀룰로오스는 다당류, 효소단백질, 핵산의 분리정제 등 생화학 분야에서 널리 응용되고 있다. 또 CM-셀룰로오스는 호료(가공식품에 점성을 주기 위하여 사용하는 식품첨가물), 유화안정제 등의 식품첨가물로 이용된다.

(4) 프룩탄 (fructan)

프룩탄의 일종인 이눌린(inulin)은 프룩토오스가 β-2, 1 결합으로 연결된 중합체로 다알리아, 돼지감자, 엉겅퀴와 같은 국화과 식물이나 아스파라거스, 붓꽃 등의 근경에 존재하는 저장다당류이며 분자량은 약 5,000이다. 이눌린은 이들 근경이 발아할 때 β-프룩토시다아제(β-fructosidase)에 의해 가수분해되어 이눌린으로 되어 에너지원으로 이용된다.

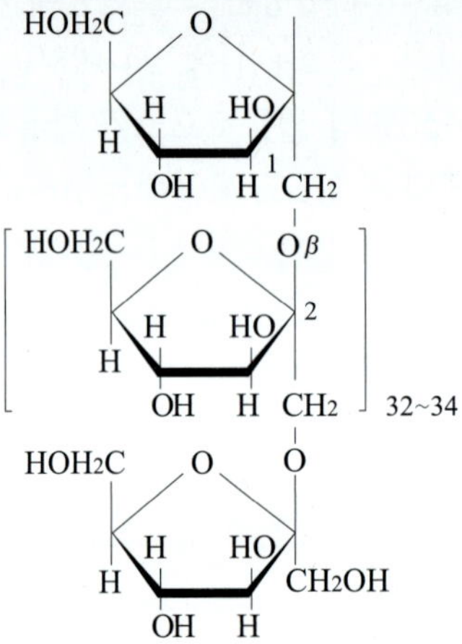

이눌린의 구조

식물의 경우와 달리 세균이 만드는 프룩탄의 대부분은 β-2, 6 결합으로 된 고점성의 레반(levan)이며 기질인 수크로오스의 프룩토오스기가 전이되어 생성된다. 최근의 연구에 의하면 구강내 연쇄상구균 중에서 충치와 관련이 있는 *Streptococcus mutans*의 프룩탄은 식물형 이눌린이라는 것이 밝혀졌다.

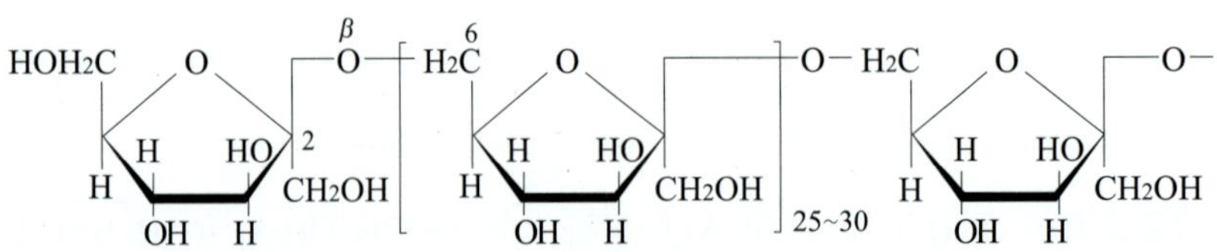

레반의 구조

(5) 키틴 (chitin)

키틴은 N-아세틸-D-글루코사민(N-accetyl-D-glucosamine)이 β-1, 4 결합으로 연결된 직쇄의 고분자 중합체이다. 절족동물(갑각류, 갑충류 등),

연체동물, 태충류(苔蟲類) 동물, 진균류의 주된 구조다당류의 일종이며 물이나 묽은 알칼리에 불용이고, 진한 알칼리에서 가열하면 탈 N-아세틸화가 일어난다. 세균이나 곰팡이의 키티나아제(chitinase)에 의해 가수분해되어 N-아세틸글루코사민으로 된다.

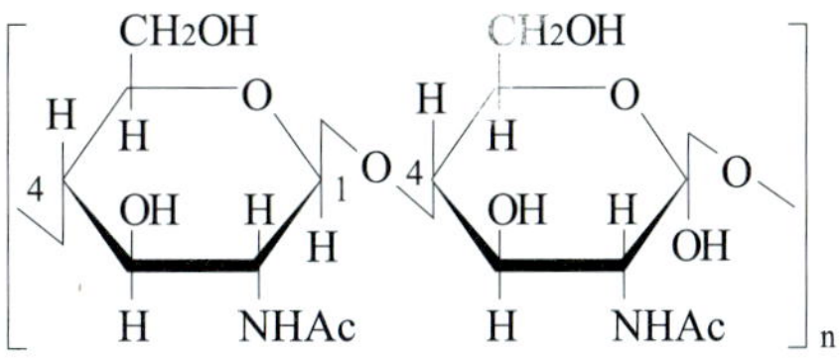

키틴의 구조

2. 복합다당류 (헤테로다당류)

(1) 글루코만난 (glucomannan)

D-글루코오스와 D-만노오스로 된 다당류로 식물계에 널리 존재한다. 대표적인 것이 곤약 만난이며 D-만노오스와 D-글루코오스가 3 : 2의 비로 구성되어 있다. 이것의 주쇄는 β-1, 4 결합으로 되어 있고 1, 3 결합의 측쇄가 있다.

(2) 펙틴질 (pectin substance)

고등식물의 세포벽 중에 비결정상태로 충진되어 있는 물질로 과실이나 야채류에 많이 함유되어 있으며 처음에는 셀룰로오스와 결합하여 물에 녹지 않는 프로토펙틴(protopectin)으로 존재한다. 과실 등이 성숙되면 프로토펙티나아제(protopectinase)의 작용으로 부분 가수분해물인 펙틴을 유리한다.

펙틴의 주성분은 D-갈락투론산(D-galacturonic acid)이 α-1, 4 결합으로 연결된 직쇄구조의 물질인 펙틴산이 메틸에스테르(methyl ester)화된 것이며 자일로오스, 아라비노오스, 람노오스 등도 함유되어 있다. 펙틴은 물에 용해되어 점성이 강한 콜로이드(colloid) 용액이 되고 Ca^{2+}에 의해 딱딱한 겔(gel)이 되며 식품이나 제과에 이용된다.

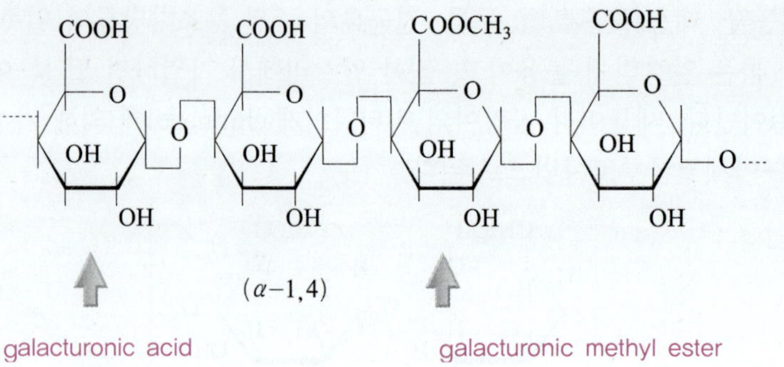

펙틴의 구조

(3) 헤미셀룰로오스 (hemicellulose)

헤미셀룰로오스는 고등식물의 세포벽에 셀룰로오스와 함께 존재하는 비글루코오스계 다당류의 총칭이다. 헤미셀룰로오스의 구조는 식물에 따라 다르지만 보통 자일란계의 다당류가 주체이며 측쇄에 아라비노오스나 글루쿠론산이 결합된 아라비노자일란(arabinoxylan)이나 글루코로노자일란(glucuronoxylan)형으로 되어 있다.

보리나 밀 등의 곡분, 밀짚, 옥수수 속대(corn cob), 콩깍지 등에 함유된 헤미셀룰로오스는 β-1, 4 결합의 자일란 주쇄에 3%의 아라비노오스 및 우론산이 측쇄로 붙어 있는 다음과 같은 구조로 되어 있다.

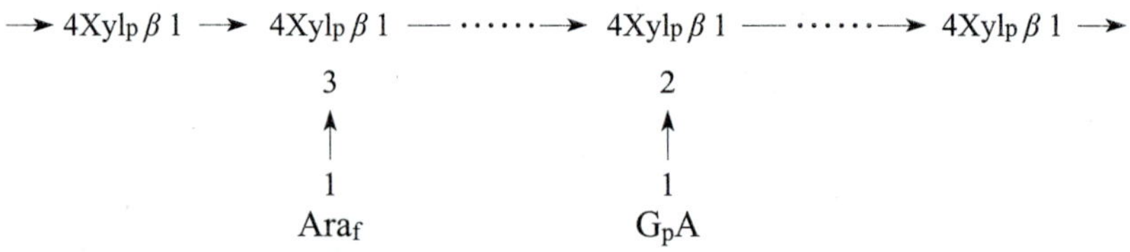

헤미셀룰로오스는 일반적으로 알칼리에는 용해하지만 물에는 녹지 않는다.

SECTION 4 당접합체 (Glycoconjugate)

탄수화물이 단백질이나 지질과 공유결합으로 연결된 화합물을 당접합체라고 한다. 이 물질은 다세포생물의 세포간 상호작용과 세포 기능에 영향을 미친다.

탄수화물-단백질 접합체에는 프로테오글리칸(proteoglycan)과 당단백질이 있다. 지질 분자를 포함하는 당지질은 원형질막의 바깥 표면에 주로 존재한다.

1. 프로테오글리칸

프로테오글리칸(proteoglycan)은 건조 무게의 95%를 탄수화물이 차지하고 있기 때문에 보통 당단백질과는 다르다. 이 물질은 주로 황산 글리코사미노글리칸(glycosaminoglycan)이 작은 크기의 폴리펩티드와 결합한 것으로, 폴리펩티드는 주로 막단백질이나 분비단백질이다.

이 물질은 글루코사미노글리칸을 통해 다양한 분자들과 상호작용을 하며 조직의 세포외 기질에서 주로 발견된다. 세포의 성장을 조절하고 연골에 탄력을 주며, 세포 사이 혹은 세포와 기질 사이에 부착되어 정보를 전달하는 기능을 가진다.

2. 당단백질

당단백질(glycoprotein)은 적혈구, 혈청, 면역글로불린 등으로 동물에 널리 분포하고 식물, 미생물에도 존재하며 특히 식물 렉틴(lectin)이나 분비형의 효소는 대부분 당단백질이다.

당단백질의 당사슬을 구성하는 주된 단당류는 D-만노오스, D-갈락토오스, L-프룩토오스이고 때로는 D-자일로오스, L-아라비노오스를 함유하는 것도 있으며, 원칙적으로 포도당(glucose)은 함유하지 않는다.

펩티드(peptide) 사슬과 결합하는 부분은 보통 N-아세틸글루코사민(N-acetylglucosamine)이며, N-아세틸갈락토민(N-acetylgalactosamine)인 경우도 있다. 당 사슬과 아미노산의 결합양식은 N-glycoside 결합과 O-glycoside 결합이 있다.

N-글리코시드 결합은 혈장 당단백질, 난백 당단백질, 식물 렉틴(lectin), 세포막 당단백질이나 효소 당단백질 등에서 발견된다. 이것은 아스파라긴(asparagine)과 N-아세틸글루코사민의 결합으로 O-글리코시드 결합에 비해 알칼리 등에 매우 안정하다.

O-글리코시드 결합은 타액 중의 뮤신(mucin)에서 볼 수 있고 폴리펩티드 사슬 중의 세린(serine)이나 트레오닌(threonine) 등의 아미노산 잔기와 헥소사민(hexosamine) 또는 크실로오스(xylose) 사이에서 결합이 이루어지며, 당 사슬 말단에는 주로 N-아세틸뉴라민산(N-acetylneu-raminic acid)이 결합하고 있다. O-글리코시드 결합은 알칼리 처리로 비교적 쉽게 절단된다.

3. 당지질

당지질(glycolipid)은 주로 동물조직의 생체막을 구성하는 성분으로서 중요하며 스핑고사인(spingosine)과 여러 가지 지방산 및 당이 결합한 복잡한 구조를 가지고 있다.

일반적으로 동물계에는 스핑고당지질(spingoglycolipid)이 함유되어 있고 식물이나 미생물에는 글리세로당지질(glyceroglycolipid)이 함유되어 있다.

Question

1. epimer와 anomer에 관하여 설명하시오.
2. 주요 단당류와 이당류에 관하여 설명하시오.
3. 전분과 글리코겐에 관하여 설명하시오.

Chapter 4.

아미노산과 단백질의 화학

Guide

단백질의 어원

단백질이란 말은 1838년에 Mulder에 의해 처음으로 사용되었다. 이 말은 "가장 중요함"을 의미하는 그리스어 proteios에서 유래되었다.

뮬더(Gerardus J. Mulder)는 단백질이 매우 중요하며, 이것 없이는 모든 생명이 생존 불가능할 것이라고 주장하였다. 단백질은 50개 이상의 L-α-아미노산이 펩티드(peptide) 결합으로 연결된 폴리펩티드(polypeptide)로 생물체의 주요 구성성분이며 생명현상을 나타내는데 가장 중요한 물질이다.

단백질은 생체 내에서 여러 가지 ① 화학반응을 촉매하는 효소단백질이나 헤모글로빈(hemoglobin) 및 알부민과 같이 ② 운반에 관여하는 단백질, 간에 철을 저장하는 페리틴(ferritin)과 같은 ③ 저장에 관여하는 단백질, 액틴(actin)이나 미오신(myosin) 등과 같은 ④ 수축이나 운동에 관여하는 단백질, 콜라겐(collagen)이나 엘라스틴(elastin) 등과 같은 ⑤ 구조 단백질, 혈청항체, botulinum 독소 및 뱀독 등과 같이 ⑥ 방어에 관여하는 단백질, 그리고 인슐린(insulin)이나 성장호르몬 및 부신피질 자극 호르몬(corticotropin) 등과 같이 ⑦ 조절에 관여하는 단백질 등이 있다.

SECTION 1 아미노산(Amino acid)

1. 아미노산의 종류

단백질을 구성하고 있는 기본단위는 아미노산이다. 아미노산은 아미노기(- NH_2)와 카르복시기(- COOH)를 가지는 화합물이다. 단백질은 20종류의 아미노산으로 구성되어 있다. 이들은 모두 카르복시기가 결합되어 있는 α-탄소에 아미노기가 결합하고 있는 α-아미노산이다.

글리신(glycine)을 제외한 모든 아미노산은 아미노기와 카르복시기가 결합한 탄소원자가 부제탄소원자(asymmetric carbon)이고, 이들의 아미노산에는 L형(L-아미노산)과 D형(D-아미노산) 두 종류의 광학이성질체(optical isomer)가 있다. L형과 D형은 입체구조가 서로 겹칠 수 없는 다른 아미노산이다.

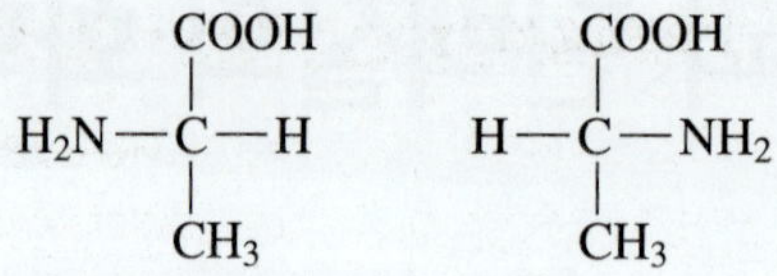

(a) L-alanine (b) D-alanine

그림 4-1 알라닌의 광학이성질체

일반적으로 아미노산은 생리적 pH범위에서 카르복시기가 양성자(proton)를 방출한 형태로 존재하고 아미노기는 양성자를 수용한 형태로 존재한다.

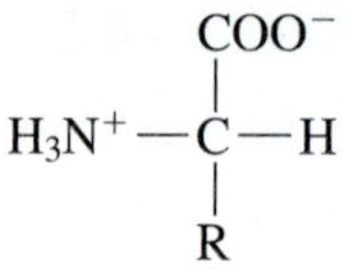

L-α-아미노산의 일반식(Zwitter ion 형태)

각각의 아미노산은 사슬 부분(R)의 성질에 따라 분류된다. 물을 싫어하는 소수성의 R기를 갖는 소수성 아미노산, 극성이면서 전하를 띠지 않는 R기를 갖는 친수성 아미노산, (−)전하를 띤 친수성 R기를 갖는 산성 아미노산, (+)전하를 띤 친수성 R기를 갖는 염기성 아미노산으로 나누어진다.

소수성 아미노산은 탄화수소 사슬(aliphatic)이나 탄화수소 고리로 구성된 R기를 갖는다. 단백질은 주로 수성환경(water environment)에 존재하기 때문에 소수성 아미노산들은 물과 직접적인 접촉을 피하기 위해 단백질분자 내부에 있게 된다. 반대로 친수성 아미노산은 물과 접촉하는 단백질 분자의 외부에 위치하고 있다. 대부분의 친수성 아미노산은 전기적으로 음성인 산소원자를 지니므로 물 분자와 수소결합을 할 수 있다.

시스테인(cysteine)은 sulfhydryl기(- SH)를 갖고 있다. Sulfhydryl기는 수소를 잃고 산화될 수 있으며, 서로 결합하여 이황화물(disulfide) 결합을 형성한다. 이 결합은 단백질 사슬들을 서로 결합시키는 데에 매우 중요하다. pH 7에서 산성 아미노산은 말단에 (−)전하를 띠는 카르복시기를 포함하는 R기를 지니고 있다. pH 7에서 염기성 아미노산은 R기의 아미노기가 물로부터 양성자를 받아들여 (+)전하를 띤다.

Guide

- **필수아미노산**
  생명유지에 필요한 양을 합성할 수 없기 때문에 식품으로부터 반드시 섭취해야 한다.
- **비필수아미노산**
  필요한 양이 체내에서 만들어질 수 있다.

성인이 필요로 하는 필수아미노산은 8종으로 발린(valine), 이소류신(isoleucine), 류신(leucine), 트레오닌(threonine), 라이신(lysine), 메티오닌(methionine), 페닐알라닌(phenylalanine), 트립토판(tryptophan)이며 이들 외에 히스티딘(histidine)을 추가하기도 한다. 그 밖의 아미노산은 비필수아미노산이라 하며 다른 아미노산이나 당질, 지질대사 중간체로부터 합성된다.

발린, 류신, 이소류신은 R부분에 가지가 뻗어난 구조로 분지아미노산이라고 하고, 벤젠고리모양의 트립토판, 페닐알라닌, 티로신은 방향족 아미노산이라고 한다. 이 외에도 시스테인, 메티오닌처럼 황원자를 포함한 황함유아미노산 등이 있다.

아미노산은 간단히 줄인 약호로 표시하는 경우도 있고, 아미노산의 첫 3문자로 표시하는 경우도 있다. 글루타민과 아스파르긴은 글루타민산(Glu)과 아스파르트산(Asp)과 같아지기 때문에 각각 Gln과 Asn으로 표시한다.

소수성 아미노산

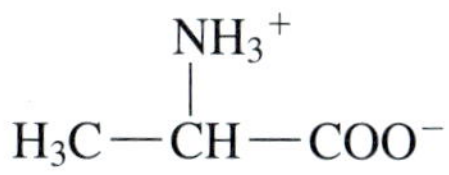
alanine, (Ala)

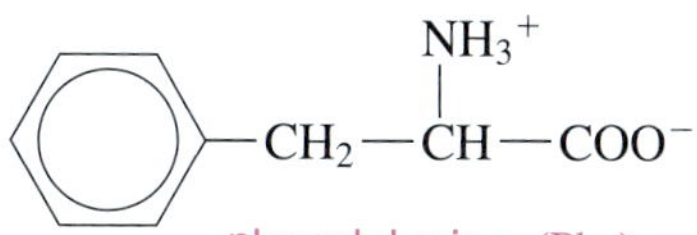
phenylalanine, (Phe)

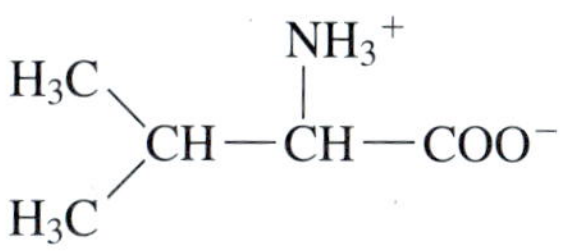
valine, (Val)

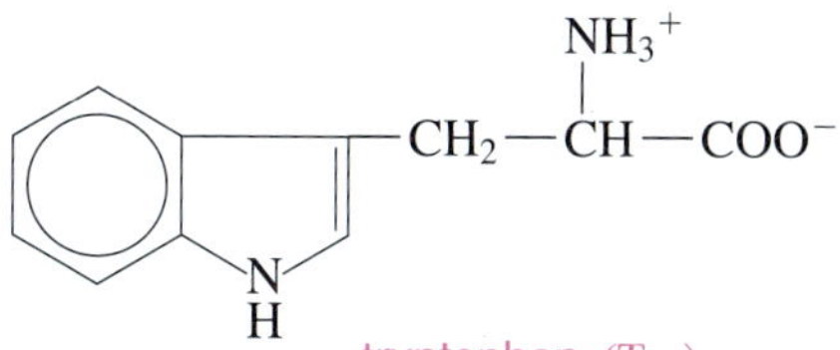
tryptophan, (Trp)

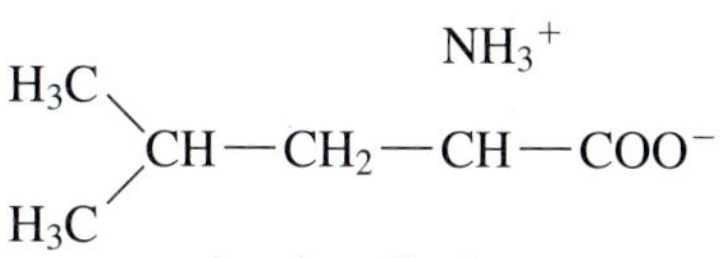
leucine, (Leu)

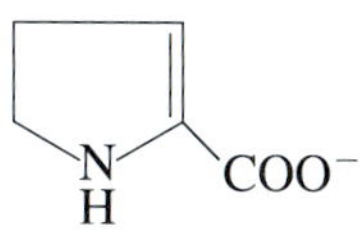
proline, (Pro)
(an *imino* acid)

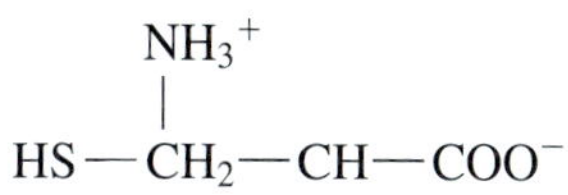
cysteine, (Cys)

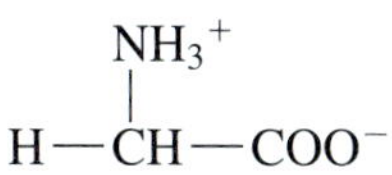
glycine, (Gly)

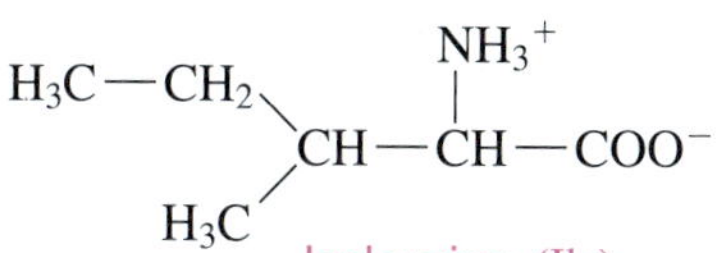
Isoleucine, (Ile)

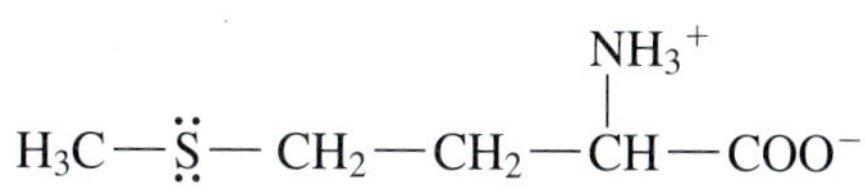
methionine, (Met)

친수성(극성) 아미노산

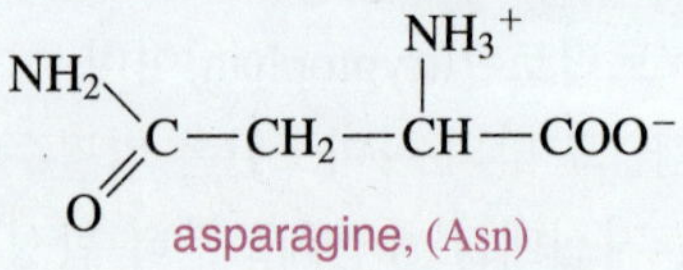

asparagine, (Asn)

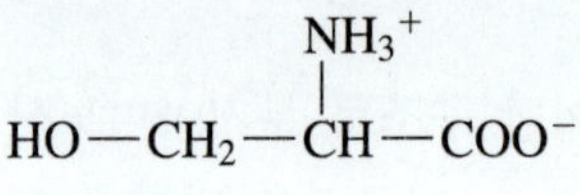

serine, (Ser)

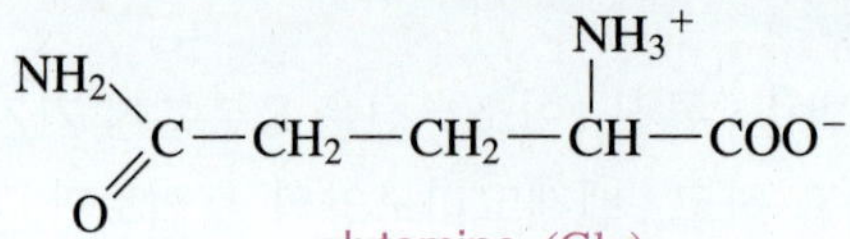

glutamine, (Gln)

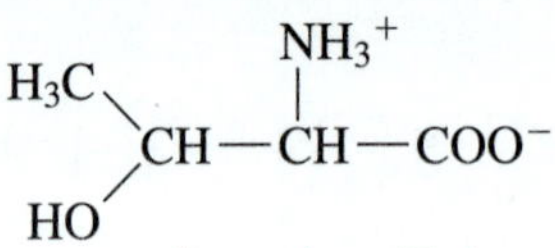

threonine, (Thr)

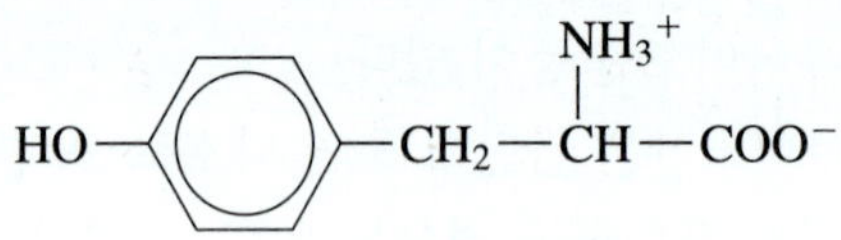

tyrosine, (Tyr)

음(−)전하를 띤 친수성 아미노산(pH 7)

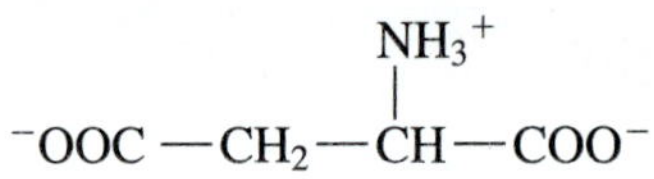

aspartate, (Asp)

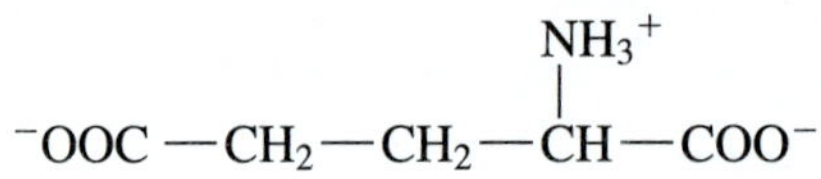

glutamate, (Glu)

양(+)전하를 띤 친수성 아미노산(pH 7)

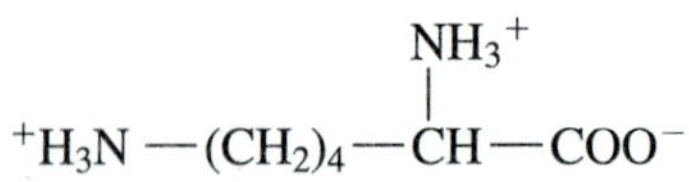

lysine, (Lys)

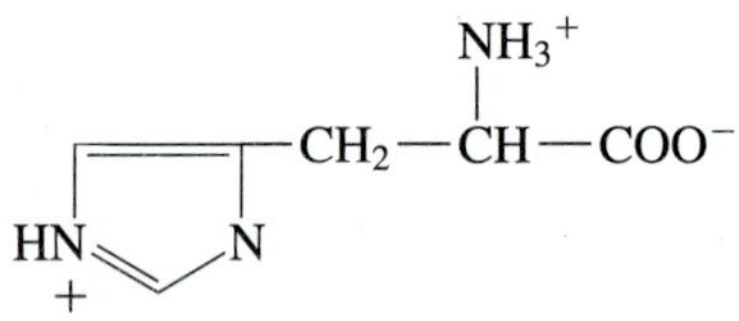

histidine, (His)

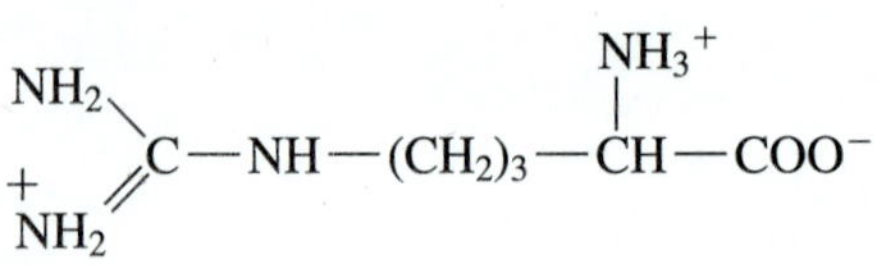

arginine, (Arg)

그림 4-2 아미노산의 분류

2. 아미노산의 성질

(1) 아미노산의 물리적 성질

1) 용해도

아미노산은 비교적 물에 잘 녹는다. 이는 모든 아미노산의 아미노기와 카르복시기가 이온화되어 있기 때문이다. 소수성 R기를 가지고 있는 아미노산도 물에 녹으나 R기의 소수성이 커지면 용해도는 감소한다. (+)전하 및 (−)전하를 띤 산성 또는 염기성 아미노산은 소수성 아미노산보다 일반적으로 용해성이 높다.

2) 자외선 흡수 스펙트럼

아미노산 중에서 방향족아미노산인 페닐알라닌(phenylalanine), 트립토판(tryptophan), 티로신(tyrosine) 및 히스티딘(histidine)은 자외선을 흡수한다(그림 4-3 참조). 이들은 이중결합을 갖고 있거나 비공유 전자쌍을 가진 질소원자를 함유하고 있다. 단백질이 280nm 부근의 자외선을 흡수하는 것은 바로 이들 아미노산, 특히 트립토판이 함유되어 있기 때문이다.

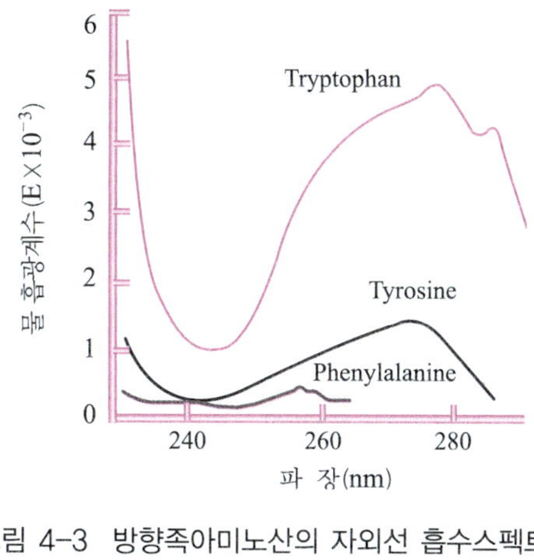

그림 4-3 방향족아미노산의 자외선 흡수스펙트럼

(2) 아미노산의 산 · 염기 특성

1) 양성전해질 (ampholyte)

양성전해질이란 수용액 중에서 산성과 염기성 양쪽의 성질을 나타내는 물질을 말하는데, 모든 아미노산은 양성전해질이다.

α-아미노산은 수용액에서 치환기 R이 이온형으로 존재하는 것도 있지만 일반적으로 아미노산의 **α**-탄소에 (+)로 하전하는 아미노기와 (−)로 하전하는 카르복시기를 가지고 있기 때문에 pH가 중성 부위에서는 +와 −가 공존하는 양성전해질로 존재한다. 그렇지만 pH가 변화하면 하전상태도 이에 따라서 변화한다.

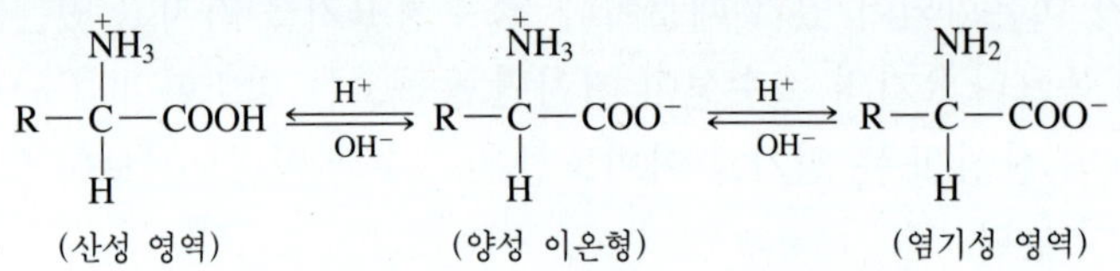

dipolar ion 또는 zwitter ion

α-아미노산은 pH가 7.0 부근에서 양전기와 음전기를 가진 양성 이온형을 하고 있으며 외부에서 산을 가하면 염기(양성자 수용체)로 작용하여 (+)전하를 띠고, 염기를 가하면 산(양성자 공여체)으로 자용하여 (−)전하를 띤다.

2) 적정곡선 (titration curve)

0.1 M 염산으로 pH 1.3 정도로 조절한 아미노산 수용액에 0.1 M NaOH를 가하면서 pH를 측정하여 나타내면 그림 4-4와 같은 아미노산의 적정곡선이 얻어지는데 적정곡선의 변곡점으로부터 아미노산의 해리상수(pK_a)와 등전점(isoelectric point ; pI)을 알 수 있다.

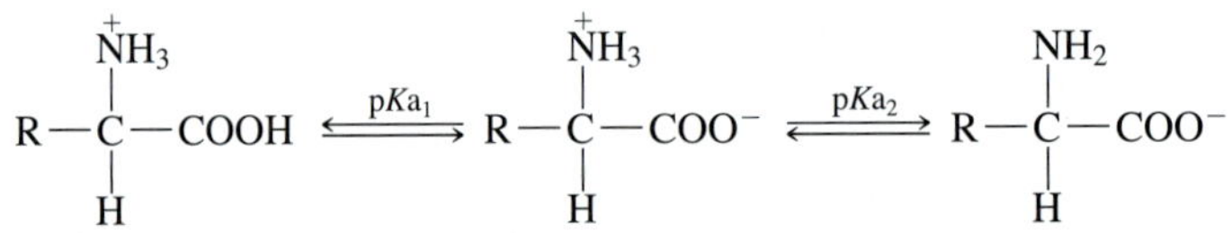

$$\mathrm{pH} = \mathrm{p}Ka + \log\frac{[\text{짝염기}]}{[\text{짝산}]} = \mathrm{p}Ka + \log\frac{[\mathrm{RCOO^-}\ \text{또는}\ \mathrm{RNH_2}]}{[\mathrm{RCOOH}\ \text{또는}\ \mathrm{RNH_3}^{+}]}$$

아미노산의 pK_a는 Henderson-Hasselbalch식에서 수용액 내의 짝산과 짝염기의 농도가 같을 때의 pH이므로 적정곡선 상에서는 산 또는 염기를 가하여도 pH가 그다지 변화하지 않는 변곡점의 pH가 아미노산의 pK_a이다(표 4-1 참조).

그림 4-4에서 변곡점인 pH 2.34와 9.69가 알라닌의 pK_a 값이다. 두 pK_a 값 사이의 중간지점에는 양호한 완충지역이 없다. 왜냐하면, 과잉의 염기를 조금만 첨가해도 아미노산 용액의 최종 pH는 많이 변하기 때문이다. 두 pK_a 값의 산술평균한 값을 등전점(isoelectric point: pI)이라 한다.

등전점에서 아미노산은 100% 쌍극이온(zwitter ion) 형태로 존재한다.

$$pI = (pKa_1 + pKa_2)/2$$

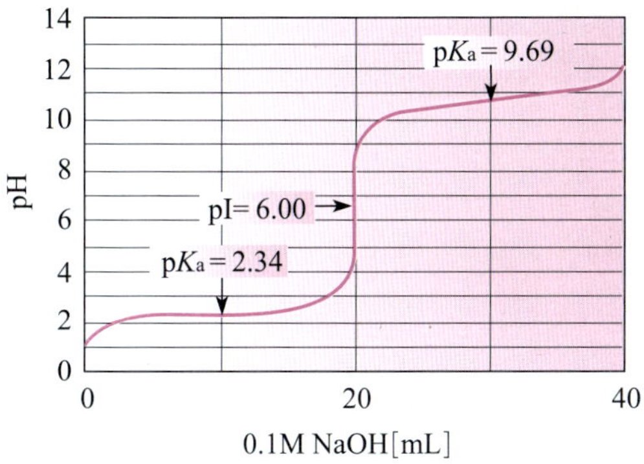

그림 4-4

0.1 M Alanine 20mL의 적정곡선

표 4-1 아미노산의 pK_a 값

아미노산	α-COOH	α-NH_2	- R	아미노산	α-COOH	α-NH_2	- R
Glycine	2.34	9.60	-	Lysine	2.18	8.95	10.53
Alanine	2.34	9.69	-	Arginine	2.17	9.04	12.48
Valine	2.32	9.62	-	Histidine	1.82	9.17	6.00
Leucine	2.36	9.60	-	Serine	2.21	9.15	-
Isoleucine	2.36	9.68	-	Threonine	2.63	10.43	-
Aspartic acid	2.09	9.82	3.86	Cysteine	1.71	10.78	8.33
Glutamic acid	2.19	9.67	4.25	Methionine	2.28	9.21	-
Asparagine	2.02	8.80	-	Phenylalanine	1.83	9.13	-
Glutamine	2.17	9.13	-	Tyrosine	2.20	9.11	10.07
Proline	1.99	10.60	-	Tryptophan	2.38	9.39	-

SECTION 2 펩티드(Peptide)

1. 펩티드(Peptide)의 구조와 명명법

한 아미노산의 카르복시기와 인접한 아미노산의 α-아미노기는 다음과 같이 탈수축합 반응하여 펩티드 결합(peptide bond)을 형성할 수 있다. 펩티드에도 역시 유리 **α**-아미노기(N-말단)와 유리 카르복시기(C-말단)가 있으므로 이 말단부들이 계속 반응하면 더욱 긴 사슬을 만들 수 있다.

펩티드 내의 각각의 아미노산 부분은 아미노산 잔기(amino acid residue)라 한다.

보통 10개 이하의 잔기로 구성된 펩티드(peptide)를 올리고펩티드(oligopeptide)라 한다. 잔기 수를 확실히 하기 위해 그리스어의 접두사를 이용하여 디펩티드(dipeptide), 트리펩티드(tripeptide) 등으로 부른다. 이보다 더욱 많은 아미노산이 결합하여 만들어진 것을 폴리펩티드(polypep-tide)라 하며 보통 50개 이상의 아미노산으로 이루어진 펩티드를 단백질이라 한다.

잔기 배열을 알고 있는 사슬형의 펩티드(peptide)는 N-말단에서 시작하여 각 아미노산의 어미 "*-ine*"를 "*-yl*", 즉 α-아미노산의 아실(acyl)기로 표시하는 방법으로 명명되며 펩티드결합은 「-」로 표시된다. 각 잔기에는 N-말단을 1로 하여 번호가 붙여진다.

펩티드를 완전하게 표기하는 것이 번거롭기 때문에, 3문자 또는 1문자 약기법으로 표기하기도 한다.

1 2 3 4 5 6 7 8
arginyl-alanyl-glycyl-arginyl-glutamyl-alanyl-methionyl-lysine

위에서 예를 든 올리고펩티드는 Arg-Ala-Gly-Arg-Glu-Ala-Met-Lys 또는 R-A-G-R-E-A-M-K로 표기할 수 있다.

각 단백질은 각각의 유전정보에 따라 20종류의 아미노산이 일정한 배열 순서대로 펩티드 결합을 한 것이다. 펩티드 결합이 연속적으로 일어나면서 만들어지는, 긴 펩티드 사슬(long peptide chain)은 구부러지기도 하고 접히기도 한다. 그렇게 만들어진 단백질은 고유의 입체구조를 가진다. 각 단백질은 고유의 입체구조를 가짐으로써 각각의 생리적 활성을 나타내게 된다.

2. 단백질의 구조

전형적인 단백질의 3차원적 특징을 살펴보고, 단백질 분자에는 어떤 결합형태가 있는지를 알아보자.

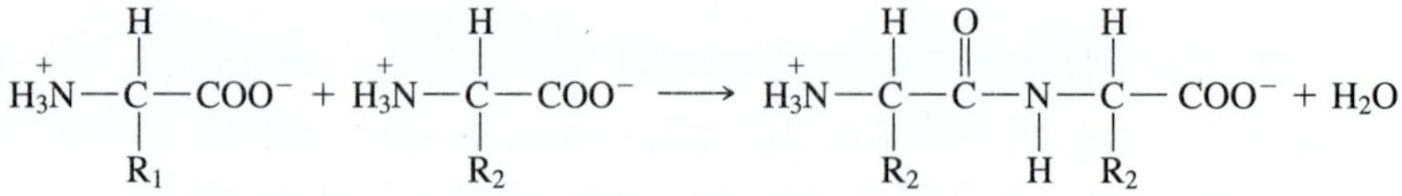

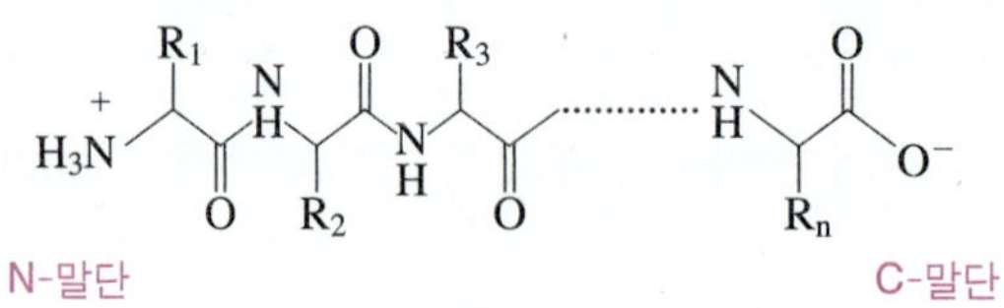

(1) 펩티드 결합의 구조

펩티드 결합은 한 아미노산의 아미노기와 두 번째 아미노산의 카르복시기의 축합반응으로 생겨난다. 펩티드 결합은 몇 가지의 특이한 성질을 갖고 있다. 무엇보다도 원자(그림 4-5에서 표시된 쐐기 모양의 화학결합은 제외)들은 모두 동일 평면상(coplanar)에 존재한다.

둘째로, 펩티드 결합의 탄소-질소결합(C-N 결합)은 실제로 정상적인 C-N 결합보다 조금 짧다. 이것은 C-N 결합이 이중결합 특성을 가지기 때문이다. 즉, C-N 결합은 부분적으로 단일결합과 이중결합 두 가지의 성질을 갖고 있다. 이 독특한 현상은 공명(resonance)이라는 말로 설명될 수 있다. 공명구조는 다음과 같다.

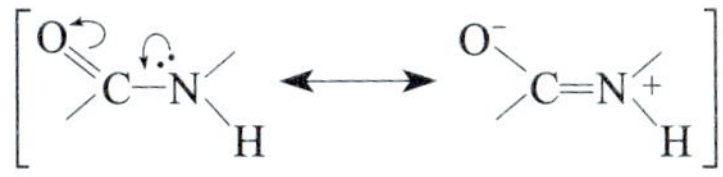

특히, C- N 결합과 C= O 결합에 관련된 전자는 하나의 화학구조에서 다른 구조로 공명한다. 이와 같이 C- N 결합은 부분적으로 이중결합성을 가지고 있다. 이 때문에 C- N 단일결합은 회전할 수 없고, 이들 원자들은 한 평면 내에 고정된다.(그림 4-5)

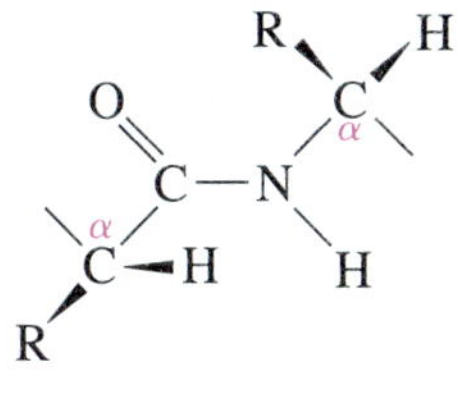

그림 4-5 펩티드 결합

O, C, N, H 원자는 동일평면에 놓여있다. α-탄소에 결합한 R기와 수소원자는 평면의 위와 아래에 존재한다.

(2) 단백질 구조

1) 1차 구조 : 폴리펩티드(polypeptide) 사슬의 아미노산 배열(disulfide 결합도 존재)을 1차 구조라 부른다. 아미노산에 번호를 붙이는 경우는 N-말단 아미노산의 번호를 1번으로 하고, C-말단 아미노산의 번호를 최종 번호로 한다.

2) 2차 구조 : 단백질 분자의 2차 구조는 폴리펩티드 사슬의 부분적인 공간배열을 말한다. 즉, 폴리펩티드 사슬 내의 인접한 아미노산 잔기의 기하학적인 관계가 2차 구조를 결정한다. **α**–나선구조(helix)와 **β**–병풍구조(**β**–pleated sheet)는 2차 구조를 나타내는 중요한 구조들이다.

① **α**–나선구조(helix)

펩티드 결합으로 연결된 원자들이 동일평면상에 위치하여 견고한 구조를 취하지만, **α**–탄소원자와 결합한 단일결합은 360° 회전을 할 수 있다. 그러므로 오른쪽으로 꼬인 나선형(**α**–helix)이 가능하다(그림 4–6 참조).

나선(helix)은 카르보닐(carbonyl) 산소와 아미드(amide) 결합한 수소 사이의 수소결합에 의해 유지되고 안정화되어 있다. **α**–helix에 결합된 아미노산의 R기는 복잡한 원통구조의 외측으로 뻗어 있으므로 이들 사이의 분자상호작용을 최소화한다.

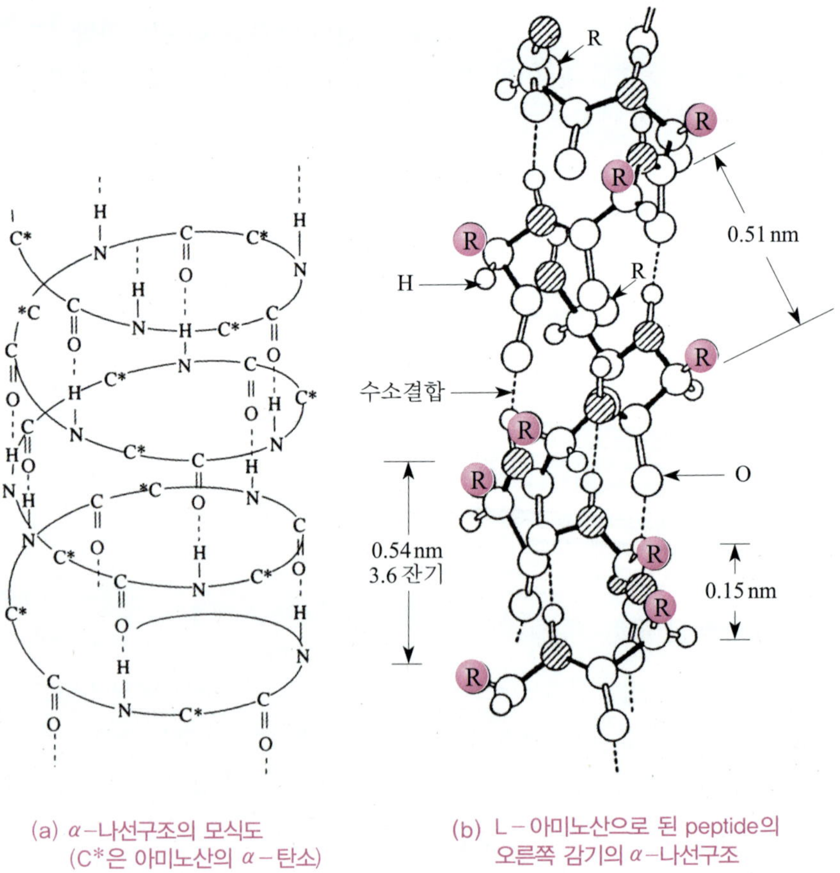

(a) α–나선구조의 모식도
(C*은 아미노산의 α–탄소)

(b) L–아미노산으로 된 peptide의
오른쪽 감기의 α–나선구조

그림 4–6 단백질의 **α**–나선구조

② β-병풍구조(pleated sheet)

펩티드 사슬이 2개 또는 그 이상의 것이 가로로 줄을 선 것과 같은 모양을 하고 있다. 펩티드(peptide) 사슬들이 '같은 방향으로 향하고 있는 평행형'과 '반대방향으로 향하고 있는 역평행형'의 2가지 형태가 있다.

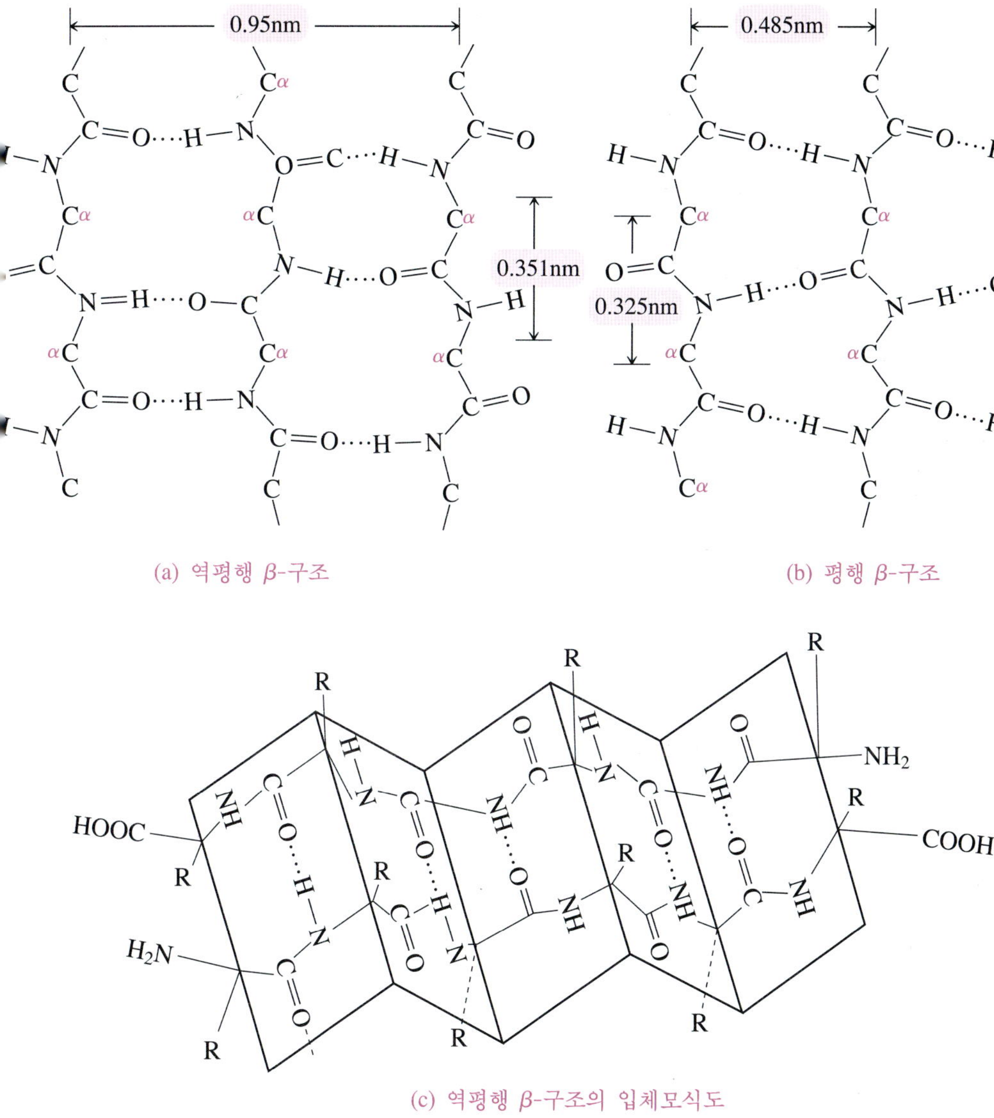

(a) 역평행 β-구조

(b) 평행 β-구조

(c) 역평행 β-구조의 입체모식도

그림 4-7 단백질의 β-병풍구조

3) 3차 구조 : 용액 속에서 단백질의 특이한 3차원적인 구조를 3차 구조라 고 한다. 3차 구조는 폴리펩티드 사슬이 복잡하게 포개져서 만들어진 단백질 고유의 입체구조이다.

3차 구조는 아래와 같은 다수의 결합력에 의해 1차 구조와 2차 구조로부터 만들어진다.

① **α**-나선구조 혹은 ***β***-병풍구조 내의 수소결합
② 아미노산 잔기 사이의 수소결합
③ 시스테인 잔기 사이의 이황화(disulfide) 결합
④ 아미노산 잔기 사이의 정전기적(electrostatic) 결합
⑤ 소수성 R기 사이의 소수성 상호작용(hydrophobic interaction)
⑥ 물과 단백질의 상호작용

이들 결합력에 의해 유지되고 있는 가상적인 단백질의 3차 구조를 그림 4-8에 나타내었다.

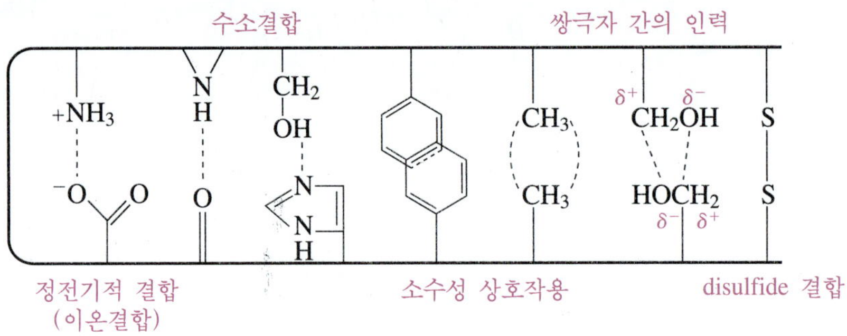

그림 4-8 단백질의 3차 구조를 유지하는 결합양식

4) 4차 구조 : 올리고머(oligomer) 단백질은 두 개 이상의 폴리펩티드로 구성되며, 이 단백질의 전체 입체구조를 4차 구조라 한다. 올리고머 단백질의 각 폴리펩티드 사슬을 소단위체(subunit)라 부른다. 각 소단위체 사이의 결합은 공유결합이 아니고 수소결합이나 소수성결합 등의 비공유 결합이다. 헤모글로빈은 네 개의 소단위체로 되어 있는데, 두 개의 α형과 두 개의 β형으로 구성되어 있다. 헤모글로빈의 4차 구조를 그림 4-9에 나타내었다.

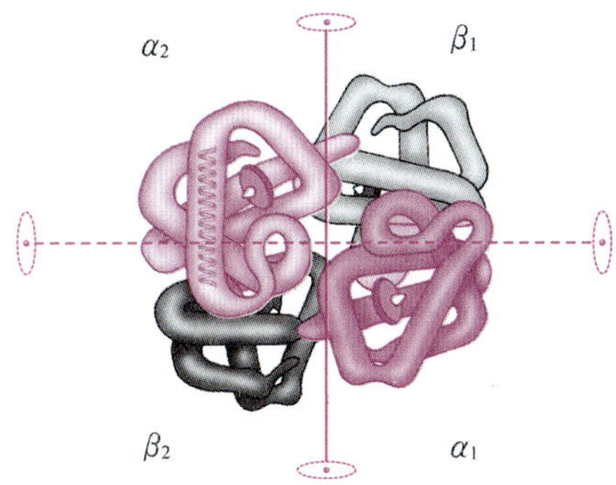

그림 4-9 헤모글로빈(hemoglobin)의 4차 구조

2차, 3차, 4차 구조적 요인을 잘 나타내고 있는 헤모글로빈의 구조. 헤모글로빈은 두 개의 α와 두 개의 β(α_1, α_2, β_1, β_2로 표시하였음)로 구성된 네 개의 단위체를 가지고 있다. 각 단위체는 철 원자와 함께 헴 구조를 가지고 있다. 각 헴 구조는 산소 분자와 결합할 수 있다.

(3) 단백질의 변성

가열 · 동결 · 고압 · 자외선 · X-선 · 교반 · 흡착 · 희석 등의 물리적 요인이나 극단적인 산성 또는 알칼리성 · 유기용매 · 중금속염 · 요소 · 염산-구아니딘(HCl-guanidine) 등의 변성제나 계면활성제 등의 화학적 요인에 의해 1차 구조는 변화시키지 않고 고차 구조가 파괴되어 단백질분자가 대부분 생리적 조건에서 유지하고 있는, 고유의 구조상태의 물성이 변화한 상태로 되는 것을 변성(denaturation)이라 한다.

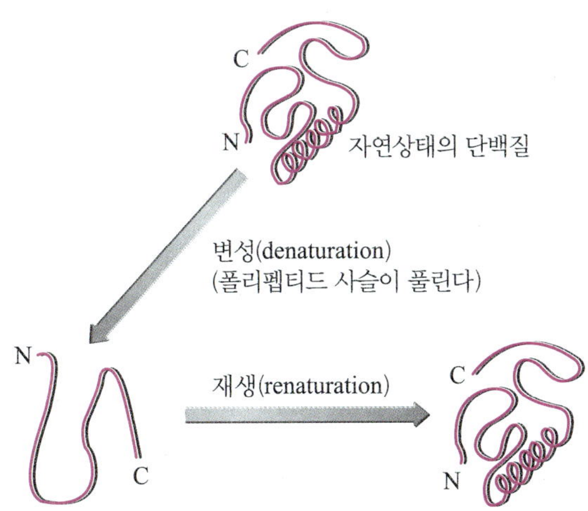

그림 4-10 단백질의 가상적인 변성과 재생

단백질이 변성되면 대부분의 이온결합, 수소결합, 소수성결합, 이황화(disulfide) 결합이 파괴되어 SH-기가 증가하고 분자량이 변화하기도 한다.

또 아미노산 잔기 자신의 분자 내 반응으로 산성기 또는 염기성기가 감소하고 폴리펩티드 사슬은 무질서한 상태(random coil)로 된다. 단백질이 변성되면 용해도의 감소, 응고와 gel화, 등전점이 변화하고 효소활성이나 항원성 등의 생리적 활성을 잃게 된다.

트리클로로아세트산(trichloroacetic acid), 포스포텅스텐산(phosphotungstic acid), 포스포몰리브덴산(phosphomolybdic acid) 등으로 단백질을 변성시키면 침전된다. 그러므로 원심분리하여 단백질을 제거할 수 있다.

SECTION 3 단백질의 분류

단백질을 기능적인 면에서 분류하여 살펴보고, 또 구성성분으로 분류하여 살펴보자.

1. 기능에 따른 분류

(1) **효소** : 효소는 생체 내부에서 일어나는 화학반응의 촉매로서 작용한다. 예를 들면, 펩신(pepsin)은 단백질의 가수분해 반응을 촉매하고 α-아밀라아제(α-amylase)는 전분(starch)의 가수분해 반응을 촉매한다. 이들의 효소가 존재하면 존재하지 않을 때보다 이들 효소반응이 확실히 빠르게 일어난다.

(2) **구조단백질** : 생체구조나 형태를 형성하고 유지시키는 단백질이다. 지지조직(뼈조직, 연골조직, 결합조직 등)의 주요 구성단백질로서 콜라겐(collagen)이나 엘라스틴(elastin)이 있고 피부나 머리털 등의 표면 구조체 주요 성분단백질로서 케라틴(keratin) 등이 있다.

(3) **방어단백질** : 항원에 의한 자극의 결과로 면역반응에 의해 생성되는 단백질로서 면역 글로불린(immunoglobulin)이 있고, 바이러스 감염 때 거의 모든 동물 세포가 생성시켜 분비하는 단백질로서 인터페론(interferon; IFN) 등이 있다. 이들 단백질은 세균처럼 생체에 있어서 이물질(xenobiotics)인 항원(antigen)의 제거나 바이러스 증식억제 등의 작용으로 생체를 방어한다.

(4) **운반단백질** : 물질을 운반하는 단백질이 운반단백질이며, 적혈구에 있는 헤모글로빈(hemoglobin; 혈색소)은 4개의 소단위로 되어 있고, 각 소단위가 산소 한 분자와 결합하여 운반한다. 혈장 중에 있는 지질단백질(lipoprotein), 트랜스페린(transferrin), 셀룰로플라스민(cerulo-plasmin), 트랜스코틴(transcortin)은 각각 지질(lipid) · 철이온(Fe^{3+}) · 구리이온(Cu^{+} 및 Cu^{2+}) · 부신겉질호르몬을 운반한다. 혈청 알부민은 유리지방산을 운반하는 단백질이다.

(5) **조절단백질** : DNA의 전사(transcription) 조절에 관여하는 전사인자(transcription factor)와 생체의 항상성 유지에 관여하는 성장호르몬 등의 폴리펩티드 호르몬(polypeptide hormone)이 있고, 근육수축의 조절에 관여하는 단백질인 트로포닌(troponin)과 트로포미오신(tropomyosin), 세포와 생체기능의 조절에 관여하는 단백질 등이 있다.

(6) **수축성 단백질** : 근육의 수축을 일으키는 단백질로서 액틴(actin)과 미오신(myosin) 등이 있다. 액틴과 미오신이 상호작용하여 ATP가 소비되면서 근육이 수축된다.

2. 구성성분에 따른 분류

구성하고 있는 성분으로 분류하면, 아미노산만으로 만들어진 단순단백질(simple protein)과 아미노산 이외의 유기물질이나 무기물질이 일부분 구성되어 있는 복합단백질(conjugated protein)로 분류할 수 있다. 복합단백질은 다시 여러 종으로 나눌 수 있다.

(1) **당단백질** : 당이 펩티드 사슬 중 세린 잔기의 히드록실기나 트레오닌 잔기의 히드록실기 혹은 아스파라긴 잔기의 아미드기(- $CONH_2$)에 공유결합한 것이다. 세포막에 있는 당단백질은 세포 상호간의 인식이나 세포 간의 정보전달 기능을 가지고 있다.

(2) **핵단백질**(nucleoprotein) : 핵산과 단백질이 비공유결합으로 이루어진 복합체이다. 예를 들면 크로마틴(chromatin)을 구성하는 핵히스톤(nucleohistone)은 DNA와 염기성 단백질인 히스톤의 복합체이다. 또한 진핵세포의 리보솜은 4종류의 rRNA(ribosomal RNA)와 82종의 단백질로 되어 있다.

(3) 인단백질(phosphoprotein) : 인산이 단백질의 세린 잔기 또는 트레오닌 잔기의 히드록실기에 에스테르(ester)형태로 결합한 것이다. *α*-, *β*-, *γ*-casein(우유) 등이 있다.

(4) 리포단백질(lipoprotein) : 지질이 단백질에 비공유결합한 것이다. 주로 혈청 중에서 지질의 운반에 관여한다. 킬로미크론(chylomicron), VLDL(초저밀도 지질단백질), LDL(저밀도 지질단백질), HDL(고밀도 지질단백질) 등이 있다.

(5) 금속단백질(metalloprotein) : 금속이 직접 단백질과 결합한 것으로 heme 단백질을 함유하는 것도 있다. 철단백질에 속하는 것으로 ferredoxin(전자전달계)이나 transferrin(철운반) 등이 있다. 망간단백질로 피루브산카르복시화효소(pyruvate carboxylase), 아연단백질로 알코올 탈수소효소(alcohol dehydrogenase), 카르복시펩티드분해효소(carboxypeptidase) A 및 B 등이 있다.

(6) 색소단백질(chromoprotein) : 보조인자로서 색소가 결합되어 있는 단백질이다. 헴(heme)을 함유하는 단백질로 미오글로빈(근육), 헤모글로빈(적혈구), 카탈라아제(catalase), 과산화효소(peroxidase), 시토크롬(cytochrome) a,b,c 가 있다. 플라빈(flavin)단백질은 황색효소라고도 불리우며, 보결분자단으로서 플라빈모노큐글레오티드 또는 플라빈아데닌디 뉴클레오티드를 갖는다. 모두 산화 환원효소로 작용한다. 그리고 카로티노이드 단백질로는 시홍(rhodopsin)이 있다.

표 4-2 단백질의 분류

분류방법	종류	예
기능	효소 구조단백질 방어단백질 운반 및 저장 단백질 조절단백질 및 수용체 근 수축과 운동단백질	포스포프로톡토키나제, 트립신, DNA중합효소 콜라겐, 엘라스틴, 케라틴 항체, 인터페론 헤모글로빈, 아포리포단백질, 카세인, 페리틴 lac 억제인자, 인슐린, 글루카곤 액틴, 미오신
구성성분	단순단백질 복합단백질	펩신, 헥소키나제, 트립신, 혈청 알부민 면역 글로불린, 트렌스페린, α-아밀라아제
형태	구상단백질 섬유단백질	효소, 호르몬 등 거의 대부분의 단백질 케라틴, 콜라겐, 엘라스틴
구조	단량체단백질 올리고단백질	펩신, 미오글로빈, α-아밀라아제, 혈청 알부민 헤모글로빈(4개), 알코올 탈수소효소(2개)

SECTION 4 단백질의 분리 및 정제

세포에는 수많은 종류의 단백질이 함유되어 있다. 단백질의 아미노산 조성이나 배열을 결정하고 성질을 규명하는 등 단백질에 대한 연구를 위해서는 먼저 어떤 세포 또는 조직에 있는 다양한 물질로부터 단백질을 분리 · 정제하여 순수한 단백질을 얻는 것은 필수적인 과정이다.

1. 추출 및 가용화

식물 · 동물 · 미생물 등의 조직, 세포 중의 단백질을 용액 중에 추출하는 것으로 정제과정이 시작된다. 조직이나 세포를 기계적인 힘으로 파쇄하여 단백질을 완충액 중으로 추출하는 경우가 많으며 세포 잔사는 원심분리하여 제거하고 상등액 중의 단백질혼합물은 다음 정제단계로 넘긴다.

어떤 종류의 단백질은 세포막 획분에 강하게 결합하고 있으므로 이것을 가용화하기 위해서는 여러 가지 계면활성제를 사용하거나 유기용매로 막 부분을 녹여서 추출하는 경우도 있다.

2. 염석 및 유기용매에 의한 침전

염석은 물에 잘 용해하는 염(황산암모늄 등)을 단백질 혼합액에 가하여 이온강도를 증가시켜 단백질을 침전시키는 것이다. 만약 목적으로 하는 단백질이 황산암모늄 60% 포화 때 주로 침전하는 것을 알면 미리 60% 포화 이하의 황산암모늄 농도로 목적 이외의 단백질을 침전시켜 제거하고 다음에 60% 포화가 되도록 황산암모늄을 가하여 목적하는 단백질을 침전시키고 이것을 원심분리로 모은다.

염석 조작은 정제의 초기 수단으로 흔히 이용된다. 유기용매에 의한 침전은 에탄올이나 아세톤 등 물과 잘 혼합하는 유기용매를 단백질용액에 가해 단백질을 침전시키는 것이다. 유기용매의 농도에 따라 침전되는 단백질의 종류가 다르므로 염석의 경우와 마찬가지로 목적으로 하는 단백질을 다량으로 함유하는 침전구분을 모아서 다음 정제단계로 넘긴다.

3. 투 석

염석 또는 유기용매로 침전시켜 모은 단백질에는 아직 불순물로서 기타의 단백질이나 저분자물질 및 무기염이 함유되어 있다.

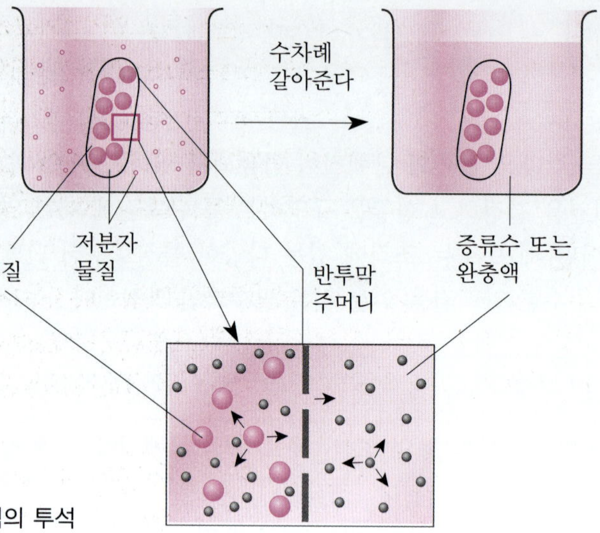

그림 4-11
단백질 용액의 투석

저분자의 불순물, 무기염류와 저분자물질은 투과하나 단백질이나 고분자물질은 투과하지 않는 작은 구멍을 가진 막(셀로판 튜브 등)에 단백질 용액을 넣어 봉하고 증류수나 완충액 속에 장시간 넣어두면 저분자물질은 막에서 투과하여 제거된다.(그림 4-11 참조)

4. 칼럼 크로마토그래피

칼럼 크로마토그래피(column chromatography)는 그림 4-12에 나타난 것처럼 원통상의 유리관(column)에 충진제를 채우고 분리할 혼합물을 칼럼 중에 흘려서 혼합물 중의 각 물질 충진제에 대한 상호작용의 차이에 따라 각 성분을 분리하는 방법이다. 분리조작이 목적에 맞는 경우는 각 성분은 칼럼 상에 띠 모양의 밴드를 형성하고 칼럼 하부로 차례 차례 유출한다.

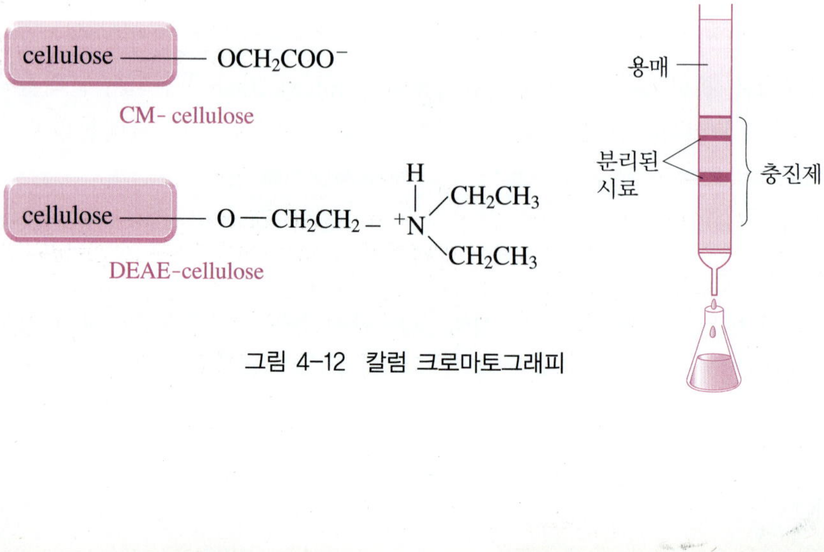

그림 4-12 칼럼 크로마토그래피

이 분리법은 단백질의 정제에 흔히 이용되며 가장 효과적인 방법의 하나이다. 단백질 정제에 흔히 이용되는 칼럼 크로마토그래피법으로는 이온교환 크로마토그래피, 흡착칼럼 크로마토그래피, 겔 크로마토그래피, 친화 크로마토그래피 등이 있다.

5. 전기영동

Guide

단백질 분자의 이동 성질

단백질 분자는 보통 등전점 이외의 pH에서는 양 또는 음의 전하를 가지고 있어서 일정한 pH의 완충액 중에서 직류전류를 가하면 양극 또는 음극 방향으로 이동한다.

전기영동(electrophoresis)은 이온교환 크로마토그래피와 마찬가지로 단백질 분자의 전하를 이용한 분리, 분석법이다.

이는 단백질 분자의 전하량이나 분자의 크기에 따라 전장 중에서 이동하는 속도가 다른 점을 이용하여 분리 · 분석하는 것이다. 단백질을 여과지, 전분이나 아가로오스(agarose)와 같은 다당류 겔(gel)이나 폴리아크릴아마이드겔(polyacrylamide gel) 등과 같은 것을 지지체로 하여 전기영동하면 단백질은 밴드(band)를 형성하여 분리되므로 분리 · 분석조작이 간단하게 된다. 단백질 분석, 순도 검정, 분리정제에 일반적으로 이용되는 방법은 폴리아크릴아마이드겔을 disc 또는 slab으로 만들어 전기영동하는 것이다.

이 방법은 그림 4-13(a)에 나타낸 것처럼 가교도와 농도가 다른 2가지의 폴리아크릴아마이드겔을 지지체로 하고 시료단백질은 상층의 농축 gel층에 가한다. 전류를 통하면 시료단백질은 농축 gel 중에서 얇은 층으로 되고 분리용 gel로 들어가서 분리되는 구조로 되어 있다.

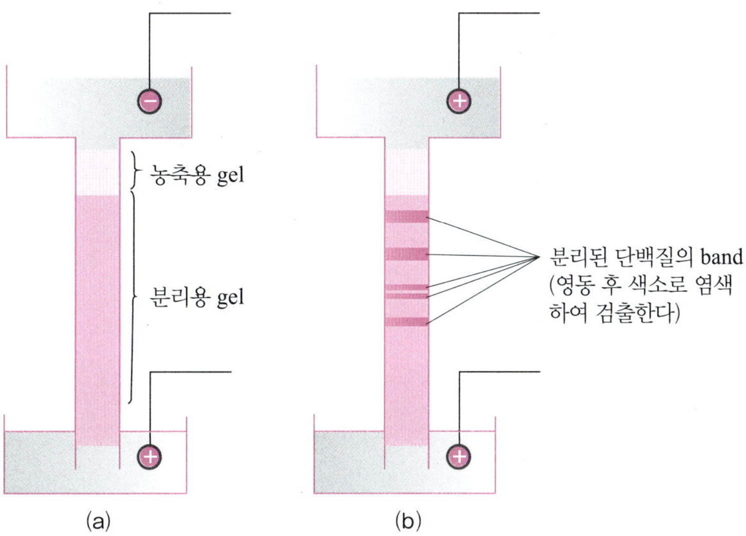

그림 4-13

Disc polyacrylamide gel 전기영동 장치

그러므로 분리된 각 단백질은 그림 4-13(b)에 나타낸 것처럼 원반 모양의 얇은 층을 이루는 band로 되며 amidoblack이나 coomassie blue 등의 색소로 염색하면 선명하게 검출할 수 있다.

폴리아크릴아마이드겔은 가교도에 따라 분자체와 같은 효과도 나타내므로 분자량이 큰 단백질은 이동속도가 늦어진다. 도데실황산나트륨[(sodium dodecyl sulfate(SDS)]와 같은 계면활성제와 단백질의 복합체(SDS-protein complex)를 형성시켜서 단백질 표면을 SDS분자로 둘러싸면 각종 단백질의 전하량은 균일하게 되므로 이것을 전기영동하면 단백질 분자는 그 크기에 따라서 지지체 상에서 분리된다.

분자량을 모르는 단백질을 분자량이 알려진 표준단백질 몇 종류와 함께 SDS-폴리아크릴아마이드겔 전기영동을 실시하고 이동거리를 비교하면 분자량을 결정할 수 있다.(그림 4-14 참조)

그리고 적당한 변성제, 예를 들어 이황화물(disulfide) 결합을 분해할 수 있는 변성제로 단백질을 처리하여 이 방법으로 전기영동하면 저중합체(oligomer) 단백질을 구성하는 프로토머[(protomer(subunit)]의 수를 알 수도 있다.

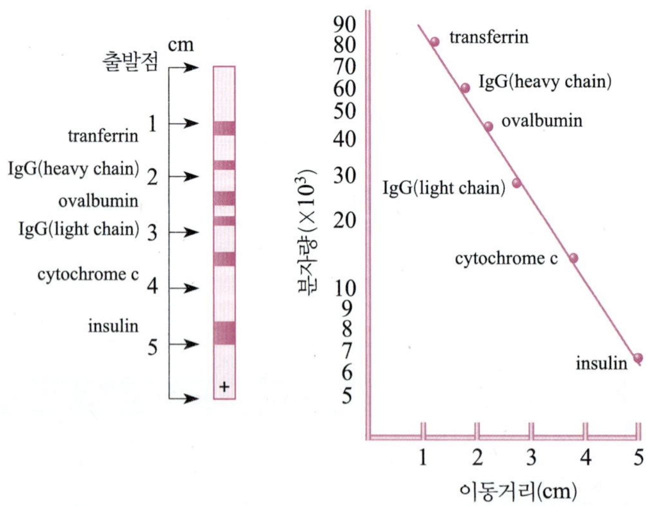

(a) 전기영동 후 색소로 염색한 gel의 모형

(b) 단백질 분자량의 대수값을 이동거리에 대하여 나타낸 도표

그림 4-14 SDS-polyacrylamide gel 전기영동에 의한 단백질의 분자량 측정

Question

1. 아래 용어들에 대하여 정의하고 간략히 설명하시오.
   (a) 소수성 아미노산
   (b) 쯔비터 이온(zwitter ion)
   (c) 펩티드 결합
   (d) α-나선구조(α-helix)
   (e) β-병풍구조(β-pleated sheet)
   (f) 단백질의 3차 구조

2. 알라닌의 D-와 L-거울상 이성질체를, 그리고 부제탄소를 표시하시오.

3. isoleucine, lysine, glutamate를 아래의 상태에 두었을 때 각각에 대한 실제 전하량을 구하시오.
   (a) pH 1　　(b) pH 7　　(c) pH 12

4. 다음의 올리고펩티드에 대해 답하시오.

   N–Gly–Lys–Met–Ser–Tyr–Asp–C

   1) 펩티드 결합을 이루는 완전한 화학구조를 그리시오.

   2) 다음 pH에서의 올리고펩티드 사슬의 실제 전하량은?
   (a) pH 1　　(b) pH 7　　(c) pH 12

5. 글리신은 왜 D-와 L-거울상 이성질체가 존재하지 않는가?

6. 단백질의 입체 구조를 형성 · 유지하는 아미노산 사슬 사이의 상호작용을 설명하시오.

7. 단백질을 기능에 따라 분류하여 설명하시오.

Chapter 5.

지 질

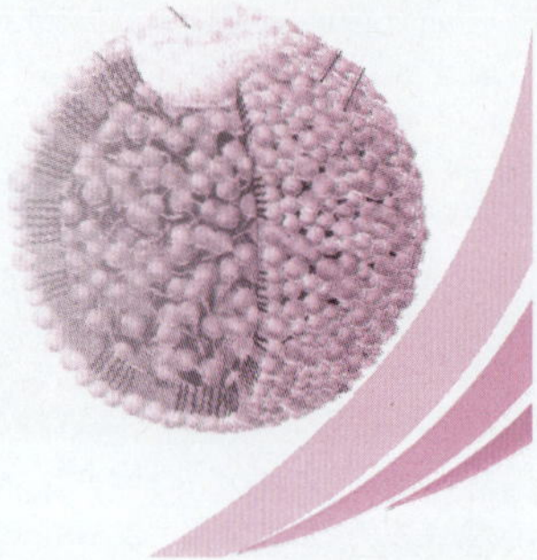

SECTION 1 지질의 정의

지질은 일반적으로 물에 녹지 않으나 벤젠, 클로로포름, 에테르 및 톨루엔 같은 비극성 유기용매에 녹는 성질을 가지는 물질로서 세포의 에너지원으로 이용되거나 세포막의 주요한 구성성분으로 작용한다.

또한 지질은 저장형으로 생합성되어 지방조직에 저장되며, 부신피질에서 분비되는 스테로이드 호르몬을 비롯하여, 남성호르몬, 여성호르몬 및 지용성 비타민의 전구물질로 이용되는 등 다양한 생물학적 기능을 나타낸다.

지질은 동식물체에 널리 분포하여 다양한 대사과정을 통해 분해되거나 생합성되며, 동물의 경우에는 외부에서 공급받아야 하는 지질도 존재한다.

지질은 구성하는 화합물에 따라 단순지질, 복합지질, 유도지질로 분류한다(표 5-1).

표 5-1 지질의 분류

분 류		지질의 종류
단순지질 (simle lipid)		트라이아실글리세롤 왁스
복합지질 (complex lipid)	인지질	포스파티딜콜린(레시틴) 포스파티딜에탄올아민(세파린) 포스파티딜세린 포스파티딜이노시톨 플라스말로겐 카디오리핀
	스핑고지질	세라미드 스핑고미엘린
		세레브로시드 강글리오시드
유도지질 (denkived lipid)		스테롤 지방산 지용성 비타민

Guide

• **단순지질**
지방산이 탄소 · 수소 · 산소만으로 구성된 단순한 지방질, 중성지방과 밀랍 따위.

• **복합지질**
단순지질에 인, 황, 질소, 납 따위가 더해진 복잡한 지질.
크게 인을 포함하는 인지질과 당을 포함하는 당지질로 나뉘며, 단백질과 더불어 생체막을 구성하는 중요한 구실을 한다.

• **유도지질**
단순지질과 복합지질의 전구물질로 이를 가수분해할 때 유도되는 지질. 지방산과 스테롤 따위가 있다.

SECTION 2 단순지질 (Simple lipid)

1. 트라이아실글리세롤 (Triacylglycerol)

트라이아실글리세롤은 지방산의 카르복시기와 글리세롤의 수산기가 에스터 결합(ester bond)을 하여 생성되는 지질로, 글리세롤과 지방산 1분자가 결합한 지방을 모노아실글리세롤(monoacylglycerol), 지방산 2분자와 결합한 것을 디아실글리세롤(diacylglycerol), 지방산 3분자와 결합한 것을 트라이아실글리세롤이라고 한다(그림 5-1).

글리세롤의 1번과 3번의 탄소는 입체적인 성질이 다르므로 글리세롤과 지방산이 에스터 결합하여 생성된 아실글리세롤의 탄소 위치를 1, 2, 3으로 명명하거나, **α**- 혹은 **α′**-로 명명할 수도 있다.

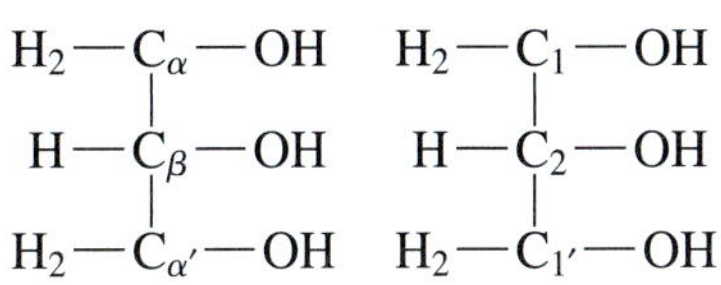

글리세롤

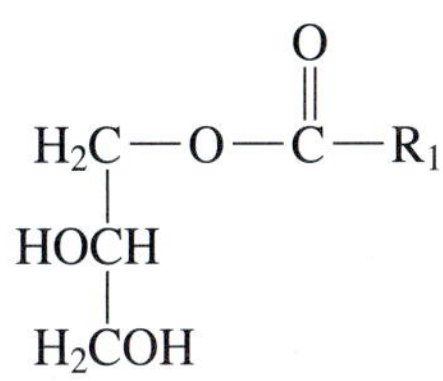

1-모노아실글리세롤

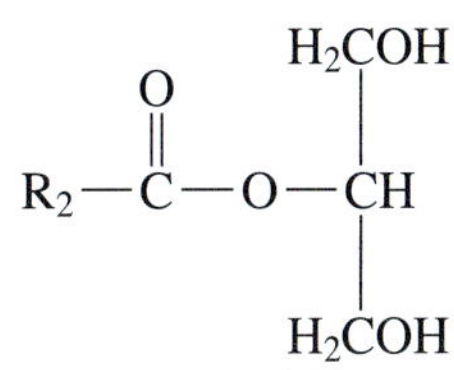

2-모노아실글리세롤

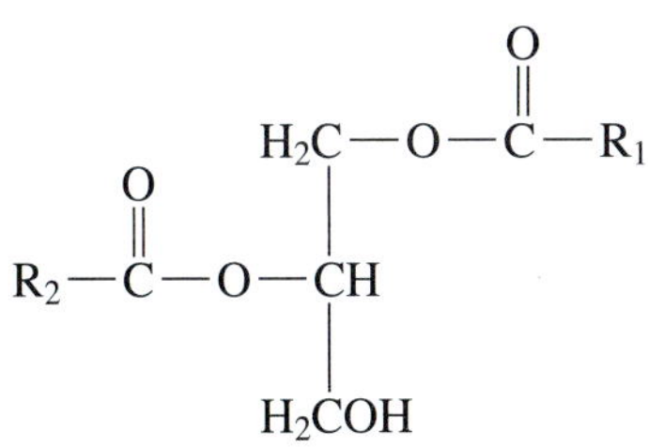

1,2-디아실글리세롤

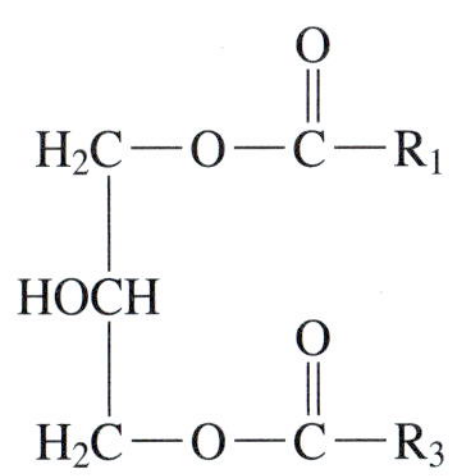

1,3-디아실글리세롤

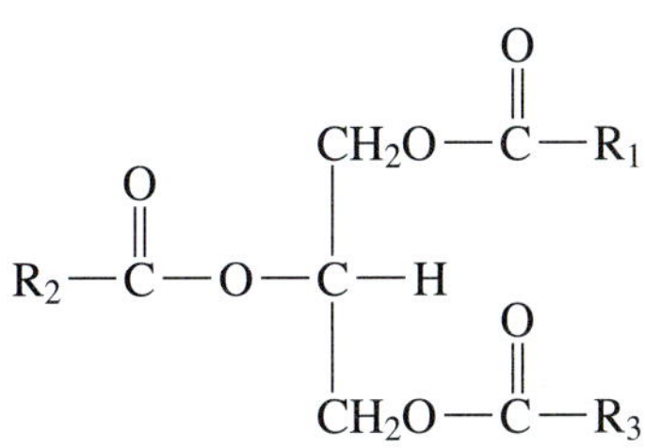

트라이아실글리세롤

그림 5-1 아실글리세롤의 구조

자연계에 존재하는 트라이아실글리세롤을 구성하는 지방산의 탄소수는 3~24개이나 주로 18~20개의 탄소를 가지는 지방산이 대부분이며, 구성하는 지방산의 종류에 따라 트라이아실글리세롤을 분류할 수 있다.

동일한 지방산으로 구성된 트라이아실글리세롤보다 자연계에는 2종류 이상의 지방산이 에스터 결합하여 생성된 혼합형의 트라이아실글리세롤이 대부분을 차지한다(표 5-2).

표 5-2 트라이아실글리세롤의 분류

명 칭	기호			주요 지방산		비율
	R_1	R_2	R_3	포화	불포화	
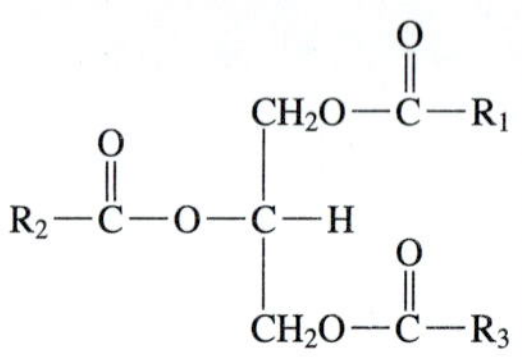	포화	포화	포화	팔미트산		8%
	포화	불포화	포화	팔미트산	올레산	48%
	포화	불포화	불포화	팔미트산	올레산	38%
	불포화	불포화	불포화	팔미트산	리놀레산 올레산	6%

트라이아실글리세롤은 간 혹은 근육에 탄수화물의 저장형으로 존재하는 글리코겐과 비교하여 약 2배의 에너지를 생성하며 동물에서 지질의 저장 성분으로 간과 지방조직에 존재한다.

트라이아실글리세롤을 산이나 알칼리와 반응시키면 가수분해되어 지방산과 지방산의 염을 생성하며, 특히 알칼리에 의한 분해는 비누를 만드는 과정으로 알려져 있어 비누화(saponification)라고 한다(그림 5-2).

또한 트라이아실글리세롤은 췌장에서 분비되는 리파아제(lipase)의 작용을 받아 지방산과 글리세롤로 가수분해 되고, 생성된 지방산은 에너지원으로 이용되거나 분자량이 큰 지방 합성에 이용된다.

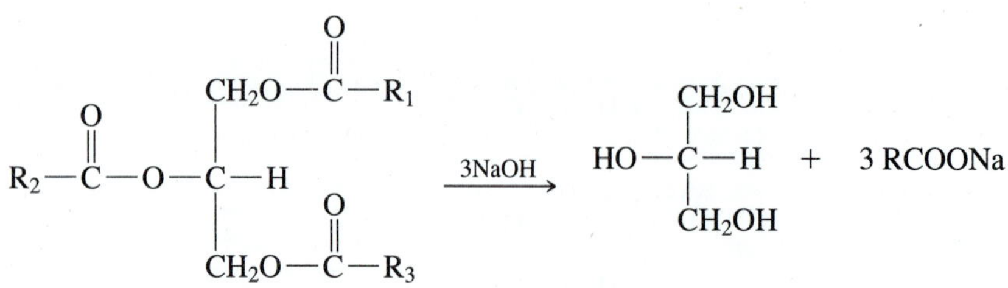

트라이아실글리세롤 글리세롤 지방산염

그림 5-2 트라이아실글리세롤의 비누화

2. 왁스

왁스(wax)는 짝수의 탄소를 가진 긴 사슬의 포화지방산과 짝수의 탄소를 가진 긴 사슬의 1가 알코올이 에스터 결합을 하여 생성된 단순지질이다. 지방산과 알코올의 탄소수는 일반적으로 16~36개이며 일반식은 다음과 같다.

$$\underset{\text{지방산}}{R-\overset{\overset{\large O}{\|}}{C}-OH} + \underset{\text{알코올}}{R'-OH} \longrightarrow \underset{\text{왁스}}{R-\overset{\overset{\large O}{\|}}{C}-O-R'}$$

왁스는 45°C 이상에서 녹아 약간의 점조성을 띠고 물에는 불용성이지만 석유에서 유래된 용기용매에는 녹는다. 대표적인 동물성 왁스는 밀랍으로 벌이 벌꿀집을 만드는 물질이며 녹는점은 62~65°C 이다. 이것을 비누화하면 탄소수가 26~28개인 지방산과 탄소수가 26~28개인 알코올이 얻어진다.

경랍(spermaceti)은 향유고래의 머리기름을 냉각시켜 얻은 왁스인데, 주요 에스테르 성분 중 하나는 팔미트산세틸(cetyl palmitate)이다. 카나우바왁스(carnaubawax)는 브라질 야자나무의 잎에서 수분의 증발을 조절하기 위하여 분비된 왁스로 녹는점은 80~87°C 이며, 자동차 및 바닥재의 광택제로 이용된다.

SECTION 3 복합지질

1. 인지질

인지질(phospholipid)은 지질의 이중층으로 구성된 모든 세포막의 주요한 구성성분이고 1,2-디아실글리세롤의 3번 탄소에 인산기가 에스터 결합을 하고 있어 글리세로인지질(glycerophospholipid) 혹은 포스포글리세리드(phosphoglyceride)라고 한다. 인지질의 머리에 해당하는 부분은 음전하를 띠는 인산기와 극성 물질을 가지고 있어 친수성(hydrophilic)을 나타내고, 꼬리 부분은 긴 지방산의 탄화수소 사슬로 구성되어 있어 물과 반응하지 않는 소수성(hydrophobic)을 나타낸다.

포스파티드산(phosphatidic acid)은 인지질의 기본화합물이며 콜린, 에탄올아민 및 세린 등과 에스터 결합을 하여 다양한 인지질을 생성하는 데 필요한 중간 대사산물이다(그림 5-3).

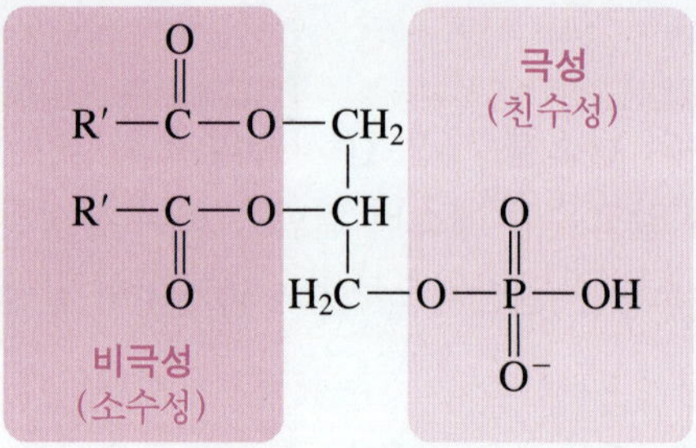

그림 5-3 포스파티드산의 구조 및 성질

포스파티딜콜린(phosphatidylcholine)은 포스파티드산의 인산기에 콜린이 에스터 결합을 하고 있는 인지질로, 레시틴(lecithin)이라고 부르며 인지질의 약 60~70%를 차지한다(그림 5-4).

동물 세포막의 주된 구성성분이고 동물 및 식물조직의 난황에서도 볼 수 있으며, 동물의 폐포에서 폐 표면 활성작용을 나타내어 폐의 안정성을 높이는 계면활성제로 작용하는 3가지 폐 표면 활성물질(스핑고미엘린, 포스파티딜글리세롤, 레시틴)이 있다. 그 중에서 중요한 역할을 하는 레시틴의 감소는 미성숙 신생아에서 가장 흔한 사망원인으로 알려진 호흡곤란증후군(respiratory distress syndrome)을 일으킨다.

적혈구의 세포막을 파괴하는 리조레시틴(lysolecithin)은 레시틴의 두 번째 탄소에 결합된 지방산을 포스포리파제 A_2가 가수분해하여 생성된 인지질 성분이다.(그림 5-4)

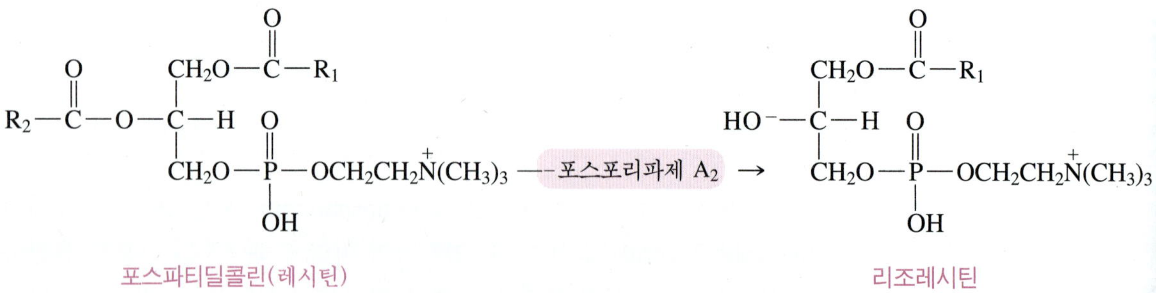

그림 5-4 포스파티딜콜린의 구조 및 리조레시틴의 생성

포스파티딜에탄올아민(phosphatidylethanolamine)은 포스파티드산에 에탄올아민이 에스터 결합하여 생성된 인지질로 세파린(cephalin)으로 불리우며 동물 뇌의 백질, 신경조직, 척수에 존재한다. 또한 세균에게는 중요한

인지질 성분이다.

포스파티딜세린(phosphatidylserine)은 포스파티드산에 아미노산 세린(serine)이 에스터 결합한 인지질로, 뇌와 신경조직 및 적혈구 막의 구성성분이다.

포스파티딜이노시톨(phosphatidylinositol)은 포스파티드산에 이노시톨(inositol)이 에스터 결합을 한 인지질로 효모, 세균, 뇌, 간, 대두 등에 비교적 많이 함유되어 있는 성분이다. 이노시톨의 인산화 반응으로 **인산포스파티딜이노시톨, 이인산포스파티딜이노시톨 및 삼인산포스파티딜이노시톨** 등이 생성된다.

포스파티딜글리세롤(phosphatidylglycerol)은 포스파티드산의 인산기에 글리세롤 1분자가 에스터 결합한 인지질로 세균과 식물 및 동물의 미토콘드리아에 존재하며 카디오리핀을 생성하는 데 포스파티딜글세롤 2분자가 이용된다.

카디오리핀(cardiolipin)은 글리세롤 1번과 3번 탄소의 히드록실기에 2분자의 포스파티드산이 에스터 결합을 하고 있다. 심장세포 내막에 존재하는 인지질이며 매독을 측정할 때 이용하는 혈청반응의 항원으로 알려져 있다(그림 5-5).

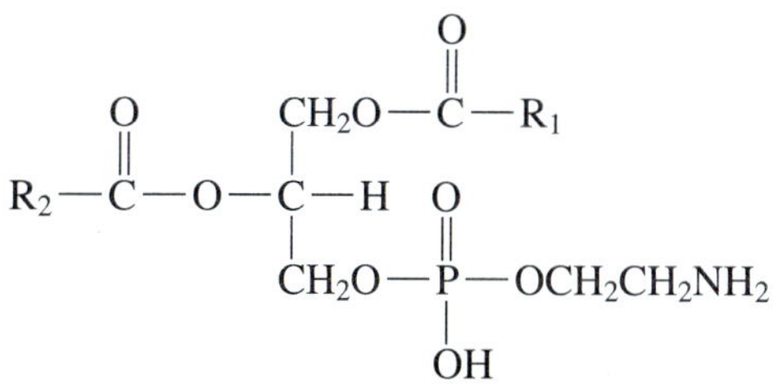

포스파티딜에탄올아민
(cephalin)

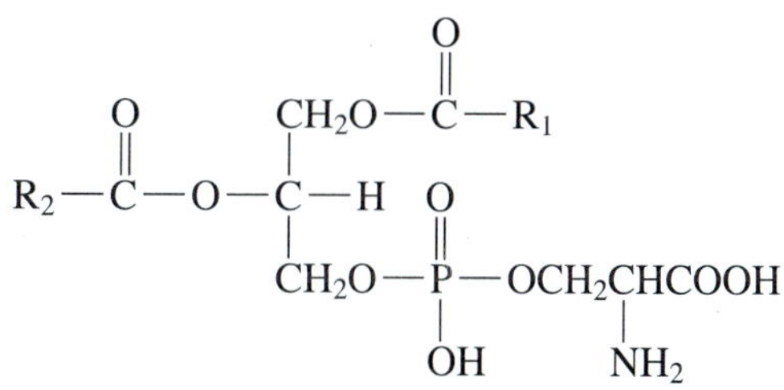

포스파티딜세린

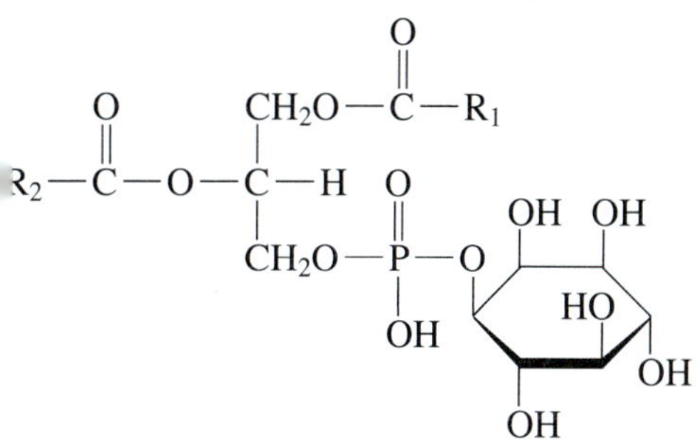

포스파티딜이노시톨

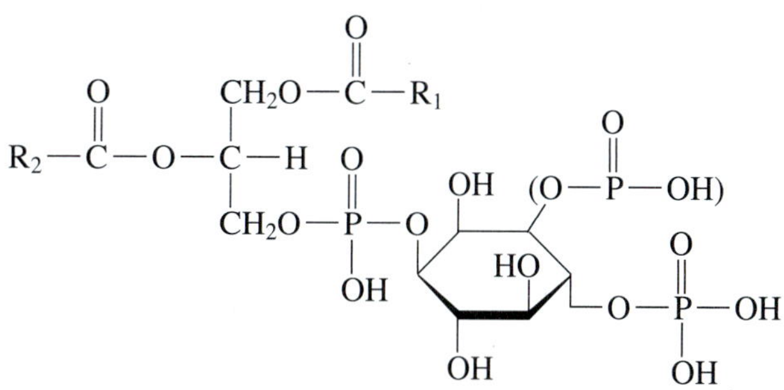

3,4-이인산 포스화티딜이노시톨

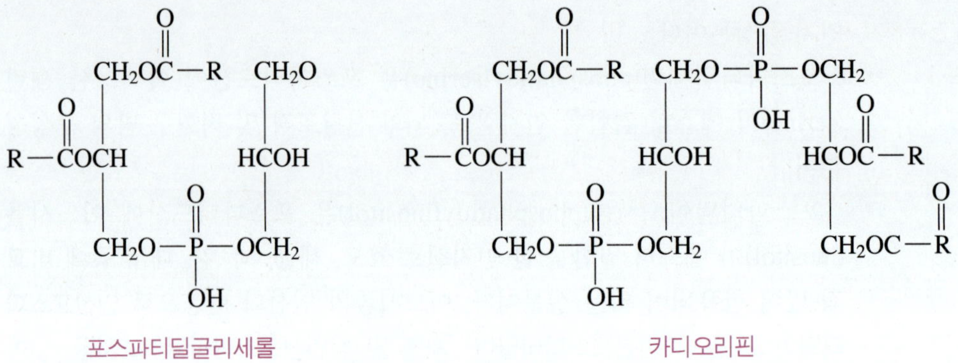

그림 5-5 인지질의 종류

2. 스핑고지질

스핑고지질(sphingolipid)은 세라미드(ceramide)의 1번 탄소에 인산과 콜린이 에스터 결합을 하고 있는 스핑고인지질(sphingophospholipid)과 인산 및 콜린 대신에 당과 글리코시드 결합(glycosidic bond)을 하고 있는 스핑고당지질(sphingoglycolipid) 혹은 당지질(glycolipid)로 분류한다.

대표적인 스핑고인지질은 세라미드와 스핑고미엘린이며, 스핑고당지질은 세레브로시드(cerebroside)와 강글리오시드(ganglioside)이다.

팔미틴산-CoA와 아미노산 세린이 반응하여 생성된 스핑고신(sphingosine)이 스핑고지질의 기본 골격이며, 스핑고신의 2번 탄소에 16~26개의 탄소수를 가지는 포화 혹은 불포화 지방산이 아미드 결합을 하여 세라미드를 생성한다.

스핑고미엘린은 인산기를 가지므로 인지질로 분류되는 스핑고지질이며 스핑고신의 알코올과 콜린이 에스터 결합을 하고 있고 전기적으로 중성의 성질을 나타낸다(그림 5-6). 포유동물 세포막에 주로 존재하는 주요 스핑고인지질이며, 곤충은 세라미드 포스포에탄올아민이 있고, 곰팡이는 피토세라미드 포스포이노시톨이 있다.

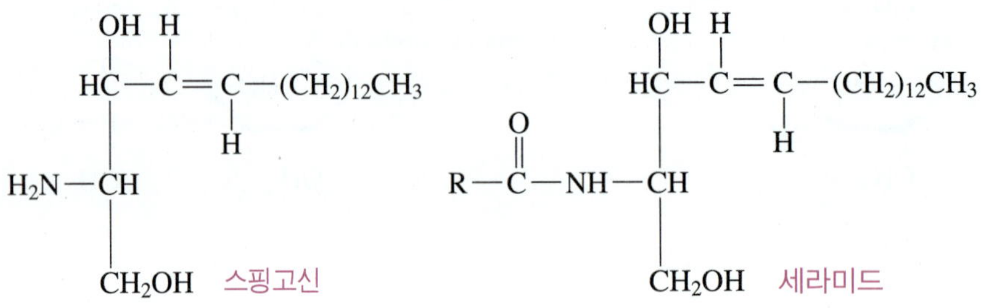

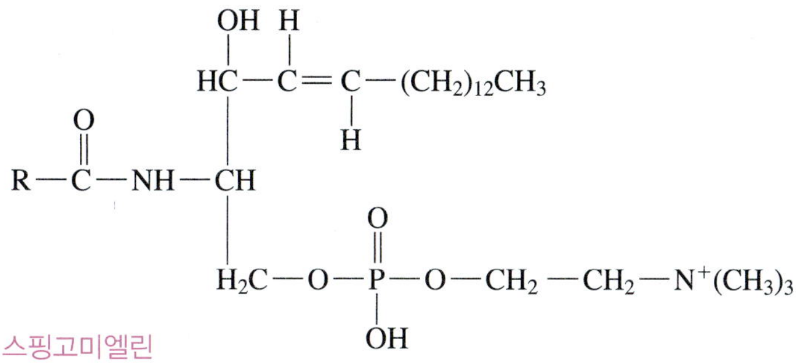

스핑고미엘린

그림 5-6 스핑고인지질의 구조

인산기 대신에 세라미드에 있는 스핑고신의 1번 수산기와 당이 글리코시드 결합을 하고 있어 스핑고당지질 혹은 당지질이라고 부르며, 글루코오스와 글리코시드 결합한 지질을 글루코세레브로시드(glucocerebroside), 갈락토오스의 경우에는 갈락토세레브로시드(galactocerebroside)라고 하며 포유동물에서 신경세포막의 중요한 구성성분이다(그림 5-7).

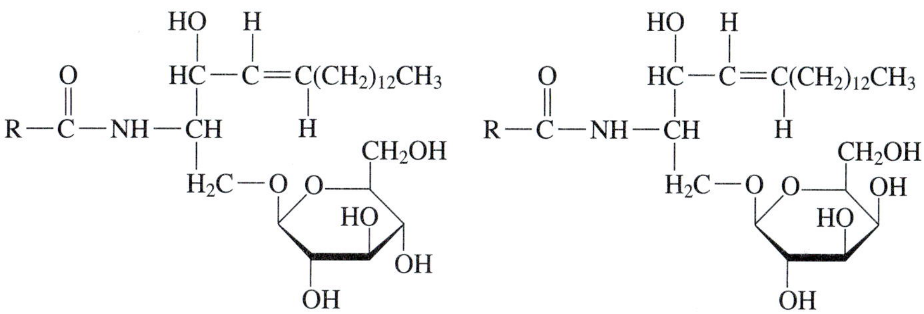

글루코세레브로시드 갈락토세레브로시드

그림 5-7 스핑고당지질의 구조

갈락토세레브로시드는 사람의 뇌와 신경조직에 많이 분포를 하지만, 글루코세레브로시드는 신경계에 소량 존재하며 간과 비장에 축적되어 정신발육 지연과 마비를 일으킨다.

세레브로시드 술파타이드(cerebroside sulfatide)는 갈락토세레브로시드에서 갈락토오스 3번 탄소의 히드록시기에 황산이 에스터 결합을 하고 있는 지질이며 뇌에 존재한다. 강글리오시드(ganglioside)는 세라미드에 주로 6탄당의 소당류(oligosaccharide)가 에스터 결합하고 있는 복잡한 스핑고당지질이며 그 중에 하나가 N-아세틸뉴라민산(N-acetylneuraminic acid)같은 시알산(sialic acid)이다.

3. 지질단백질

혈액을 순환하거나, 필요한 세포나 조직으로 불용성의 지방을 공급하기 위하여 특정한 지방운반체가 요구된다. 포유동물에는 다양한 지방운반체가 존재하는데, 이를 지질단백질(lipoprotein)이라고 한다.

지질단백질은 단백질과 지방으로 구성된 공 모양의 구조를 가지며, 중심부에는 소수성의 트라이아실글리세롤(triacylglyceride)과 콜레스테롤 에스터(cholesterol ester) 등이 있으며, 운반체의 표면에는 유리형 콜레스테롤(free cholesterol), 인지질, 아포지질단백질(apolipoprotein) 등의 친수성 분자들이 소수성 지방을 둘러싸고 있어서 수용성의 성질을 나타내며 지질운반 역할을 한다(그림 5-8).

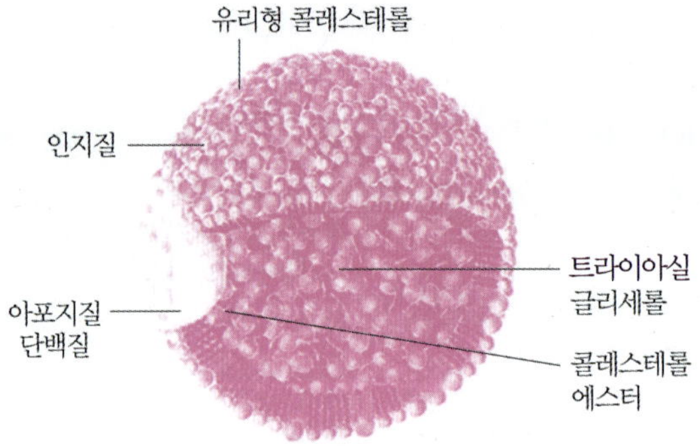

그림 5-8 지질단백질의 구조

지질단백질은 초원심분리(ultracentrifugation)를 이용하여 밀도와 크기에 따라 킬로마이크론(chylomicron), 초저밀도지질단백질(VLDL), 저밀도지질단백질(LDL), 고밀도지질단백질(HDL)로 분류할 수 있다(표 5-3).

전기영동 방법에 의한 명칭은 α-지질단백질(α-lipoprotein, HDL), pre β-지질단백질(pre β-lipoprotein, VLDL), β-지질단백질(β-lipoprotein, LDL)이다.

킬로미크론은 음식의 트라이아실글리세롤이 소화기관을 거쳐 장에서 흡수하여 간과 골격근 및 지방조직으로 운반하는 작용을 한다. 초저밀도지질단백질은 간에서 합성된 트라이아실글리세롤을 지방 조직으로 운반한다.

저밀도지질단백질은 간에서 합성된 콜레스테롤을 세포로 운반하여 콜레스테롤을 축적시키므로 관상동맥 심질환의 주된 원인체로 알려졌다.

그러나 고밀도지질단백질은 조직이나 세포의 콜레스테롤을 간으로 운반하고 분해시켜, 콜레스테롤 농도를 낮추므로 항관상동맥 심질환의 인자로 알려져 있다.

표 5-3 지질단백질의 성상

구 분		킬로미크론	초저밀도 지질단백질	저밀도 지질단백질	고밀도 지질단백질
밀도		0.93	0.97	1.003	1.121
용매밀도		<1.006	<1.006	1.006~1.063	1.063~1.21
분자량		$(0.4\sim30)\times10^9$	$(5\sim10)\times10^6$	2.75×10^6	$(1.75\sim3.6)\times10^5$
크기, nm		>70	25~70	20~23	4~10
위치		시작점	pre β	β-	α-
구성 성분 비율 (%)	아포지질단백질	2	4~10	20	50
	트라이아실글리세롤	84	44~60	11	3
	유리형 콜레스테롤	2	5~8	13	6
	콜레스테롤 에스터	5	11~14	39	13
	인지질	7	20~23	17	28
아포지질 단백질 (%)	A–I	7	–	–	67
	A–II	4	–	–	22
	B–100	–	37	98	–
	B–48	23	–	–	–
	C	66	50	–	5~11
	E	–	13	–	1~2
생성		소장	간, 소장	혈관	간

면역학적 및 화학적 방법을 이용하여 아포지질단백질을 측정할 수 있으며, 소수성지방과 결합하여 미셀(micelle)구조를 형성하는 아포지질단백질의 종류 및 기능은 다양하다(표 5–4).

아포지질단백질은 지질의 운반뿐만 아니라 지질대사에 관여하는 레시틴–콜레스테롤 아실전이효소(lecithin cholesterol acyltransferase, LCAT) 및 지질단백질 리파아제(lipoprotein lipase, LPL)의 활성인자로 작용하거나 지질단백질의 형태를 유지하며 세포표면에서 수용체와 결합하여 지질의 세포유입을 용이하게 하는 작용을 한다.

아포지질단백질 A–I 및 A–II는 고밀도지질단백질에 분포하고, 아포지질단백질 B는 초저밀도지질단백질 및 저밀도지질단백질의 주요한 구성성분이다. 간에서 생성되어 지방대사에 관여하는 레시틴–콜레스테롤 아실전이효소 및 지질단백질 리파제의 활성작용을 나타내는 아포지질단백질은 킬로미크론, 초저밀도지질단백질 및 고밀도지질단백질에 주로 분포한다.

표 5-4 아포지질단백질의 종류

아포지질단백질		분자량	생성기관	기능	분포
A	A-I	29,000	간	레시틴 콜레스테롤 아실전이효소 보조인자	킬로미크론, 고밀도지질단백질
	A-II	17,000	간, 소장	불명	고밀도지질단백질
	A-IV	44,000	소장	레시틴 콜레스테롤 아실전이효소 활성화	킬로미크론, 고밀도지질단백질
B	B48	240,000	소장	트라이아실글리세롤 분비	킬로미크론
	B100	510,000	간	트라이아실글리세롤 분비	초저밀도지질단백질 저밀도지질단백질
C	C-I	6,600	간	레시틴 콜레스테롤 아실전이효소 활성화	킬로미크론, 초저밀도지질단백질, 고밀도지질단백질
	C-II	8,900	간	레시틴 콜레스테롤 아실전이효소 활성화	킬로미크론, 초저밀도지질단백질, 고밀도지질단백질
	C-IV	8,800	간	지질단백질리파제 활성화	킬로미크론, 초저밀도지질단백질, 고밀도지질단백질
E		34,000	간	저밀도지질단백질 흡수	킬로미크론, 초저밀도지질단백질, 고밀도지질단백질

SECTION 4 유도지질

1. 지방산 (Fatty acid)

지방산은 친수성을 나타내는 카르복시기와 소수성의 탄화수소로 구성되어 있다. 지방산을 구성하는 탄소수는 짝수이며, 일반식은 R-COOH로 나타내며 4~6개의 탄소는 짧은 사슬 지방산, 8~12개의 탄소로 이루어진 것을 중간 사슬 지방산, 14~24개의 탄소로 이루어진 것을 긴 사슬 지방산으로 나눈다.

짧은 사슬 지방산의 카르복실산은 산성을 나타내지만 긴 사슬 지방산은 일정한 산도를 나타낸다. 대부분의 지방산은 여러 종류의 지질과 에스터 결합하여 존재하나 유리지방산(free fatty acid, non-esterified fatty acid,

FFA) 형태로도 존재한다. 지방산은 단일결합 혹은 이중결합에 따라 포화 혹은 불포화 지방산으로 분류할 수 있다.

지방산의 명명은 알칸의 탄소수에 따라 포화 지방산의 계통명은 –안(–ane)을 –안산(–anoic acid)으로 표현하고, 불포화 지방산은 이중결합이 1개일 때 –엔(–ene)를 –엔산(–enoic acid)으로, 2개일 때 –디엔산(–dienoic acid), 3개일 때 –트리엔산(–trienoic acid)으로 나타낸다.

탄소 숫자의 번호는 카르복시기 탄소를 1번, 다음 탄소(α 탄소)를 2번, 다음 탄소(β 탄소)를 3번으로 하고, 이후 탄소는 연속된 숫자로 표현하며 마지막 탄소를 ω 탄소로 나타낸다(표 5–5).

표 5–5 포화 및 불포화 지방산의 명명

포화 지방산	관용명	팔미트산(palmitic acid)
	계통명	헥사데칸산(hexadecanoic acid)
	구조식	$CH_3CH_2CH_2CH_2CH_2CH_2CH_2CH_2CH_2CH_2CH_2CH_2CH_2CH_2CH_2COOH$
	Δ–명명	16 15 14 13 12 · · · · · 4 3 2 1 16:0
	n 혹은 ω–명명	1 2 3 4 5 · · · · · 13 14 15 16 ω ω–1 ω–2 ω–3 · · · · · γ β α 16:0
불포화 지방산	관용명	리놀레산(linoleic acid)
	계통명	9,12–옥타데카디엔산(9,12–Octadecadienoic acid)
	구조식	$CH_3CH_2CH_2CH_2CH_2CH_2=CH_2CH_2CH_2=CH_2CH_2CH_2CH_2CH_2CH_2CH_2CH_2COOH$
	Δ–명명	18 17 16 15 14 13 12 11 10 9 8 7 6 5 4 3 2 1 $18:2^{9,12}$
	n 혹은 ω–명명	1 2 3 4 5 6 · · · · · 15 16 17 18 ω ω–1 ω–2 ω–3 ω–4 ω–5 · · · · · γ β α 18:2n–6

포화지방산(saturated fatty acid)은 단일결합을 가지는 직선의 탄화수소 사슬을 가지며 녹는점이 높아서 주로 고체로 존재하고 동물의 지방조직은 긴 사슬의 포화지방산을 가진다(표 5–6). 대표적인 포화지방산으로는 팔미트산(palmitic acid, 16:0)과 스테아르산(stearic acid, 18:0)이 있으며, 동물성 식품, 팜유 및 코코넛 기름의 주성분이다.

표 5-6 포화지방산의 종류

관용명	계통명	탄소수	녹는점, ℃	구조식
브티르산 (butyric acid)	부탄산 (butanoic acid)	4	−7.4	$CH_3(CH_2)_2COOH$
카프로산 (caproic acid)	헥사노익산 (hexanoic acid)	6	−3.4	$CH_3(CH_2)_4COOH$
카프릴산 (caprylic acid)	옥탄산 (octanoic acid)	8	16.5	$CH_3(CH_2)_6COOH$
카프르산 (capric acid)	데칸산 (decanoic acid)	10	31.3	$CH_3(CH_2)_8COOH$
라우르산 (lauric acid)	도데칸산 (dodecanoic acid)	12	44.8	$CH_3(CH_2)_{10}COOH$
미리스트산 (myristic acid)	테트라데칸산 (tetradecanoic acid)	14	54.1	$CH_3(CH_2)_{12}COOH$
팔미트산 (palmitic acid)	헥사데칸산 (hexadecanoic acid)	16	62.7	$CH_3(CH_2)_{14}COOH$
스테아르산 (stearic acid)	옥타데칸산 (octadecanoic acid)	18	69.6	$CH_3(CH_2)_{16}COOH$
아라키드산 (arachidic acid)	이코산산 (icosanoic acid)	20	76.2	$CH_3(CH_2)_{18}COOH$
베헨산 (behenic acid)	도코산산 (docosanoic acid)	22	80.0	$CH_3(CH_2)_{20}COOH$
리그노세르산 (lignoceric acid)	테트라코산산 (tetracosanoic acid)	24	84.2	$CH_3(CH_2)_{22}COOH$

불포화 지방산(unsaturated fatty acid)은 탄화수소 사슬에 단일결합 이외에 여러 개의 이중결합을 가지며 녹는점이 낮기 때문에 실온에서 액상으로 존재하며, 주로 식물성 기름의 주성분으로 대표적인 불포화 지방산은 올레산(oleic acid, 18:1)이다(표 5-7).

자연계에 존재하는 불포화지방산의 기하이성질체는 시스(*cis*−) 형의 입체구조를 가진다. 수소를 첨가하거나 공기에 방치하거나 고온에서 반복하여 가열을 할 경우에는, 트랜스(*trans*−) 지방산이 생성되며 트랜스 지방은 심혈관계 질환과 깊은 상관관계를 나타내어 협심증, 고혈압, 동맥경화, 뇌졸중 등을 유발시키고 면역력 감소를 일으키는 것으로 알려졌다(그림 5-9).

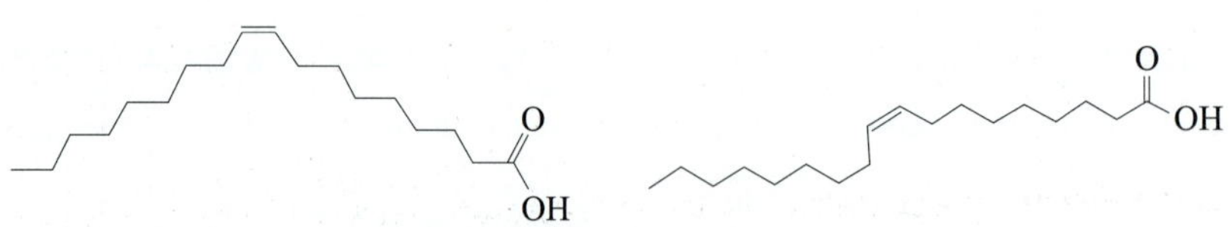

시스-올레산 트랜스-올레산

그림 5-9 시스-올레산 및 트랜스-올레산의 구조

표 5-7 불포화 지방산의 종류

탄소수와 이중결합수	관용명	계통명	구조식
14:1	미리스톨레산 (myristoleic acid)	9-테트라데센산 (9-tetradecenoic acid)	$CH_3(CH2)_3CH=CH(CH_2)_7COOH$
16:1	팔미톨레산 (palmitoleic acid)	9-헥사데센산 (9-hexadecenoic acid)	$CH_3(CH_2)_5CH=CH(CH_2)_7COOH$
18:1	올레산 (oleic acid)	9-옥타데센산 (9-octadecenoic acid)	$CH_3(CH_2)_7CH=CH(CH_2)_7COOH$
18:2	리놀레산 (linoleic acid)	9,12-옥타데카디엔산 (9,12-octadecadienoic acid)	$CH_3(CH_2)_4CH=CHCH_2CH=CH(CH_2)_7COOH$
18:3	리놀렌산 (linolenic acid)	6,9,12-옥타데카트리엔산 (6,9,12-octadecatrienoic acid)	$CH_3CH_2CH=CHCH_2CH=CHCH_2CH=CH(CH_2)_7-COOH$
20:4	아라키돈산 (arachidonic acid)	5,8,11,14-에이코사테트라엔산 (5,8,11,14-eicosa tetraenoic acid)	$CH_3(CH_2)_4CH=CHCH_2CH=CHCH_2CH=CHCH_2CH_2CH=CH(CH_2)_3COOH$
20:5	에이코사펜타에노산 (eicosapentaenoic acid) (EPA)	5,8,11,14,17-펜텐산 (5,8,11,14,17-pentenoic acid)	$CH_3CH_2CH=CHCH_2CH=CHCH_2CH=CHCH_2CH=CHCH_2CH=CH(CH_2)_3COOH$
22:6	도코사헥사에노산 (docosahexaenoic acid) (DHA)	4,7,10,13,16,19-도코사헥사엔산 (4,7,10,13,16,19-docosahexaenoic acid)	$CH_3CH_2CH=CHCH_2CH=CHCH_2CH=CHCH_2CH=CHCH_2CH=CHCH_2CH=CH(CH_2)_2COOH$

포유동물은 대부분의 지방산을 합성하지만 생명현상에 필요한 몇 종류의 지방산을 체내에서 합성하지 못하므로 음식을 통해 공급을 받아야만 하는 지방산이 있는데, 이를 필수 지방산이라고 한다. 필수 지방산은 다가 불포화 지방산으로 오메가-3 및 오메가-6 지방산의 구성성분인 리놀레산(linoleic acid)과 리놀렌산(linolenic acid)이며, 아라키돈산(arachidonic acid)은 식물의 필수 지방산이나 동물에서는 리놀레산으로부터 합성된다.

2. 스테로이드

스테로이드(steriod)는 스테로이드핵(steriod nucleus)이라고 불리우는 페히드로시클로펜타노페난트렌(perhydrocyclopentanophenanthrene) 혹은 스테란(sterane)의 유도체로 19개의 탄소원자로 형성된 4개의 고리 구조(A~D)를 가진다(그림 5-10).

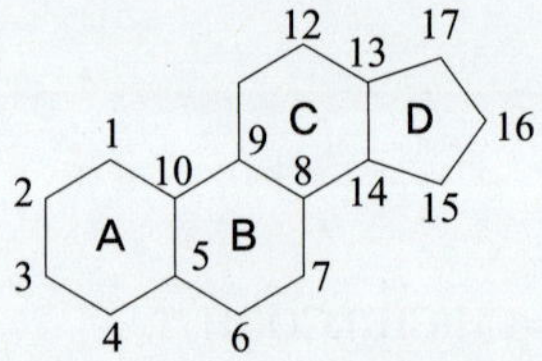

페히드로시클로펜타노페난트렌(스테란)

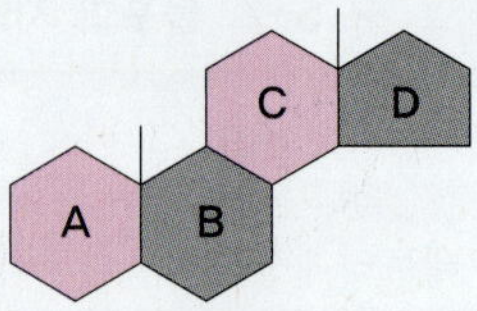

스테로이드 핵

그림 5-10 스테로이드 핵의 구조

스테로이드의 3번 탄소에 수산기(-OH)를 가지는 화합물을 스테롤(sterol)이라고 하며 동물의 대표적인 스테롤은 콜레스테롤이다. 콜레스테롤은 수산기 이외에 5번과 6번 탄소 사이에 이중결합을 하고, 17번 탄소에 8개의 지방족탄화수소 사슬을 가지는 스테로이드이다. 3번 탄소의 수산기와 지방산이 에스터 결합을 가지는 콜레스테롤 에스터와 유리형 콜레스테롤이 존재한다.(그림 5-11)

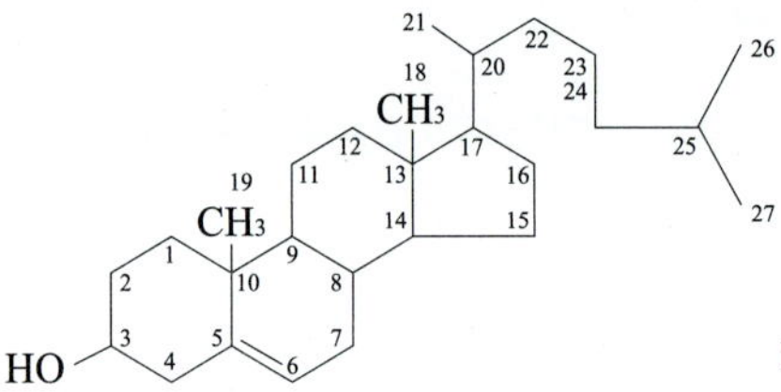

유리형 콜레스테롤

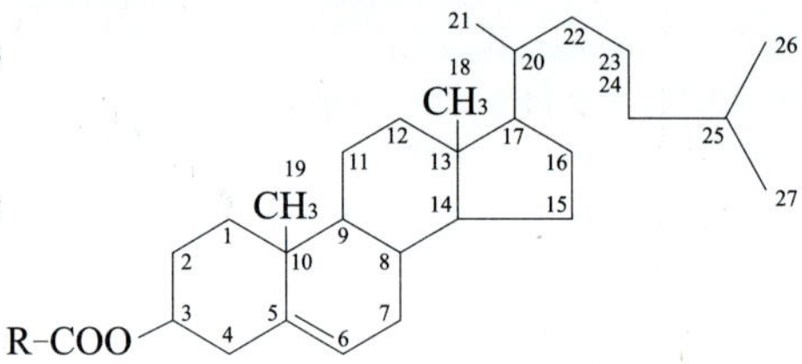

콜레스테롤 에스터

그림 5-11 콜레스테롤의 구조

콜레스테롤과 에스터 결합을 하는 지방산의 탄소수는 16~20이며 주로 올레산과 리놀레산이다.

식물은 피토스테롤(phytosterol)이라고 알려진 스테롤을 가지며 가장 풍부하고 대표적인 스테롤은 *β*-시토스테롤(*β*-sitosterol)이다. 콜레스테롤 구조와 유사하나 17번 탄소에 결합된 사슬은 10개의 탄소를 가지고 24번 탄소에는 에틸기가 있다.

이스트의 스테롤은 에르고스테롤(ergosterol)이며 24번 탄소에는 메틸기와 두 개의 이중결합(C7과 C8, C22와 C23)을 가지며 비타민 D_2로 알려진 비타민 D의 전구체이다(그림 5-12). 동물 및 식물과 달리 세균에는 스테롤이 없다.

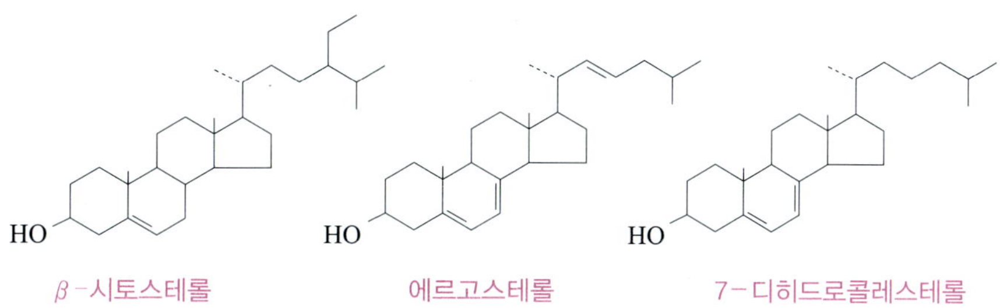

그림 5-12 식물 및 이스트 스테롤의 구조

콜레스테롤의 주된 대사분해 산물은 담즙산이다. 간에서 생성된 담즙산은 담낭에서 담즙의 성분으로 분비되며 소장에서 섭취한 지방의 소화 및 흡수에 관여한다.

담즙산의 종류는 콜산(cholic acid), 케노데옥시콜산(chenodeoxycholic acid), 데옥시콜산(deoxycholic acid) 및 리토콜산(lithocholic acid) 등이 있다(그림 5-13).

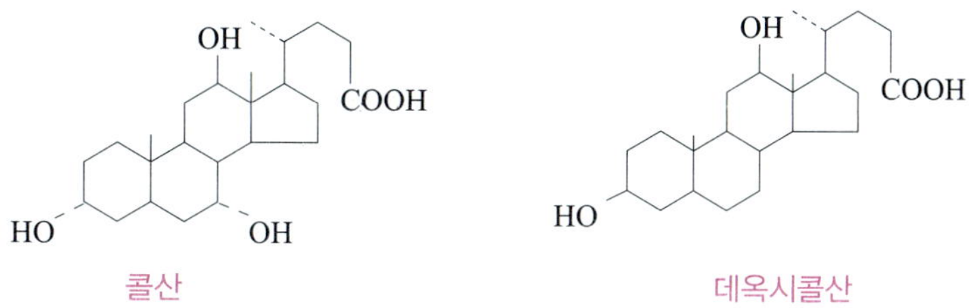

그림 5-13 담즙산의 구조

동물에서 콜레스테롤은 정소에서 분비되는 남성호르몬 테스토스테론, 난소에서 분비되는 여성호르몬 프로게스테론, 부신피질에서 분비하는 호르몬으로 당질대사에 관여하는 코르티솔 및 코르티손, 전해질대사에 관여하고 알도스테론의 생성과정에서 전구물질로 이용된다(그림 5-14).

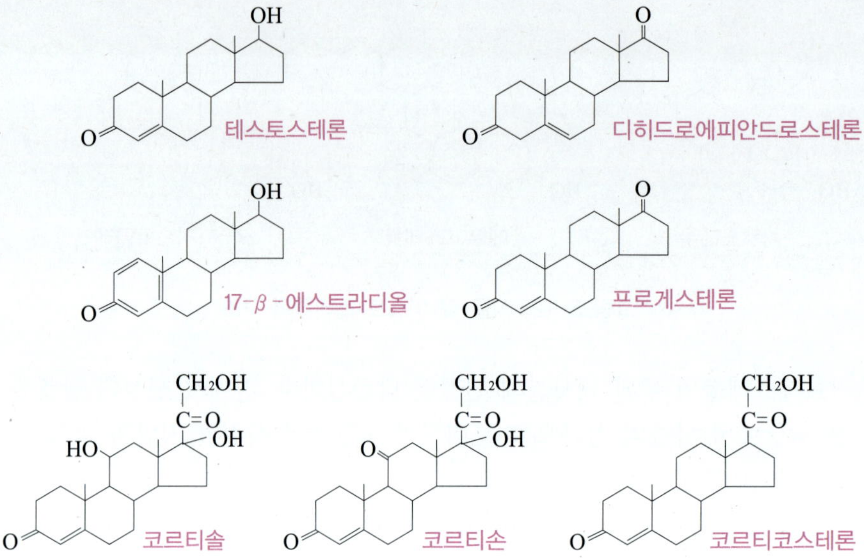

그림 5-14 성 호르몬 및 부신피질 호르몬의 구조

3. 테르펜

테르펜(terpene)은 탄소 5개로 구성된 이소프렌(isoprene)을 하나의 단위로 하여 2개 이상의 단위체가 결합하여 형성된 지질의 한 분류이다(그림 5-15). 이소프렌의 연결은 직선 혹은 고리 등의 다양한 모양으로 연결되며 모노테르펜(monoterpene)은 2개, 세스퀴테르펜(sesquiterpene)은 3개, 디테르펜(diterpene)은 4개의 이소프렌 단위체를 구성하고 있다.

테르펜의 대부분은 식물의 구성성분으로 존재하나, 라노스테롤 혹은 깊은 바다에 사는 상어의 간유에 있는 스쿠알렌 등은 동물에도 존재하며 콜레스테롤 및 다양한 스테로이드 호르몬의 전구물질로 이용된다(표 5-8).

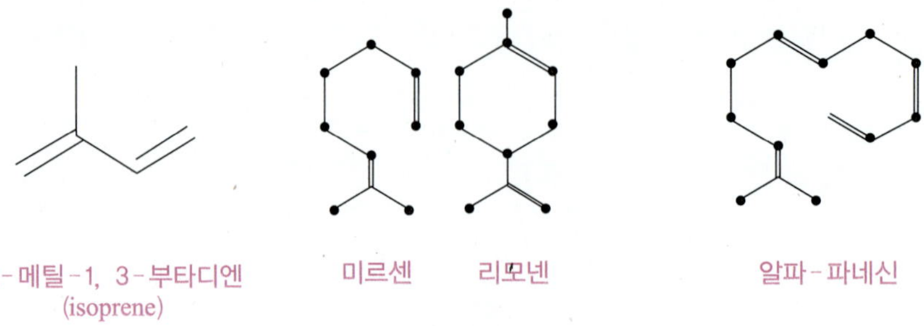

그림 5-15 테르펜의 구조

표 5-8 테르펜의 종류

테르펜	이소프렌 단위수	탄소수	종류
모노테르펜	2	10	미르센, 리모넨, 알파-파이넨
세스퀴테르펜	3	15	알파-파네신, 세드렌
디테르펜	4	20	비타민 A
세스터테르펜	5	25	마노알라이드
트리테르펜	6	30	스쿠알렌, 라노스테롤
테트라테르펜	8	40	카로티노이드

4. 프로스타글란딘 (Prostaglandin)

전립선 분비액의 구성성분으로 알려진 프로스타글란딘은 정액에서 최초로 분리되었으며, 아라키돈산이 프로스타글란딘 생성의 전구체로 작용한다.

프로스타글란딘은 탄소 사슬 중앙에 시클로펜탄(cyclo-pentane) 고리를 형성하고 있는 프로스탄산(prostanoic acid)을 기본 골격으로 하여 고리 구조의 차이에 의해서 PGA(prostaglandin A), PGB, PGC, PGD, PGE, PGF, PGG, PGH, PGI로 명명하며 측쇄의 이중결합의 수에 따라서 1, 2, 3 등의 숫자를 붙인다.

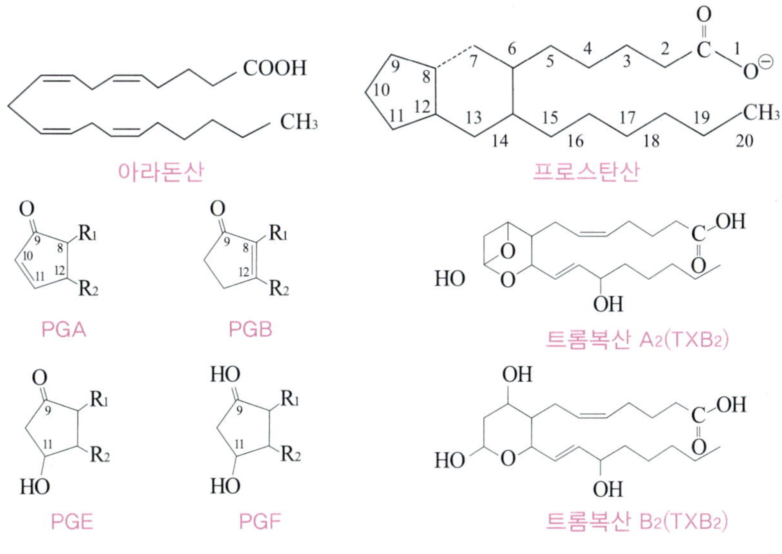

그림 5-16 프로스타글란딘의 종류

그 밖에 트롬복산(thromboxane, TX), 프로스타시클린(prostacyclin), 류코트리엔(leukotriene, LT) 등이 있다(그림 5-16).

평활근 및 혈관의 수축과 이완, 혈액응집, 이온수송 등의 다양한 기능을 위하여 많은 조직에서 프로스타글란딘이 분비된다(표 5-9).

표 5-9 프로스타글란딘의 생리작용

프로스타글란딘 종류	작용
PGE_2	혈관확장, 기관지 평활근이완
PGF_2	혈관수축, 기관지 평활근수축, 자궁수축
PGI_2	혈소판 응집억제, 혈관확장, 기관지 평활근이완
TXA_2	혈소판 응집촉진, 혈관수축, 기관지 평활근수축
LT	기관지 평활근수축

Question

1. 지방산과 글리세롤이 에스터 결합한 주요 아실글리세롤의 종류는?

2. 트라이아실글리세롤의 가수분해효소는?

3. 단순지질에 속하는 왁스의 구성성분은?

4. 세포막을 구성하는 주요 지질성분은?

5. 포스파티드산의 구조 및 성질은?

6. 복합지질에 속하는 인지질의 종류를 말하시오.

7. 지질단백질의 내부 및 외부를 구성하는 성분은?

8. 분리방법에 따른 지질단백질의 종류를 말하시오.

9. 지질단백질의 구성성분인 아포지질단백질은 어떤 작용을 하는가?

10. 포화 및 불포화 지방산의 차이점은 무엇인가?

11. 필수 지방산의 정의 및 종류를 말하시오.

12. 스테로이드핵을 가지는 대표적인 동물성 지방은?

13. 혈액을 순환하는 콜레스테롤의 종류를 말하시오.

14. 콜레스테롤을 시작물질(starting material)로 하여 생성되는 호르몬은?

15. 테르펜을 구성하는 최소 단위의 성분은?

16. 프로스타글란딘의 생성과 관계가 있는 장기는?

17. 체내에서 프로스타글란딘의 주요 작용은 무엇인가?

Chapter 6.

핵 산

SECTION 1 핵산이란 무엇인가?

핵산(nucleic acid)은 생물의 증식이나 생명 유지에 필수적이며 각 세포 특유의 단백질을 합성하는 데 필요한 유전정보를 보존, 전달, 번역하는 기능을 가지고 있다.

핵산은 뉴클레오티드(nucleotide)의 중합체(polymer)이며, 뉴클레오티드는 염기[퓨린(purine) 염기 : 아데닌(adenine), 구아닌(guanine)], [피리미딘(pyrimidine) 염기 : 시토신(cytosine), 우라실(uracil), 티민(tymine)], 인산, 리보오스(ribose) 또는 디옥시리보오스(deoxyribose)로 구성되어 있다.

핵산에는 DNA(deoxyribonucleic acid)와 RNA(ribonucleic acid), 그리고 염기와 오탄당만이 결합된 뉴클레오시드(nucleoside)가 있다.

DNA는 유전정보를 간직하고 보존한다. DNA는 2가닥이 직쇄상으로 꼬여진 이중나선구조를 가지고 있고 히스톤(histone)이라는 단백질과 결합되어 있으며 세포의 핵막 내에 염색질(chromatin)으로 존재한다.

RNA는 구조와 기능에 따라 3가지로 구분된다. mRNA(messenger RNA)는 DNA와 상호보완적인 염기배열을 가지도록 합성된 단쇄의 폴리뉴클레오티드(polynucleotide)이며, DNA가 가진 유전정보의 전사(transcription)에 관여한다.

tRNA(transfer RNA)는 특정한 아미노산과 결합하여 단백질 생합성 장소로 아미노산을 운반하는 역할을 한다. rRNA(ribosomal RNA)는 단백질을 생합성하는 장소, 즉 ribosome을 구축하는 RNA이다.

Guide

뉴클레오시드 (nucleoside)

퓨린염기 또는 피리미딘 염기와 당과 결합한 글루코시드 모양의 화합물. 모든 생명체의 유전물질인 핵산을 분해하여 얻는다.

뉴클레오티드 (nucleotide)

뉴클레오시드의 당부분이 인산과 에스테르를 만드는 화합물을 통틀어 이르는 말. 핵산을 구성하는 주요성분의 하나로, 생체 안의 에너지 대사에 중요한 구실을 한다.

SECTION 2 핵산의 구성성분

1. 염기(Base)

핵산을 가수분해하면 염기와 오탄당 및 인산이 생성되며 염기는 퓨린염기와 피리미딘 염기가 있다. 이들 염기는 모두 질소를 함유하는 헤테로고리형 화합물이다.

(1) 퓨린(Purine) 염기

핵산 및 핵산관련 화합물에 함유된 퓨린염기는 구아닌(guanine)과 아데닌(adenine)이며, 둘 다 DNA와 RNA에 포함되어 있다. 아데닌은 퓨린골격의 6위치에 아미노기가 치환된 구조이다.

그리고 구아닌은 퓨린골격의 2위치에 아미노기, 6위치에 히드록시기가 치환하여 케토형으로 된 구조를 가지고 있다.(그림 6-1)

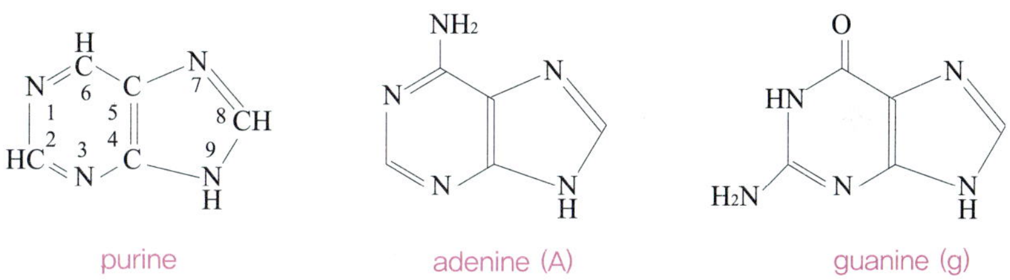

그림 6-1 퓨린염기 구조

(2) 피리미딘(Pyrimidine) 염기

피리미딘 염기는 시토신(cytosine), 우라실(uracil), 티민(thymine) 3종류이다. 모두 피리미딘 골격을 가지고 있으며, 우라실과 티민은 5위치에서 메틸(methyl)기의 유무에 따라 구분된다(그림 6-2).

시토신은 DNA와 RNA 양쪽 모두에 함유되어 있으며, 우라실은 RNA, 티민은 DNA에 함유되어 있다.

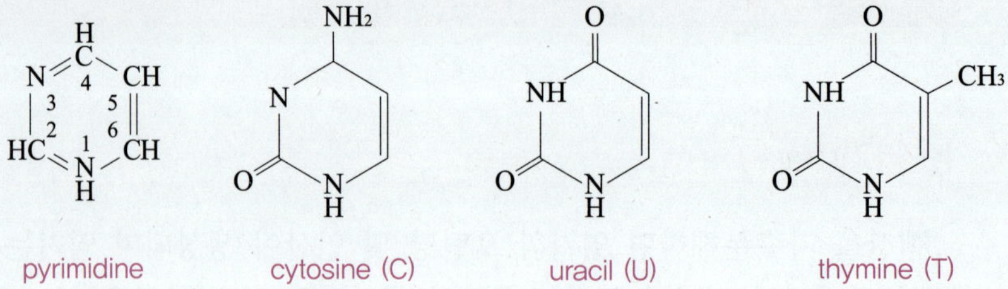

그림 6-2 피리미딘 염기 구조

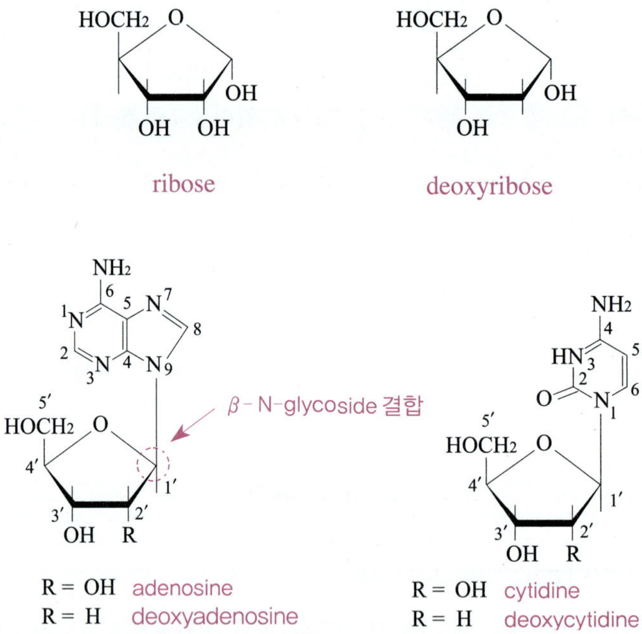

그림 6-3 뉴클레오시드의 구조 예

2. 뉴클레오시드 (Nucleoside)

퓨린염기의 9위치나 피리미딘 염기의 1위치의 N-과 퓨라노오스(furanose)형의 리보오스나 디옥시리보오스의 1′위치의 C- 사이에서 *β*-*N*-글리코시드 결합으로 탈수축합한 물질이 뉴클레오시드이다. 리보오스는 RNA, 디옥시리보오스는 DNA를 구성하는 오탄당이다.(그림 6-3, 표 6-1 참조)

표 6-1 뉴클레오시드 및 뉴클레오티드의 종류와 명칭

핵산	염기 (Base)	뉴클레오시드 (Nucleoside)	뉴클레오티드 (Nucleotide)
RNA	Adenine	Adenosine	Adenosine monophosphate(AMP)
	Guanine	Guanosine	Guanosine monophosphate(GMP)
	Cytosine	Cytidine	Cytidine monophosphate(AMP)
	Uracil	Uridine	Uridine monophosphate(UMP)
DNA	Adenine	Deoxyadenosine	Deoxyadenosine monophosphate(dAMP)
	Guanine	Deoxyguanosine	Deoxyguanosine monophosphate(dGMP)
	Cytosine	Deoxycytidine	Deoxycytidine monophosphate(dCMP)
	Thymine	Deoxythy midine	Deoxythymidine monophosphate(dTMP)

3. 뉴클레오티드 (Nucleotide)

핵산염기, 리보오스(또는 디옥시리보오스), 인산 3종류의 분자가 결합한 핵산을 구성하는 기본단위가 뉴클레오티드이다. 뉴클리오티드는 뉴클레오시드의 오탄당 부분의 3′ 또는 5′에 인산이 에스테르 결합으로 연결된 구조를 가지고 있다.

그림 6-4에 아데노신일인산(adenosine monophosphate, AMP)의 구조와 시티딘일인산(citidine monophosphate, CMP)의 구조를 나타내었고 표 6-1에 뉴클레오티드의 명칭을 나타내었다.

뉴클리오티드 유도체 중에서 생화학 반응에서 특히 중요한 작용을 하는 것은 아데노신삼인산(adenosine-5′-triphosphate, ATP)이다(그림 6-5).

ATP가 ADP와 무기인산으로 가수분해될 때 다량의 이용 가능한 에너지(자유 에너지)를 방출하므로 많은 에너지를 필요로 하는 생체 내 반응에 관여한다.

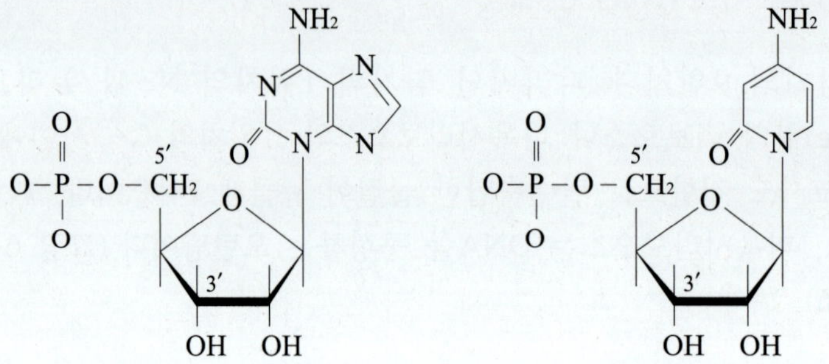

(a) adenosine monophosphate(AMP) (b) cytidine monophosphate(CMP)

그림 6-4 뉴클레오티드의 구조 예

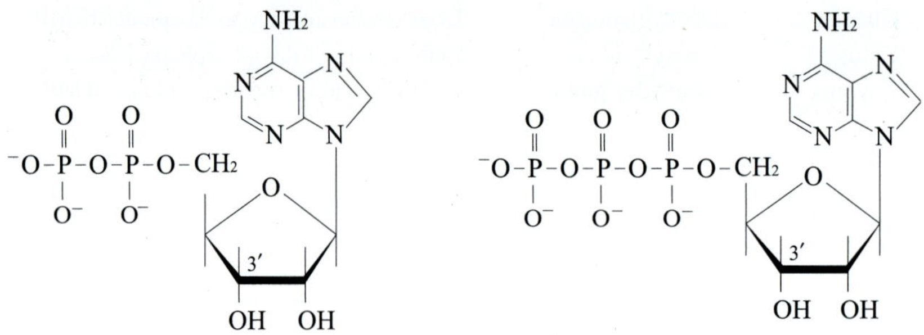

(a) adenosine diphosphate(ADP) (b) adenosine triphosphate(ATP)

그림 6-5 뉴클레오티드의 이인산(diphosphate)과 삼인산(triphosphate)

SECTION 3 DNA와 RNA

DNA와 RNA는 뉴클레오티드가 인산디에스테르(phosphodiester) 결합으로 연결된 고분자화합물(polynucleotide)이다. 그림 6-6은 DNA와 RNA의 기본적인 구조를 나타내었다. 인산은 뉴클레오티드 오탄당의 5′와 3′위치의 히드록시기는 인산에스테르 결합으로 연결되어 있다.

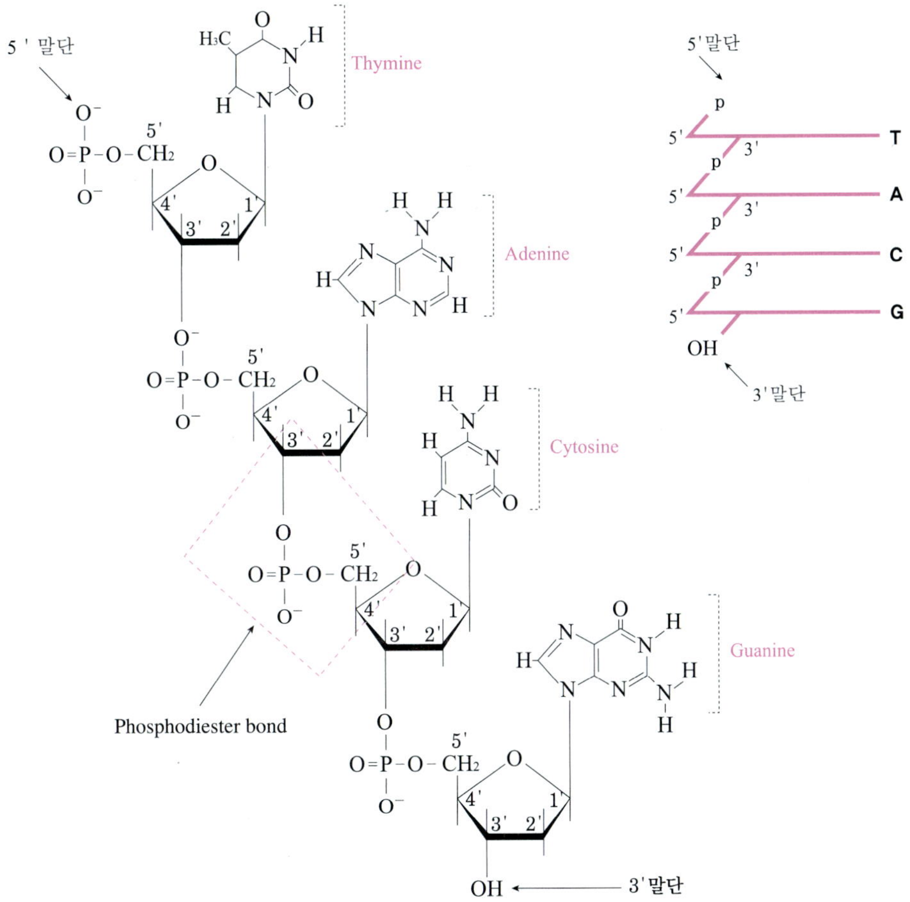

그림 6-6 DNA 가닥 구조

DNA나 RNA의 구조를 간단히 나타내기 위해 각 뉴클레오티드가 함유하는 염기의 기호를 사용하여 왼쪽에서 5′말단부터 나타낸다. 그림 6-6에 나타낸 가닥 서열은 5′- TACG-3′이다.

1. DNA (deoxyribonucleic acid)

DNA를 구성하는 오탄당은 디옥시리보오스이고 함유되어 있는 염기성분은 아데닌, 구아닌, 시토신, 티민이다. DNA는 핵 내에 존재하고 단백질과 복합체를 형성하여 염색체를 만든다. DNA와 연결된 단백질인 히스톤(histone)은 염기성이 강한 단백질로 핵산의 산을 중화하고 핵산을 보호하는 작용을 한다.

Watson과 Crick이 1953년에 제안한 DNA의 구조는 그림 6-7에 나타낸 것처럼 2가닥 DNA가 감긴 이중나선구조(double helix structure)로 되어 있다. 이중나선구조에서 역방향으로 늘어선 2가닥의 폴리뉴클레오티드(polynucleotide)사슬의 서로 상보적인 피리미딘과 퓨린염기는 수소결합을 하고 있다.

아데닌과 티민 염기쌍 사이에 2개, 구아닌과 시토신 염기쌍 사이에 3개의 수소결합을 하고 있으며, 아데닌과 티민, 시토신과 구아닌은 각각 동량으로 존재한다.

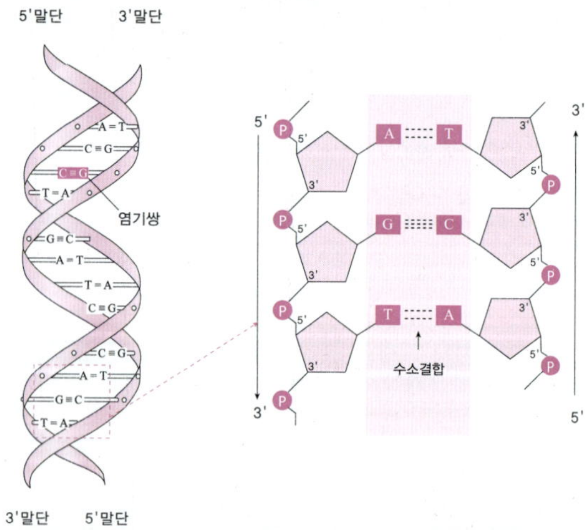

그림 6-7 DNA의 이중나선구조 모형도

Guide

nucleotide		RNA	DNA
염기	퓨린	아데닌 구아닌	아데닌 구아닌
	피리미딘	시토신 우라실	시토신 티민
오탄당		리보오스	디옥시리보오스
인산		인산	인산

2. RNA (ribonucleic acid)

RNA를 구성하는 오탄당은 리보오스이고 함유된 염기는 아데닌, 구아닌, 시토신, 우라실이며 주로 세포질 중에 존재한다.

RNA에는 전령RNA(messenger RNA, mRNA), 리보솜RNA(ribosomal, RNA, rRNA), 전달RNA(transfer RNA, tRNA)의 3종류가 보통의 세포 중에 함유된 RNA이다.

(1) mRNA

mRNA는 한 가닥으로 구성되어 있으며, 핵 내에서 DNA를 구성하는 두 가닥 사슬 중 한 가닥을 주형(template)으로 하여, 그 가닥 DNA의 뉴클레오티드 배열로 기록되어 있는 유전정보에 근거하여 합성된다. 예를 들어 DNA의 티민 (T), 시토신 (C), 구아닌 (G), 아데닌 (A)은 각각 RNA의 아데닌 (A), 구아닌 (G), 시토신 (C), 우라실 (U)의 위치를 정해주게 되므로 mRNA분자는 DNA분자의 일부와 염기배열이 상보적으로 되어 분자 중에 DNA의 유전정보가 전사(transcription)된다.

합성된 mRNA는 세포질로 이동되어 리보솜(ribosome)에 결합하여 mRNA상에 염기배열로 기록되어 있는 아미노산이 차례로 붙게 하여 단백질 합성의 주형 역할을 한다. 1개의 단백질을 생합성하기 위해서는 대응하는 mRNA가 반드시 필요하므로 mRNA의 종류는 단백질의 종류만큼 많지만 수명이 짧고 양도 적다.

Guide
전사
DNA유전정보를 mRNA로 옮기는 과정

(2) tRNA

tRNA는 단백질을 생합성할 때 대응하는 아미노산과 결합하여 리보솜으로 운반하는 역할을 한다. tRNA 중의 염기를 강한 수소결합을 만드는 짝에 따라 배열하면(그림 6-8)와 같이 되며, 클로버 잎의 모양과 비슷하여 클로버잎형 모델이라 한다. 클로버의 잎에 해당하는 부분에는 특별한 구조를 가진 염기가 많아 수소결합을 하지 못하므로 루프형으로 되어 부풀어져 있다.

Guide
코돈(codon)
mRNA상의 유전암호의 기본 단위

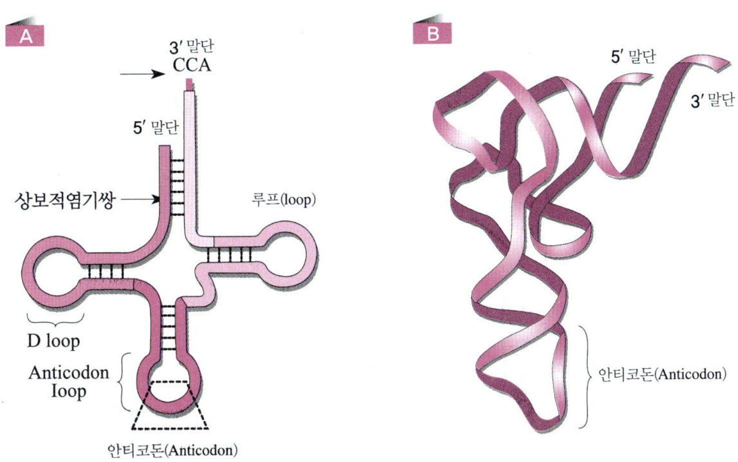

그림 6-8 tRNA의 구조

이들 중 한 개의 루프에는 안티코돈(anticodon)이 존재한다. 안티코돈 부분에는 1종류의 아미노산에 대응하는 3개의 뉴클레오티드가 존재하며, 이 부위에 mRNA의 염기배열과 상보적으로 결합하여 mRNA 분자상의 정보(codon)를 아미노산으로 대치하는 작용(translation)을 하여 단백질의 아미노산 배열을 결정한다.아미노산이 결합하는 부분(amino acid arm)인 3′말단은 모든 tRNA에 공통으로 CCA의 구조를 가지고 있으며 그 말단 아데노신의 3′-OH에 그 tRNA와 대응하는 아미노산이 아실화하여 결합한다.

(3) rRNA

rRNA는 단백질과 복합체를 만들어 리보솜을 구성하는 RNA이며, 세포 내에 가장 많이 존재하는 RNA로서 약 60~80%를 차지한다.

리보솜 위에서 mRNA와 tRNA 분자가 상호작용하여 DNA로부터 전사된 정보를 특정 단백질 분자로 해독한다. 리보솜은 2개의 주요 핵단백질 분단위를 가졌는데, 그 중 큰 분단위는 60S이고, 작은 분단위는 40S이다.

60S 분단위에는 5S rRNA, 5.8S rRNA, 28S rRNA가 있고, 50개 이상의 특정 폴리펩티드가 들어있으며, 40S 분단위에는 18S rRNA 와 약 30개의 폴리펩티드가 들어있다.

Question

1. 뉴클레오시드와 뉴클레오티드를 비교하시오.

2. DNA와 RNA의 구조적 차이점을 설명하시오.

3. DNA의 구조적 특성을 설명하시오.

4. RNA의 종류별 기능을 쓰시오.

Chapter 7.

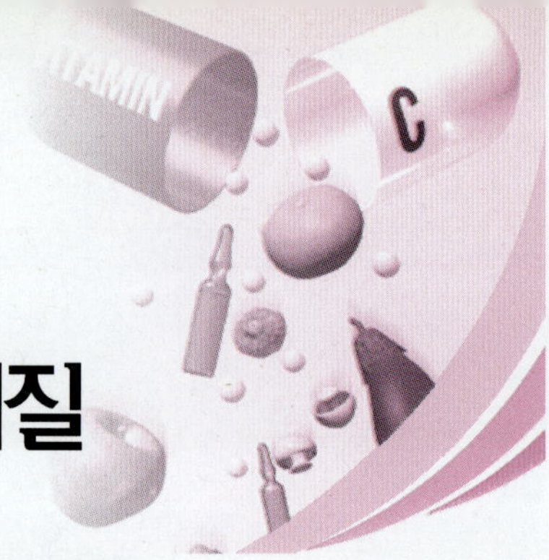

효소, 비타민, 무기질

SECTION 1 효 소

생체세포 내에서 반응이 일정하고 속도 있게 진행되는 것은 생 세포 내에서 촉매가 작용하고 있기 때문이다. 생존에 필요한 화학반응의 촉매를 소위 효소(enzyme)라고 한다. 생세포에서 만들어지는 효소는 단순단백질이나 복합단백질 또는 올리고머단백질 등으로 되어 있다.

효소는 기질에 대하여 특이적으로 작용(기질특이성)하고 열역학적으로 가능한 특정 화학반응만을 수용액 중의 희박기질에 대하여 온화한 온도나 pH조건에서 부산물을 생성하지 않고(작용특이성) 원활하게 촉매하는 생체촉매(biocatalyst)로 생물체의 생명 유지에 매우 중요한 역할을 한다.

Guide

- 효소(enzyme)는 동물의 생존에 필요한 화학반응의 촉매역할을 한다.
- 효소의 특성
  기질특이성과 작용특이성이 있어서 원활한 촉매로 생명체 유지에 중요한 역할을 한다.

1. 효소의 분류

1961년에 국제생화학연맹(International Union of Biochemistry; IUB)의 효소위원회에서 화학반응을 촉매하는 형태에 따라 효소를 크게 6가지로 분류한다.

(1) 산화환원효소 (oxidoreductase)

산화, 산소첨가, 탈수소, 수소첨가 등 산화환원반응을 촉매하는 효소이다. 질병진단에 이용되는 대표적인 효소로 Lactate Dehydrogenase(LDH), Glucose-6-Phosphate Dehydrogenase (G-6-PDH), Glutamate Dehydrogenase(GDH) 등이 있다.

(2) 전이효소 (transferase)

아미노기, 메틸기, 인산기, 카르복실기 등의 원자단의 전이를 촉매하는 효소이다. 질병진단에 이용되는 대표적인 효소로 Aspartate Transferase(AST), Alanine Transferase(ALT), Creatinekinase(CK), γ-Glutamyl Transferase(γ-GT) 등이 있다.

(3) 가수분해효소 (hydrolase)

C- O, C- N, C- P 등의 결합의 가수분해반응을 촉매하는 효소이다. 질병진단에 이용되는 대표적인 효소로 Alkaline Phosphatase(ALP), Acid Phosphatase(ACP), Amylase, Lipase, Cholinesterase, Leucine Amino Peptidase(LAP) 등이 있다.

(4) 제거효소 (lyase)

분해효소하고도 하며, 가수분해 반응에 의하지 않고 기질로부터 특정의 원자단을 제거하는 반응을 촉매하는 효소이다. 대표적인 효소로 Aldolase, Dehydrolase, Decarboxylase 등이 있다.

(5) 이성화효소 (isomerase)

광학, 기하, 입체 이성체의 상호변환을 촉매하는 효소이다. 대표적인 효소로 Epimerase, Mutarotase, Racemase 등이 있다.

(6) 합성효소 (synthetase)

ATP 또는 유사 3인산 화합물의 피로인산결합의 가수분해와 공역해서 2개의 분자를 결합시키는 반응을 촉매하는 효소로서 합성효소(Synthetase) 또는 결합효소(Ligase)라고도 한다.

2. 효소의 성질

효소의 주성분은 단백질이며 단백질의 모든 특성을 나타낸다. 그러므로 대부분의 효소는 열, 강산, 강염기, 단백질 변성제 등에 의해 입체구조가 변화하여 비가역적으로 변성되면 촉매활성을 잃게 된다.

효소는 폴리펩티드(polypeptide)만으로 되어 있거나 저분자화합물이나 금속이온과 같은 보조인자(cofactor)를 가진 단백질로 되어 있다.

단백질에 보조인자가 결합하여 완전한 촉매활성을 나타내는 효소를 완전효소(holoenzyme)라 하며 단백질 부분만을 아포효소(apoenzyme)라 한다.

Holoenzyme = Apoenzyme + Cofactor(Coenzyme)

보조인자에는 효소단백질과 공유결합 등으로 강하게 결합하고 있는 저분자의 유기화합물인 보결분자족(prosthetic group)과 효소단백질과 가역적 · 비공유결합적으로 비교적 느슨하게 결합하고 있어 투석 등으로 해리하기 쉬운 저분자의 유기화합물인 보효소(coenzyme)가 있으며, 그 밖에 금속이온이 보조인자로 작용하는 것 등이 있다.

보조인자는 Zn^{2+}, Mg^{2+}, Mn^{2+}, Fe^{2+}, Cu^{2+}, K^{+}, Na^{+} 등의 전해질과 보효소인 FAD, NAD, NADP 등이 대표적인 물질이다.

또한, 효소는 장기 특이성이 있다. 효소의 기능은 동일하나 분자가 다른 효소를 동종효소(Isoenzyme)라고 한다. 임상진단에 활용되는 동종효소는 LDH(LDH_1, LDH_2, LDH_3, LDH_4, LDH_5), CK(CK_1, CK_2, CK_3), AST(ASTm, ASTs), ALP(ALP_1, ALP_2, ALP_3, ALP_4, ALP_5, ALP_6) 등이 있다.

표 7-1 Cofactor로 효소활성에 필요한 무기원소

금속이온	효 소
Fe^{2+}, Fe^{3+}	Cytochrome oxidase, Catalase, Peroxidase
Cu^{2+}	Cytochrome oxidase
Zn^{2+}	DNA polymerase, Carbonic anhydrase, Alcohol dehydrogenase
Mg^{2+}	Hexokinase, Glucose-6-phosphatase
Mn^{2+}	Arginase
K^{+}	Pyruvate kinase(Mg^{2+}도 필요)
Ni^{2+}	Urase
Mo	Nitrate reductase

표 7-2 조효소의 종류와 기능기 또는 원자

Coenzyme	전이원자단	효소
Thiamine pyrophosphate(TPP)	Aldehyde	Transketolase, Carboxylase
Flavin adenine dinucleotide(FAD)	Hydrogen atoms	Oxidase, Ketolase
Nicotinamide adenine dinucleotide(NAD)	Hydride ion(H^-)	Dehydrogenase
Coenzyme A(CoA)	Acyl group(RCO^-)	Acetyl transferase
Pyridoxal phosphate(PLP)	Amino group	Amino transferase
5′-Deoxyadenosylcobalamine(보효소B_{12})	H atome & Alkyl Gr.	Mutase, Reductase
S′-adenosylmethionine	Methyl($-CH_3$)	Methyl transferase
Adenosine triphosphate(ATP)	인산기	Phophotransferase

3. 효소의 특성

(1) 작용특이성

하나의 효소는 하나의 화학반응 또는 유사한 일군의 화학반응에 대하여 촉매작용을 나타내며 부반응을 일으키지 않고 부산물도 만들지 않는다.

(2) 기질특이성

효소의 반응부위와 기질은 상보적으로 결합하여 높은 특이성을 나타낸다. 즉, 효소단백질의 입체구조, 활성중심의 특수한 구조, 기질분자의 입체배치 등에 의해 특정한 기질에만 작용하며, 이에 따라 효소는 D-와 L-의 광학적 이성체까지도 구별하여 어느 한쪽에만 작용할 수 있게 된다(**열쇠와 자물쇠**). 또 기질이 효소의 활성부위에 근접하면 활성부위의 입체구조가 변화하여 효소는 기질과 상보적인 복합체를 형성한다(유도적합설).

유기화학적으로는 대칭인데 D-와 L-의 배위를 가지지 않는 기질(글리세롤, 에탄올, 구연산 등)에 효소가 작용할 때는 효소표면의 서로 다른 3장소 이상에서 비대칭적으로 작용한다. 그 후 기질분자와 결합하고 효소는 기질분자의 작용기들이 만드는 분자 평면의 상하를 구별하여 반응한다.
(Ogston설)

4. 효소의 단위

(1) 효소의 국제단위 (unit)

효소가 최적조건 하, 30°C에서 1분당 1μ mol의 기질을 생성물로 변환시키는 데 필요한 효소의 양을 1단위(1I.U. = 1μ mol · min^{-1})라 한다.

또 신국제단위로서 katal(kat)도 이용되고 있으며 1kat는 1초에 1mol의 기질을 변환하는 효소활성량을 말하며 1kat = 6 × 10^7I.U.이다. 효소의 농도는 1mL 중의 효소를 단위수로 표시한다.

(2) 효소의 비활성 (specific activity)

효소 1mg당의 국제단위(I.U.)로 나타내며 신국제단위에서는 효소 1kg당의 katal(kat) 수로 나타낸다. 효소의 비활성은 효소제품의 순도를 나타내는 것으로 효소의 정제가 진행됨에 따라 비활성이 증가하고 최후에는 일정하게 된다.

(3) 효소의 분자활성(mol 활성 ; molecular activity)

1분 동안 효소 1분자가 생성물로 변환하는 기질분자의 수를 말한다. 효소의 초기농도를 $[E]_0$라 하면 효소의 최대반응속도 $V_{max}=\kappa[E]_0$로 되며 κ가 분자활성에 해당한다. 즉, $\kappa=V_{max}/[E]_0$로 된다. Carbonate dehydratase의 분자활성은 $\kappa=10^7$분자/min으로 활성이 큰 효소라는 것을 나타내고 있다. 이전에는 대사회전수 또는 turnover number라 하였다.

(4) 촉매중심활성(활성중심활성 ; catalytic center activity)

효소분자의 활성중심 1개당 1분 동안 생성물로 변환시키는 기질분자의 수를 말하며 활성중심이 여러 개인 경우에는 분자활성을 활성중심의 수로 나눈 값을 말한다.

5. 효소의 반응특성

(1) 온도 (temperature)

효소는 단백질이어서 온도가 일정 수준 이상으로 상승하면 단백질의 열변성이 일어나 활성효소가 감소하므로 반응속도는 낮아진다. 일반적으로 45°C까지는 온도의 상승과 함께 반응속도가 증가하지만 45°C를 넘으면 열변성이 시작되고 55°C 이상이 되면 신속하게 변성을 일으켜 효소는 촉매로서의 기능을 잃게 된다.

그러므로 효소에는 최대반응속도를 나타내는 온도(35~45°C)가 있으며, 이것을 최적온도(optimum temperature)라 한다.

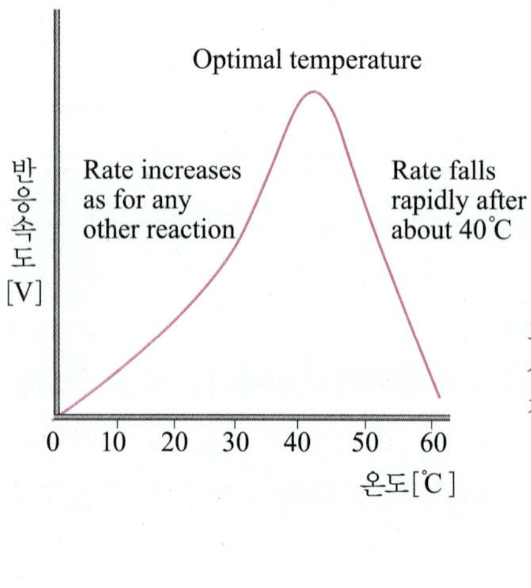

그림 7-1 효소농도와 온도 관계

효소는 단백질이어서 온도가 일정 수준 이상으로 상승하면 단백질의 열변성이 일어나 활성효소가 감소하므로 반응속도는 낮아진다.

(2) pH

효소는 한정된 범위의 pH에서만 활성이 있으며 이 범위 내에서 효소의 안정성이 나타나고 반응속도가 최대로 되는 최적 pH(optimum pH)를 가진다. 양극단의 pH에서는 효소의 촉매부위가 파괴되기도 한다. 최적 pH에서는 효소 촉매부위의 proton공여기 및 수용기, 효소-기질 복합체, 그리고 기질이 적당한 이온화 상태로 되어 기질과의 친화성이 증가되므로 반응속도가 최대로 된다.

효소는 기질에 따라서 최적 pH가 변화하기도 하며 ATP, NAD^+, 아미노산, coenzyme A 등과 같이 기질이 전해질인 경우에는 이들이 일정한 이온형이 아니면 효소는 작용하지 않는다. 세포 내에서는 각 부위의 pH가 정확하게 유지되며 그 pH 조절기구는 세포의 대사조절과 밀접한 관계가 있다.

효소의 pH에 대한 상대반응속도를 그래프로 나타내면 종 모양의 곡선을 그리는 경우가 많으며 이런 형태의 pH 곡선은 활성부위에 2종류의 해리기가 있는 효소 모델로 설명된다.

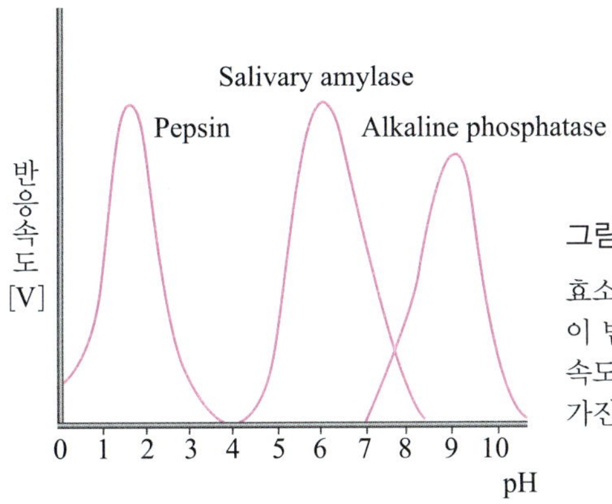

그림 7-2 효소농도와 pH 관계

효소는 한정된 범위의 pH에서만 활성이 있으며 이 범위 내에서 효소의 안정성이 나타나고 반응속도가 최대로 되는 최적pH(optimum pH)를 가진다.

(3) Michaelis 상수 (K_m)

기질농도가 충분할 때에는 효소농도를 증가시키면 반응속도는 그에 따라 증가한다. 단순한 효소반응에서 효소농도가 일정할 때 기질농도를 증가시키면 반응속도가 점차 증가하지만 기질농도가 일정농도를 넘으면 효소의 활성중심은 기질로 포화되어 반응속도는 일정하게 된다. 이러한 효소반응 과정의 특성을 설명하기 위하여 미카엘리스(Leonor Michaelis)와 멘텐(Maud Menten)은 다음과 같은 모델을 제안하였다.

$$E + S \underset{k_2}{\overset{k_1}{\rightleftharpoons}} ES \xrightarrow{k_3} E + P \qquad (7\text{-}1)$$

효소 E는 속도상수 k_1으로 S와 결합하여 ES복합체를 형성한다. ES복합체는 속도상수 k_2로써 E와 S로 해리할 수도 있고 속도상수 k_3로써 생성물 P를 만드는 반응으로 진행할 수 있다.

생성물은 전혀 초기상태의 기질로 되돌아가지 않는다고 가정하면 반응속도 V는 ES복합체의 농도와 k_3의 곱에 비례한다.

$$V = k_3[ES] \qquad (7\text{-}2)$$

다음으로 ES의 생성과 분해속도는 다음의 식들과 같이 나타낼 수 있다.

$$ES\text{의 생성속도} = k_1[E][S] \qquad (7\text{-}3)$$
$$ES\text{의 분해속도} = (k_2 + k_3)[ES] \qquad (7\text{-}4)$$

효소의 촉매반응이 정상상태(steady state), 즉 ES복합체의 생성속도와 분해속도가 같을 때에 놓여 있다면,

$$k_1[E][S] = (k_2 + k_3)[ES] \qquad (7\text{-}5)$$

로 되고 (7–5)식은 다음과 같이 정리할 수 있다.

$$[ES] = \frac{[E][S]}{(k_2 + k_3)/k_1} \qquad (7\text{-}6)$$

미카엘리스(Michaelis)상수라는 새로운 상수 K_m을 (7–7)식과 같이 정의하여 (7–7)식을 (7–6)식에 대입하면 (7–8)식과 같이 된다.

$$Km = \frac{k_2 + k_3}{k_1} \qquad (7\text{-}7)$$

$$[ES] = \frac{[E][S]}{Km} \qquad (7\text{-}8)$$

효소농도가 기질농도보다 훨씬 더 작다고 가정하면 결합하지 않은 기질의 농도 [S]는 전체 기질농도와 거의 같다. 그리고 결합하지 않은 효소의 농도 [E]는 전체효소의 농도 [Et]에서 ES 복합체의 농도를 뺀 것이다.

$$[E] = ([Et] - [ES]) \qquad (7\text{-}9)$$

이 식을 (7–8)식의 [E]에 대입하면 다음과 같이 된다.

$$[ES] = ([Et] - [ES])[S]/Km \qquad (7\text{-}10)$$

(7–10)식을 정리하면

$$[ES] = [Et]\frac{[S]}{[S] + Km} \qquad (7\text{-}11)$$

과 같이 된다. [ES]에 대한 위의 식을 (7-2)식에 대입하면 아래와 같은 식을 얻을 수 있다.

$$V = k_3[Et]\frac{[S]}{[S] + Km} \quad (7\text{-}12)$$

최대속도 V_{max}는 효소가 기질로 포화되어 있을 때, 즉 [S]가 K_m보다 훨씬 더 커서 [S]/([S]+K_m)이 1에 가까울 때 얻어지므로

$$V_{max} = k_3[Et] \quad (7\text{-}13)$$

로 되고, (7-13)식을 (7-12)식에 대입하면 다음과 같은 Michaelis-Menten식이 얻어진다.

$$V = V_{max}\frac{[S]}{[S] + Km} \quad (7\text{-}14)$$

기질의 농도가 낮을 때, [S]가 K_m보다 훨씬 더 작으면 V=[S] V_{max}/K_m이 된다. 즉, 반응속도는 기질농도에 정비례하게 되고 효소반응은 1차 반응이 된다. 기질의 농도가 높을 때, [S]가 K_m보다 훨씬 더 크면 $V=V_{max}$이 된다. 즉, 반응속도는 최대값을 가지며 기질농도에 영향을 받지 않게 되고 효소반응은 0차 반응이 된다.

그리고 (7-14)식에서 [S]=K_m이라면 V=1/2V_{max}이 된다. 즉, 반응속도가 최대값의 반일 때 K_m은 기질농도 [S]와 같게 되어 K_m을 기질농도로 나타낼 수 있게 된다.

또 (7-14)식의 양쪽의 역수를 취하면 아래와 같은 식을 얻을 수 있다.

$$\frac{1}{V} = \frac{Km}{V_{max}}\cdot\frac{1}{[S]} + \frac{1}{V_{max}} \quad (7\text{-}15)$$

(7-15)식을 라인위버-버크(Lineweaver-Burk)식이라 하며 1/[S]에 대하여 1/V을 작도하면 절편이 1/V_{max}이고 기울기가 K_m/V_{max}인 직선이 얻어지고 이로부터 미카엘리스상수 K_m과 최대반응속도 V_{max}을 정확히 결정할 수 있다.

미카엘리스상수 K_m은 효소 특유의 상수로 효소와 기질의 친화성을 나타내고 상수값이 작으면 효소와 기질의 친화성이 높다는 것을 의미한다. 다단계 효소반응에서 각 단계의 효소반응의 K_m치를 비교하면 그 값이 가장 큰 단계의 반응이 반응계 전체의 반응속도를 결정하는 단계가 된다.

또 K_m치는 pH, 온도, 이온강도에 따라 변화되므로 순수한 효소로 측정한 K_m치와 생체 내에서 측정한 K_m치가 매우 큰 차이를 나타내는 경우가 많다.

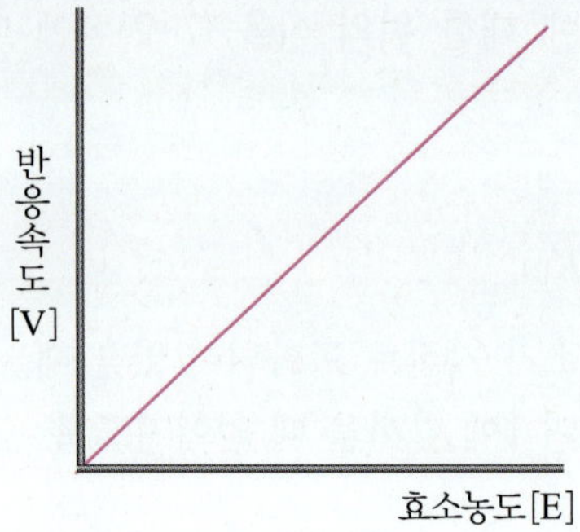

그림 7-3 효소농도와 반응속도의 관계

반응속도[V]는 존재하는 효소농도[E]에 대하여 비례적이므로, 반응속도 측정으로 효소의 정량적인 분석에 대한 기초로 이용할 수 있다.

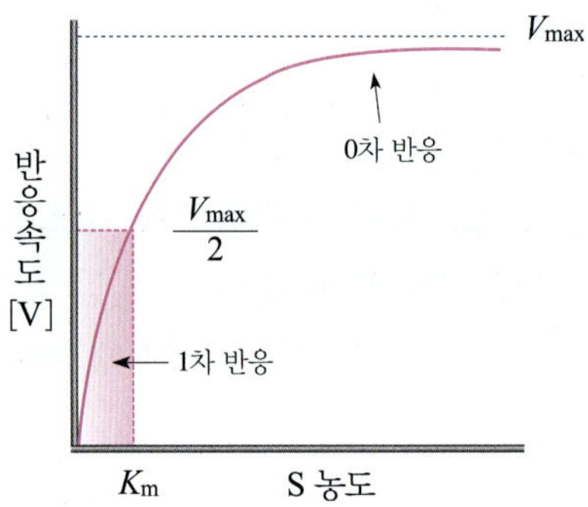

그림 7-4 기질의 농도와 효소의 반응속도 간 관계

최대반응속도(V_{max})의 1/2 속도를 나타내는 기질(S)의 농도를 K_m이라 하며, V_{max}와 K_m은 효소와 기질에 따라 일정한 수치를 나타낸다. 반응속도(V)는 효소활성이라고도 하며 최적 pH, 최적 온도에서 일정시간 동안 생성한 반응생성물(P)의 양으로 나타낸다.

(4) 효소반응의 저해

어떤 물질들은 효소와 가역적 또는 비가역적으로 결합하여 효소의 촉매작용을 억제하는 물질을 효소 저해제라고 하고, 이와 반대되는 역할을 촉매제라 한다. 저해는 경쟁적 저해, 비경쟁적 저해, 반경쟁적 저해 등이 있다.

1) 경쟁적 저해(competitive inhibition)

경쟁적 저해는 기질의 구조와 유사한 물질이 효소와 결합하여 효소반응을 방해하고 반응속도나 K_m치에 영향을 미친다. 반응의 V_{max}는 변하지 않으나 K_m값은 높아진다. 그러나 이 효소반응에서 기질농도를 증가시키면 효소-기질 복합체를 형성을 증가하여 저해는 회복되며, 이와 같은 저해를 경쟁적 저해라 한다.

예를 들면 cholinesterase의 정지제인 eserine, 미생물의 효소작용에 대한 sulfonamide의 약제 작용 등이 경쟁적 저해를 한다.

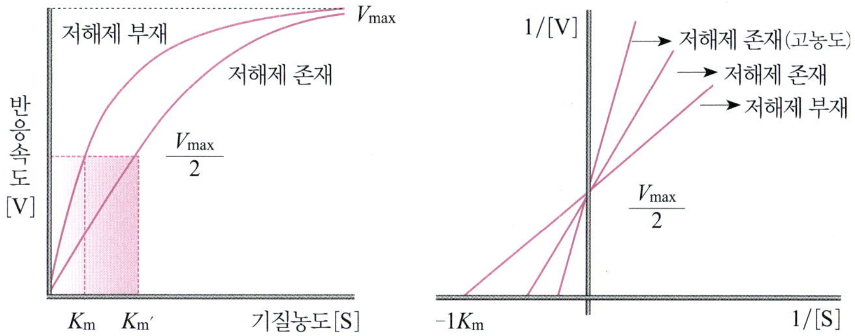

그림 7-5 경쟁적 저해 (competitive inhibition)

2) 비경쟁적 저해(non-competitive inhibition)

비경쟁적 저해는 저해제가 유리형의 효소 또는 효소-기질 복합체 등의 양쪽에 가역적으로 결합하여 저해작용을 나타낸다. 또한 기질농도 [S]를 높여도 저해제는 없어지지 않는데, 효소반응 부위인 active site가 아닌 다른 부위에 결합해서 효소분자의 구조적 변화를 초래하여 기질과 반응할 수 없기 때문이다.

약하게 결합하면 가역적이고, 공유결합이면 비가역적이며, 기질을 증가시켜도 회복될 수 없다. V_{max}는 낮아져서 최대속도에 도달할 수가 없으며, K_m치는 그대로 있다. 예를 들면 납이나 수은 등의 중금속이온, 청산가리가 cytochrome oxidase를 저해하는 경우, 산화제, 계면활성제 등이 비경쟁적 저해제이다.

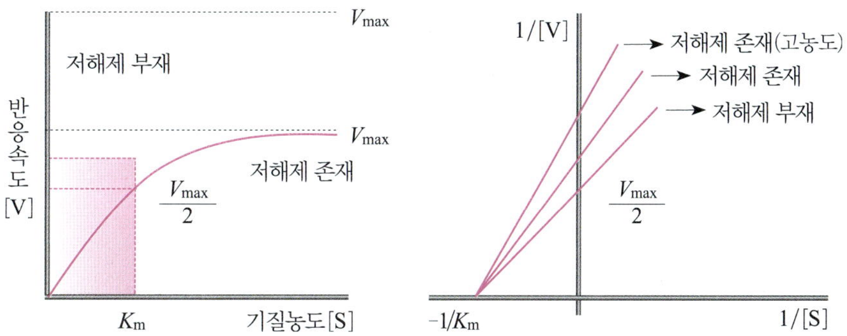

그림 7-6 비경쟁적 저해(non-competitive inhibition)

3) 반경쟁적 저해(uncompetitive inhibition)

무경쟁적 저해제라고도 하는데, 저해제가 효소-기질 복합체에만 결합하여 효소의 작용을 저해하는 것으로 유리형의 효소와는 결합하지 않는다. 효소-기질-저해제의 복합체를 형성하여 생성물을 만들지 못한다.

기질을 증가시키면 저해제가 결합할 수 있는 복합체가 더욱 생겨서 저해가 증가하며, V_{max}와 K_m치가 모두 감소한다.

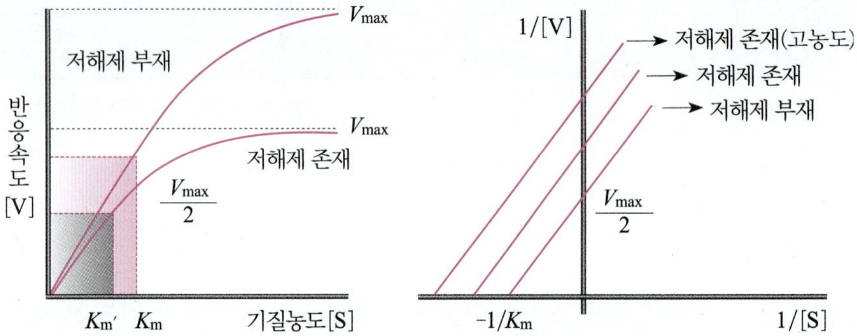

그림 7-5 반경쟁적 저해(uncompetitive inhibition)

SECTION 2 비타민 (Vitamin)

비타민은 신체의 건강유지나 발육 및 성장에 필수적인 것으로 미량으로 유효한 화합물이며 호르몬과는 달리 체내에서 합성되지 않으므로 음식물에서 충분히 섭취하여야 한다. 비타민이 음식물 중에 함유되어 있지 않거나 흡수가 충분하지 않으면 결핍증이 나타나고 심한 경우에는 사망하기도 한다.

비타민은 크게 지용성 비타민(fatsoluble vitamin)과 수용성 비타민(water soluble vitamin)으로 분류된다. 섭취 후 체내에서 비타민으로 변화하는 물질을 프로비타민이라 한다.

일반적으로 인간이나 포유동물의 체내에서 합성할 수 있어서 반드시 외부에서 섭취할 필요가 없으나 일부 동물에서는 비타민으로 생각되는 미량으로도 유효한 유기화합물을 비타민 유사작용인자라 한다.

표 7-3 수용성 비타민과 지용성 비타민의 일반적인 성질

수용성 비타민	지용성 비타민
• 물에 녹는다.	• 기름과 유기용매에 녹는다.
• 필요 이상의 섭취량은 체내에 축적되지 않고 배출된다.	• 필요 이상의 섭취량은 체내에 축적된다.
• 쉽게 요중으로 배출된다.	• 체외로 좀처럼 배출되지 않는다.
• 매일 필요량을 공급하지 못하면 결핍증이 나타난다.	• 결핍증세가 서서히 나타난다.
• 매일 필요량을 반드시 공급해야 한다.	• 매일 필요량을 반드시 공급하지 않아도 된다.
• 일반적으로 전구체가 존재하지 않는다.	• 비타민의 전구체가 존재한다.
• 구성원소는 수소, 산소, 탄소 이외에 질소, 황, 코발트 등을 함유하기도 한다.	• 구성원소는 수소, 산소, 탄소 이다.

표 7-4 젊은 성인에 대한 비타민의 식품기준섭취량

영양분	남성	여성
비타민 A	700mg	900mg
비타민 C	75mg	90mg
비타민 D	200IU	200IU
비타민 E	30IU	30IU
비타민 B_1(Thiamine)	1.1mg	1.2mg
비타민 B_2(Riboflavin)	1.1mg	1.3mg
비타민 B_3(Niacin)	14mg	16mg
비타민B_6(Pyridoxin)	1.5mg	1.7mg
비타민B_{12}(Cyanocobalamin)	3μg	3μg
엽산(Folic acid)	400μg	400μg
판토텐산(Pantothenic acid)	5mg	5mg
비타민 H(Biotin)	100～200μg	100～200μg

1. 수용성 비타민

(1) 비타민 B_1 (thiamine)

비타민 B_1(티아민)은 항각기인자와 항신경염인자로 알려져 있는 수용성 비타민이다. 생체 내에는 대부분이 thiamin pyrophosphate(TPP)로 구성되어 있으며, 그 밖에 유리 thiamin, thiamin monophosphate(TMP), thiamin triphosphate(TTP), 그리고 근육 중에 hydroxyethylthiamin(HET)으로 존재하며 TMP나 TTP는 보효소 기능이 없다.

티아민 피로인산은 체내에서 Mg^{2+}와 복합체를 형성하여 당질대사에 관련된 여러 가지 효소의 보효소로 작용한다.

즉, 피루브산 탈수효소와 α-케토글루타민 탈수효소의 산화적 탈탄산반응과 트랜스케토라제반응 등에서 보효소로 작용한다. 또 분지아미노산에서 생성된 α-케토산의 산화적 탈탄산반응에도 관여하며 미생물에서는 pyruvate decarboxylase 등의 비산화적 탈탄산반응 효소의 보효소가 되기도 한다.

비타민 B_1이 결핍되면 각기증(beriberi)이라는 다양한 증상의 질환이 일어난다. 이것의 증상으로 다발성신경염에 의한 지각둔화, 기억장해, 운동마비, 건반사 이상, 시신경염, 안근마비, 항근마비, 배복근 악통과 같은 신경 및 근 증상이 나타난다. 그 밖에 심확대, 우심부전, 제2폐동맥음 항진, 부정맥, 심전도 이상과 같은 순환기계 증상을 비롯하여 부종 그리고 식욕부진, 변비, 소화관 이완과 같은 소화기증상이 나타난다.

비타민 B_1은 동물에는 각종 조직세포에 균일하게 함유되어 있고 식물에는 종자의 배아에 유리형으로 많이 함유되어 있으며 특히 효모세포에 다량으로 함유되어 있다.

(2) 비타민 B_2 (riboflavin)

비타민 B_2는 쥐의 성장촉진인자로 알려져 있으며, 동물조직에는 대부분 FAD(flavin adenine dinucleotide)나 FMN(flavin mononucleotide)으로 존재하고 장관에 가장 많이 분포되어 있다. 유리형은 우유, 난황, 난백, 망막, 피부, 요 중(대부분 FMN)에 존재한다.

생리작용으로는 미토콘드리아나 마이크로솜 내의 황색단백질(flavoprotein)이나 산화효소(oxidase), 탈수소효소(dehydrogenase), 산소첨가효소(oxygenase) 등의 산화환원효소 내에 보결분자족으로 함유되어 있으며, flavin의 산화 · 환원에 의해 수소 및 전자의 전달에 관여한다.

플라빈효소 중에는 Fe나 Mo 등의 금속을 함유하는 것도 있는데, 이들을 금속황색단백질이라 한다. 항생물질, 신경안정제, 부신피질호르몬을 투여하거나 간질환, 당뇨병, 하수체질환 등으로 비타민 B_2 결핍증이 나타나는 경우가 있다.

> *Guide*
> **플래빈**
> 식물조직에 포함된 황색소, 비타민 B_2, 염료 및 방부제, 구충제로 쓰임.

그 원인은 약제와 복합체 형성, 장내세균군의 합성 저하, 흡수불량, 보효소 합성억제, 체내 소비증가, 아포효소 생성 장해, 효소반응 저해 등이다. 결핍증은 피부점막 증상으로 구각염, 구순염, 설염, 지루성 습진, 결막염, 수명(羞明), 피부염, 각막주변 혈관증가, 미만성 표층각막염 등이 나타난다. 간, 우유, 난황, 난백, 효모, 배아 등에 많이 함유되어 있으며 1일 권장량은 5~10mg이다.

(3) 비타민 B_3 (Niacin)

Guide

- NAD(nicotinamide adenine dinucleotide) 산화환원효소의 보조효소
- NADP(nicotinamide adenine dinucleotide phosphate) NAD의 그 자리에 다시 인산이 다시 에스테르 결합한 것

니아신 항펠라그라 인자로 니코탄산이라고도 하며 동물조직 중에서는 대부분 nicotinamide형으로 존재한다. 그러나 동물에서 유리형은 미량이고, 대부분이 NAD나 NADP로 되어 보효소로 작용한다. 생리작용으로는 여러 가지 탈수소효소의 보효소로서 작용하여 기질로부터 수소나 전자를 수용하는 작용을 하며 NAD가 환원형인 NADH로 되 기질을 산화한다.

생성된 NADH는 다른 반응에서 수소 및 전자의 공여체가 된다. 세포질이나 미토콘드리아의 전자전달계에서 NADH는 산화되며 NADPH는 전이수산화효소(transhydrogenase)에 의해 NAD를 환원시킨다. 그리고 NAD는 염색질의 고차구조 형성, DNA합성 및 회복(repair), 세포의 분화나 암화에 관여하며 대장균(*Escherichia coli*)의 DNA ligase반응에도 관여한다. 또 관절염이나 류머티스의 치료에도 효과가 있는 것으로 생각되고 있다.

니아신이 결핍되면 펠라그라(pellagra)가 발생하며 증상으로 피부염, 구강점막의 염증, 설사 및 정신장애 등이 일어난다. 니코틴산을 1일 100mg 이상 계속 섭취하면 안면홍조, 소양증, 혈관확장, 뇌혈류량 증가, 혈압저하가 일어난다고 하며, nicotinamide를 한꺼번에 대량 섭취하면 구역질을 일으킬 수도 있다. 니아신은 체내에서 트립토판으로부터 합성될 수 있고 간, 효모, 엽채류에 많이 함유되어 있으며 1일 권장량은 30~60mg이다.

(4) 비타민 B_6군

Guide

- 알돌라아제 (aldolase) 당분해작용효소
- 프로스타글란딘 (prostaglandin) 동물에서 호르몬같은 다양한 효과를 지닌 생리활성물질

비타민 B_6군(pyridoxin, pyridoxal, pyridoxamine)은 항피부염인자로 알려져 있다. Pyridoxal은 아미노산대사에 관계하는 효소단백질의 lysine잔기의 e-아미노기와 Shiff염기로 결합하고 있으며, 아미노기 전이효소(aminotransferase), 아미노산 탈탄산효소, 아미노산 탈수효소, 아노산 알돌라제, racemase 등의 보효소로서 각종 아미노산의 대사에 관여하고 있다.

한편, 비타민 B_6은 관절포의 골막을 수축시키거나 항히스타민 작용과 프로스타글란틴(prostaglandin)의 생성을 조절하는 작용이 있어서 관절염이나 류머티스에 의한 통증을 억제하며 관절의 가동성을 회복시키는 효과가 있다.

비타민 B_6군은 장내세균에 의해 합성되기 때문에 결핍증이 일어나는 경우는 드물다.

하지만 isonicotinylhydrazine(결핵치료약)나 penicillamine(관절류머티스 치료약)과 같은 비타민 B_6 길항제를 섭취하는 경우에는 경련이나 피부염 등의 결핍증이 발생하므로 이때에는 비타민 B_6을 추가로 공급할 필요가 있다. 또 비타민 B_6 의존성의 선천성 대사이상이 알려져 있는데, 이것은 pyridoxal phosphate(PLP)관련 효소의 선천적 결핍에 의한 것이다.

비타민 B_6이 결핍되면 경련, 과민증, 피부염, 신경염, 간질성 발작 및 뇌파 이상을 동반한 중추신경장애와 지능장애, 저색소성 거대적아구성빈혈, 림프구 생산저하 등이 나타난다.

비타민 B_6은 수용성 비타민 중에서 유일하게 심한 중독을 일으키는 비타민이며 연속적으로 대량 섭취하면 심한 정신장애를 일으킨다. 비타민 B_6은 효모, 곡류, 두류 동물의 간, 신장, 근육에 많이 함유되어 있으며 1일 권장량은 10~20mg이다.

(5) 판토텐산 (pantothenic acid)

판토텐산는 항병아리피부염인자, 미생물발육인자로 알려져 있으며 동식물 조직세포 내에는 보효소형(Coenzyme A)으로, 체액 내에는 유리형으로 존재한다. 판토텐산은 coenzyme A(CoA), phosphopan-tetheine(P-PaSH), acyl carrier protein(ACP) 등의 구성성분이다. Coenzyme A는 acyl CoA로 되어 acyl기 전이를 일으키고 α-케토산, 콜레스테롤 프로피린의 합성에 관여한다. P-PaSH도 acyl기를 전이하거나 지방산이나 mevalonic acid합성에 관여한다.

판토텐산가 부족하면 보효소 Coenzyme A의 부족에 의한 체중감소, 피부염, 탈모, 각종 기능장해(말초신경, 부신, 소화관, 항체생산, 생식), 알레르기 발작, 류머티스성 관절염, 코르사코프증후군(Korsakoff' s syndrome) 등이 나타난다.

판토텐산은 동물에는 간과 부신에 많이 존재하고 식물에는 두류와 신선한 야채류에 많이 함유되어 있으며 1일 권장량은 10~20mg이다.

(6) 비타민 H (Biotin)

항난백장해인자 및 효모증식인자로 알려져 있다. 비오틴은 효소단백질 lysine의 e-amino기와 공유결합하여 비오틴효소를 형성하고, 이 효소의 활성기가 되어 이산화탄소(CO_2)의 전이에 관여한다. 비오틴효소는 ATP와 Mg^{2+}를 필요로 하고 지방산, 아미노산, α-케토산의 대사에 관계한다.

비오틴의 부족은 난백을 날것으로 먹은 사람이나 실험동물에서 일어나며, 이 결핍은 비오틴을 이용하지 못하도록 하는 난백에 있는 avidin의 작용에 의한 것이다. 부족증으로 다리부분의 마비, 탈모, 피부염이 일어난다. Biotin은 동물의 간과 두류에 많이 함유되어 있으며 보통 장내세균에 의해 합성 분비된다.

(7) 엽산 (Folic acid)

Folacin(엽산군)은 pteroyl glutamic acid, pteroyl triglutamic acid, pteroyl heptaglutamic acid를 말하며 항빈혈인자로 알려져 있다. 이것은 젖산균의 증식인자로 시금치의 자기소화액 내에서 발견되었으며, 그 후에 간에서도 결정상태로 분리되었다. 천연에는 5,6,7,8−tetrahydrofolate의 poly−γ−glutamate유도체형으로 존재한다.

Tetrahydrofolate(FH_4)는 formate나 formaldehyde에서 유래하는 C_1단위의 formyl-, methenyl-, methylene-, methyl-, formimino- 등의 원자단을 전이하는 반응에 관계하는 효소의 보효소가 되며, 퓨린염기나 피리미틴염기의 대사, 글리신, 세린, 히스티딘, 메티오닌 등과 같은 아미노산의 대사, 단백질합성 개시 등에 관여하고 있다.

특히 동물에서는 골수 내 유약세포의 성숙촉진작용이 있으며, 이것이 결핍되면 골수에서 거대적아구가 출현하여 거대적혈구성 빈혈(macrocytic anemia)을 일으킨다. 임신 시에는 엽산이 대량으로 소비되기 때문에 임신성 거대적아구성 빈혈(megaloblastic anemia)이 나타난다.

엽산의 부족증으로 빈혈 이외에 열대성 스프루(tropical sprue ; 소장흡수불량), 설염, 설사가 일어난다. 엽산은 녹색채소류의 잎, 꽃양배추, 간, 효모 등에 많이 함유되어 있으며 1일 권장량은 40~ 80mg이다.

(8) 비타민 B_{12}

비타민 B_{12}는 항악성 빈혈인자로서 간에서 발견된 코발트(Co)를 함유한 cobalamin으로 협의로는 cyanocobalamin을 말한다. 음식물 중의 비타민 B_{12}는 위점막에서 당단백질인 내인자(Castle's factor)와 결합되어 회장점막의 수용체에 의해 흡수된다. 혈중에서는 transcobalamin이라는 비타민 B_{12} 결합단백질과 결합하여 각 조직으로 운반되며 대부분이 adenosylcobalamin형으로 되어 주로 간에 존재한다.

보효소로 작용하는 것은 이데노신코발라민과 methylcobalamin이다. 이데노신코발라민이 관여하는 효소반응으로는 이성화반응(methylmalonyl−

CoA-mutase), 이탈반응(propanediol dehydratase), 전이반응(leucine 2,3-aminomutase), 환원반응(ribonucleoside triphosphate reductase) 등이 있으며, 아데노신코발라민은 수소이동을 위한 수소운반체로 작용한다.

동물에서는 methylmalonyl CoA-mutase에 의한 수소전이반응이 알려져 있다. 메틸코발라민이 관여하는 효소반응에는 동물의 경우 methionine synthase(tetrahydrofolate methyl transferase)에 의한 L-methionine의 합성이 알려져 있는데, 이것은 methyl기 전이를 동반하는 반응으로서 메틸코발라민은 메틸기 운반체로 작용한다.

비타민 B_{12} 결핍증은 섭취가 부족하거나 비타민 B_{12}를 보효소로 전환하는 과정에 장해가 있거나 아포 효소의 선천적 이상에 의해 일어나며 악성빈혈(거대적아구성 빈혈), 설염, 위액무산증, 척수변성 신경증상, 정신병 등이 나타난다. 비타민 B_{12}는 소간, 난황, 어육 중에 많이 함유되어 있으며 1일 권장량은 10~20mg이다.

(9) 비타민 C (Ascorbic acid)

비타민 C는 아스코르브산이라고도 하며 항괴혈병인자로 알려져 있다. 인간, 원숭이, 몰모트, 코끼리, 과실성 박쥐, 일부의 열대조류 이외의 동물에서는 L-gulono-γ-lactone oxidase를 가짐으로써 D-glucuronate에서 L-gulono-γ-lactone을 거쳐 합성할 수 있다.

인체에서 비타민 C의 농도가 가장 높은 곳은 부신과 뇌하수체이며, 과잉의 것은 요 중으로 그대로 배설된다.

아스코르브산은 수소원자를 1 또는 2개 방출하는 것에 의해 강력한 환원력을 가짐으로써 collagen전구체(tropocollagen) 중의 proline을 hydroxyproline으로 lysine을 hydroxylysine으로 변화시킨다.

히드록시프롤린은 콜라겐의 3중 나선구조를 안정화하는 데 필수적이다. 또 Dopamine도 아스코르브산이 관여하는 hydroxylase에 의해 산화되어 L-norepinephrine이 되며, 그밖에도 몇 가지 하드록시라제가 아스코르브산을 보조인자로 이용한다. 비타민 C의 여러 가지 생리적 특성 중 일부는 아스코르브산의 환원력과 dehydroascorbic acid의 산화력에 의한 것이다.

아스코르브산는 면역계에 대한 작용으로 cytochrome P-450의 증가나 전자전달계의 철이나 구리의 환원 등을 통하여 생체 이물질의 대사를 촉진한다. 그리고 항체인 면역글로불린G(IgG) 및 M (IgM)의 생산을 증가시키고 보체 C1-esterase을 증가시키며 백혈구의 식균작용을 촉진한다.

또 식세포의 주화성을 개선하고 림프구에 의한 독성물질의 탐식과 분해 작용을 촉진하여 생체 방어기구를 활성화하며 인테페론의 생산을 증가시키는 등의 작용을 한다.

그 밖에 prostaglandin E_2 및 F_{2a}의 합성을 억제하는 것에 의한 항염증작용과 림프구의 형성 및 면역응답에 관계하는 prostaglandin E_1의 생산을 촉진하는 작용이 있다. 비 heme형 철분의 흡수는 ascorbic acid에 의해 촉진된다.

비타민 C는 감기의 예방과 치료에 효과가 있고 포진(herpes) 바이러스, 간염 바이러스, 인플루엔자 바이러스, 광견병 바이러스, 구제병(口蹄病 ; footandmouth disease) 바이러스 등의 각종 바이러스에 대하여 항 바이러스 작용을 나타내며 디프테리아균, 파상풍균, 포도상구균 등 세균의 독소를 불화성화한다.

이 경우, 비타민 C는 간기능을 높여 이들 바이러스나 세균의 감염을 방지하고 중독성 간염을 일으키는 독성물질을 해독하거나 흡연이나 알코올에 의한 간장해를 방지하며 저밀도지단백질(LDL)의 감소와 고밀도지단백질(HDL)의 증가를 촉진하여 심장질환을 감소시킨다.

관상 죽상동맥경화증(atherosclerosis) 환자는 백혈구 내의 비타민 C 수준이 낮아져 있으며 인체가 스트레스 상태에 있으면 epinephrine을 생산하기 때문에 비타민 C가 소비된다. 그래서 비타민 C는 인체의 감염증, 암, 심장질환, 수술, 부상, 끽연 및 정신적 스트레스로 현저히 감소한다.

비타민 C는 피부궤양 예방과 치료에 이용되며 화상 치료에서 비타민 E와 함께 이용된다. 또 근육세포에서 카르니틴합성과정의 trimethyllysine이나 γ-butylbetaine의 수산화에 관여하고 지방산대사를 촉진한다.

비타민 C는 암예방에도 작용하여 위암 등의 원인이 되는 nitrosoamine의 생성을 억제하고 방광종양을 발생시키는 원인이 되는 3-hydroxy-안트라닐산 산화물의 생성을 억제하며, 대장암의 원인이 되는 장 폴립증을 예방하고 치료하는 효과가 있다.

비타민 C를 함유하는 비타민-무기질 복합체 또는 비타민 복합체를 정신박약자, 다운증후군(Down's syndrome), 자폐증환자에게 투여하면 IQ가 상승하는 경우도 있다. 비타민C는 또 인체 내 히스타민의 양을 일정하게 유지하는 작용이 있으며 과민증(anaphylaxis)의 예방, 천식의 예방과 치료, 고초열의 예방에 이용된다.

그 밖에 눈에 있어서는 백내장이나 녹내장의 예방, 결막염의 치료, 각막의 화상과 궤양화를 치료하는 데 유효하고 귀와 입에 있어서는 급성중이염, 치아 · 잇몸 · 구강 내 점막의 염증, 치조농루를 예방하는 데 유효하다.

비타민 C와 니아신은 acetaldehyde 중독증상을 완화하고 급성 알코올 중독을 치료하는 데 유효하며 비타민 C와 비타민 E는 노화에 의한 검버섯 발생을 예방하는 데 효과가 있다. 비타민 C가 결핍되면 괴혈병(scurvy)이 발생하며 증상으로 쇠약, 빈혈, 해면상 잇몸, 점막피부 출혈, 장딴지와 다리 근육의 갈색 경결(硬結)이 나타난다. 그밖에도 비타민 C의 부족으로 나타날 수 있는 증상은 다음과 같이 매우 다양하다.

면역계 장애에 의한 2차 감염, 류머티스성 관절염, 알레르기 반응, 만성 및 급성 감염증에 의한 합병증 등이 일어나고 혈액응고계의 장애로 출혈, 심장발작, 졸중, 치질, 혈전증 등이 일어나며 콜라겐생성 장애로 치유력 저하, 비대성 반흔, 치조농루, 정맥류, 탈장(hernia), 임신후 복부의 신흔, 연골조직의 손상과 마모, 욕창, 척추골의 변성, 어린아이 뼈의 기형적 발육 등이 일어난다.

또한, 부신기능 저하에 의한 스트레스대응실조로 정맥염, 염증성 질환, 천식 등이 발생하고 신경계의 기능부전으로 권태감, 통증에 대한 내성저하, 습관성 근경련, 정신장애, 노인성 치매가 일어나며, 면역기능 저하와 발암성 물질의 해독기능 저하 등이 일어난다. 비타민 C는 과일, 레몬즙, 야채, 무즙, 녹차, 고추, 감자류, 다시마 등에 많이 함유되어 있으며 1일 권장량은 0.6~1.8g이다.

2. 지용성 비타민

(1) 비타민 A (Retinol)

비타민 A는 모든 척추동물에 포함되어 있으며, 특히 간에 많이 함유되어 있다. 식물에는 프로비타민 A인 carotene(α-, β-, γ- carotene 및 cryptoxanthin)으로 함유되어 있다. 비타민 A는 산화되기 쉽고 산화되면 효력을 잃는다. 건조안염예방인자, 항야맹증인자, 상피보호인자, 피부건조예방인자, 성장인자로 알려져 있다. 비타민 A의 생리작용으로 시각작용이 있다. 레티놀결합단백질(RBP)과 결합한 비타민 A는 망막으로 수송되어 비타민 A 알데히드로 전환되며 간상체 opsin 또는 추상체 opsin과 결합하여 rhodopsin 또는 iodopsin이라는 시(視)물질을 형성한다.

이 시물질은 빛을 받으면 레티놀과 옵신으로 분리되고 이 과정에서 시신경을 자극하여 시각을 만든다. Rhodopsin은 희미한 빛에서 작용하고 iodopsin은 밝은 빛에서 작용한다. 이 외에 mucopolysaccharide 합성 촉진에 의한 피부점막 및 표피조직 형성작용이 있으며 또 성장촉진작용, 항 콜레스테롤작용, 생체막에 대한 영향, polychloro-biphenyl(PCB) 독성 감소 작용 등이 있다.

비타민 A 결핍의 가장 주된 원인은 흡수장해에 의한 것이다. 비타민 A가 결핍되면 암순응반응이 저하하며 어린이에게는 야맹증, 안건조증, 각막연화, 각막궤양, 성장정지 등을 일으키고 어른에게는 피부이상건조증, 건선, 피부의 각화항진, 모발의 광택감소 및 건조, 백발화, 기관지 점막의 변화, 성선퇴행변성 등을 일으킨다.

권장량보다 20~100배 많은 비타민 A를 장기간 계속 섭취하면 동통을 동반하는 결절성 골막 종창, 골조송증, 소양증, 피부의 발진과 궤양화, 식욕부진, 두개 내압 상승, 과민성, 탈모, 간 비대, 간비종, 빈혈 복시, 유두수종 등의 과잉증이 일어난다. 비타민 A의 양은 국제단위로 표시되며 1I.U.는 비타민 A_1(retinol) 0.3μg에 해당한다. 권장량은 1일 2,500I.U.이다. 간유, 버터, 내장, 난황, 당근, 토마토, 시금치, 김, 어유, 뱀장어, 메뚜기 등에 많이 함유되어 있다.

(2) 비타민 D

비타민 D는 항구루병인자(anti-rickets factor)라고도 하며 provitamin D인 ergosterol(맥아, 효모, 표고버섯에 존재)이나 7-dehydrocholesterol(고등동물 척추에 존재)에 자외선이 작용하면 각각 비타민 D_2(ergocalciferol)나 D_3(cholecalciferol)이 생성된다. 비타민 D에는 D_2~D_7의 6종류가 알려져 있으나 생리활성이 높은 것은 D_2와 D_3이다.

비타민 D의 활성형은 dihydroxy(2개의 수신기를 가진) 비타민 D이며 미세융모막의 지질조성을 변화시켜 소장에서 칼슘과 인의 흡수촉진, 뼈에서의 칼슘과 인의 동원, 신세뇨관에서 칼슘과 인의 재흡수 촉진, 뼈나 치아로의 칼슘과 인의 침착, 유골조직의 석회화 등의 생리작용을 나타낸다.

비타민 D에서 1,25-dihydroxy 비타민 D로의 대사는 혈청 칼슘 및 인의 농도, 부갑상선호르몬, 성호르몬, 그리고 dihydroxy 비타민 D 자신에 의해 엄격히 조절되며 혈중의 다이하이드록시 비타민 D농도는 30~60pg/mL 정도로 일정하게 유지된다.

비타민 D 결핍증으로 어린이에게는 뼈 및 치아의 발육부진이나 구루병 또는 테타니(tetany) 등이 나타나고 어른에게는 골연화증이나 골다공증 등이 나타난다.

비타민 D를 다량으로 섭취하면 쇠약, 구역질, 구토, 설사, 빈혈, 신장기능 저하, 산혈증(acidosis), 단백뇨, 혈압상승, 신장과 혈관벽에 칼슘침착 등의 과잉증이 발생한다. 비타민 D 1I.U.는 비타민 D_3 0.025μg에 해당하며 1일 소요량은 유아 400I.U., 성인 100I.U.이다. 비타민 D는 간유, 내장, 버터, 청어, 정어리, 연어, 고등어, 표고버섯 등에 많이 함유되어 있다.

(3) 비타민 E

비타민 E(tocopherol)는 쥐의 항불임인자로 발견된 것으로 α-체가 가장 활성이 높고 β-, γ-, δ-의 순으로 낮아진다. 비타민 E의 주된 생리작용은 항산화작용으로서 불포화지방산의 산화분해로 발생하는 독성을 방지하고 막을 안정화하며 노화를 방지한다.

세포막의 리포단백질을 보호하여 생체막을 안정화하거나 적혈구 막을 강화하여 용혈을 방지하며 thrombin(혈액응고인자)의 작용을 억제한다. 그리고 과산화지질 중합체의 생성을 억제하고 노인성의 갈색 검버섯 형성을 방지하는 노화방지작용도 있다.

그 밖에 조직 내의 산소소비 절약작용 및 미소 순환기능 촉진작용이 있고 cytochrome c에서 cytochrome b로의 전자전달계에도 관계가 있는 것으로 생각되고 있다. 부족증으로 미숙아의 적혈구 용혈에 의한 빈혈, 부종, 생체막의 약화, 적혈구 수명 저하 등이 관찰된다.

비타민 E 관상 및 허혈성 심장질환과 그에 동반하는 협심증, 류머티스열, 급성 또는 만성 류머티스성 심장질환, 고혈압, 선천성 심장질환, 말초동맥질환, 동맥경화증, 정맥류, 혈전정맥염, 동맥 혈전증, 무통성 궤양, 당뇨병, 신장질환, 근이영양증(筋異營養症 ; muscular dystrophy), 화상 등의 질환 치료에 효과가 있는 것으로 알려져 있으며, 정맥혈전 예방약으로 이용되기도 한다.

비타민 E 1I.U.는 합성 dL-α-tocopherol 초산에스테르 1mg에 해당하며 1일 권장량은 40~ 160I.U.이다. 비타민 E는 쌀이나 밀 등의 곡물 배아유(胚芽油), 마가린, 상추, 양배추 등에 많이 함유되어 있다.

(4) 비타민 K

비타민 K(phylloquinone, menaquinone, menadione)는 항출혈성 인자로 알려져 있다. 이것의 생리작용은 혈액응고인자인 prothrombin 생성에 관여하고 세포 내 전자전달계에도 관계하는 것으로 알려져 있다.

인체에서는 장내 세균에 의해 합성됨으로 결핍증이 잘 일어나지 않으나 항생물질을 장기간 투여하면 장내 세균군이 손상되기 때문에 혈액응고작용의 저하, 신생아 출혈성 질환 등의 결핍증이 나타난다.

비타민 K 중에서 K_1과 K_2는 과잉증을 나타내지 않지만 K_3은 대량 투여하면 구역질, 빈혈, methemoglobin혈증, porphyrin뇨증 등이 일어난다. 비타민 K는 동물의 간, 내장, 골수, 생선의 간유, 토마토, 알팔파, 양배추 푸른 잎, 해조류 등에 다량으로 함유되어 있으며 1일 소요량은 95μg 정도이다. 비타민 K는 혈전증과 심근경색증의 예방과 치료에 이용되기도 한다.

3. 그 밖의 비타민류

(1) 이노시톨 (myo-inositol)

이노시톨은 항지방간인자, 항 쥐 무모성인자, 성장인자로 알려진 물질이다. Inositol은 9종류의 입체이성체가 있으나 천연에서는 5종류가 발견된다. 이것의 이성체로 myo- 또는 meso-inositol이라는 비타민 작용을 가진 것이 유리형이나 유도체 또는 인지질의 구성성분으로서 동식물에 널리 존재한다.

식물에서는 갈락티톨의 구성성분이며 인산저장물질인 피트산(inositol hexaphosphoric acid)으로 곡류에 다량 존재한다. 이노시톨이 부족하면 콜레스테롤침착, 모세혈관 약화, 혈전형성 촉진 등이 일어난다.

(2) 콜린 (choline)

인체는 섭취한 난황, 야채, 우유 등에 함유된 인지질에서 콜린을 얻는다. 콜린은 체내에서 메틸기 공여체로 작용하며, 대부분 N-methyl 화합물의 합성에 관여한다. 또한 세포막 삼투압 조절, 항지방간인자 작용, 아세틸콜린으로서 혈압조절이나 신경전달에도 관여한다.

Phosphati dylcholine은 간에서 합성된 triacylglycerol 등과 초저밀도지단백질(VLDL)을 형성하여 지방을 각 기관으로 운반한다. 부족하면 지방간이나 간경변이 일어난다.

(3) 유비퀴논 (ubiquinone ; Coenzyme Q)

유비퀴논은 Coenzyme Q라고도 하며 $n=6$은 빵효모에 함유되어 있고 $n=10(CoQ_{10})$은 고등동물에 함유되어 있다. 세포 내 전자전달계의 산화환원반응에 관여하며 flavin공역 탈수소효소에서 전자를 받아들여 이것을 시토크롬계로 전달하며 세포 내 호기적 대사에 관계한다.

유비퀴논은 리포산이나 오르톤산과 마찬가지로 세포 내에서 합성되며 생물계에 널리 분포하고 있으며 비타민 K_2와 화학구조나 성질이 비슷하다.

(4) 리포산 (lipoic acid)

리포산은 thioctic acid라고도 하며 생리작용으로는 **α**-케토산의 산화적 탈탄산반응에서 acyl기 전이의 보효소가 된다. 기질인 **α**-ketoglutarate 또는 피루브산이 TPP에 의해 전이되면 아세틸기 또는 succinyl기를 리포산의 disulfide결합을 개열하여 수용하고 이것을 CoA에 전이한다.

(5) 비타민 F (필수지방산)

일반적으로 linoleic acid, γ-linolenic acid, arachidonic acid를 비타민 F라 하며, 식물성 기름에 많이 존재한다. 이들 지방산은 동맥경화 예방인자로서 혈청 콜레스테롤-에스테르분획 중의 주요지방산이다. 아라키돈산은 prostaglandin E_2, E_3, F_{2a}, I_2 등의 원료가 되며 또 인지질을 구성하는 glycerol의 2-위치에 결합하여 프로스테노이드합성 시에 phospholipase A_2에 의해 가수분해되어 합성계로 들어간다.

이들 불포화지방산들은 백혈구 유주항진(LTB_4), 소장운동 촉진, 혈관투과성 항진(LTD_4, LTE_4), anaphylaxis 지연반응물질(LTC, LTD) 등의 생리작용을 가진 leukotriene(LT)의 전구체이다. 또 에이코사펜타엔산(EPA)와 토코사헥사에노산(DHA)도 프로스타글란딘과 류코트리엔의 합성에 이용된다.

필수지방산이 결핍되면 동물에서는 피부염, 성장정지, 발육부전, 피부각질화, 탈모 등이 일어나고 심하면 죽음에 이른다. 필수지방산의 1일 권장량은 1.5~2.0g이며 정맥영양법에 의해서도 섭취할 수 있다.

(6) 오로토산 (orotic acid)

오로토산은 비타민 B_{13}라고도 하며, 미생물이나 쥐의 성장인자이고 피리미딘 뉴클레오티드 합성 중간물질이다.

적당량의 오르토산은 중독성 간장해의 회복을 빠르게 하지만 다량으로 섭취하면 퓨린 뉴클레오티드와의 불균형 때문에 오히려 간 장해가 일어난다. 오로트산의 선천성 대사이상증으로 산뇨증이 알려져 있다. 이것은 간, 쌀겨, 우유, 주정발효액에 많이 함유되어 있다.

(7) 비타민 B_T (L−carnitine)

L−카르니틴은 골격근이나 부고환에 많이 함유되어 있으며 testosterone의 투여로 이것의 혈장농도가 상승한다. L−카르니틴은 지방산을 미토콘드리아 안으로 수송하는 데 관여한다.

지방산이 미토콘드리아 외막을 통과하여 acyl−CoA로 되면 미토콘드리아 내막 외측에 존재하는 carnitine transferase Ⅰ에 의해 acyl−CoA는 카르니틴과 반응하여 acyl carnitine이 되고 이것이 미토콘드리아 내막외측 담체(carnitine−acyl carnitine translocase)에 결합한다.

내막내측에서 이 담체에 카르니틴이 결합하면 이 담체가 반회전하여 아실 카르니틴은 미토콘드리아 내막내측에 들어가고 반대로 카르니틴은 내막외측으로 나온다. 이렇게 하여 중개 확산된 아실카르니틴은 내막내측에 있는 carnitine transferase Ⅱ에 의해 acyl−CoA로 되어 미토콘드리아 매트릭스 내에서 β−산화를 받는다.

6~10개의 탄소로 구성된 지방산은 카르니틴에 의존하지 않고 직접 내막을 통과하여 β−산화된다. 당뇨병이거나 기아상태일 때는 간장의 L−카르니틴 농도가 높아진다. 근육세포에 지방의 비정상적인 축적을 보이는 어떤 근위축증은 L−카르니틴의 결핍이 원인이다. 이것은 간이나 효모 등에 많이 함유되어 있다.

(8) 비타민 P (citrine)

비타민 P는 자반병의 치료약으로 파프리카와 레몬즙에서 추출되었으나 사트린은 후에 hesperidin과 rutin의 혼합물인 것이 밝혀졌다. Ruta(밀감과), 회화나무(콩과)의 괴화(槐花), 메밀(단풍나무과) 등에도 많이 함유되어 있다. 비타민 P의 약리작용은 모세혈관 수축작용이며 그 작용은 일과성이다. Hesperidin, quercetin, eriodictyol과 그 배당체인 eriodictin 등도 동일한 작용을 가지고 있다. 비타민 P는 지혈제 또는 출혈성의 여러 가지 질병을 예방하는 약으로 이용된다.

(9) 비타민 U (L-methionine methylsulfonium chloride)

비타민 U는 항궤양인자로 알려져 있으며 위산 분비억제, 조직재생촉진, 조직 호흡촉진작용 등의 생리작용이 있다. 양배추, 파슬리, 양상추, 셀러리, 젖, 알 등에 많이 함유되어 있다.

SECTION 3 무기질

생물체를 구성하고 있는 원소는 30여 종류가 있으며, 이들은 다양한 생화학적 · 생리적 기능을 가지고 있다. 이들 원소 중에서 세포 전 중량의 90%를 차지하고 있는 것은 산소(O), 탄소(C), 수소(H), 질소(N), 인(P), 황(S)이고 이외에 칼슘(Ca), 칼륨(K), 나트륨(Na), 염소(Cl), 마그네슘(Mg), 철(Fe)을 포함시키면 99.9%를 차지한다.

무기질은 소량이 필요하지만 생명과 건강을 유지하는 데 필수적인 영양소로서 뼈와 치아의 형성이나 체액의 산 · 염기 평형과 수분 평형에 관여하며, 신경자극 전달물질, 호르몬의 구성성분 등으로 쓰인다. 무기염류나 미네랄이라고도 한다.

1. 칼슘 (Ca)

칼슘(Ca)은 뼈와 치아를 형성하는 주성분으로, 무기질 중 체내에 가장 많이 들어 있으며, 체중의 약 2%를 차지한다. 그 중의 99%는 뼈와 치아의 석회화에 참여하고, 1%는 체액에 이온 상태로 존재하면서 근육 수축이나 혈액 응고를 돕는다. 세포 외의 칼슘은 대량으로 존재하는 데 반하여, 세포질에는 아주 적은 양이 있지만 모든 세포의 생명유지와 조절 역할에 중요한 작용을 다양하게 하고 있다.

세포 내에서의 칼슘은 세포기능 조절을 하는 훌륭한 무기질의 전령으로서 칼슘이 calmodulin과 가역적인 결합을 통하여 phosphodiesterase, adenylate cyclase 등의 효소활성, 수정, 유사분열, 세포운동성, 섬모운동, 혈액응고, 근운동 등에 작용한다.

칼모듈린은 분자량 16,790의 작은 단백질로 모든 유핵세포 내에서 발견되는데, 칼슘과 결합부위는 4개로서 Ca-calmodulin-enzyme 복합체로 가역적인 결합형태로 효소를 활성화한다.

횡문근에서 troponin과 칼슘이 결합하여 미오신 수축을 활성화하여 에너지를 생성하고, 신경세포 시냅스에 능동적 이동으로 신경전달물질을 방출하여 신장-근육 흥분성을 소멸시킨다. 부갑상선, tyroid-C cell, 췌장의 β-세포 등의 여러 가지 내분비선 분비는 세포 표면에 작용하는 세포 외의 이온화 칼슘 농도를 조절하고 있다.

2. 인(P)

인은 체내에서 칼슘 다음으로 함량이 높으며, 그 중 80%는 칼슘과 결합하여 뼈와 치아를 구성하고, 나머지 20%는 혈액과 체액에 존재하면서 산 · 염기 평형을 유지시킨다. 인은 체내에 거의 대부분이 인산의 형태로 존재하며 산화적 인산화에 의한 ATP의 생성이나 creatine phosphate의 생성 등 고에너지화합물을 형성하여 세포의 에너지 대사에 중요한 요소로 작용한다.

인은 칼슘과 함께 뼈와 치아를 형성하는 성분이며 뼈와 치아에 함유된 인은 전체의 약 80%를 차지한다. 인의 함유량은 혈액 40mg/dL, 혈청 4~7mg/dL(소아), 3~4.5mg/dL(성인), 근육 170~250mg/dL, 신경 360mg/dL, 뼈와 치아 2,200mg/dL이다.

그리고 핵산과 여러 가지 보효소의 구성성분이고 인지질의 구성성분으로서 뇌, 신경, 세포막의 기능을 유지하는 작용을 하며 당질과 지질 대사의 중간체를 구성하는 성분으로서 대사가 원활하게 일어나도록 하는 작용을 한다. 또 체액의 산 · 염기 평형을 유지한다.

3. 마그네슘(Mg)

마그네슘은 뼈와 치아의 구성성분이다. 성인이 체내에 보유하는 마그네슘의 양은 약 21g이고 그 중에서 70%는 뼈와 치아에 존재하며 칼슘이나 인과 복염을 형성하고 있다.

그밖에는 연조직이나 수액 및 혈구나 근육 세포 내에 함유되어 있다. 마그네슘은 칼슘과 칼륨의 정상적인 대사와 뼈에서 칼슘의 동원에 필수적이다. 세포 내에는 미토콘드리아나 핵에 많이 함유되어 있다. 식물에서는 클로로필의 구성성분이다. 마그네슘은 여러 가지 효소의 보조인자나 부활제로 작용한다.

인산기 전이반응을 촉매하는 헥소키나아제, 포스포플락토키나아제, 아데니레이트키나아제 등과 Coenzyme A의 acyl화를 촉매하는 티오키나아제, 아미노산 활성화를 촉매하는 아미노산 아실 합성효소, 그리고 글루타민 합성효소 등의 보조인자이며, 또 인산염 및 피로인산염을 가수분해하는 효소인 포스파타아제와 피로포스파타아제의 부활제이다.

특히 마그네슘은 에너지 대사 반응에 관여하며 ATP의존성 인산화반응에서 효소의 기질은 ATP-Mg(1 : 1)의 복합체이다. 마그네슘은 리보솜의 응집을 비롯하여 mRNA의 70S ribosome으로의 부착에 작용하여 단백질 합성을 돕고 DNA의 합성과 변성 및 cAMP의 생성에 관여한다.

마그네슘은 신경과 근육의 흥분성을 정상화하는 데 있어 칼슘과 협동적 또는 길항적으로 작용한다. 이 외에 혈관 확장작용이 있고 세포 구조를 유지하는 작용이 있다.

4. 황(S)

황은 cysteine, methionine과 같은 함황아미노산의 구성성분으로서 단백질에 함유되어 있으며 생체의 여러 가지 유기화합물의 구성성분이다. 즉 coenzyme A, 리포산, 헤파린, 글루타치온, 티아민, 비오틴, 에르고티오닌, 타우린, sulfocyanide류, 페놀류, 모발의 케라틴, 술포리피드, 인슐린, 뇌하수체전엽호르몬 등의 구성성분이며 타우린은 담즙산과 결합하여 taurocholic acid로 존재한다.

또 황은 연골, 힘줄, 뼈, 대동맥 등의 결합조직을 형성하고 있는 콘디로이틴 설파아트의 구성성분이다. 황은 시스테인, 글루타치온, 리포산 등에서 -SH기를 형성하여 생체의 산화환원반응에 관여하고 효소의 활성원자단으로 작용한다. 즉 파파인, 알콜, 디하이드로게나아제, 숙신산 탈수효소, glyceraldehyde-3-phosphate dehydrogenase 등의 효소는 -SH기가 활성원자단으로서 기질에 작용하며, 이들은 *p*-chloromer-curibenzoate, N-ethylmaleimide, iodoacetate 등의 SH시약, Hg^{2+}와 같은 중금속, ferricyan 화합물, 산화제 등에 의해 실활한다.

그리고 아미노당, 스데로이드, 페놀, 인독실, 타로신, 방향족아민 등의 수산기나 아미노기에 황산기를 부가하여 불활성체로 변화시켜 접합해독하는 황산접합체 형성에 의한 해독에 관여한다.

5. 나트륨 (Na)

나트륨은 혈액에 주로 존재하며, 체액의 양과 삼투압을 조절하는 중요한 무기질이다. 그러나 우리 몸에서 필요로 하는 양보다 훨씬 많은 양의 나트륨을 섭취하면 이것을 희석시키기 위해 수분을 많이 보유하게 되므로 고혈압이 되기 쉽다. 나트륨은 세포외액의 산 · 염기 평형유지 및 완충작용의 주요인자이다.

세포외액에는 NaCl, $NaHCO_3$, Na_2HPO_4로 존재하며 이 중에서 뒤의 2가지는 세포외액의 pH를 조절한다. NaCl이나 $NaHCO_3$는 세포외액의 삼투압을 유지하고 체액의 비정상적인 상실을 방지한다.

세포 외에는 고 Na^+농도, 세포 내에는 고 K^+농도를 유지하는 것은 고등동물 세포막에 있는 나트륨 펌프(Na^+, K^+–ATPase) 때문이다. Na^+, K^+–ATPase는 강심배당체 ouabain(strophanthin–G)에 의해 저해된다.

나트륨은 신경의 자극전달에 관여하여 섬모운동, 심장박동, 근수축, 해파리의 율동운동, 색소포의 신축 등에 관여한다. 나트륨 총량의 1/3은 골격 중에 존재하고 그 외의 대부분은 세포외액 중에 존재한다. 나트륨 함유량은 전혈액 160mg/dL, 혈장 330mg/dL, 세포 85mg/dL, 근육조직 60~160mg/dL, 신경조직 321mg/dL이다.

6. 칼륨 (K)

칼륨은 세포내액의 산 · 염기 평형유지와 세포내액 삼투압 조절의 주요인자로 K_2HPO_4와 K–protein 등이 그 작용을 담당한다. 칼륨은 근수축 및 신경의 자극전달에 관여한다.

근수축 시의 actomyosin–ATP계에서 칼륨은 필수적이며 근수축이나 신경의 자극전달 시에 세포 내의 칼륨이 외부로 유리된다. 외부 칼륨농도가 조금만 상승하여도 전기적 신경충동의 전달이 늦어지고 근육은 수축하지 않게 되며 혈액 중의 칼륨농도가 정상시의 3~4배로 되면 심장박동이 멈춘다.

칼륨은 리보솜에서의 단백질생합성에 있어 펩티드사슬 신장 시의 펩티드 전이반응에 필수적이며 해당경로에서 ADP+phosphoenol pyruvate ¡ATP+pyruvate반응을 촉매하는 피루브산 키나아제의 부활제이다. 칼륨의 함유량은 전혈액 200mg/dL, 혈장 20mg/dL, 세포 440mg/dL, 근내조직 250~400mg/dL, 신경조직 530mg/dL이다.

7. 염소 (Cl)

염소는 세포외액 중 가장 다량으로 존재하는 음이온으로 나트륨과 함께 NaCl로서 체액의 삼투압을 유지하며 수분의 평형도 유지한다. 염소의 함유량은 전혈액 250mg/dL, 혈장 365mg/dL, 세포 1900mg/dL, 수액 440mg/dL, 근내조직 400mg/dL, 신경조직 1710mg/dL로 뇌척수액 중의 염소이온농도는 어떤 체액에서보다도 높다. 염소는

$$CO_2 + H_2O + NaCl \longrightarrow HCl + NaHCO_3$$

의 반응으로 위액 중의 염산을 생성한다.

구토 등으로 위액이 소실될 때 염소의 상실은 나트륨을 상회하기 때문에 혈장 염소 저하를 가져오고 저염소혈증성 alkalosis로 된다. 염소이온(Cl^-)은 적혈구의 염소이동(chloride shift)에 관여한다.

적혈구 내로 들어간 CO_2는 carbonate dehydratase에 의해

$$CO_2 + H_2O \rightleftharpoons H_2CO_3$$

로 되고 생성된 탄산은 $H^+ + HCO_3^-$로 된다. 적혈구 내의 헤모글로빈(KHb)은

$$H^+ + KHb \rightleftharpoons HHb + K^+$$

와 같이 중화작용을 하여 HCO_3^-를 유리하며 HCO_3^-는 적혈구에서 혈장 속으로 확산한다.

이때 적혈구 내부를 전기적으로 중성을 유지하기 위해 Cl^-이 HCO_3^-와 교환되어 적혈구막을 통하여 적혈구 내로 들어오게 된다. 이것을 염소이동이라 하며 정맥, 적혈구 중의 Cl^-농도는 동맥적혈구보다 높다. 또 Cl^-은 침 속의 α-amylase를 활성화한다. 녹색식물에서 염소는 필수미량원소로서 광합성에서 산소생산에 관여한다.

8. 철 (Fe)

철은 우리 몸에는 모두 합하여 3~4g의 작은 못 1개 정도가 되는 소량이 들어 있다. 철은 혈액 내의 산소 운반을 담당하는 헤모글로빈을 만드는 데 필수적인 무기질이다. 철은 헤모글로빈, 미오글로빈, 시토크롬, 철-황 단백질 등의 구성성분이다.

성인남자의 철 함유량은 헤모글로빈에 약 2.5g, 미오글로빈에 약 150mg, 금속효소에 6~8mg, 트랜스페린에 약 3mg이며 페리틴 또는 혈철소(hemosiderin)와 결합하여 저장되어 있는 철은 0.5~1g(여자의 저장량은 0.5g 이하)이다. 철은 oxidase나 oxygenase의 구성성분으로 산소분자나 원자를 활성화하여 효소반응을 일으킨다.

시토크롬, 옥시다아제, 카탈라아제, 피록시다아제에서는 heme철이 구성성분이고, 페닐알라닌, 3-hydroxyanthranilate oxygenase, homogentisate oxygenase, NADH dehydrogenase, succinate dehydrogenase(철-유황 flavin단백질), 알데히드 옥시게나아제, 크산틴 옥시다아제 등에서는 비heme철이 효소의 구성성분이다.

9. 구리 (Cu)

구리는 혈장 중에서 90% 이상이 간에서 합성된 apoceruloplasmin(α2-globulin)과 결합하여 ceruloplasmin을 형성하고 있으며, 그 밖에는 알부민이나 유리아미노산과 결합하고 있다.

셀루로플라스민은 peroxidase의 기능이 있으며 철의 대사에 밀접하게 관계한다. 구리는 5-amino levulinate dehydratase 및 protoporphyrin에 철을 삽입하는 heme synthetase와 같은 효소의 구성성분으로서 heme합성에 관여한다.

그 밖에 구리를 구성성분으로 하는 효소로는 라카아제(laccase), 갈락토시다아제, 옥시다아제, 타로시나아제, 니실옥시다아제, 폴리젠놀옥시다아제, 아민 옥시다아제, 유리코옥시다아제, 도라민 β-모노옥시게나아제, 아스코르빈산, 시토크롬산, superoxide dismutase 등이 있으며, 구리는 철과 마찬가지로 산소와 상호작용을 한다.

Superoxide dismutase는 세포질에 존재하며 subunit에 Cu^{2+}와 Zn^{2+}을 1개씩 함유하며 Mn^{2+}만을 함유하는 것도 있다. 구리는 지질대사, 신경계의 수초(myelin sheath) 유지, collagen성숙과정과 조골(뼈 형성)의 정상화 등에 관여한다.

10. 아연 (Zn)

아연은 DNA polymerase(간), RNA polymerase(간), thymidine kinase(결합조직, 태아), alcohol dehydrogenase(간, 망막, 고환), carbonate dehydratase, uricase, carboxypeptidase A(췌장), alkaline phosphatase(혈장), superoxide dismutase, retinene reductase, lactate dehydrogenase 등과 같은 효소의 보조인자로 함유되어 있다.

아연은 간장의 비타민 A를 동원하여 혈장 중의 비타민 A농도를 정상화하는 작용이 있다. 인슐린은 아연과 복합체를 형성하여 췌장의 β 세포에서 분비되거나 저장된다. 아연은 손상된 조직에 축적되어 섬유아세포(fibroblast)의 복제와 콜라겐 합성과 가교형성에 기여하여 상처를 치유하는 작용이 있다.

또 아연은 면역과정에도 필수적이며 아연 결핍은 가슴샘(흉선, thymus)의 발육부전을 가져온다. 백혈구 내의 아연농도 저하는 superoxide dismutase의 활성을 저하시키며 이화작용의 저하에 의해 체액성 면역기능도 감퇴한다고 한다.

11. 망간 (Mn)

망간은 phosphatase, arginase의 부활제이며 choline esterase, glycosyltransferase, isocitrate dehydrogenase, leucine aminopeptidase, lactose synthetase, pyruvate kinase 등의 보조인자이다. Pyruvate carboxylase, superoxide dismutase는 망간효소이다.

망간은 미트콘드리아에 많이 함유되어 있으며, 미트콘드리아 내의 pyruvate carboxylase가 TCA회로의 oxaloacetate를 공급한다. 지질에 대해서는 superoxide dismutase가 지방의 과산화반응을 억제하여 세포막의 노화를 방지한다. 또 망간은 스쿠알렌 합성과정에 작용하는 mevalonate kinase나 farnesyl pyrophosphate synthetase의 활성에 필요하다.

또한 망간은 무코다당류 합성효소인 glycosyltransferase를 활성화하여 점질물 mucin이나 연골의 구성성분인 glycosaminoglycan합성을 촉진한다. 적정량의 망간은 뇌에서 L-DOPA나 드립토판의 수송과 축적을 촉진하며 성호르몬 합성과 난소기능의 정상화에 필요하다.

12. 요오드 (I)

우리 몸에는 요오드가 20~30mg 들어 있는데, 갑상선에 가장 많은 양이 들어 있다. 요오드는 갑상선 호르몬인 티록신을 형성하여 세포 내의 에너지 대사를 조절하고, 산모의 모유 분비를 돕는다.

요오드는 해조류와 해산동물 중에 유기화합물로서 함유되어 있으며, 척추동물에서는 갑상선에 있는 단백질의 tyrosine이나 thyroxine과 결합하여 갑상선호르몬의 구성성분으로 존재한다. 혈장 중의 무기 요오드량은 갑상선의 1/700이다.

갑상선호르몬은 사춘기나 임신 시에 생산이 증가한다. 요오드는 소장에서 흡수되고 요 중으로 배설되며 필요량은 성인에서 50~60μg/day이다.

요오드가 결핍되면 체력저하, 탈모, 심신생장저해, 피부이상 등이 일어난다. 지방병성 갑상선종은 알프스, 피레네산맥, 히말라야 지방, 일부 아프리카 지역, 안데스산맥 주민에게서 발생하는 요오드 섭취부족에 의한 갑상선종이다.

13. 불소 (F)

불소는 충치예방에 사용된다. 불화나트륨(NaF), 불화제1주석(SnF_2) 용액을 치아 표면에 바르면 약 1ppm으로 치아의 에나멜질을 형성하며 치아에서 생기는 CaF는 구강 내의 젖산균을 살균한다.

또 적당한 수준의 불소는 폐경기 이후의 여성에 있어 골다공증 빈도를 감소시킨다. 불소는 기도에서의 흡수나 위와 장관에서 수동적으로 흡수되고 뼈에 축적되며 요와 분변을 통해 배설된다.

음료수 중에 불소가 0.3ppm~1.0ppm(음료수 수질기준 1.0ppm 이하) 정도 함유되어 있는 지방이 있다. 유아기에 2ppm 이상의 불소를 함유한 음료수를 장기간 음용하면 반상치(斑狀齒)가 발생하기 쉽다.

성인에서도 불소의 만성중독으로 폐수종, 골경화증, 인대, 건의 석회화, 외골종 형성, 관절통이나 운동장애 등이 일어난다. 불소에 의해 급성중독으로 되면 에너지 대사에 관여하는 몇 가지의 Mg^{2+}에 의해 활성화되는 효소와 TCA회로의 aconitase활성이 억제되어 경련이 일어난다.

14. 셀렌 (Se)

셀렌은 glutathione peroxidase의 보조인자이다. 이 효소는 적혈구 중에 존재하며 과산화수소나 지방산과산화물에 의해 조직이나 막지방이 산화되는 것을 비특이적으로 방지하고 노화현상을 방지한다.

즉, 2GSH + ROOH ⟶ GSSG + ROH + H_2O의 반응을 일으킨다.

비타민 E는 지방산의 과산화물 형성을 방지하고 시스테인, 글루타치온, 셀렌은 과산화물의 분해에 관여한다. 또 셀렌은 함황아미노산의 황과 치환될 수 있어 selenocysteine과 같은 화합물이 형성되며, 이것은 방사선 방어작용이나 항암작용이 있고 근육의 셀렌단백질이나 glutathione peroxidase, glycine reductase, formate dehydrogenase 등의 효소활성중심에 함유되어 있다.

어떤 식물에는 Se-methylselenocysteine이나 그것의 γ-glutamyl peptide를 다량 축적하며 동물이 이 식물을 다량으로 섭취하면 알칼리증(alkali disease)에 걸린다.

셀렌은 면역기구, 유비퀴논 합성, 미토콘드리아에서 ATP합성에 관여한다. 즉, 단백질 합성, 특히 면역 globulin(IgG)의 합성을 촉진하며 ATP에서의 고에너지 인산결합의 효과적인 형성에 의한 최적의 에너지 흐름에 대한 한계 레벨에서 필요하다.

또 근육이나 케라틴 및 적혈구 등을 건전하게 한다. 셀렌은 간기능 유지에 필수적이지만 5ppm 이상이면 독성을 나타낸다. 사람에게 있어서 셀렌의 결핍은 중국에서의 케샨병, 비타민 E와의 복합결핍증인 간괴사, 간장애, 근육이영양증(muscular dystrophy)이 인정된다.

또 셀렌이 결핍되면 심장병이나 암발생율이 증가한다고 알려져 있다. 셀렌은 또 어떤 화합물의 독성이나 발암작용을 증강하거나 감소시킨다. 셀렌은 신장피질, 췌장, 뇌하수체, 간에 존재하며 과잉의 셀렌은 셀렌화합물을 만들어서 요 중으로 배설된다.

Guide

케샨병
(Keshan disease)
소아의 치명적인 울혈성 심근병증

15. 그 밖의 금속원소

(1) 코발트(Co)는 비타민 B_{12}의 구성성분이고 methylmalonyl-CoA mutase, 5-methyltetrahydrofolate-homocysteine methyltransferase, ribonu-cleotide reductase 등의 보조인자로 작용한다.

또 갑상선에서 요오드와의 상호관계가 인정되며 결핍증으로는 빈혈증, 식욕부진, 체중감소 등이 있고 과잉이 되면 심근질환, 적혈구 증가증, 요독증으로 된다.

(2) 몰리브덴(Mo)은 수용성 천연 호료 산화효소(xanthine oxidase), 알데히드 산화효소(aldehyde oxidase), 아질산염 산화효소(sulfite oxidase, nitrate reductase), 질소(nitrogenase) 등의 필수성분이며 체내에 다량으로 존재하면 구리의 배설이 증가하여 구리결핍증이 발생하고 결핍되면 통풍이 발생한다.

(3) 크롬(Cr)은 포도당 내성의 정상화에 관여하며 3가 크롬은 인슐린의 작용을 증강한다. 이것이 결핍되면 당뇨병 및 트리아실글리세롤이나 콜레스테롤이 증가하는 아테롬성동맥경화증, 생장지연, 각막장애가 일어난다. 니켈(Ni)은 특수한 효소나 단백질의 구성성분으로 되거나 장에서의 철 흡수를 촉진하고 간장의 막구조를 유지한다.

(4) 니켈은 우레아제의 보조인자이며 결핍증으로는 적혈구 감소나 생장저해 등이 있다. 바나디움(V)은 Na^+, K^+-ATPase나 나트륨 펌프의 조절인자로 작용하며 결핍증으로는 생장감퇴나 지방대사 이상 등이 있다.

(5) 리튬(Li)은 세포 내외에 평균적으로 분포하고 있으며 동맥경화성 심질환 예방작용이 있다. Li_2CO_3는 조울병의 치료약으로 이용된다.

(6) 규소(Si)는 골아세포(osteoblast)의 미토콘드리아에 다량 존재하며 글리코사미노 글리켄이나 콜라겐에 의한 결합조직이나 골기질의 형성과 뼈의 석회화 초기에 중요한 역할을 담당하고 있다. 또 규소는 피부 등의 탄력성을 유지하며 몰리브덴과 밀접한 상호관계를 가진다. 대부분 폐, 피부, 뼈, 뇌, 털 등에 존재한다. 비소(As)는 아연 또는 아르기닌의 대사에 관여하고 있다.

(7) 주석(Sn)은 바나디움과 마찬가지로 지질대사에 관여한다.

(8) 알루미늄(Al)은 신경계에 많이 존재하며 알츠하이머형 치매증 환자에서는 알루미늄의 뇌 내 농도가 높으나 그 원인은 확실하지 않다.

Question

1. 효소가 효율적인 생체촉매인 이유가 무엇 때문인지 설명하시오.

2. 효소의 특성에 대해 간략히 설명하시오.

3. 효소가 기질과 결합하는 방식에 대하여 설명하시오.

4. 효소반응속도론에 대한 Michaelis-Menten식에 대해 간략히 설명하시오.

5. 효소반응의 저해 중 아래 용어들에 대하여 간략히 설명하시오.
   (a) 경쟁적 저해
   (b) 비경쟁적 저해
   (c) 반경쟁적 저해

6. 비타민의 정의와 구분에 대하여 설명하시오.

7. 아래 무기질에 대하여 인체작용은 무엇인지 간략히 설명하시오.
   (a) 칼슘(Ca)
   (b) 인(P)
   (c) 마그네슘(Mg)
   (d) 황(S)
   (e) 나트륨(Na)
   (f) 칼륨(K)
   (g) 염소(Cl)
   (h) 철(Fe)
   (i) 구리(Cu)
   (j) 아연(Zn)
   (k) 망간(Mn)
   (l) 요오드(I)
   (m) 불소(F)
   (n) 셀렌(Se)

Chapter 8.

생체에너지론과 대사의 통합

SECTION 1 생체에너지론

생물은 환경으로부터 섭취한 화합물의 적절한 형태로 전환하여 이용함으로써 생명현상을 유지할 수 있다. 세포 내에서 일어나는 모든 화학반응을 대사(metabolism)라고 하는데 살아 있는 세포 중에서 물질의 합성대사(anabolism)와 분해대사(catabolism)가 병행해서 일어난다.

생명활동의 중심이 되는 화학반응은 짝지어져 있으므로 한 반응에 의해 방출된 에너지가 다른 반응의 생성물 형성과정에서 사용된다.
생화학에서 에너지 대사(energy metabolism)라 하는 것은 생물체 내에서 에너지의 흐름을 말하며, 생물은 지속적인 에너지의 이용으로 고도의 질서를 갖춘 구조와 생명활동을 영위할 수 있다.

SECTION 2 생체열역학

화학적이나 물리적 변화에 따른 에너지의 변화를 다루는 분야가 열역학이며 생화학에서 에너지의 변화를 이해하려면 기초적인 열역학의 개념을 이해해야 한다.
세포에서는 영양소가 산화반응을 일으킬 때 방출되는 에너지를 ATP형태의 화학에너지로 전환 · 저장하였다가 여러 가지 일에 사용한다. 즉, 생태에서는 한 형태의 에너지가 다른 형태의 에너지로 전환되고 있다.

생체 내에서의 에너지 전환 역시 열역학적 법칙을 따른다. 열역학은 반응이 어떤 방향으로 일어날 것인가를 예측하게 하고 반응에 동반되는 에너지 변화를 정량적으로 나타낼 수 있기 때문에 매우 유용하다.

(1) 열역학 제1법칙 (first law of thermodynamics)

에너지는 한 형태에서 다른 형태로 전환될 수는 있으나 결코 새로운 것으로 만들어지거나 파괴되지는 않는다. 이를 에너지 보존의 법칙(a law of the energy conversion)이라고 한다.

$$Q = \Delta E + W$$

외부에서 열(Q)을 계에 주면 계(system)는 내부에너지 변화(ΔE)를 일으키고 남은 에너지는 외부로 일(W)을 하여 에너지의 전체량은 변하지 않는다.

(2) 열역학 제2법칙 (second law of thermodynamics)

우주와 그 속에 포함된 한 부분의 무질서도가 증가한다는 것이다. 엔트로피(entropy)는 우주 전체의 무질서도를 의미한다. 따라서 에너지 전환은 엔트로피를 증가시킨다. 즉, 열역학 제1법칙에서 Q를 전부 W로 전환시킬 수 있는 계는 존재하지 않는다는 것이다.

총 에너지의 일부는 반드시 계의 질서 유지에 이용된다. 따라서 일정한 온도와 압력에서 일어나는 화학반응(생체반응)은 총 에너지의 변화(ΔH, 엔탈피, enthalpy), 일을 하는데 이용될 수 있는 에너지(ΔG, 자유에너지, free energy)와 질서를 유지하는데 사용되는 에너지($T \cdot \Delta S$)로 나타낸다.

$$\Delta G = \Delta H - T \cdot \Delta S$$

여기서 T는 절대온도이고, ΔS는 엔트로피 변화량으로 $\Delta S = (\Delta H - \Delta G)/T$로 정의되며 어떤 계에서는 무질서의 정도를 나타내는 것으로 일에 이용될 수 없는 에너지이다. 즉, 자유에너지는 일에만 사용될 수 있고, 엔트로피가 에너지 변환과정에서 증가하기 때문에 일할 수 있는 자유에너지도 감소한다. 엔트로피의 증가로 전체 계는 더 높은 자유에너지 상태로부터 더 낮은 에너지 상태로 가기 쉽다.

원자가 분자로 되는 화학결합은 열역학 법칙을 따른다. 글루코오스는 탄산가스와 물보다 훨씬 많은 자유에너지(적은 엔트로피)를 가지고 있다. 그러므로 탄산가스와 물이 글루코오스로 전환되려면 에너지가 공급되어야 한다. 식물은 광합성 과정에서 태양에너지를 공급받아 이로부터 탄산가스와 물을 글루코오스로 전환시킨다.

Guide

- 엔탈피(ΔH, enthalpy) 생체균형유지를 위한 일정한 온도와 압력에 의해 일어나는 생체(화학)반응으로 인한 총 에너지의 변화
- 자유에너지 (ΔG, free energy) 총에너지 변화가 일어나는데 이용되는 에너지

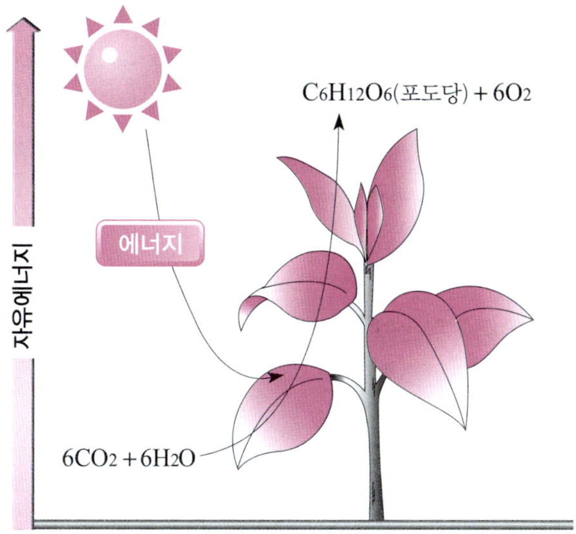

그림 8-1 광합성을 나타내는 그림

일정한 온도와 압력에서 어떤 반응의 자발성을 나타내는 기준은 자유에너지이다. 에너지의 절대값을 측정하기는 불가능하고, 반응과정에서 발생되는 에너지의 변화는 측정이 가능하다. 그러므로 자유에너지의 변화값(ΔS)은 연구 중인 과정의 자발성(spontaneity)에 대한 정보를 제공해 준다. 자발적인 반응에서는 에너지를 방출하기 때문에 계의 자유에너지는 감소한다. 즉, ΔS 값은 음의 값이다. 이러한 과정을 에너지 방출성(exergonic)이라고 하며, 자발적 과정이다.

반대로 자유에너지가 양의 값이면 비자발적 과정이다. 비자발적 과정에서는 에너지가 공급되어야만 반응이 일어날 수 있다. 그러므로 비자발적 반응을 에너지 흡수성(endergonic)이라고 한다. 평형(equilibrium) 상태에서는 어느 방향으로도 변화가 없기 때문에 자유에너지 변화는 0이다. 자유에너지의 변화에 따른 반응의 방향을 나타내면 다음과 같다.

$\Delta G < 0$ 자발적이며 에너지지가 방출됨
$\Delta G = 0$ 평형
$\Delta G > 0$ 비자발적이며 에너지지가 흡수

자발적인 과정의 예로 글루코오스의 호기적 대사를 들 수 있다. 이 과정에서는 글루코오스가 산화반응을 통해 이산화탄소와 물 그리고 에너지를 생산한다. 즉, 글루코오스가 이산화탄소와 물보다 더 많은 자유에너지를 가지고 있기 때문에 더 적은 에너지를 갖는 물과 이산화탄소로 전환될 때 에너지를 방출한다.

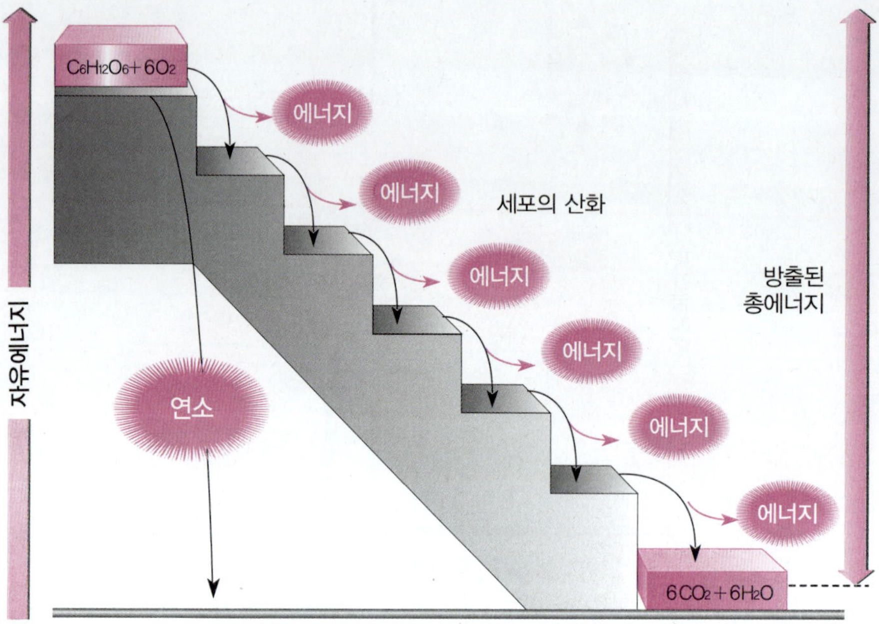

그림 8-2 연소와 세포호흡과의 관계

비자발적 과정은 예로는 ADP(아데노신 2인산)가 인산화 되어 ATP(아데노신 3인산)가 되는 반응을 들 수 있다. 이 반응은 대사과정을 통해 에너지가 공급되기 때문에 생명체 내에서 일어난다.

SECTION 3 전자전달과 산화적 인산화

대부분의 진핵세포는 시트르산 회로, 지방산 산화 및 아미노산 산화 등에서 생성되는 물질로부터 ATP를 생산하는 미토콘드리아를 가지고 있다.

미토콘드리아의 내막에 존재하는 전자전달사슬(electron transport chain)을 통해 NADH와 숙신산으로부터 전자를 산소로 전달하여 물을 생성한다.

전자전달사슬의 기능은 산화환원반응의 결과로 막 사이에서 H^+ 이온(프로톤 ; proton)의 전기화학적 농도 기울기를 형성하는 것이며, 이 농도 기울기는 ATP 합성효소(ATP synthase; ATP-ase)에 의해 대부분의 세포 반응에서 동력으로 이용되는 ATP를 생산하기 위한 화학적 에너지로 변환된다.

전자전달사슬에 의한 수소의 산화로 방출되는 에너지를 사용하여 ADP를 ATP로 인산화하기 때문에 이 전체 과정을 산화적 인산화(oxidative phosphorylation)라 한다.

세포에서 ATP는 해당과정(glycolysis) 등에서 기질수준의 인산화(substrate-level phosphorylation)에 의해 생성되기도 하지만 이 과정에서 생성되는 ATP는 극히 일부분이고 대부분은 전자전달계와 연합한 산화적 인산화에 의해 생성된다.

전자전달사슬에서 극히 일부분의 전자는 전체 사슬을 거치지 않고 산소로 직접 누출되어 산화적 스트레스에 기여하고 여러 가지 질병과 노화에 관계하는 반응성이 매우 높은 분자인 자유 라디칼 초산화물(free-radical superoxide)의 형성을 초래한다. 전자전달과 산화적 인산화를 수행하는 효소들은 여러 가지의 약물과 독소에 의해 활성이 저해된다.

1. 전자전달 사슬의 성분

전자전달사슬은 공여체에서 수용체로 전자를 전달하고, 막을 가로질러 프로톤을 수송함으로써 프로톤과 전자를 운반한다. 이들 과정은 가용성 및 단백질 결합 운반체 분자를 사용한다.

미토콘드리아에서 전자는 수용성 전자운반 단백질 사이토크롬 c (cytochrome c)에 의해 막간 공간 내에서 운반된다. 이것은 전자만 운반하며 단백질 구조내의 헴(heme)기에 결합되어 있는 철 원자의 산화 환원에 의해 운반된다.

(1) NAD(nicotin amideadenine dinucleotide)

NAD^+는 TCA 회로에서 말산과 아이소시트르산이 산화될 때 전자를 받아 NADH로 환원된다. 또 파이루브산이나 α-케토글루타르산의 전자는 리포산, FAD-효소를 거쳐서 NAD^+에 전달된다.

(2) 플라빈 단백질(flavoprotein)

플라빈 단백질은 보조분자족인 FAD(flavin adenine dinucleotide) 또는 FMN(flavin mononucleotide)과 강하게 결합되어 있다. 플라빈 보조분자족은 NADH나 숙신산 등에서 전자 2개를 받아 환원된다.

미토콘드리아 호흡효소계에서는 비헴철 단백질과도 결합하고 있다. 플라빈 보조분자족은 1 전자 환원으로 세미퀴논(semiquinone)형이 될 수 있기 때문에 호흡효소계에서는 전자를 1개씩 전달할 수 있다.

(3) 비헴철 단백질(nonheme iron protein)

비헴철 단백질은 식물의 질소고정이나 광합성계의 페리독신과 같은 종류로 단백질의 시스테인의 황(S)과 2개의 철(Fe)이 2개의 불안정 황을 중개로 결합하여 [2Fe−2S] 철−황 중심(iron sulfur center)를 형성하고 있다.

또 4개의 철 원자와 4개의 황 원자의 입방체를 함유하는 [4Fe−4S] 중심도 있다. 산화형에서 철은 양쪽이 모두 3가이며 한쪽만 2가로 환원되어 환원형이 된다. 이들은 프로톤의 결합과 해리 없이 산화환원 반응을 수행함으로 전자전달사슬에서 단백질을 통한 전자 수송에 단독으로 제공된다.

(4) 유비퀴논(ubiquinone)

미토콘드리아 내막의 지용성 전자 운반체인 유비퀴논(ubiquinone, Q)의 측쇄 길이는 세포의 종류에 따라 다르며 동물조직에는 아이소프레노이드(isoprenoid) 단위를 10개 가진 조효소 Q10을 함유한다.

이 작은 벤조퀴논(benzoquinone) 분자는 소수성이 강해서 막 내부를 자유롭게 확산한다. Q가 2개의 전자와 2개의 프로톤을 받으면 유비퀴놀(ubiquinol; QH2) 형으로 환원되고, QH2가 2개의 전자와 2개의 프로톤을 유리하면 다시 유비퀴논(Q) 형으로 산화된다.

결과적으로 막의 한쪽에서 Q가 환원되고, QH2가 다른 쪽에서 산화되도록 2개의 효소가 배열되어 있다면 유비퀴논은 이들 반응을 동반할 것이고 막 건너편으로 프로톤을 왕복시킬 것이다.

(5) 사이토크롬(cytochrome)

사이토크롬은 복합단백질로 어떤 세포에도 a, b, c 3종류의 사이토크롬이 존재한다.

보조인자는 헴과 유사한 분자로 철을 함유하며 진핵세포에서는 미토콘드리아 내에 존재하고 세균 등의 원핵세포에서는 형질막에 존재한다. 사이토크롬 a는 사이토크롬 산화효소를 구성한다.

산화형 사이토크롬 산화효소는 시안 화합물과 강하게 결합하여 환원될 수 없게 된다. 사이토크롬 a는 산소와 반응하지 않으나 환원형 사이토크롬 a는 사이토크롬 c가 있으면 산소와 반응한다.

2. 전자전달 사슬의 구성

미토콘드리아 내막에는 고도로 복합적인 막관통 구조를 가지고 있는 4종류의 복합체로 구성된 전자전달사슬이 존재하고 있는데 그 중 3가지는 프로톤 펌프로 작용한다.

이 전자전달사슬은 복합체 I(NADH:ubiquinone oxidoreductase), 복합체 II(succinate dehydrogenase), 복합체 III(cytochrome bc1 complex), 복합체 Ⅳ(cytochrome c oxidase)로 구성되어 있으며 지용성 전자 운반체와 수용성 전자 운반체에 의해 전기적으로 연결되어 있다. 복합체 I → III 사이와 Ⅱ → Ⅲ 사이의 전자전달은 지용성인 유비퀴논에 의해, 복합체 III → Ⅳ 사이는 막간 공간에 있는 수용성인 시토크롬 c에 의해 기능적으로 연결되어 있다.(그림 8-3)

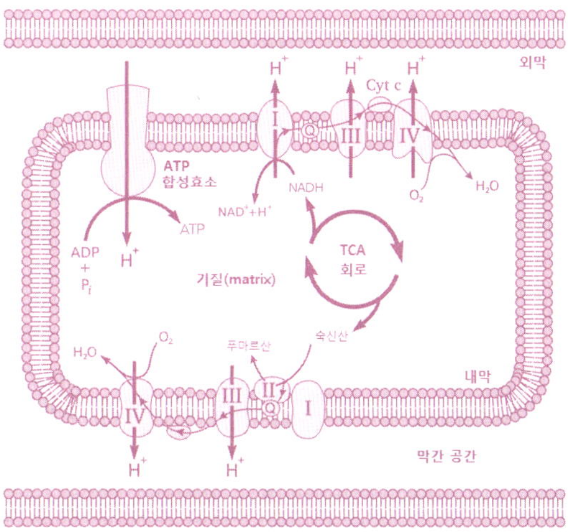

그림 8-3 미토콘드리아에서 전자전달사슬과 산화적 인산화

대사과정에서 생성된 NADH나 숙신산 등의 호흡기질은 내막의 전자전달사슬에서 산화되고 방출된 환원력은 산소분자에 최종적으로 전달된다. 이 과정에서 복합체 I과 III은 프로톤 구동성 Q 회로에 의해, 복합체 IV는 산화환원과 공역하는 펌프기구에 의해 기질에서 막간 공간으로 프로톤을 수송하여 전기화학적 프로톤 농도 기울기를 형성한다.

이 전기화학적 프로톤 농도 기울기는 ATP 합성효소를 통해 기질로 프로톤(H^+)이 되돌아오면서 ADP와 무기인산에서 ATP를 생성하는데 이용된다.

(1) 복합체 I (NADH dehydrogenase, NADH-coenzyme Q oxidoreductase)

복합체 I은 NADH 탈수소효소(NADH dehydrogenase) 또는 NADH-조효소 Q 산화환원효소(NADH-coenzyme Q oxidoreductase)라고도 하며 포유동물의 경우 46개의 단위체를 가지는 분자량 1,000kDa의 거대 효소이다. 이 복합체는 대부분의 생물에서 막에서 미토콘드리아로 불쑥 튀어나온 장화와 비슷한 모양을 하고 있다.(그림 8-4)

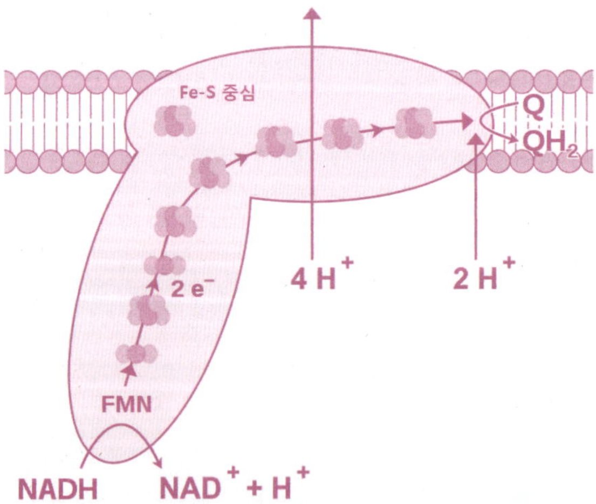

그림 8-4 복합체 I (NADH-Q oxidoreductase)

복합체 I에서는 2개의 전자가 NADH로부터 제거되어 지용성 운반체인 유비퀴논으로 전달된다. 환원된 생성물 유비퀴놀(ubiquinol; QH2)은 막 내부로 자유롭게 확산하고 복합체 I은 막간 공간으로 4개의 프로톤을 이동시킨다.

복합체 I은 산소로의 조기 전자 누출이 일어나는 주된 부위의 하나로써 유해한 초산화물을 생산하는 주요 부위이다. 복합체 I에서의 전자의 이동 경로는 다음과 같다. NADH는 1개의 2-전자 단계에서 FMN(flavin mononucleotide)을 $FMNH_2$로 환원시키고 NAD^+로 산화된다.

다음에 $FMNH_2$는 2개의 1전자 단계에서 세미퀴논(semiquinone) 중간체를 거쳐 산화된다. 따라서 각 전자는 FMNH2에서 Fe-S 중심으로, Fe-S 중심에서 유비퀴논으로 전달된다.

첫 번째 전자의 전달은 유비퀴논을 자유 라디칼(semiquinone) 형으로 만들고 두 번째 전자의 전달은 세미퀴논을 유비퀴놀(QH_2)로 환원한다. 이 과정에서 4개의 프로톤이 미토콘드리아 기질(matrix)에서 막간 공간으로 운반된다.

$$NADH + Q + 5H^+_{matrix} \longrightarrow NAD^+ + QH_2 + 4H^+_{intermembrane}$$

(2) 복합체 II (succinate dehydrogenase)

복합체 II는 분자량 12.6만으로 FAD와 3종의 Fe/S 중심과 각각 결합한 표재성 소단위와 막결합성 사이토크롬 b_{560}으로 이루어져 있다.

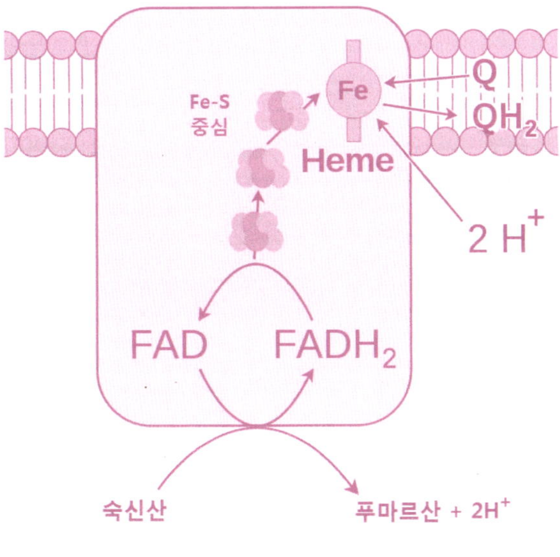

그림 8-5 복합체 Ⅱ (succinate dehydrogenase)

전자는 숙신산 → FAD → Fe/S → b_{560} → 유비퀴논으로 전달된다. 이 반응은 숙신산을 푸마르산으로 산화하고 유비퀴논을 환원한다.(그림 8-5) 그리고 NADH의 산화보다 적은 에너지를 방출함으로 복합체 II는 막 통과 프로톤 운반을 일으키지 않아서 프로톤 농도 기울기에 기여하지 않는다.

$$\text{숙신산} + Q \rightarrow \text{푸마르산} + QH_2$$

기타의 다른 전자 공여체(지방산과 글리세롤 3-인산 등) 역시 복합체 II를 통해 유비퀴논으로 전자를 운반한다.

(3) 복합체 III(cytochrome bc_1 complex)

복합체 III은 Q-사이토크롬 c 산화환원효소(Q-cytochrome c oxidoreductase)는 사이토크롬 c 환원효소(cytochrome c reductase), 사이토크롬 bc_1 복합체라고도 하며 포유동물에서 이 효소는 이량체(dimer)인데, 각 단위체는 11개의 단백질 소단위체, [2Fe-2S] 철-황 중심, 3개의 사이토크롬(1개의 사이토크롬 c_1과 2개의 사이토크롬 b)을 함유하는 복합체이다.

사이토크롬은 최소한 1개의 헴기를 함유하는 전자전달성 단백질의 한 종류이다. 복합체 III의 헴기 내부의 철 원자는 전자가 단백질을 통해 운반됨에 따라 Fe_2^+로의 환원과 Fe_3^+로의 산화를 반복한다.(그림 8-6)

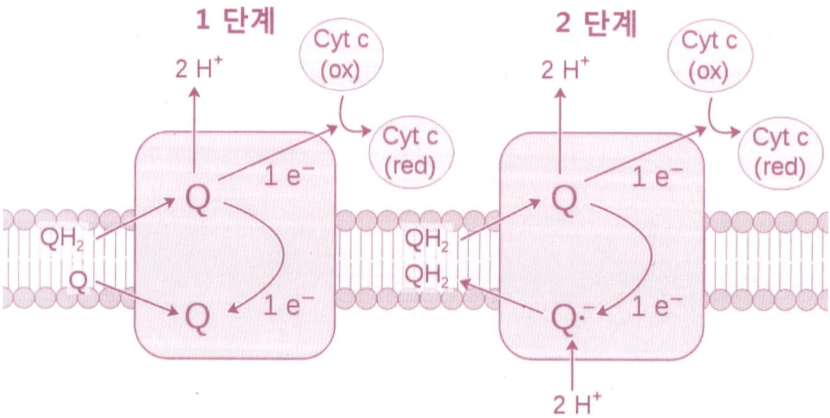

그림 8-6 복합체 III에서의 2단계 전자운반 기작

복합체 III에 의해 촉매되는 반응은 1 분자의 유비퀴놀의 산화와 미토콘드리아와 느슨하게 관련된 헴 단백질인 사이토크롬 c_2 분자의 환원이다. 2개의 전자를 운반하는 조효소 Q와는 달리 사이토크롬 c는 1개의 전자만 운반한다.

$$QH_2 + 2\ Cyt_{cox} + 2\ H^+_{matrix} \rightarrow Q + 2\ Cyt_{cred} + 4\ H^+_{intermembrane}$$

한 번에 1개의 전자만을 공여체 QH_2로부터 수용체 사이토크롬 c로 운반할 수 있으므로 복합체 III의 반응기작은 다른 호흡 복합체의 반응기작보다 더욱 정교하며, Q 회로(Q cycle)라는 2단계의 반응으로 일어난다.

첫 번째 단계에서 효소는 3가지의 기질과 결합한다. 첫 번째 기질 QH_2가 두 번째 기질 사이토크롬 c로 전자를 전달하여 산화된다. QH_2로부터 유리된 2개의 프로톤이 막간 공간으로 이동한다. 세 번째 기질은 QH_2로부터 두 번째 전자를 받아 유비세미퀴논(ubisemiquinone) 자유 라디칼인 $Q\bullet^-$로 환원되는 Q이다.

첫 번째 2가지 기질은 유리되지만 이 유비세미퀴논 중간체는 결합된 채로 존재한다. 두 번째 단계에서 두 번째 QH_2 분자가 결합하고 사이토크롬 c 수용체로 전자를 전달한다.

두 번째 전자는 결합된 유비세미퀴논으로 전달되고 미토콘드리아 기질로부터 2개의 프로톤을 얻어서 QH_2로 환원된다. 이 QH_2가 효소로부터 유리된다. 조효소 Q가 막의 내부에서 유비퀴놀로 환원되고, 다른 쪽에서 유비퀴논으로 산화됨으로써 막을 통한 프로톤 운반이 일어나 프로톤 농도 기울기가 증가한다.

(4) 복합체 Ⅳ(cytochrome c oxidase)

복합체 Ⅳ는 사이토크롬 c 산화효소(cytochrome c oxidase) 또는 사이토크롬 a_3라고도 하며 포유동물의 경우, 13개의 단위체와 2개의 헴기, 3개의 구리 원자, 1개의 마그네슘 원자와 아연 원자 등 다양한 금속이온 보조인자를 함유한다.

전자는 사이토크롬 c → 소단위 II의 Cu A 복핵중심 소단위 I의 시토크롬 a → 시토크롬 a_3와 Cu B로 구성된 헴, 구리 복핵중심에 전달되어 산소분자의 환원에 이용한다.

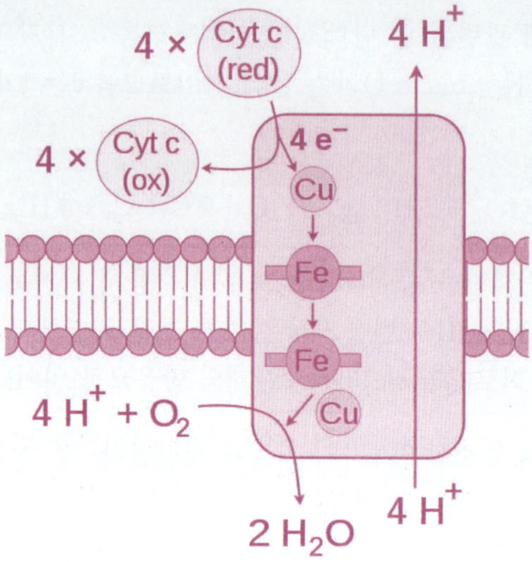

그림 8-7 복합체 Ⅳ

이곳에서는 4개의 전자가 4분자의 사이토크롬 c로부터 제거되어 분자상의 산소(O_2)로 전달되어 2분자의 물을 생성하고, 동시에 4개의 프로톤이 내막을 통과하여 프로톤 농도 기울기에 기여한다.(그림 8-7)

$$4\ \text{Cyt}\ c_{red} + O_2 + 8\ H^+_{matrix} \rightarrow 4\ \text{Cyt}\ c_{red} + 2\ H_2O + 4\ H^+_{intermembrane}$$

3. 산화적 인산화

산화적 인산화(oxidative phosphorylation)는 에너지 생성 화학반응을 이용한 에너지 소모 반응에 의하여 일을 한다. 이 2가지의 반응은 연합되어 있다고 말한다.

즉, 상대가 없으면 일어나지 않는다는 것이다. NADH와 같은 전자 공여체로부터 산소와 같은 전자 수용체로 전자전달사슬을 통한 전자의 흐름은 발에너지(exergonic) 과정인 반면에 ATP 합성은 에너지 공급이 요구되는 흡에너지(endergonic) 과정이다.

(1) ATP 합성장소

전자가 전자전달사슬을 통해 전달될 때, 많은 양의 자유에너지가 방출된다.

$NAD^+/NADH$ 쌍과 $1/2O_2$ / H_2O 쌍 사이의 표준 산화환원 전위차 $\Delta Eo'$는 0.82−(−0.32) = 1.14V이므로 자유에너지 변화량 $\Delta G^{o'}$는 52.6kcal/mole이 된다.(표−1)

$$\Delta Go' = -2 \times 23.063 \times 1.14 = -52.6\text{kcal/mole}$$

전자전달사슬은 이 자유에너지의 일부를 ADP와 무기인산(Pi)으로부터 ATP로 합성하여 보전한다. 1 mole의 ATP를 합성하는데 7.3 kcal/mol의 자유에너지가 필요하며, 그림 8−8에서 보는 것과 같이 전자전달사슬의 3곳에서 ATP를 합성할 수 있음을 알 수 있다.

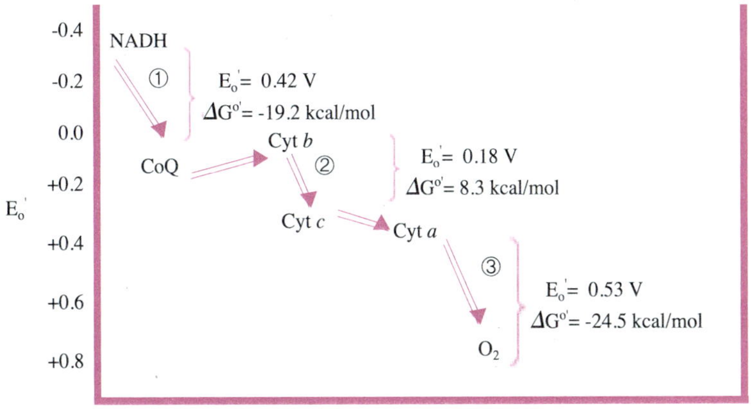

그림 8−8 전자전달계에서 자유에너지($\Delta G^{o'}$)의 변화

표 8−1 진핵생물에서 호흡 효소와 기질

호흡 효소	산화환원 쌍	반쪽 전위차(V) (ph 7.0)
NADH dehydrogenase	NAD^+ / NADH	−0.32
Succinate dehydrogenase	FMN or FAD / $FMNH_2$ or $FADH_2$	−0.20
Cytochrome bc1 complex	Coenzyme $Q10_{ox}$ / Coenzyme $Q10_{red}$	+0.06
Cytochrome bc1 complex	Cytochrome b_{ox} / Cytochrome b_{red}	+0.12
Complex Ⅳ	Cytochrome c_{ox} / Cytochrome c_{red}	+0.22
Complex Ⅳ	Cytochrome a_{ox} / Cytochrome a_{red}	+0.29
Complex Ⅳ≥	O_2 / HO	+0.82

ATP 합성에 관여하는 3개의 장소는 전자전달사슬의 특정한 장소에 연결되어 있다. 장소 1은 복합체 I이 관계하고 장소 2는 복합체 III, 그리고 장소 3은 복합체 Ⅳ가 관계한다. 그러므로 전자전달계를 통해 전달되는 각 쌍의 전자들에 대하여 NADH로부터는 2.5분자의 ATP를 생성하고 $FADH_2$로부터는 1.5분자의 ATP를 생성할 수 있다.

(2) 화학적 삼투(chemiosmosis)에 의한 에너지 전달의 개요

Peter D. Mitchell 박사에 의해 제안된 화학삼투 연합설(chemiosmotic coupling hypothesis)에 따르면 전자전달사슬과 산화적 인산화는 미토콘드리아 내막에서의 프로톤 농도 기울기에 의해 연합되어 있다.

전자전달사슬과 ATP 합성효소는 모두 막에 매몰되어 있으며 이 막을 가로지르는 프로톤의 이동에 따른 화학적 삼투라는 과정에 의해 에너지가 전자전달사슬에서 ATP 합성효소로 운반된다. 실제적으로 이것은 전자전달사슬의 프로톤 펌프 효소에 의해 막의 음극(N−) 쪽에서 양극(P−) 쪽으로 이동하는 프로톤의 흐름이라는 단순한 전기 회로와 같다.

이 효소들은 회로를 통해 전류를 흘려 일을 하는 배터리(축전지)와 같다. 프로톤의 이동은 흔히 프로톤 구동력이라는 막을 가로지르는 전기화학적 기울기를 만든다. 이것은 프로톤 농도의 차이(H^+ 농도 기울기, ΔpH)와 음극 쪽이 음전하를 가지는 전기 포텐셜의 차이라는 두 가지 요소를 가진다.

ATP 합성효소는 프로톤이 전기화학적 기울기를 역류하여 막의 음극 쪽으로 되돌아오도록 하고 회로를 완성하여 저장된 에너지를 유리한다. 이 운동 에너지는 효소 구조의 일부분을 회전시키고 이 운동은 ATP 합성을 동반한다.

이때 산화적 인산화에 의해 유리되는 에너지량은 혐기적 발효에 의해 생산되는 것보다 많다. 해당은 2 ATP 분자만 생산하지만 포도당 1 분자를 이산화탄소와 물로 전환할 때 만들어지는 10분자의 NADH와 2 분자의 숙신산의 산화적 인산화에 의하면 30~36 분자의 ATP가 생산되고 지방산 β 산화의 1 회전에서는 약 14 분자의 ATP를 얻는다.

여기서 ATP 수율은 이론적 최대값이며 실제적으론 일부 프로톤이 막의 반대편으로 누출됨으로 ATP 수율은 낮아진다.

(3) ATP 합성효소(ATP synthase; 복합체 Ⅴ)

복합체 Ⅴ라고도 하는 ATP 합성효소는 산화적 인산화 과정에서 마지막 효소이다. 이 효소는 모든 생물체에서 발견되며 진핵생물과 원핵생물에서 동일한 방법으로 작용한다.

이 효소는 ADP와 무기인산(Pi)으로부터 ATP를 합성하는데 막 사이의 프로톤 농도 기울기에 저장된 에너지를 이용한다. 한 분자의 ATP를 합성하는데 요구되는 대략적인 프로톤의 수는 3~4의 범위를 가지며 세포에 따라 주어진 조건에 적합하도록 이 비율은 달라질 수 있다.

$$ADP + Pi + 4\ H^+_{intermembrane} \rightleftharpoons ATP + H_2O + 4\ H^+_{matrix}$$

이 인산화 반응은 평형상태에 있으며 프로톤 구동력의 변화에 따라 바뀔 수 있다. 프로톤 구동력이 없으면 ATP 합성효소 반응은 오른쪽에서 왼쪽으로 가게 되어 ATP를 가수분해하고 프로톤을 기질로 보낼 것이다. 그러나 프로톤 구동력이 높으면 반응은 반대 방향, 즉 왼쪽에서 오른쪽으로 진행되어 프로톤이 프로톤 농도 기울기를 따라 흘러내려 ADP를 ATP로 변환한다.

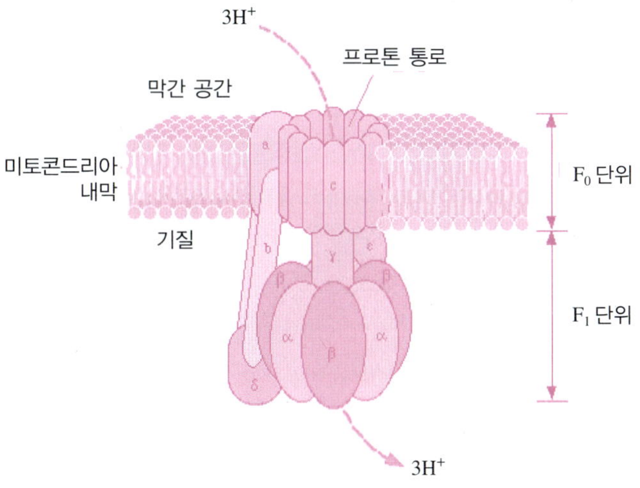

그림 8-9 ATP synthase 모식도

ATP 합성효소는 버섯 모양의 거대한 단백질 복합체이다. 포유동물의 효소는 16개의 단위체를 함유하고 분자량은 약 600 kDa이다.(그림 8-9)

F_0라고 하는 막에 매몰된 부분은 c 단위체의 고리와 프로톤 통로를 함유한다. F_1이라고 하는 줄기와 공 모양의 머리 부분은 ATP 합성부위이다. F_1 부분 말단의 공 모양의 복합체는 2가지 다른 종류의 6개의 단백질을 함유하지만(3개의 α 단위체와 3개의 β 단위체), 줄기 부분은 말단부가 α와 β 단위체의 공으로 뻗어있는 γ 단위체 1개의 단백질로 구성되어 있다.

α 및 β 단위체는 뉴클레오타이드와 결합하지만 β 단위체만 ATP 합성반응을 촉매한다. 프로톤이 ATP 합성효소의 아래 부분의 통로를 통해 막을 지나가면서 F_0 프로톤 구동 모터를 회전시킨다. 회전은 프로톤 통로를 지나간 c 단위체의 고리가 움직이도록 정전기적 상호작용을 일으키는 c 단위체의 고리에서 아미노산의 이온상태의 변화에 의해 일어나는 것으로 추측된다.

이 회전하는 고리의 회전은 α 및 β 단위체 내부의 중심축(γ 단위체 줄기)을 회전시킨다. α 및 β 단위체는 고정자로 작용하는 사이드암(β 단위체)에 의해 자신의 회전이 방지된다. α 및 β 단위체의 공 내부의 γ 단위체 말단의 회전은 ATP를 생성하고 유리하는 운동 사이클을 수행하는 β 단위체에서 활성부위에 대한 에너지를 제공한다.

이 ATP 합성 반응은 3가지 상태를 순환하는 β 단위체의 활성부위를 포함한다. 열린 상태에서 ADP와 인산이 활성부위로 들어간다. 다음에 단백질은 분자 주변을 폐쇄하고 이들을 느슨하게 결합시킨다(느슨한 상태).

효소는 다시 형태가 변화하여 높은 친화성으로 새롭게 생산된 ATP 분자와 결합하여 활성부위가 단단한 상태가 되도록 한다. 마지막으로 활성부위는 열린 상태로 되돌아오면서 ATP를 유리하고 다시 인산과 ADP와 결합하여 다음 순환과정을 준비한다.

(4) 초산화물 및 과산화물 생성

분자상의 산소는 강한 산화제이므로 이상적인 최종 전자수용체이다. 산소의 환원은 잠재적으로 유독한 중간체를 수반한다. 4개의 전자와 4개의 프로톤의 전달로 산소를 물로 환원하는 것은 무해하지만 1개 또는 2개의 전자의 전달은 초산화물이나 과산화 음이온을 생산하게 되는 위험한 반응이다.

$$O_2 \xrightarrow{e^-} O_2^{\bullet -} \xrightarrow{-e} O_2^{2-}$$

초산화물 과산화물

이 반응성의 초산화물 및 과산화물, 그리고 하이드록시 라디칼과 같은 이들의 반응 생성물은 단백질을 산화하고 DNA의 변이를 일으키므로 세포에 매우 유독하다. 이러한 세포 손상은 질병의 원인이 되고, 노화를 일으킨다.

사이토크롬 c 산화효소 복합체는 산소를 물로 환원하는 데 매우 효율적이기 때문에 극히 일부만 중간체로 환원된다. 그러나 소량의 초산화물 음이온이나 과산화물이 전자전달사슬에서 생성된다.

특히 중요한 것은 Q 회로에서 중간체로 높은 반응성의 유비세미퀴논 자유 라디칼이 생성되는 복합체 III에서 조효소 Q의 환원이다.

이 불안정한 중간체들은 전자가 직접적으로 산소로 전달되어 초산화물을 만들 때 전자 누출을 유도할 수 있다. 이들 프로톤 운반 복합체에 의한 반응성이 강한 초산화물의 생산은 높은 막 포텐셜에서 가장 커지므로 미토콘드리아가 산화제 생산에 대하여 ATP 생산이 균형을 이루는 좁은 범위에서 막 포텐셜이 유지되도록 활성을 조절할 것을 제안하고 있다.

이들 초산화물에 대응하여 세포는 비타민 C, 비타민 E와 같은 항산화 비타민, 수퍼옥사이드 디스뮤테이스(superoxide dismutase), 카탈레이스(catalase), 퍼옥시데이스(peroxidase)와 같은 항산화 효소 등의 여러 가지의 항산화제 시스템을 가져서 반응성 종을 해독하고 세포에 대한 손상을 막는다.

(5) 전자전달 및 산화적 인산화의 저해제

여러 가지의 잘 알려져 있는 약제와 독소들이 산화적 인산화를 저해한다. 전자전달사슬에서 단 하나의 효소라도 이들 독소에 의해 저해되면 나머지 과정도 정지될 것이다.

예를 들어 올리고마이신(oligomycin)이 ATP 합성효소를 저해하면 프로톤은 미토콘드리아의 기질로 되돌아올 수 없다. 그 결과 극복할 수 없을 정도로 강한 농도 기울기가 형성되어 프로톤 펌프는 작동할 수 없게 된다.

표 8-2 전자전달 및 산화적 인산화의 저해제

저해제	저해 작용
CyanideB Carbon monoxide Azide	사이토크롬 c 산화효소의 Fe–Cu 중심에 산소보다 강하게 결합하여 산소의 환원을 방해함으로써 전자전달사슬을 저해한다.
Oligomycin	ATP 합성효소의 F_0 단위체를 통한 프로톤의 흐름을 차단하여 ATP 합성효소를 저해한다.
CCCP 2,4-Dinitrophenol	막을 통한 프로톤의 운반으로 프로톤 농도 기울기를 파괴하는 이온투과담체이다. 이온투과담체는 미토콘드리아 내막에서 프로톤의 이동으로 수행하는 ATP 합성에서 프로톤 이동의 연합을 해제한다.
Malonate, oxaloacetate	숙신산 탈수소효소(복합체 II)의 경쟁적 저해제이다.

NADH는 더 이상 산화되지 않고 시트르산 회로는 NAD^+의 농도가 이들 효소가 이용할 수 있는 농도 이하로 떨어지기 때문에 작동할 수 없게 된다.

산화적 인산화의 저해제가 모두 독성을 나타내는 것은 아니다. 갈색지방 조직에서 연합해제 단백질(uncoupling protein)이라는 조절된 프로톤 통로는 ATP 합성으로부터 호흡을 연합해제 할 수 있다.

이 신속한 호흡은 열을 생산하므로 월동하는 동물에 대한 체온유지 방법으로 특히 중요하며 이들 단백질이 스트레스에 대한 세포의 반응에서 보다 일반적인 기능을 가질 것이다.

SECTION 4 대사란 무엇인가?

대사(metabolism)란 외계에서의 에너지 섭취, 세포 구성단위의 합성, 구성단위로부터의 생체성분의 합성, 생체기능에 필요한 분자의 합성 및 분해, 생체에서 이물질인 화학물질의 변환 등 효소 등에 의한 물질의 변화를 말한다.

대사과정은 분해와 생합성, 그리고 에너지를 발생시키는 목적에서 진행된다. 생명체가 생명력을 유지하기 위해서는 끊임없이 대사 과정이 이루어져야만 한다. 따라서 이들 대사 과정은 각기 별개의 것이 아니라 동시에 진행되며, 동적 평형상태를 유지하고 있다. 이들이 어떻게 서로 연관되어 조절되고 있는지를 살펴보도록 하겠다.

1. 대사체계의 분석

호기성 유기영양 세포들의 대사는 분해대사와 생합성 대사, 그리고 고분자 합성과 성장으로 구분할 수 있다.

(1) 분해대사

해당과정(glycolytic pathway), 구연산 회로(시트르산 회로, citric acid cycle. TCA cycle), 전자전달계(electron transport system)와 산화적 인산화과정(oxidative phosphorylation), 펜토오스 인산경로(pentose phosphate cycle)가 분해대사의 주요경로이다.

음식물은 분해되어 이산화탄소와 물이 되고 이때 발생하는 전자들 대부분은 전자전달경로를 통해 산소에 전달되어 아데노신삼인산(ATP; adenosine triphosphate)을 생성한다. 또한, 일부 전자는 펜토오스 인산경로에서 NADPH(nicotine adenine dinucleotide phosphate, reduced; NADH가 환원된 것)를 합성하는 데 이용된다. 이러한 대사경로들을 거치는 과정에서 일부 중간체들은 생합성 대사의 기질로도 사용된다.

(2) 생합성 대사

기질로서의 전구체, 환원력을 제공하는 NADPH, 그리고 에너지 공급을 위한 ATP가 필요하다. 생합성 기질로서 사용되는 전구체는 사실 몇 가지로 한정되어 있다. C-3에서 C-6까지의 당인산화합물과 3가지 종류의 α-keto산(pyruvate, oxaloacetate, α-ketoglutarate), CoA 화합물 (acetyl-CoA, succinyl-CoA), 그리고 포스포에놀피루브산(phosphoenolpyruvate; PEP)들이 대부분의 생합성에 기질로서 이용된다.

Guide

케토산(Ketoacid)
카르복실기(-COOH)의 옆에 케톤기 >C=O가 있는 화합물의 총칭이다. R-CO-COOH로 표기된다. 아미노기 전달반응에 생성되는 α-케토산의 구조는 아미노산마다 다르다.

(3) 고분자 합성과 성장

생합성 대사에서 생성된 유기분자들은 단백질, 핵산, 세포막, 지방과 같은 고분자 물질의 합성에 사용된다. 이때도 에너지원으로 ATP, GTP(구아노신삼인산; guanosine triphosphate), CTP(cytidine triphosphate), UTP(우리딘삼인산; uridine triphosphate) 등이 사용된다.

이들은 차별화되어 GTP는 주로 단백질 합성, CTP는 인산지방질 합성, UTP는 다당류 합성에 사용된다. 그렇지만 이들을 합성하기 위한 궁극적인 인산화물질은 ATP이다.

고분자들은 생물학적 기능과 정보를 가지는 분자들로서 성장이란 이들이 축적되는 것이며, 세포분열을 통해 분배된다.

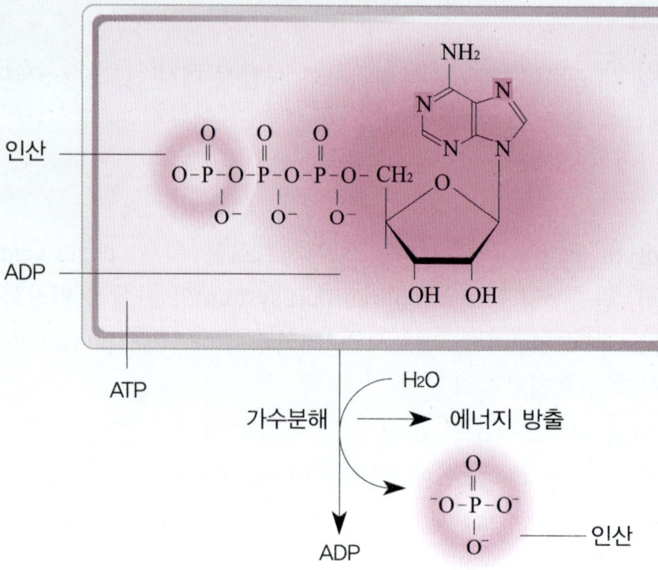

그림 8-10
ATP의 화학적 구조와 그 가수분해

분해과정의 대사중간체들은 생합성에서 소비되지만, ATP와 NADPH는 계속적으로 보충되는 것이 아니라 재생된다.

2. 동화(同化)와 이화(異化)

생물체 내의 모든 효소 반응을 포함하는 대사는 역동적이면서 조화롭게 진행된다. 이 반응의 대부분은 여러 회로로 구성되어 있고 각 생화학 회로(biochemical pathway)는 연쇄적으로 일어나는 다양한 반응으로 구성된다. 즉, 한 반응의 생성물은 다음 반응의 반응물이 된다.

이러한 생화학 회로에서 일어나는 각종 분자의 합성과 분해는 일련의 화학반응으로 이루어지며 이것을 대사라고 한다. 대사 중 화학에너지를 방출하는 과정에서 복잡한 영양소 분자를 단순한 분자로 분해하는 과정을 이화(이화작용, catabolism)라고 한다.

그러나 동화경로는 반응을 완료시키기 위해 화학에너지를 필요로 한다. 대사과정에서는 주위환경으로부터 화학에너지를 추출하여 여러 영양소 분자를 더 큰 생체분자들의 구성성분으로 바꿔준다. 이들 구성성분들이 모여서 단백질, 핵산, 지질, 그리고 복합탄수화물을 만든다.

여러 종류의 지질, 탄수화물, 단백질은 모두 아세틸 CoA(acetly CoA)를 거친 다음, 중심회로(TCA cycle)로 들어가서 분해된 뒤, 생체구성분자의 구성성분으로 생합성된다.

> *Guide*
> **아세틸(CoA)**
> 보조효소 A(CoA)에 아세틸기($-COCH_3$)가 결합한 화합물. 탄수화물, 지방, 단백질과 같은 에너지원이 이화되어 생성되는 물질로 TCA회로에 들어가기전 화합물이다. 지방산이나 콜레스테롤의 합성원료가 되기도 한다.

이화에 의해 방출되는 에너지는 ATP의 화학에너지로 이동됨으로써 동화를 비롯하여 근육의 수축이나 세포막의 물질이동(능동운반)에 이용된다. ATP의 생성과 이용에 관련된 일련의 과정을 에너지 대사(energy metabolism)라 한다.

3. ATP의 생산

모든 대사과정은 ATP의 소모와 생성을 수반하며, 그들의 생리적 역할과 다른 과정과의 관계는 ATP의 소모와 생성과 연관되어 있다. 즉, 일련의 대사과정의 총 열역학적 성질을 결정하는 것은 ATP의 화학양론이다.

분해과정은 에너지를 방출하며 ATP가 합성되고, ATP의 분해는 생합성 반응들을 열역학적으로 가능케 한다. 궁극적으로 모든 대사과정들은 ATP가 관여함으로써 열역학적으로 가능해진다. 그런데 ATP가 관련된 화학양론은 다른 화합물들의 화학양론과는 차이가 있다. 글루코오스의 산화와 짝지어진 ATP의 생성에 대한 화학양론은 화학적 고찰로부터 예견될 수 없는 성질의 것이다.

글루코오스(glucose)를 이용한 ATP의 생산은 해당계를 거쳐 TCA회로 및 전자전달계의 3단계로 이루어져 있다. 글루코오스는 아세틸 CoA로 전환되고 최종적으로 물과 이산화탄소로 분해되면서 ATP를 생산한다. 또한, 트리글리세리드(triglyceride)는 지방산을 거치고 단백질은 아미노산을 거쳐 각각 아세틸 CoA로 바뀌어 TCA회로와 전자전달계를 거치면서 물과 이산화탄소로 분해됨과 동시에 ATP를 생산한다.

ATP는 아데노신이인산(ADP; adenosine diphosphate)과 인산이 결합함으로써 합성된다. 이러한 인산의 결합방법으로는 고에너지화합물을 가수분해함으로써 얻는 에너지를 통해 ADP를 인산화(phosphorlyation)하는 기질수준의 인산화(substrate-level phosphorylation)가 있는가 하면 에너지의 분해과정에서 TCA회로 등에서 환원된 보조효소가 전자전달계에서 산화될 때 얻는 에너지로 ADP의 인산화가 이루어지는 산화적 인산화(oxidative phosphorylation)가 있다.

38분자라는 ATP의 생성은 생물학적 적응의 결과로서 생물체에서만 일어날 수 있는 생물학적 표현의 특성에 해당되는 것으로, 38분자라는 숫자는 생물학적으로 결정된 화학양론에 해당한다.

4. 소화 · 흡수된 영양소의 체내대사

생체는 음식물 섭취를 통해 필요한 에너지원을 얻는다. 음식물로서 체내에 흡수되는 물질을 영양소(nutrients)라고 한다. 탄수화물(carbohydrate), 지질(lipid), 단백질(protein)이 주요 성분이다. 생명활동에 필요한 물질로는 비타민(vitamin)이나 무기질(Na, Ca, K, Mg, Fe, Zn 등)이 있다.

(1) 영양소의 흡수

영양소는 소화효소에 의해 체내에 흡수되기 알맞은 크기로 분해되어 주로 작은창자(소장)점막 상피세포에서 흡수된다. 작은창자에서 영양소의 흡수는 탄수화물은 글루코오스를 주로 한 단당류로, 단백질은 아미노산과 펩티드 형태로, 지질은 모노글리세리드(mono glyceride)와 지방산(fatty acid)의 형태로 흡수된다.

흡수된 이들 영양소 중 탄수화물과 단백질의 분해산물은 문맥(portal vein)을 통해 간으로 전달되고 다시 온 몸으로 공급된다. 지질의 분해산물은 작은창자점막 상피세포에서 트리글리세리드와 결합하여 림프관(lymphatic vessel)에서 정맥을 거쳐 전신에 공급된다.

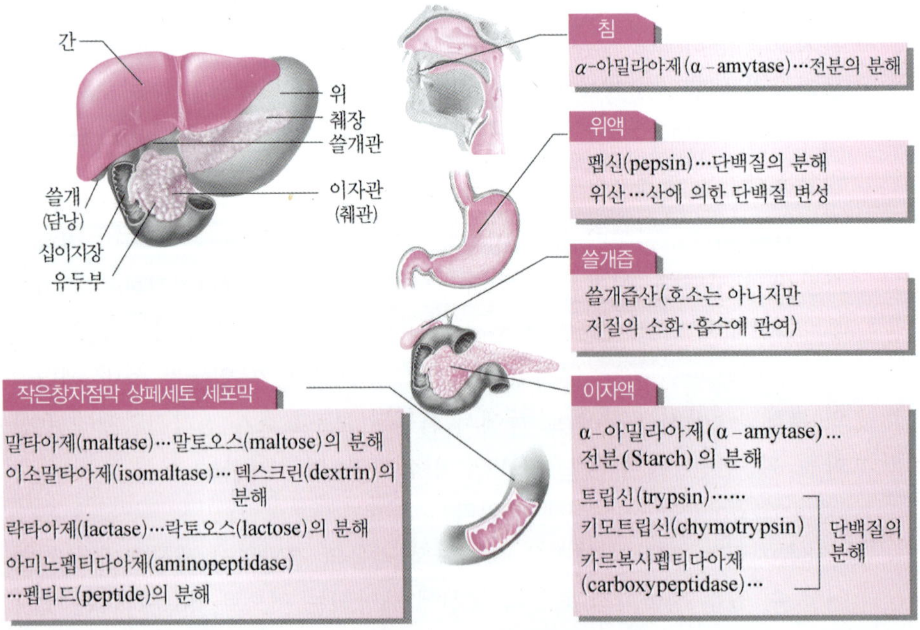

그림 8-11 주요 소화효소

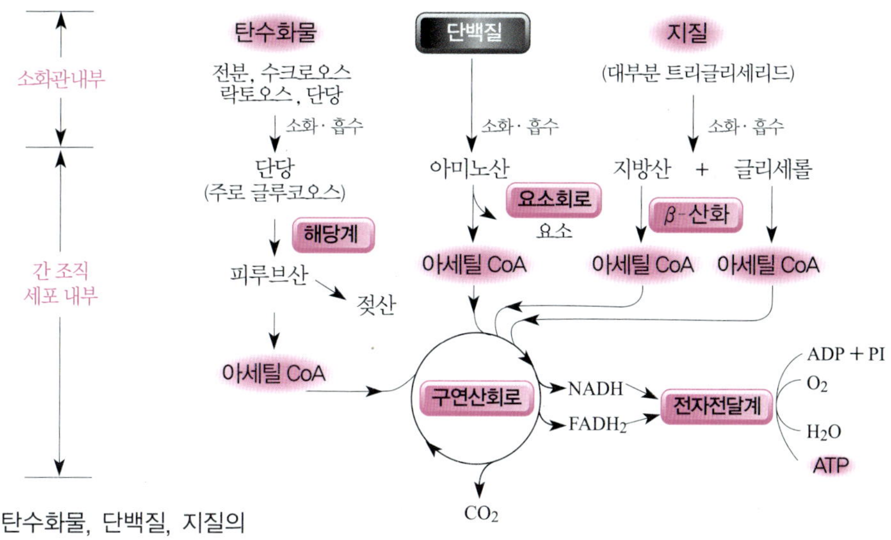

그림 8-12
음식물 중의 탄수화물, 단백질, 지질의 이화에 의한 ATP 생산

(2) 탄수화물 대사

탄수화물은 음식물로 섭취되는 전체 열량의 40~60%를 공급한다. 타액과 췌장의 아밀라아제는 전분을 저분자량의 올리고당류로 분해시킨다. 이당류와 3당류의 완전한 분해는 소장 미세융모에서 이루어진다. 생성된 단당류(glucose)는 장점막을 통하여 혈액으로 운반된다. 글루코오스는 실제 모든 체세포에 사용되는 주요한 세포의 연료물질이다.

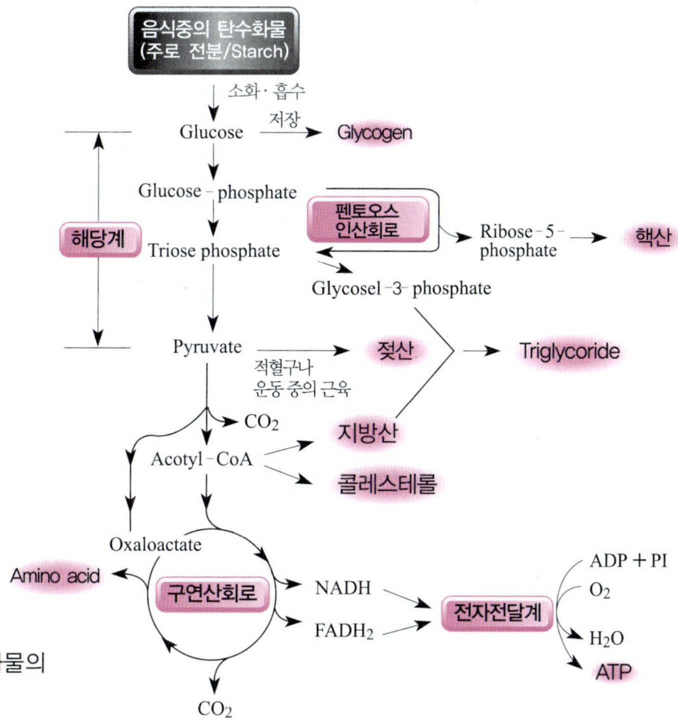

그림 8-13
음식물 중의 탄수화물의 체내 대사

글루코오스는 피루브산(pyruvate)이 되어 미토콘드리아로 들어가고 아세틸 CoA로 된다. 그 후 TCA회로로 전달되어 전자전달계의 작용으로 최종적으로 물과 인산화탄소로 분해되면서 ATP를 생산한다. 미토콘드리아를 가지고 있지 않는 적혈구에서는 피루브산이 젖산(lactic acid, lactate)으로 변화되고 이 젖산은 세포 밖으로 나오게 된다.

또한 운동 중에 근육으로의 산소공급이 부족하게 되면 피루브산은 미토콘드리아로 들어가지 않고 시토졸(cytosol)에서 젖산으로 변한다. 단당류는 해당작용으로 알려진 복잡한 일련의 효소반응에 의해 그 일부가 ATP형태로 된다.

해당과정은 혐기적인 상태에서 6탄당인 글루코오스를 효소에 의해 두 개의 3탄당 단편으로 분해되는 과정에서 ADP로부터 2분자의 ATP를 만드는 과정으로 정의될 수 있다. 해당과정이 호기적 상태에서 진행될 때는 단당류(glucose) 한 분자당 총 36ATP 분자가 생산된다.

해당계의 중간물질인 글루코오스-6-인산(glucose-6-phosphate)의 일부가 펜토오스 인산회로로 대사되어 핵산의 합성 원료인 리보오스-5-인산(ribose-5-phosphate)을 생산한다. 또한, 글루코오스에서 생기는 피루브산의 일부는 TCA회로의 중간물질인 옥살로아세트산(oxaloacetate)으로 전환되고, TCA회로에서 아미노산을 합성한다.

세포로 유입된 다량의 글루코오스의 일부는 글리코겐(glycogen)의 형태로 저장된다. 또 글루코오스에서 피루브산을 거쳐 생성된 아세틸 CoA의 일부는 지방산으로 바뀐다.

(3) 지질 대사

지질은 에너지원과 세포막의 구성물질에 관여하는 중요한 물질이다.(인지질은 글리세롤에 2개의 지방산과 1개의 인산이 결합한 생체막의 구성에 중요한 물질이다.) 지질은 주로 작은창자에서 흡수되고, 글리세롤과 지방산으로 흡수된 후에 다시 글리세롤과 지방산이 합쳐져 트리글리세리드가 된다.

지질 분해의 첫 단계는 에스테르 결합이 체외분비효소인 지질분해효소(lipase)에 의해 분해되는 과정이다. 분해된 글리세롤은 디하이드록시아세톤인산(dihydroxyacetone phosphate)으로 전환되어 해당과정으로 전달되고, 지방산은 2개의 탄소가 연속적으로 떨어져 아세틸 CoA로 바뀌어 TCA회로로 전달된다. 이러한 일련의 과정을 β-산화(β-oxidation)라 한다.

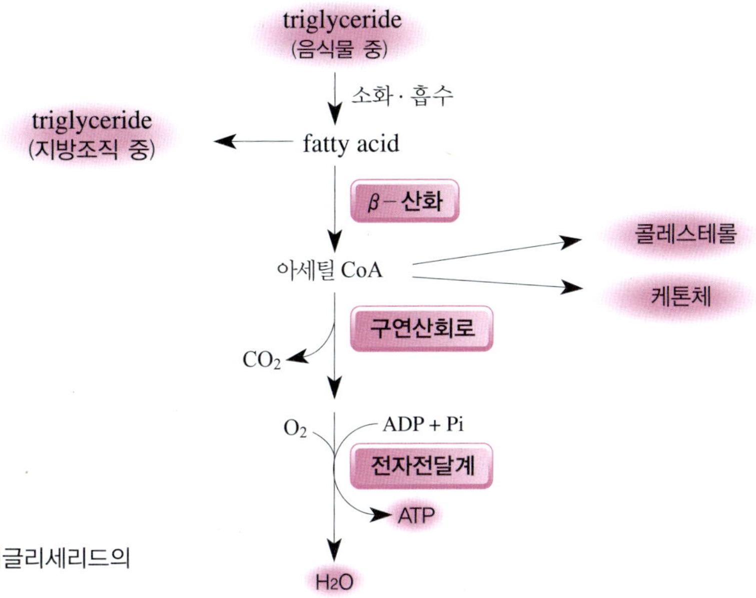

그림 8-14
음식물 중의 트리글리세리드의 체내 대사

(4) 단백질 대사

아미노산은 분해되어 에너지 생산에 이용될 수 있으며, 생체단백질 구성성분으로서 사용될 수 있다. 단백질은 활성화된 췌장의 단백질분해효소에 의해 작은 펩티드나 아미노산으로 완전히 소화된다.

[아미노산의 산화과정]

산화과정의 첫 단계는 아미노산(amino acid)의 일부가 아미노기(-NH_2)를 α-케토산(Ketoacid)에 전달하는 아미노기전달반응(transamination)과 조효소의 도움으로 아미노기를 떼어내는 탈아미노(deamination)가 있으며, 이렇게 탈아미노된 아미노산은 TCA회로의 여러 물질로 변환되어 TCA회로를 거쳐 에너지를 생성하게 된다.

즉, 알라닌 등은 피루브산을 거쳐 아세틸 CoA로, 아스파르트산 등은 푸마르산(fumaric acid), 등은 숙신산(succinic acid)으로, 아르기닌(arginine)은 글루타르산(glutaric acid)을 거쳐 TCA회로로 들어간다. 아미노산을 원료로 하는 단백질의 합성은 DNA가 가지는 유전정보를 통해 3종류의 RNA(rRNA, tRNA, mRNA)의 작용에 의해 일어난다.

또한 20여 종의 아미노산 중 당원서 아미노산은 **α**-케토산에서 TCA회로의 중간체를 거쳐 포도당신합성 경로(gluconeogenetic pathway)를 통해 글루코오스로 전환되고, 케토원성아미노산은 **α**-케토산에서 아세틸 CoA를 거쳐 콜레스테롤, 케톤체, 트리글리세리드 등으로 전환된다.

아미노산 대사는 20종의 서로 다른 아미노산들의 분해와 합성을 고려해야 하므로 전체적으로 몹시 복잡하다.

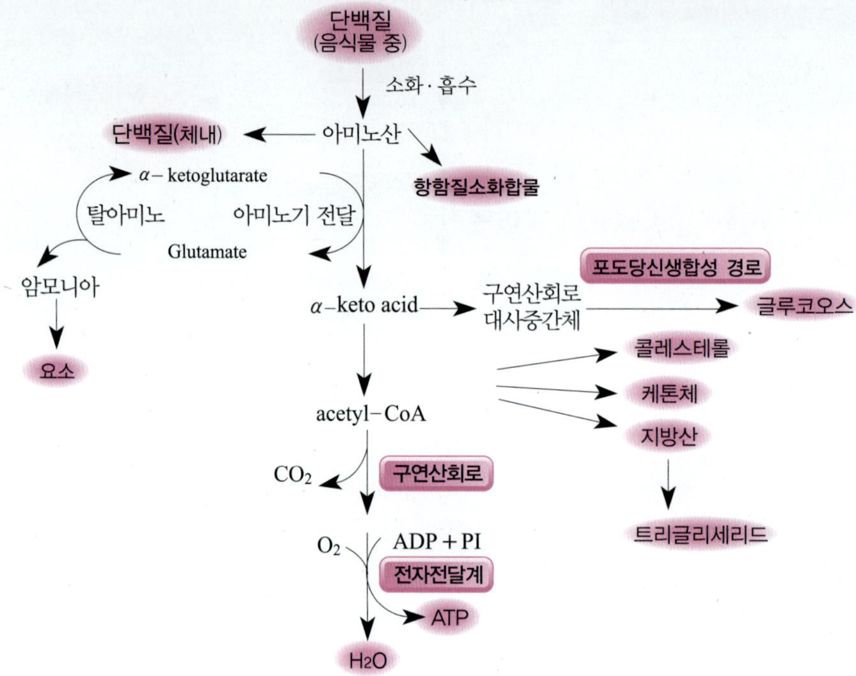

그림 8-15 음식물 중의 단백질의 체내 대사

(5) 지질과 탄수화물 단백질과의 관계

트리글리세리드는 탄수화물이나 단백질에 비해 에너지 효율이 높아 에너지를 저장하기에 적합한 물질이다.

에너지의 저장 및 공급에 관련된 대사는 2개의 탄소화합물인 아세틸 CoA를 중심으로 이루어진다.

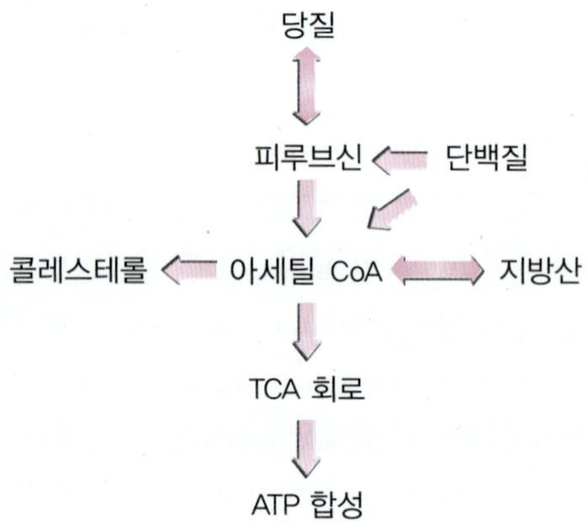

그림 8-16 지질과 탄수화물, 단백질과의 관계

아세틸 CoA는 탄수화물, 단백질, 지질의 공통적 역할인 에너지 생산과정에서 대사중간체로서 작용한다.

Question

1. 에너지 대사란 무엇인지 간략히 설명하시오.

2. 동화와 이화를 비교설명하시오.

3. 글루코오스를 이용한 ATP생산의 3단계는 무엇인가?

4. ATP를 간단히 설명하시오.

5. 탄수화물, 단백질, 지질의 에너지 생산대사에서의 공통적인 중간체는 무엇인가?

6. 적혈구나 운동중 근육에서 피루브산은 무엇으로 전환되는가?

7. β-산화를 설명하시오.

8. 아미노산 산화과정 2가지를 간단히 설명하시오.

Chapter 9.

탄수화물 대사

탄수화물은 소화관에서 소화되고 이들 가수분해물은 소장의 모세혈관으로 흡수된 다음에 혈류를 따라 각 조직의 세포로 운반된다. 세포에서 탄수화물은 에너지 생성을 위하여 혐기적 조건에서 해당경로를 통해 대사된 후에 TCA 회로에서 호기적으로 대사된다.

또한, 탄수화물은 글리코겐(glycogen)으로 체내에 축적되기도 하고 여러 가지 대사과정을 거치면서 지방산이나 아미노산으로 전환되기도 하며 반대로 아미노산이나 젖산 등으로부터 포도당을 합성하기도 한다.

SECTION 1 해당과정

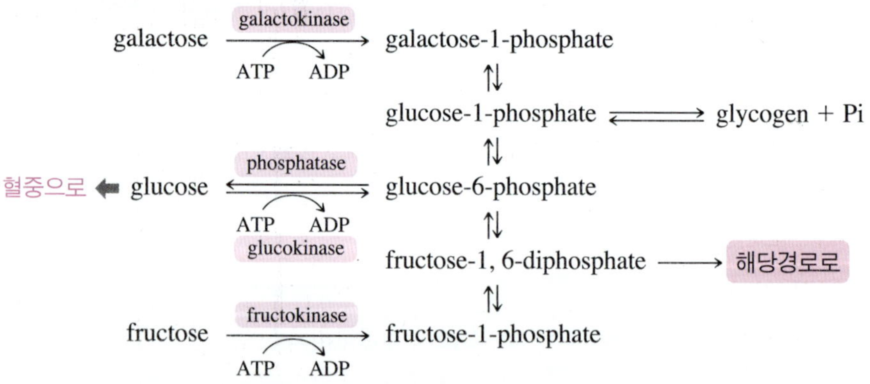

그림 9-1 간에서의 단당류의 상호전환

식이로 섭취한 여러 가지 당질은 체내에서 최종적으로 글루코오스(glucose)로 전환된 후에 해당경로(EMP)로 들어가 대사된다.

호기적 조건에서 피루브산은 미토콘드리아에서 CO_2와 H_2O로 산화되고 산소공급이 불충분할 때는 젖산이 최종산물이며 간으로 운반된다. 또 효모는 혐기적 조건에서 피루브산을 에탄올(ethanol)로 전환한다.

Guide

해당이란?
글루코오스가 연속된 반응을 통하여 두 분자의 피루브산으로 분해되고 이 과정에서 ATP와 NADH를 생성하는 반응.

$$C_6H_{12}O_6 \longrightarrow CH_3COCOOH \longrightarrow \begin{cases} CO_2 + H_2O \\ CH_3CH(OH)COOH(\text{lactate}) \\ CH_3CH_2OH(\text{ethanol}) \end{cases}$$

1. 해당경로의 과정

글루코오스가 피루브산으로 되기 위해서는 10단계를 거쳐야 하며, 그 대사경로는 그림과 같다.

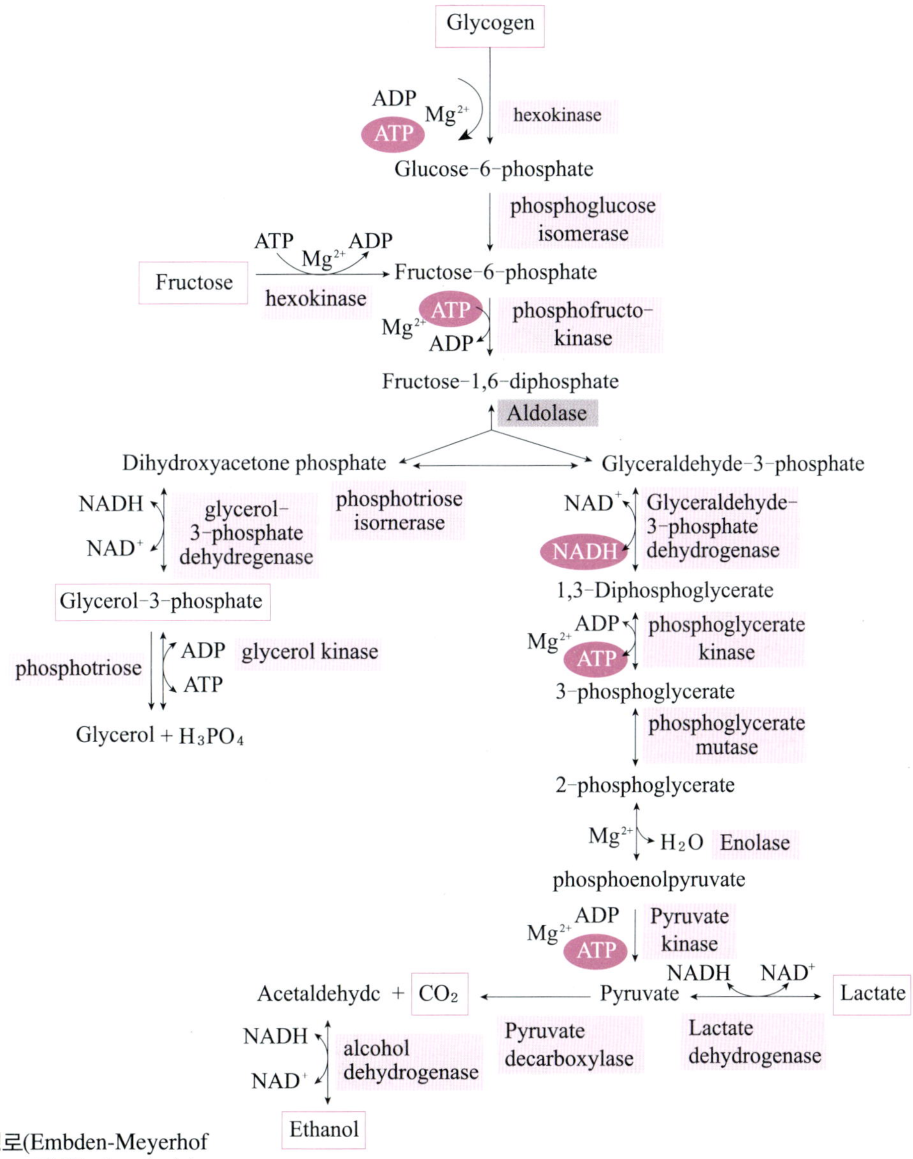

그림 9-2 해당경로(Embden-Meyerhof pathway ; EMP, glycolysis)

(1) 해당경로의 최초 단계는 인산화이다. 즉, 글루코오스가 ATP의 존재 하에서 생체 내에 널리 분포하는 헥소키나아제(hexokinase) 또는 간에 존재하는 글루코키나아제(glucokinase)의 작용으로 글루코오스-6-인산염(glucose-6-phosphate)으로 된다.

(2) 글루코오스-6-인산염은 포스포글루코오스 이소메라아제(phosphoglucose isomerase)의 작용으로 케토형의 프룩토오스-6-인산염(fructose-6-phosphate)으로 변환된다.

(3) 프룩토오스-6-인산염도 역시 ATP 존재하에서 포스포프룩토키나아제(phosphofructokinase)의 작용에 의해 한번 더 인산화되어 프룩토오스-1,6-이인산염(fructose-1,6-diphosphate)으로 된다.

(4) 프룩토오스-1,6-이인산염은 알도라아제(aldolase)의 작용으로 3탄당인산(triose phosphate) 2분자인 글리세르알데히드-3-인산염(glyceraldehyde-3-phosphate)과 디하이드록시아세톤 인산염(dihydroxyacetone phosphate)으로 나누어진다.

(5) 2분자의 3탄당인산(triose phosphate)들은 인산이성질화효소(phosphate isomerase)의 작용으로 상호 변환될 수 있으며, 계속되는 반응으로 글리세르알데히드-3-인산염이 소비되기 때문에 반응은 글리세르알데히드-3-인산염 쪽으로 기울어져 있다. 그러므로 1분자의 글루코오스는 2분자의 글리세르알데히드-3-인산염을 공급하게 된다.

(6) 글리세르알데히드-3-인산염은 NAD^+ 존재 하에서 글리세르알데히드-3-인산염 디하이드로게나아제(dahydrogenase)의 탈수소반응에 의해 고에너지 화합물인 1,3-디포스포글리세르산(1,3-diphosphoglycerate)으로 된다.

(7) 1,3-디포스포글리세르산은 포스포글리세르산 키나아제(phosphoglycerate kinase)의 작용으로 3-포스포글리세르산이 되며, 이 때 기질수준에서 인산을 ADP로 전달하여 ATP를 생성한다.

(8) 3-포스포글리세르산은 포스포글리세르산 뮤타아제(phosphoglycerate mutase)의 작용으로 2-포스포글리세르산이 된다.

(9) 2-포스포글리세르산은 에놀라아제(enolase)의 작용으로 물 1분자가 제거되어 고에너지 화합물인 포스포에놀피루브산(phosphoenolpyruvate)이 된다.

(10) 해당에 있어서 마지막 단계는 피브르산의 생성이다. 포르포에놀피루브산은 피브르산 키나아제(pyruvate kinase)의 작용으로 피루브산이 되고 동시에 ADP에 인산을 전달하여 ATP를 생성한다.

표 9-1 해당경로 단계

단 계	반 응	효 소
1	Glucose + ATP ⟶ glucose-6-phosphate + ADP + H^+	Hexokinase
2	Glucose-6-phosphate ⇌ fructose 6-phosphate	Phosphoglucoisomerase
3	Fructose-6-phosphate + ATP ⟶ fructose 1,6-diphosphate + ADP + H^+	Phosphofructokinase
4	Fructose 1,6-diphosphate ⇌ dihydroxyacetone phosphate + glyceraldehyde-3-phosphate	Aldolase
5	Dihydroxyacetone phosphate ⇌ glyceraldehyde-3-phosphate	Triose phosphate isomerase
6	Glyceraldehyde 3-phosphate + P_i + NAD^+ ⇌ 1,3-diphosphoglycerate + NADH + H^+	Glyceraldehyde 3-phosphate dehydrogenase
7	1,3-diphosphoglycerate + ADP ⇌ 3-phosphoglycereate + ATP	Phosphoglycerate kinase
8	3-phosphoglycerate ⇌ 2-phosphoglycerate	Phosphoglycerate mutase
9	2-Phosphoglycerate ⇌ phosphoenolpyruvate + H_2O	Enolase
10	Phosphoenolpyruvate + ADP + H^+ ⟶ pyruvate+ATP	Pyruvate kinase

결국 글루코오스를 출발물질로 하여 피루브산에 이르는 반응과정은 다음 식과 같이 정리되며, 이 과정에서 고에너지 물질인 ATP 2분자를 얻게 된다.

$$\text{Glucose} + 2\text{Pi} + 2\text{ADP} + 2\text{NAD}^+ \longrightarrow 2\text{Pyruvate} + 2\text{ATP} + 2\text{NADH} + 2\text{H}^+$$

표 9-2 해당경로의 에너지 생성

단 계	해 당 반 응	ATP	NADH
1	Glucose ¡ glucose 6-phosphate	−1	0
3	Fructose 6-phosphate ¡ fructose 1,6-diphosphate	−1	0
6	2 Glyceraldehyde 3-phosphate ⇌ 2 1,3-diphosphoglycerate	0	+2
7	2 1,3-diphosphoglycerate ⇌ 2 3-phosphoglycerate	+2	0
10	2 Phosphoenolpyruvate ¡ 2 pyruvate	+2	0
Total change		+2	+2

2. 피루브산의 반응

(1) 젖산 생성

산소 존재하에서 피루브산은 아세틸 CoA를 거쳐 TCA 회로로 들어가고 NADH는 미토콘드리아 내의 전자전달계에서 재산화되어 NAD^+로 된다. 그러나 혐기적 조건하에서는 미토콘드리아 내의 전자전달계를 이용할 수 없으므로 NADH는 락트산 탈수소효소(lactate dehydrogenase)에 의해 재산화되고 피루브산은 젖산이 된다.

$$\text{Pyruvate} + \text{NADH} + \text{H}^+ \longrightarrow \text{Lactate} + \text{NAD}^+$$

생성된 젖산은 세포막을 통과할 수 있어 동물의 경우는 간으로 운반된다. 결국 혐기적 조건에서 글루코오스(glucose)는 다음과 같이 분해된다.

$$\text{Glucose} + 2\text{ADP} + 2\text{Pi} \longrightarrow 2\text{Lactate} + 2\text{ATP}$$

근육수축은 근육 중의 글리코겐이 해당작용에 의해 젖산으로 변화할 때 생기는 ATP가 액토미오신(actomyosin)에 작용하기 때문에 일어난다. 근육 중에 생성된 젖산은 간으로 신속하게 운반되어 피루브산으로 되고 사과산염(malate)과 옥살로아세트산(oxaloacetate)을 거쳐서 포스포에놀피루브산이 되며, 해당계를 역행하여 글루코오스가 된다(Cori 회로).

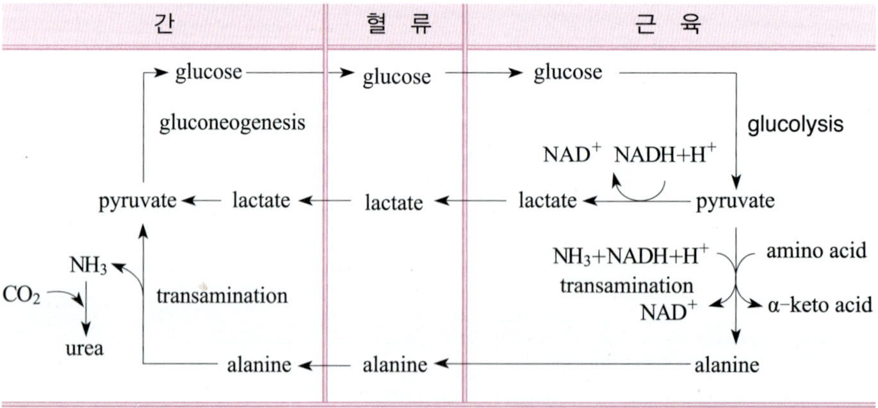

그림 9-3 Cori 회로

(2) 알코올 발효

효모와 같은 미생물도 포유동물과 동일한 해당경로를 통해 글루코오스를 피부르산으로 전환하며 혐기적 조건하에서는 피부르산이 탈탄산되어 젖산 대신에 아세트알데히드가 된다. 그 후 알코올 디하이드로 게나아제(alcohol dehydrogenase)의 작용으로 NADH에 의해 환원되면 에탄올이 생성된다.

$$\underset{\text{(pyruvate)}}{CH_3COCOOH} \xrightarrow[\text{Mg}^{2+}]{\text{Pyruvate decarboxylase}} \underset{\text{(acetaldehyde)}}{CH_3CHO} + CO_2$$

$$\underset{\text{(acetaldehyde)}}{CH_3CHO} \xrightarrow[\text{NADH + H}^+ \curvearrowright \text{NAD}^+]{\text{alcohol dehydrogenase}} \underset{\text{(ethanol)}}{CH_3CH_2OH}$$

3. 해당과정의 조절

해당과정에서 글루코오스가 분해되는 속도는 매우 정밀하게 조절되는데, 비가역반응을 촉매하는 효소의 활성에 영향을 주는 다른자리입체성 조절 인자의 농도에 의해 정해진다. 인슐린, 글루카곤 및 에피네프린과 같은 호르몬이 조절하는 효소의 인산화 혹은 탈인산화가 영향을 준다.

인슐린은 헥소키나아제(hexokinase), 포스포프룩토키나아제, 피루브산 키나아제의 합성을 증가시킴으로써 해당과정을 촉진한다.

표 9-3 비가역적인 반응 단계

단 계	반 응	효 소	$\Delta G^{o\prime}$(kJ/mol)
1	Glucose + ATP ¡ glucose 6-phosphate + ADP	Hexokinase	−16.7
3	Fructose 6-phosphate + ATP ¡ fructose 1,6-diphosphate + ADP	Phosphofructokinase	−14.2
10	PEP + ADP ¡ pyruvate + ATP	Pyruvate kinase	−31.4

(1) 헥소키나아제에 의한 조절

글루코오스는 세포내 이용의 첫 단계로 헥소키나아제(hexokinase)에 의해 글루코오스-6-인산염이 된다. 이 때 글루코오스-6-인산염이 과다하게 생성되면 이것은 핵소키나아제에 알로스테릭(allosteric, 다른자리 입체성) 작용으로 생성을 억제하고 글리코겐 합성효소를 활성화하여 소비를 촉진한다. 간에서 글루코오스의 공급량이 많아지면 헥소키나아제 활성은 점차 증가되지만 글루코오스의 공급량이 감소되면 헥소키나아제의 활성은 낮아진다.

혈당상승은 인슐린 분비를 촉진시켜 글루코오스의 세포막 투과 및 세포내 글루코오스의 이용에 관여하는 효소들의 양과 활성이 증가하게 하고 당신생과 같이 생성에 관계하는 효소의 활성을 저해하도록 한다.

(2) 포스포프룩토키나아제에 의한 조절

해당계 조절의 중심이 되는 효소는 포스포프룩토키나아제-1이다. 이 효소는 ATP와 시트르산염(citrate)에 의해 저해되고 AMP와 프룩토오스-2,6-이인산염에 의해 활성이 증가된다. ATP는 포스포프룩토키나아제-1의 활성화 부위뿐만 아니라 다른자리입체성(allosteric) 부위에도 결합하여 기질에 대한 친화성을 크게 감소시킨다.

이 ATP에 의한 저해는 AMP에 의해 감소된다. ATP가 에너지 소모과정에서 이용되면 ADP로 변하게 되고 그 결과 AMP의 농도가 증가된다. 세포 내 에너지 상태의 작은 변화를 포스포프룩토키나아제-1의 활성에 민감하게 반영시켜 TCA 회로에 들어가기 전에 해당과정을 조절한다.

프룩토오스-2,6-이인산염은 포스포프룩토키나아제-2의 촉매작용에 의해 프룩토오스-6-인산염과 ATP로부터 생성된다. 즉, 글루코오스의 농도가 상승하여 프룩토오스-6-인산염이 증가되면 포스포프룩토키나아제-2가 활성화되어 프룩토오스-2,6-이인산염의 생성은 촉진되고, 프룩토오스-2,6-이인산염의 저해로 프룩토오스-2,6-이인산염 분해가 억제됨으로 이것의 농도가 상승하여 포스포프룩토키나아제-1을 활성화하면 해당작용이 촉진된다.

기아상태로 혈당이 낮아지면 글루카곤이 분비되어 cAMP가 생성되고 이것에 의해 cAMP 의존성 단백질 키나아제(protein kinase)가 활성화되면 효소단백질이 인산화되어 포스포프룩토키나아제-2는 불활성형이 되며 프룩토오스-2,6-이인산염은 활성형이 된다.

그 결과, 프룩토오스-2,6-이인산염 농도가 낮아지면 포스포프룩토키나아제-1의 활성이 저하되어 해당반응은 억제되고 프룩토오스-1,6-이인산염은 활성화되어 당신생반응은 촉진된다.

(3) 피루브산 키나아제(pyruvate kinase)에 의한 조절

피루브산키나아제는 프룩토오스-1,6-이인산염에 의한 다른자리입체성 조절로 촉진된다. 에너지가 풍부한 상태를 의미하는 ATP, 아세틸 CoA, 지방산은 음성적 다른자리입체성 조절인자이다. 글루카곤은 cAMP를 통해서 간의 글리코겐 분해를 자극하여 글루코오스 생성을 촉진하고 피루브산키나아제를 불활성형으로 만든다. ATP와 알라닌(alanine)도 피루브산키나아제를 저해하여 당 분해를 억제하지만 프룩토오스-1,6-이인산염은 피루브산키나아제를 활성화하여 해당반응을 촉진시키는 작용을 한다.

> *Guide*
> **다른자리입체성이란?**
> 다른 분자와의 반응성이 제3의 분자와 결합함으로써 변화되는 거대 분자나 효소.

4. 세포질 NADH의 미토콘드리아에서의 산화

심한 운동을 하고 있는 골격근과 같은 일부 조직을 제외하면 대부분의 경우에 해당은 피루브산을 공급하는 역할을 한다. 이 경우, NADH의 재산화는 락트산디하이드로게나아제에 의해 일어나지 않고 미토콘드리아의 호흡연쇄에 의해 일어난다.

그러나 NADH는 미토콘드리아 막을 통과하지 못하므로 글리세롤인산 셔틀(glycerol phosphate shuttle)이나 말산-아스파르트산 셔틀(malate-aspartate shuttle)이라는 특수한 기구를 통해 간접적으로 재산화된다.

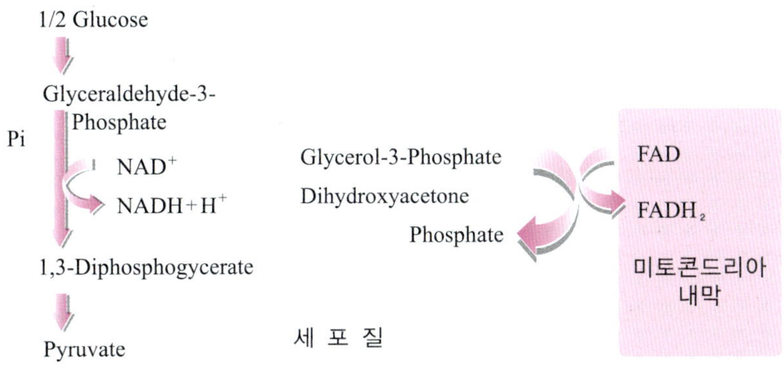

(a) Glycerol phosphate shuttle

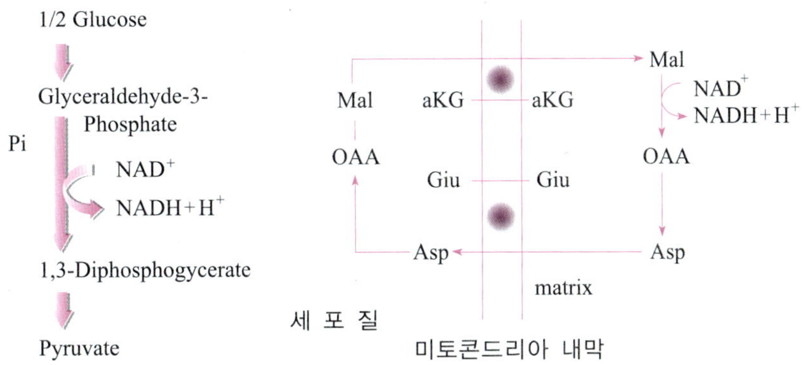

(b) Malate-aspartate shuttle

그림 9-4 글리세롤인산 셔틀 및 말산-아스파르트산 셔틀

간, 신장, 심장은 주로 말산-아스파르트산셔틀을 이용하고 뇌, 근육, 기타의 조직은 글리세롤인산셔틀을 이용한다. 이 셔틀들은 비가역적이어서 세포질의 NADH는 미토콘드리아 내로만 운반된다.

글리세롤인산셔틀은 세포질의 글리세롤-3-인산디하이드로게나아제의 촉매로 디하이드록시아세톤 인산염(dihydroxyacetone phosphate)이 NADH에 의해 글리세롤-3-인산염으로 환원되어 미토콘드리아 내막외측으로 운반되면 그 곳에 있는 글리세롤-3-인산디하이드로게나아제의 촉매로 FAD를 $FADH_2$로 만들고, 다시 디하이드록시아세톤 인산염이 되어 되돌아오는 회로이다. 이 경우, 세포질의 NADH 1mol은 1.5mol의 ATP를 생성하게 된다.

말산-아스파르트산셔틀은 미토콘드리아 내의 아스파르트산이 글루탐산(glutamate)과 교환되어 세포질로 나오면 이 곳에 있는 아스파르트산 아미노트란스페라아제의 작용에 의해 옥살로아세트산이 되고 α-케토글루타르산(α-ketoglutarate)은 아미노기를 받아 글루탐산이 된다.

다음에 옥살로아세트산이 말산탈수소효소(malate dehydrogenase)의 작용으로 NADH에 의해 말산이 된 후에 미토콘드리아내로 들어가고 이곳의 말산탈수소효소에 의해 NADH를 재생하면서 다시 옥살로아세트산이 되며 이어서 아스파르트산 아미노트란스퍼라아제(aspartate aminotransferase)에 의해 글루탐산의 아미노기를 받아 아스파르트산이 되는 회로이다.

SECTION 2 당신생경로

당질이 아닌 여러 물질, 예를 들면 아미노산, 젖산, 피루브산, 프로피온에스테르, 글리세롤 등으로부터 글루코오스를 새로 합성하는 것을 당신생(gluconeogenesis)이라 한다.

당신생은 식이로부터의 당질 공급이 충분하지 않아 체내에서의 글루코오스 요구량을 충족시키지 못할 때에 일어난다. 글루코오스를 주요 에너지원으로 하는 여러 조직, 특히 뇌나 적혈구에서 이것의 계속적인 공급은 필수적이다.

글루코오스는 혐기적 조건하의 골격근에서 유일한 에너지원이며 각종 조직에서 TCA 회로의 중간체를 유지하는 데 이용된다. 지방조직에서도 글루코오스는 지방 합성의 원료가 되고 지방으로부터 에너지를 공급받는 조직에서도 기본적으로 약간의 글루코오스가 필요하다.

포유동물에서 당신생은 주로 간과 신장에서 일어나지만 주된 장소는 간이다. 당신생은 각 조직에서의 대사물질을 간으로 운반하며 이것을 당신생 과정을 통해 글루코오스(glucose)로 재생하고 다시 조직으로 공급하는 데 생리적 의의가 있다.

1. 당신생경로의 대사과정

당신생은 해당경로에서 비가역적인 반응단계 일부를 제외하고는 거의 이 경로의 역행에 의해 일어나며 역행할 수 없는 과정은 다른 과정을 거친다.

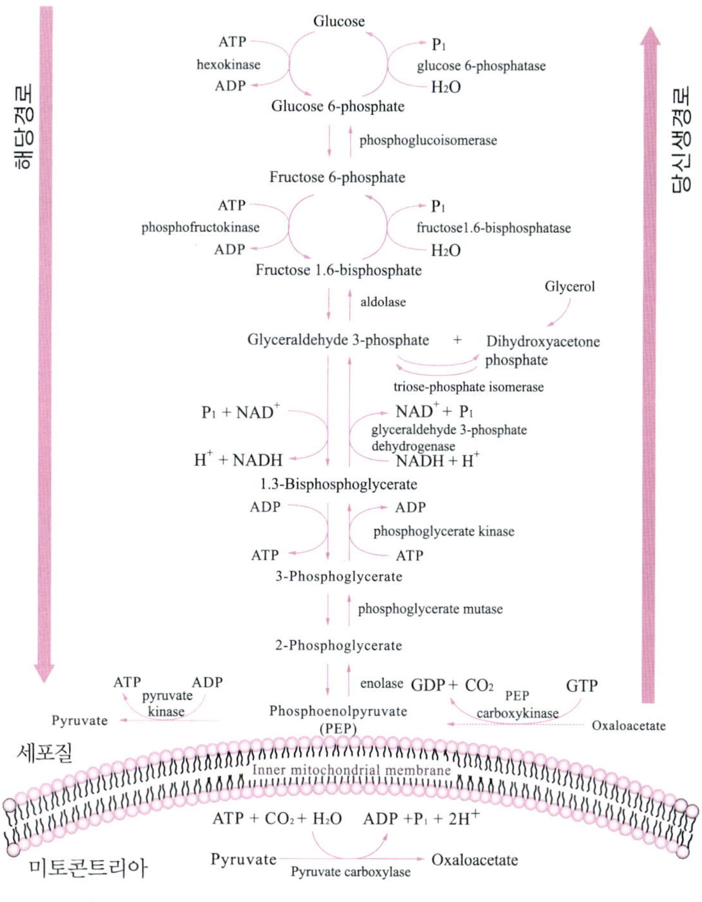

그림 9-5 당신생경로

표 9-4 당신생경로 단계

단 계	반 응
1	Pyruvate + CO_2 + ATP ⟶ oxaloacetate + ADP + P_i + H^+
2	Oxaloacetate + GTP ⇌ phosphoenolpyruvate + CO_2 + GDP
3	Phosphoenolpyruvate + H_2O ⇌ 2-phosphoglycerate
4	2-Phosphoglycerate ⇌ 3-phosphoglycerate
5	3-Phosphoglycerate + ATP ⇌ 1,3-diphosphoglycerate + ADP + H^+
6	1,3-diphosphoglycerate + NADH + H^+ + ⇌ glyceraldehyde 3-phosphate + NAD^+ + P_i
7	Glyceraldehyde 3-phosphate ⇌ dihydroxyacetone phosphate
8	Glyceraldehyde 3-phosphate + dihydroxyacetone phosphate ⇌ fructose 1,6-diphosphate
9	Fructose 1,6-diphosphate + H_2O ⟶ fructose 6-phosphate + P_i
10	Fructose 6-phosphate ⇌ glucose 6-phosphate
11	Glucose 6-phosphate + H_2O ⇌ glucose + P_i

다른 과정으로 생각되는 경로는 피루브산을 포스포에놀피루브산으로 바꾸는 단계와 프룩토오스-1,6-이인산염을 프룩토오스-6-인산염으로, 또 글루코오스-6-인산염을 글루코오스로 바꾸는 단계이다.

먼저, 젖산이나 피루브산은 미토콘드리아 중의 피루브산카르복시화효소(pyruvate carboxylase)에 의해 이산화탄소와 반응하여 옥살로아세트산으로 변하고, 생성된 옥살로아세트산은 이어서 포스포에놀피루브산으로 된다. 또 피루브산카르복시화효소은 비오틴(biotin) 단백질이며 부활제로 아세틸 CoA를 필요로 한다.

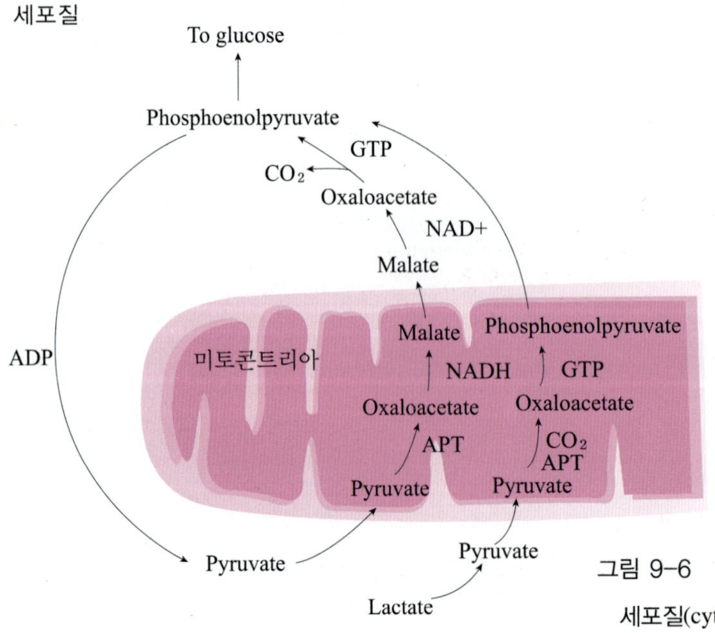

그림 9-6
세포질(cytoplasm)과 미토콘드리아(mitocondria)

해당경로에서 비가역적인 포스포프룩토키나아제(phosphofructokinase) 반응은 프룩토오스-1,6-이인산염 촉매작용에 의해 우회될 수 있다. 다른 자리 입체성 효소인 프룩토오스-1,6-이인산염은 시트르산에 의해 촉진되고 AMP와 프룩토오스-2,6-이인산염에 의해 억제된다.

또 다른 해당경로의 비가역적인 헥소키나아제 반응은 간과 신장에만 존재하는 글루코오스-6-인산염에 의해 촉매되는데 그 결과 생성된 글루코오스는 혈액으로 방출한다. 이 효소는 근육에는 존재하지 않으므로 근육 글리코겐은 분해되어도 혈당을 공급하지 못한다.

2. 당신생경로의 기질

탄수화물, 지방 및 단백질이 대사되는 과정에서 해당경로의 중간대사물이나 TCA 회로를 통해 옥살로아세트산을 공급할 수 있는 물질들은 당신생경로의 기질이 될 수 있다.

젖산은 미토콘드리아가 없거나 또는 저농도의 산소를 갖고 있는 적혈구와 다른 세포들에 의해 방출된다. 코리(Cori) 회로에서 젖산은 운동 중 골격근육에 의해 방출된다. 간으로 운반된 젖산은 젖산가수분해효소에 의해 피루브산으로 재전환된 다음, 당신생에 의해 글루코오스로 된다.

해당경로의 중간물질로 전환될 수 있는 아미노산 중에서 알라닌이 가장 중요하다. 운동하는 근육이 다량의 피루브산을 만들 때 일부는 아미노산 전이반응에 의해 알라닌으로 전환된다. 간으로 운반된 알라닌은 피루브산으로 재전환된 다음에 글루코오스로 된다. 글루코오스-알라닌(Glucose-alanine) 회로는 다양한 기능을 한다.

지방은 리파아제(lipase)의 작용으로 지방산과 글리세롤로 분해된다. 이 지방산은 탄소수가 짝수일 경우에 β-산화로 모두 아세틸 CoA로 변하기 때문에 글루코오스 합성에 이용되지 못하나 탄소수가 홀수인 경우는 β-산화의 마지막 단계에서 프로피온산(propionic acid)이 생성되므로 석시닐(succinyl) CoA로 전환되어 당신생에 이용된다.

글리세롤은 글리세로키나아제(glycerokinase)와 ATP의 작용으로 글리세롤-3-인산염이 된다. 이것은 글리세롤-3-인산탈수소효소의 촉매작용으로 디하이드록시아세톤인산으로 산화되어 해당경로에 들어가서 당신생에 이용된다.

3. 당신생경로의 조절

당신생의 조절은 해당계의 비가역 반응을 역방향으로 촉매하는 피루브산 카르복시화효소, 포스포에놀피루브산 카르복시키나아제(phosphoenolpyruvate carboxykinase), 프룩토오스-1,6-이인산염, 글루코오스-6-인산염 등의 효소를 통해 일어난다. 대체로 당신생으로의 전환은 해당반응의 저지에 의해 이루어지며, 이 때 사용되는 ATP는 지방산의 산화로부터 공급된다.

(1) 호르몬에 의한 조절

췌장에서 분비되는 호르몬인 글리카곤은 프룩토오스-2,6-이인산염의 농도을 낮춤으로써 포스포프룩토키나아제-1을 저해하고 프룩토오스-1,6-이인산염을 활성화한다. 또한, 글리카곤에 의해 cAMP의 농도가 높아지면 단백질 키나아제가 활성화되고 이것은 포스포에놀피루브산이 피루브산으로 전환되는 것을 억제하여 포스포에놀피루브산이 글루코오스 합성에 유효하게 이용되도록 한다.

(2) 기질에 의한 조절

당신생에 이용되는 전구물질 특히 당원성 아미노산은 간에서 글루코오스 합성률에 큰 영향을 미친다. 기아상태로 인하여 인슐린 농도가 낮아지면 근육 단백질로부터의 아미노산 동원이 쉬워지고 이것은 당신생을 위한 탄소골격이 된다. 특히 알라닌은 쉽게 동원되어 당신생에 이용되며, 또 이것의 농도 상승은 피루브산 키나이제를 저해하여 해당반응을 억제하므로 당신생의 신호가 된다.

기아상태에서는 지방조직에서 지질 분해가 촉진되어 많은 양의 지방산이 간으로 운반되고 간세포 미토콘드리아 내에서의 지방산 산화가 촉진되어 과량의 아세틸 CoA가 생성된다. 아세틸 CoA 공급이 많아지면 피루브산은 옥살로아세트산으로 전환되고 증가된 옥살로아세트산은 당신생에 많이 이용되는 한편, 구연산의 생성도 증가된다.

구연산염은 포스포프룩토키나아제-1을 저해해서 피루브산 키나아제의 활성제인 프룩토오스-1,6-이인산염의 생성을 억제한다. 이로 인하여 피루브산 키나이제의 활성이 저하되면 포스포에놀피루브산은 피루브산으로의 전환이 감소되고 당신생으로의 이용이 증가된다.

SECTION 3 글리코겐 대사

글리코겐은 불과 몇 단계만 거치면 글루코오스-6-인산염으로부터 쉽게 합성되거나 분해되는 좋은 에너지 저장형 다당류이기 때문에 지방 못지않게 간이나 근육에서 이를 합성하여 저장한다.

섭취한 여분의 글루코오스를 모두 지방으로 바꾸지 않고 글리코겐으로 저장하는 것은, 지방이 첫째 글리코겐처럼 근육에서 신속하게 동원되지 못하고, 둘째 산소 결핍시에 에너지원으로 이용될 수 없으며, 셋째 인체의 어느 대사경로에서도 글루코오스로 전환되지 못하므로 혈당 유지에 기여할 수 없기 때문이다.

글리코겐의 합성과 분해반응은 다른 경로를 통해 일어나지만 서로 밀접한 관계가 있다. 글리코겐은 혈당치를 일정하게 유지하는 데 매우 중요하다. 그 때문에 생체 내에서 글리코겐의 합성과 분해는 신경, 호르몬, 당인산, 금속이온 등에 의해서 정밀하게 조절되고 있다.

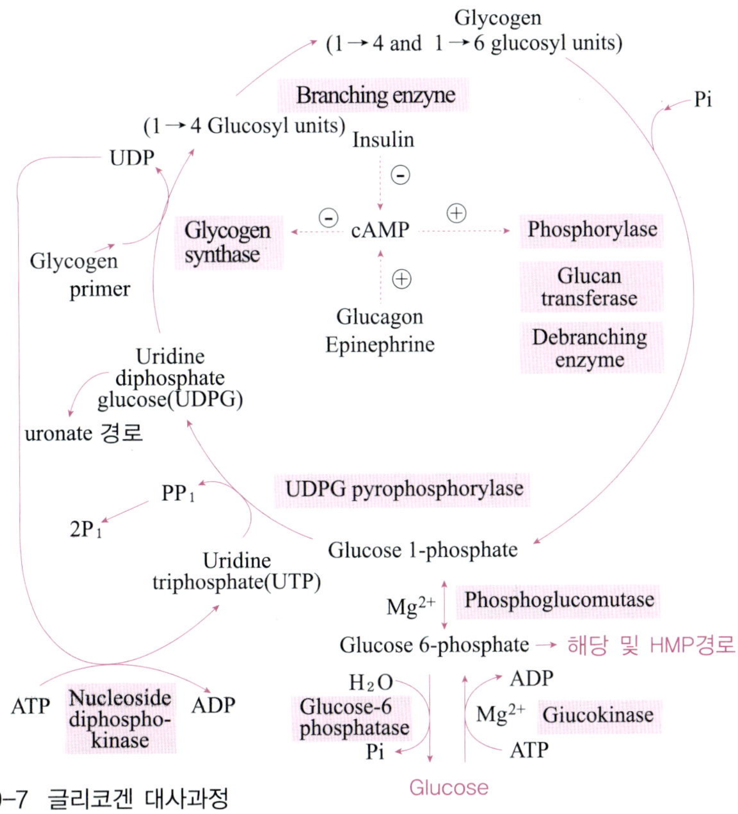

그림 9-7 글리코겐 대사과정

1. 글리코겐 합성

글리코겐의 합성은 글루코오스가 헥소키나이제(hexokinase)에 의해 글루코오스-6-인산염으로 되는 것으로부터 시작하고 다시 포스포글루코뮤타아제(phosphoglucomutase)에 의해 글루코오스-1-인산염으로 된다.

글루코오스-1-인산염은 우리딘-3-인산[uridine triphosphate(UTP)]과 반응하여 우리딘-2-인산글루코오스(UDP-glucose)를 생성하며 이 반응은 UDP-글루코오스 피로포스포릴라아제(UDP-glucose pyrophosphorylase)의 촉매로 일어난다.

$$\text{Glucose-1-phospate} + \text{UTP} \longrightarrow \text{UDP-glucose} + \text{PPi}$$

DUP-글루코오스의 글리코실(glycosyl) 잔기는 글리코겐 신타아제(glycogen synthase)의 촉매작용으로 이미 존재하는 글리코겐 사슬의 비환원성 말단 글리코실의 C-4 위치에 **α**-결합으로 부가되어 글리코겐의 당 사슬을 하나 늘린다.

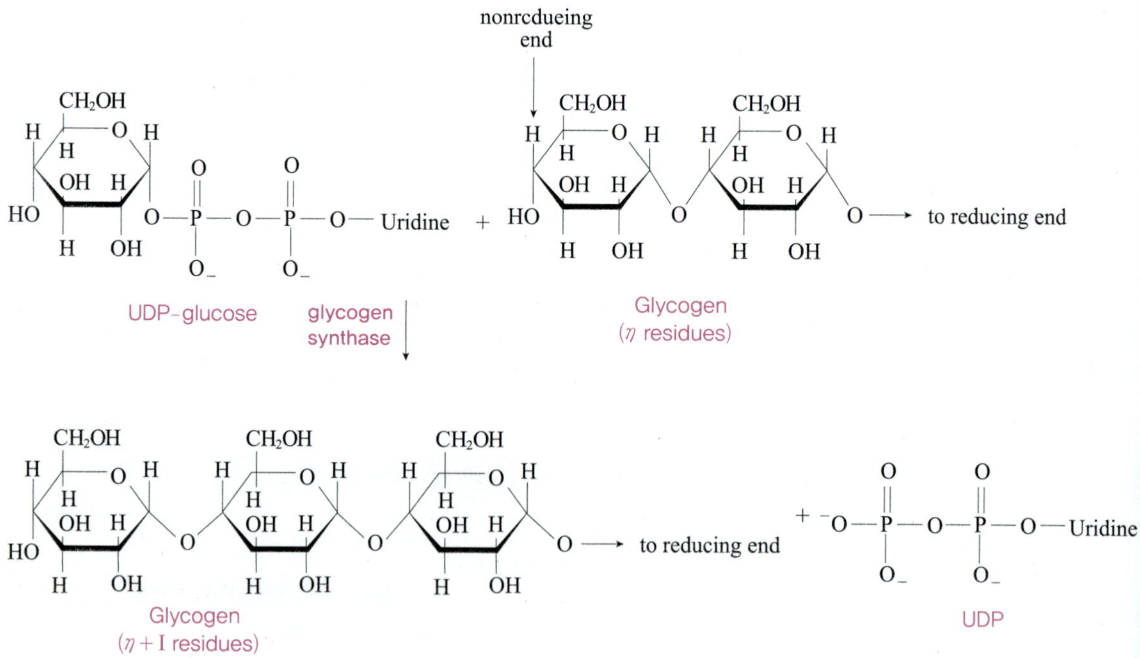

그림 9-8 글리코겐 합성 단계

2. 글리코겐 분해

글리코겐 분해는 먼저 포스포릴라아제 작용에 의해 촉매되고 조절된다. 이 효소는 글리코겐의 α-1,4 결합을 가인산분해하여 글루코오스-1-인산염을 생성한다. 생성된 글루코오스-1-인산염은 포스포글루코뮤타아제에 의해 글루코오스-6-인산염이 되고 이어서 글루코오스-6-인산염의 작용으로 유리형의 글루코오스가 생성되어 혈액 중으로 들어간다.

글루코오스-6-인산가수분해효소(glucose-6-phosphatase)는 간과 신장에는 있으나 근육에는 없다. 그러므로 간에서의 글리코겐 분해의 최종 목적은 혈당공급에 있다고 할 수 있다.

3. 글리코겐 대사의 조절

(1) 글리코겐 합성 조절

글리코겐 합성의 조절은 글리코겐 신타아제에서 일어난다. 이 효소는 인산화된 불활성형(glycogen synthase b)이 탈인산화되면 활성형(glycogen synthase a)이 된다. 글리코겐 신타아제 b를 탈인산화하여 활성형인 a형으로 만드는 것은 프로틴 인산염(protein phosphatase-1)이다. 이것은 cAMP 의존성 프로틴 키나아제에 의해 저해된다.

cAMP의 농도가 증가하면 글리코겐 신타아제를 인산화하여 불활성형으로 전환하고 또 이것의 탈인산반응을 억제하여 활성형으로 전환되는 것을 방지해서 글리코겐 합성을 억제한다.

한편, 글루코오스-6-인산염은 글리코겐 신타아제 b에 대하여 다른자리입체성인 활성화 인자로 작용하여 글리코겐 합성을 촉진하고, 인슐린은 근육에서 글리코겐 신타아제 b의 탈인산화 활성을 증가시켜 글리코겐 합성을 촉진하는 작용을 한다.

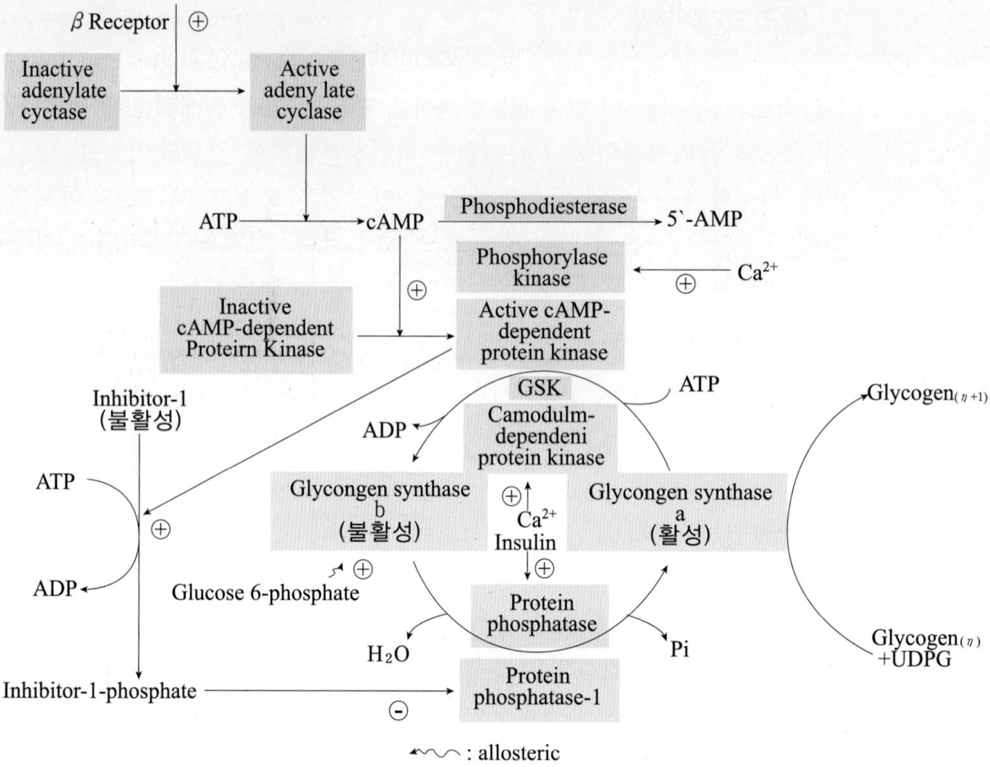

그림 9-9 근육에서 glycogen synthase의 조절

(2) 글리코겐 분해조절

근육 중에서 글리코겐 분해를 조절하는 효소인 포스포릴라아제는 불활성형인 포스포릴라아제 b와 활성형인 포스포릴라아제 a의 2가지 형이 있다. 고농도의 cAMP 존재로 활성화된 포스포릴라아제 키나아제는 불활성형인 포스포릴라아제 b를 활성형인 포스포릴라아제 a로 전환한다.

골격근 세포에 에피네프린이 세포막 표면에 있는 β 수용체에 결합하면 아데닐산 고리화효소(adenylate cyclase)가 활성화되어 cAMP의 세포내 합성을 촉진시킨다. cAMP는 많은 호르몬의 정보를 세포 내에 전달하는 2차 매개체(second messenger)로 작용한다. cAMP는 포스포릴라아제의 활성화를 돕고 불활성화를 막는 양면효과를 나타낸다.

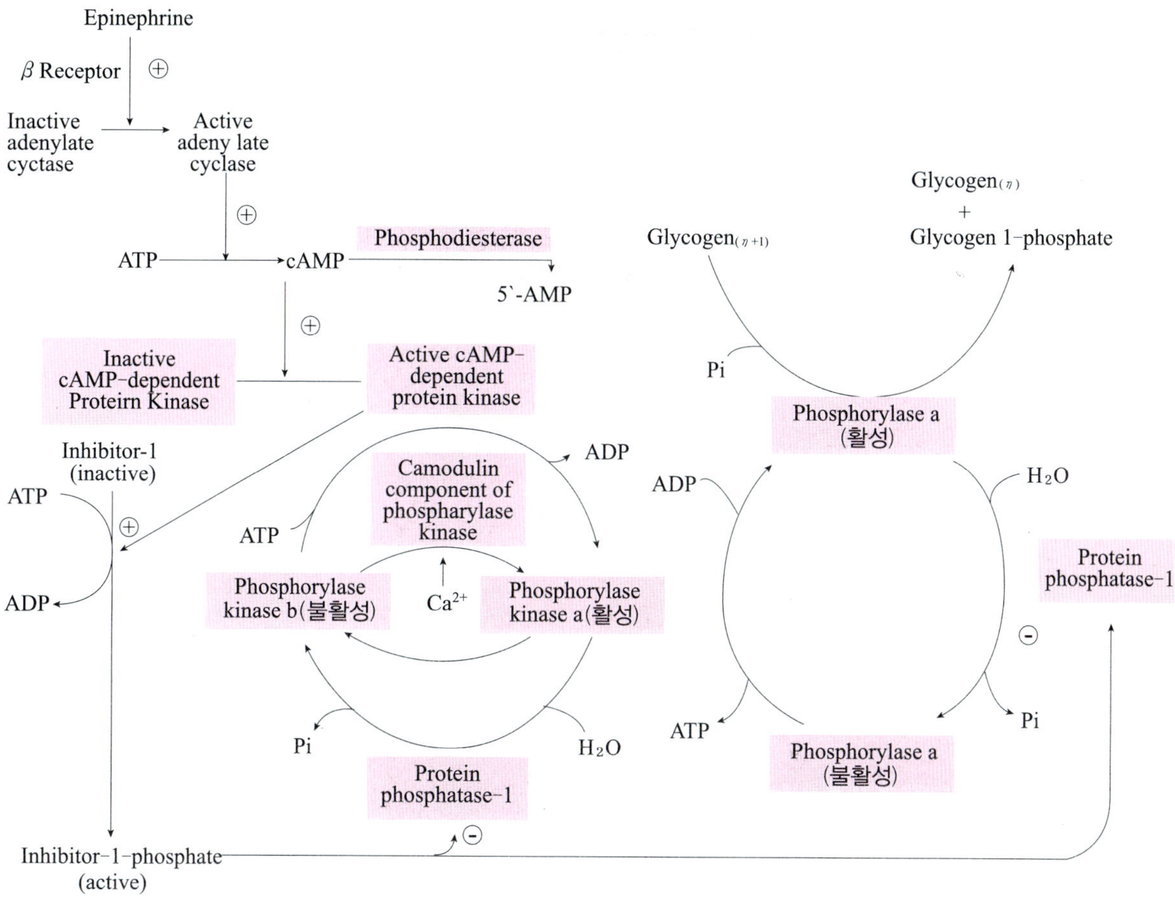

그림 9-10 근육에서 phosphorylase의 조절

간에서의 글리코겐 분해는 골격근의 경우와 비슷하지만, 글리코겐의 분해를 자극하는 에프네프린의 작용에 의해 이루어진다. 글루카곤은 간에서의 글리코겐 분해를 촉진하지만 골격근의 포스포릴라아제에는 영향을 미치지 않는다. 간의 프로틴인산염-1은 활성형의 포스포릴라아제에 의해 저해되는 것이 특징이다.

SECTION 4 오탄당 인산경로

오탄당 인산경로(pentose phosphate 경로, hexose monophosphate 경로; HMP 경로)는 세포질에서 해당경로의 측로를 형성하는 당질의 또 다른 대사경로이다.

HMP 경로는 해당경로와는 달리 직접 ATP를 생산하지 않는 대신에 NADPH를 생성하며 초기에 이산화탄소를 발생시키고 오탄당을 생성하는 것이 특징이다.

HMP 경로는 산화과정과 비산화과정으로 구분된다. 산화과정에서는 글루코오스-6-인산염이 디하이드로게나아제의 작용으로 NADPH를 생성하고 이산화탄소를 유리시키면서 리불로오스-5-인산염(ribulose-5-phosphate)으로 변한다.

이 NADPH는 간, 지방조직, 신장, 유선 등에서 지방산 생합성과 부신피질에서 스테로이드 합성에 수소공여체로 사용되며 또한 산화형 글루타티온(glutathione)의 환원과 미아크로솜(microsome)의 산화에서 생화학적 환원제로 작용한다.

HMP 경로의 비산화과정은 리보오스-5-인산염을 생성하여 뉴클레오타이드(nucleotide)와 핵산 합성에 이용케 하며 또한 식이로 섭취한 오탄당의 대사경로이기도 하다.

1. 오탄당 인산경로의 대사과정

HMP 경로의 제 1단계에서는 글루코오스-6-인산염이 글루코오스-6-인산염 디하이드로게나아제의 작용으로 6-포스포글루코노락톤(6-phosphogluconolactone)이 되고 NADPH를 생성한다. 글루코오스-6-인산염은 $NADP^+$ 의존성이며 생성된 NADPH의 양에 따라 강하게 저해된다. 즉 $NADP^+$/NADPH의 비율이 HMP경로의 주된 조절인자이다.

6-포스포글루코노락톤은 글루코노락톤 하이드로라아제(gluconolactone hydrolase)에 의하여 비가역적으로 수화되어 6-phosphogluconate가 된다. 이것은 다시 탈수소와 탈탄산반응을 받아 라불로오스-5-인산이 된다. 이 반응에서 두 번째 NADPH가 생성되며 이 단계는 비가역적이고 조절되지 않는다.

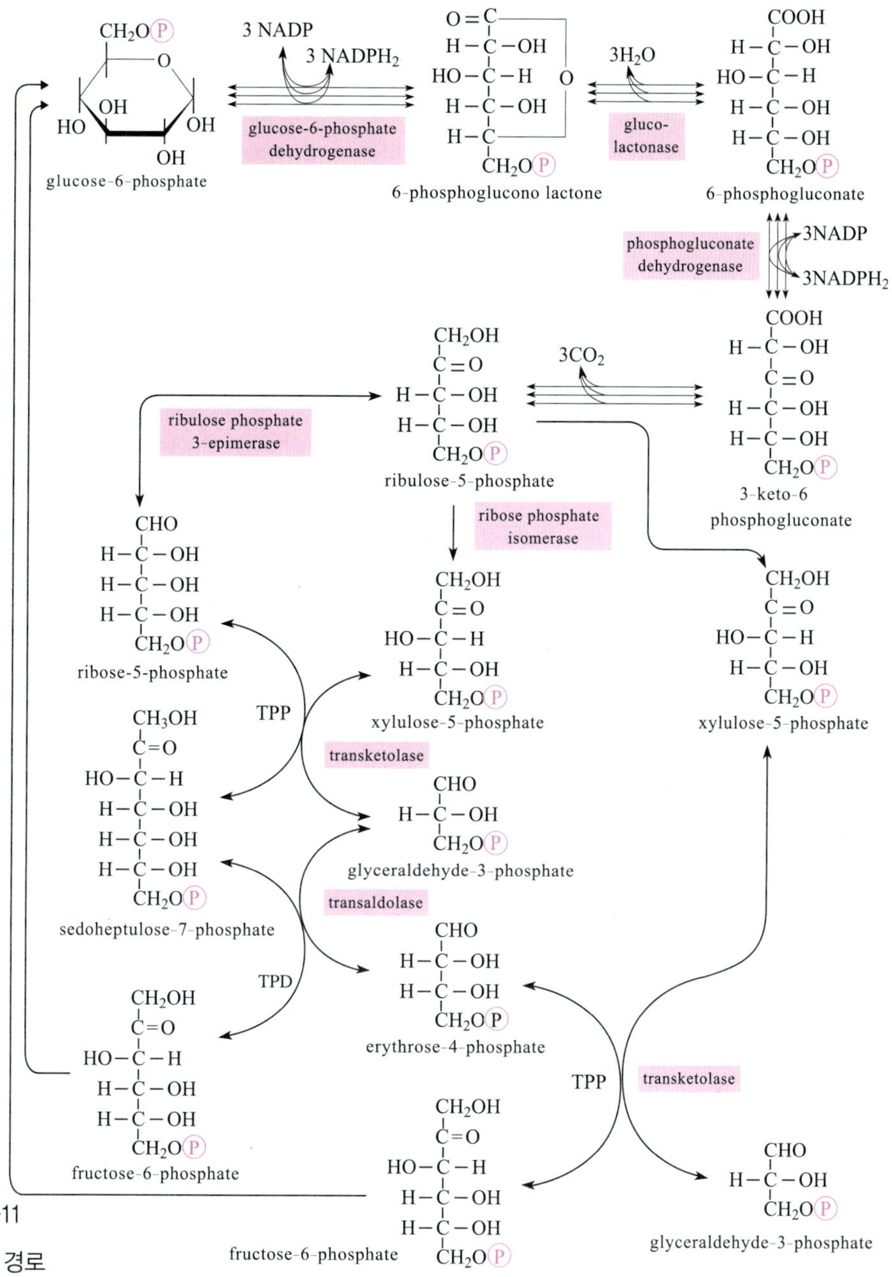

그림 9-11
HMP 경로

리블로오스-5-인산은 자일룰로오스-5-인산(xylulose-5-phosphate)과 리보오스-5-인산염의 평형 혼합물이 된다. 자일룰로오스-5-인산에서 TPP(thiamin pyrophosphate)를 보효소로 하는 트란스케톨라아제(transketolase) 촉매에 의해 탄소 2개가 리보오스-5-인산염으로 전이되어 칠탄당인 세도헵툴로오스-7-인산염(sedoheptulose-7-phosphate)과 글리세르알데히드-3-인산(glyceraldehyde-3-phosphate)이 된다.

다음에 이 2가지 당질은 TPP를 보효소로 하는 트란스알돌라아제(transaldolase)의 작용으로 에리트로오스-4-인산(erythrose-4-phosphate)과 프룩토오스-6-인산으로 된다. 에리트로오스-4-인산은 다시 트란스케톨라아제의 작용으로 자일룰로오스-5-인산(xylulose-5-phosphate)과 반응하여 글리세르알데히드-3-인산과 프룩토오스-6-인산이 된다.

2. 오탄당 인산경로의 대사적 의의

HMP 경로의 1차적인 의의는 NADPH를 생성하고 공급하는 것이다. 간, 지방조직, 부신피질, 갑상선, 적혈구, 고환 및 젖을 생성하는 유선에서는 이 대사경로가 활발하지만 근육이나 젖을 생성하지 않는 유선에서는 활동성이 낮다.

HMP 경로가 활발한 모든 조직은 환원적 생합성에 NADPH를 이용하거나 이를 사용하는 반응계가 존재한다. 예를 들면 지방산과 스테로이드 및 글루타티온 탈수소효소(glutathione dehydrogenase)에 의한 아미노산 등의 합성과 적혈구에서 글루타티온의 환원이다.

NADPH의 소비는 HMP 경로를 통한 글루코오스의 분해를 촉진시키며 글루코오스-6-인산 탈수소효소(glucose-6-phosphate dehydrogenase)의 합성을 유도하게 된다.

HMP 경로의 또 다른 의의는 뉴클레오타이드와 핵산합성을 위한 리보오스를 마련하는 데 있다. 리보오스-5-인산은 ATP와 반응하여 5-포스포리보실-1-파이로인산[5-phosphoribosyl-1-pyrophosphate(PRPP)]로 되어 뉴클레오타이드 합성에 이용된다.

근육조직은 아주 적은 양의 글루코오스-6-인산 탈수소효소를 가지나 리보오스를 합성할 수 있다. 이는 HMP 경로의 비산화과정의 역반응을 통하여 프룩토오스-6-인산으로부터 만들 수 있기 때문이다. 따라서 조직은 리보오스의 생성을 위해서 완전한 HMP 경로를 필요로 하지 않는다.

적혈구에 있어서 HMP 경로는 산화형 글루타티온을 글루타티온 환원제(reductase)의 촉매로 환원형 글루타티온으로 전환하는 데 필요한 NADPH를 제공하는데 큰 의의를 가진다. 이 환원형 글루타티온은 글루타티온 퍼옥시다아제(peroxidase)의 촉매작용으로 적혈구 내에 생긴 H_2O_2를 제거하는 데 사용한다.

SECTION 5 TCA 회로

당질, 단백질, 지질 등이 분해되어 에너지원으로 이용되는 과정은 3단계로 나눌 수 있다. 1단계는 이들 고분자 물질들이 분해되어 단당류, 아미노산, 지방산 등의 구성성분으로 되는 것이다. 2단계는 각각 해당(glycolysis), 아미노기 전이(transamination), β-산화(β-oxidation) 등을 거쳐 acetyl CoA가 되는 것이다.

3단계는 이것이 TCA 회로에서 완전히 산화분해되는 것이다. 여러 가지 에너지원이 대사되어 acetyl CoA가 되고 이것이 CO_2와 H_2O로까지 산화되는 반응(TCA 회로)은 모두 미토콘드리아의 매트릭스나 내막에 존재하는 효소군에 의해 일어난다.

TCA 회로(tricarboxylic acid cycle)는 고리 모양으로 연속되는 대사과정인데 구연산 회로(citrate cycle) 또는 크레브스 회로(Kreb's cycle)라 하며 반응은 먼저 탄소수 4개의 화합물인 옥살로아세트산과 탄소수 2개의 acetyl CoA가 결합하여 3개의 카르복시기를 가지는 탄소수 6개의 시트르산을 생성하는 것으로부터 시작된다.

1. Acetyl CoA 생성과정

피루브산은 글루코오스의 해당경로 최종산물로서, 또는 일부 아미노산의 아미노기 전이반응에 의해 생성된다. 생성된 피루브산은 조직이나 대사상태에 따라 여러 가지 경로에서 처리되지만 가장 주된 것은 피루브산 탈수소효소 복합체에 의해 산화적 탈탄산을 받아 NADH를 생성하면서 아세틸 CoA가 되는 것이다.

이 효소 복합체는 미토콘드리아 내에 존재하며 비가역적이어서 아세틸 CoA로부터 피루브산을 생성할 수 없다. 포유동물의 효소복합체는 티아민 파이로인산[thiamin pyrophosphate(TPP)], 리포산(lipoic acid), FAD, 코엔자임 A[coenzyme A(CoA-SH)], NAD^+ 및 Mg^{2+}의 6가지 보조인자를 필요로 한다. 피루브산이 acetyl CoA로 되는 반응은 이들 보효소에 의해 5단계를 거쳐서 일어난다.

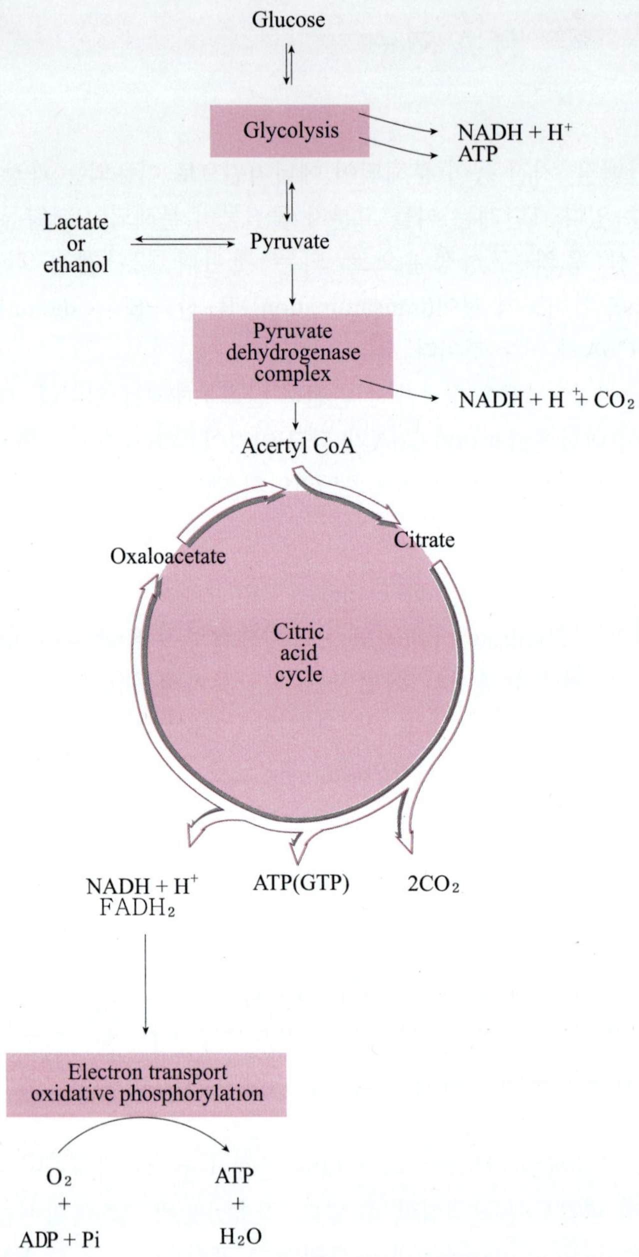

그림 9-12 포도당의 완전 산화과정

미토콘드리아 내에서 생성된 아세틸 CoA는 TCA 회로에서 산화되어 에너지를 생산하거나 간에서 케톤체로 전환되거나 세포질에서 지방산 또는 스테로이드 생합성의 원료로 공급되기도 한다.

2. TCA 회로의 반응과정

TCA 회로는 옥살로아세트산과 아세틸 CoA가 축합하여 트리카르복시산(tricarboxylic acid)인 시트르산을 생성하는 것으로 시작한다.

이 반응은 시트르산 합성효소(citrate synthase)에 의해 촉매되며 아세틸 acetyl CoA의 티오에스테르(thioester) 결합의 가수분해로 방출되는 에너지를 이용하여 일어난다.

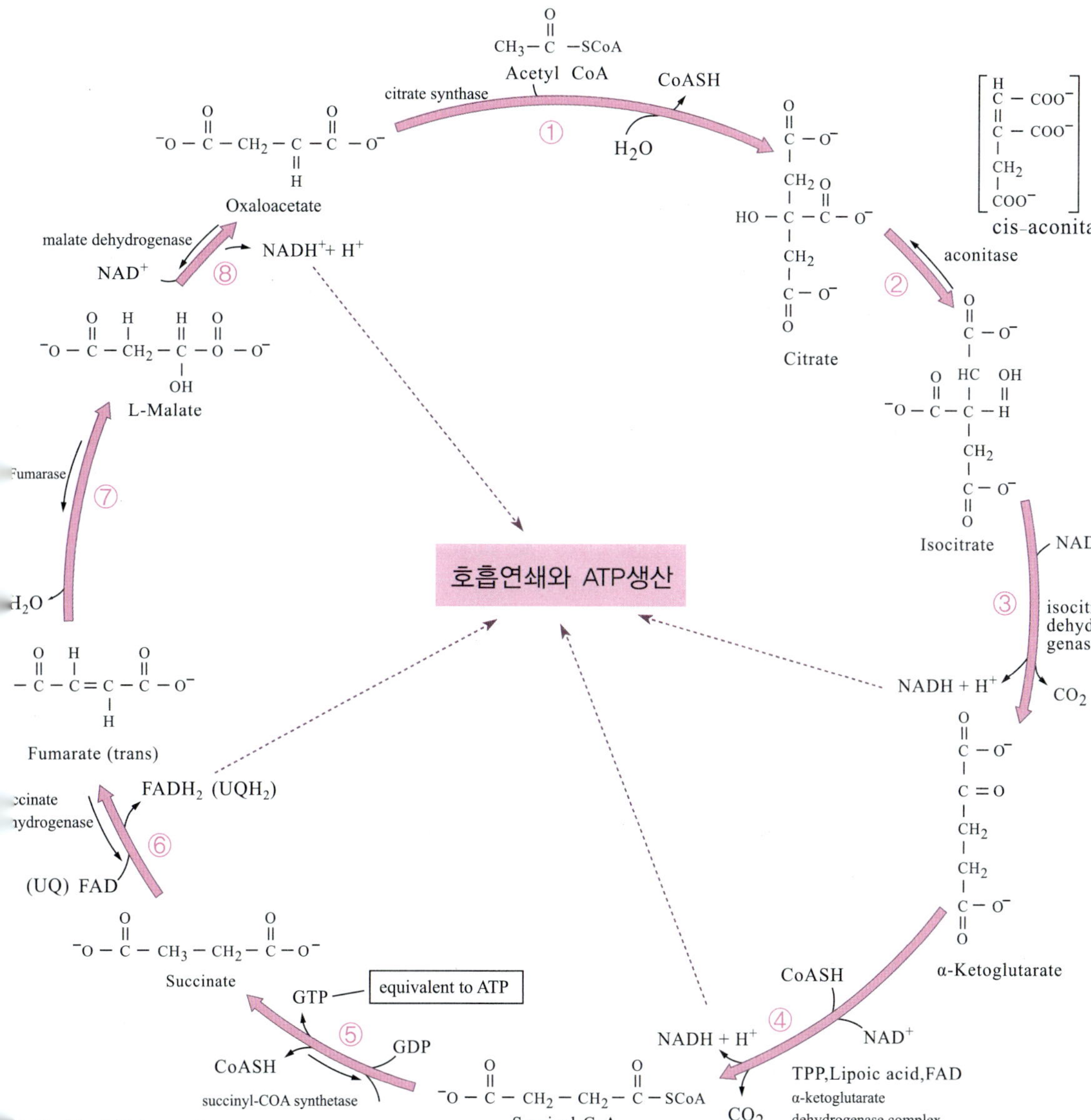

림 9-13 TCA cycle

구연산염(Citrate)은 aconitase에 의해 히드록시기의 위치가 이동되어 이소시트르산(isocitrate)으로 되는데 이 효소는 보조인자로 Fe^{2+}를 함유하고 있다.

다음에 이소시트르산은 이소시트르산 탈수소효소(isocitrate dehydrogenase)에 의해 산화되어 보효소 NAD^+를 환원하며 α-케토글루타르산(α-ketoglutarate)과 CO_2를 생성한다.

이 효소는 ADP 또는 AMP에 의해 활성이 촉진되고 ATP와 NADH에 의해서는 저해된다. 따라서 ATP/ADP 또는 $NADH/NAD^+$비가 큰 고에너지 상태에서는 저해되고 에너지가 낮은 상태에서는 활성이 촉진되어 TCA 회로에 의한 ATP 생성이 증가한다.

α-케토글루타르산은 피루브산 탈수소효소 복합체와 비슷한 α-케토글루타르산 탈수소효소 복합체와 6가지의 보조인자에 의해 산화적 탈탄산을 받아 succinyl CoA와 CO_2를 생성한다. 이 효소복합체는 ATP, GTP, NADH, succinyl CoA 및 Ca^{2+} 등에 의해 저해된다.

다음에 succinyl CoA는 succinyl CoA 합성효소에 의해 숙신산을 생성하는데 이 때 발생되는 자유에너지는 GTP 합성에 이용되며 이것은 다시 ADP와 반응하여 ATP를 만든다.

표 9-5 TCA 회로단계

단 계	반 응	효 소	보조 인자
1	Acetyl CoA+oxaloacetate+H_2O $\rightleftharpoons$ citrate+CoA+H^+	Citrate synthase	
2 Fe-5	Citrate $\rightleftharpoons$ cis-aconitate $\rightleftharpoons$ isocitrate		Aconitase
3	Isocitrate+NAD^+ $\rightleftharpoons$ α-ketoglutarate+CO_2+NADH+H^+	Isocitrate dehydrogenase	
4	α-Ketoglutarate+NAD++CoA $\rightleftharpoons$ Succinyl CoA+CO_2+NADH+H^+	α-Ketoglutarate dehydrogenase complex	Lipoamide, FAD, TPP
5	Succinyl-CoA+P_i+ADP or GDP $\rightleftharpoons$ succinate+ATP or GTP+CoA	Succinyl-CoA synthetase	
6	Succinate+FAD(enzyme bound) $\rightleftharpoons$ fumarate+$FADH_2$(enzyme bound)	Succinate dehydrogenase	FAD, FE-5
7	Fumarate+H_2O $\rightleftharpoons$ L-malate	Fumarase	
8	L-Malate+NAD^+ $\rightleftharpoons$ oxaloacetate+NADH+H^+	Malate dehydrogenase	

숙신산은 숙신산 탈수소효소에 의해 탈수소되어 푸마르산(fumarate)을 생성한다. 이 탈수소반응의 수소수용체는 FAD이다. 숙신산 탈수소효소(Succinate dehydrogenase)는 미토콘드리아 내막 전체에 존재하며 전자전달계에 직접 연결되어 있다. 즉, 생성된 $FADH_2$ 중의 2개의 전자는 직접 이 효소의 Fe^{3+}에 이동되며 최종적으로는 분자상 수소에 받아들여진다.

다음에 푸마르산은 푸마라아제(fumarase)에 의해 물분자가 부가되면 말산(malate)이 된다.

최종적으로 말산은 말산 탈수소효소(malate dehydrogenas)에 의해 산화되어 NADH를 생성하고 다시 옥살로아세트산이 되는 것에 의해 회로가 1회전한다.

이상의 과정에서 1분자의 acetyl기가 분해되어 2분자의 CO_2가 생성된다. 회로를 1회전하면 옥살로아세트산이 되기 때문에 이 반응은 외부에서 acetyl CoA가 공급되는 한 계속된다.

TCA 회로의 4가지 탈수소반응에 의해 생성된 $FADH_2$와 NADH는 전자전달계에 전자를 전달하여 물이 되며 이와 공역하는 산화적 인산화반응에 의해 ATP를 합성한다. 또 succinyl CoA → 숙신산의 반응에서 기질수준의 인산화 반응이 일어나 GTP를 합성하고 이것의 인산기는 ADP에 전달되어 ATP를 합성한다.

표 9-6 TCA회로의 에너지 생성

단 계	반 응	ATP (GTP)	NADH	$FADH_2$
		(per pyruvate)		
	Pyruvate oxidation			
	Pyruvate dehydrogenase complex	0	+1	0
	Pyruvate oxidation total	0	+1	0
	Citric acid cycle			
3	Isocitrate + NAD^+ ⇌ α-ketoglutarate + CO_2 + NADH + H^+	0	+1	0
4	a-Ketoglutarate + NAD^+ + CoA ⇌ succinyl CoA + CO_2 + NADH + H^+	0	+1	0
5	Succinyl CoA + GDP or ADP + P_i ⇌ succinate + GTP or ATP + CoASH	+1	0	0
6	Succinate + FAD ⇌ fumarate + $FADH_2$	0	0	+1
8	L-Malate + NAD^+ ⇌ oxaloacetate + NADH + H^+	0	+1	0
	Citric acid cycle total	+1	+3	+1
	Grand Total	+1	+4	+1

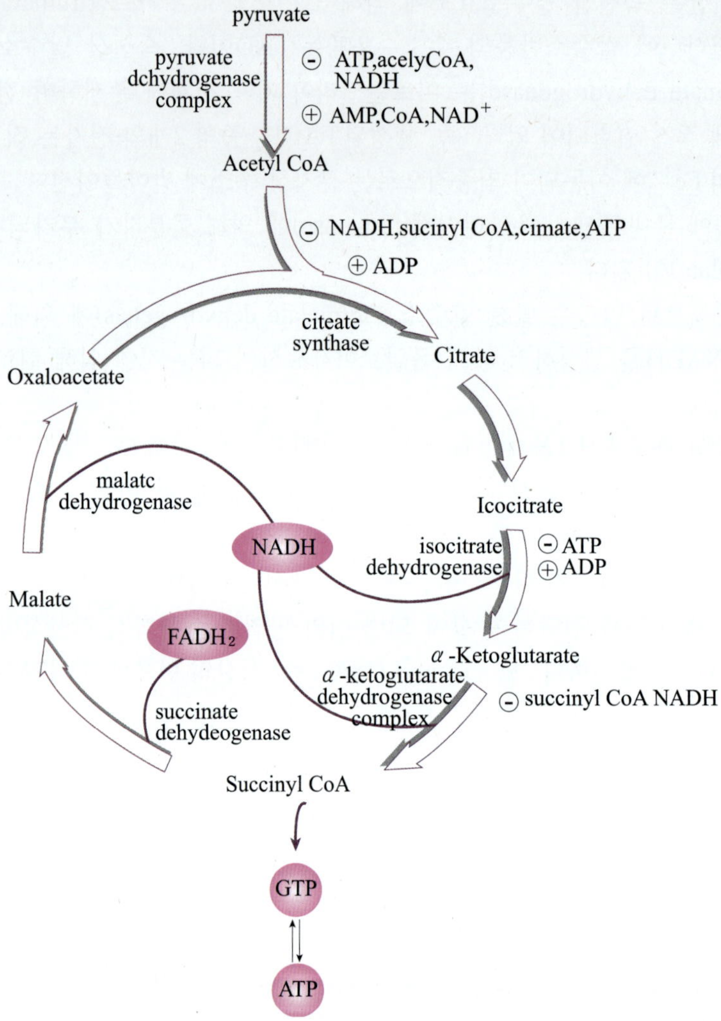

그림 9-14 TCA 회로 효소반응

피루브산이 acetyl CoA로 되고 TCA 회로에서 분해되어 CO_2를 생성하고 수소는 전자전달계에 의해 산화되어 물로 되는 과정에서 ATP를 생산한다. 그러므로 이 때 생산되는 ATP의 수는 반응과정에서 생성된 NADH, $FADH_2$, GTP로부터 계산할 수 있다.

따라서 피루브산 1분자에서 12.5분자의 ATP가 생산된다. 글루코오스는 해당경로에서 2분자의 피루브산이 되므로 TCA 회로에서 생산되는 ATP는 25ATP이다. 호기적 상태에서 글루코오스가 해당경로를 통해 생산된다.

또한 ATP의 수는 간, 신장, 심장과 같이 말산-아스파르트산 셔틀(malate-aspartate shuttle) 기구를 이용하는 경우에는 7ATP가 생산되고, 뇌, 골격근, 기타 조직에서와 같이 글리세롤 인산 셔틀(glycerol phosphate shuttle) 기구를 이용하는 경우에는 5ATP가 생성된다.

간, 신장, 심장 (malate-aspartate shuttle 기구)		뇌, 골격근, 기타의 조직 (glycerol phosphate shuttle 기구)	
	−2 ATP(소비)		−2 ATP(소비)
2NADH =	5 ATP	2NADH =	3 ATP
	4 ATP		4 ATP
합 계	7 ATP	합 계	5 ATP

따라서 호기적 상태에서 글루코오스 한 분자가 해당경로와 TCA 회로를 통해 완전히 분해될 때 생산되는 ATP의 수는 간, 신장, 심장에서는 32ATP이다. 그리고 뇌, 골격근, 기타 조직에서는 30ATP이다.

3. TCA 회로의 조절

TCA 회로는 세포의 에너지와 생합성 요구량이 일정하게 유지되도록 정확히 조절된다. 즉, 당질이나 단백질 및 지질은 모두 TCA 회로를 이용하여 대부분의 에너지를 생산하므로 세밀하게 조절하여야 한다. 이 조절은 주로 주요 효소의 조절작용과 기질의 공급 여부에 달려 있다.

TCA 회로의 조절효소는 다른자리입체성(allosteric) 조절 인자에 의한 기전을 사용한다. TCA 회로의 조절에 관여하는 효소는 피루브산 탈수소효소 복합체, 시트르산 합성효소, 이소시트르산 탈수소효소, α-케토글루타르산 탈수소효소 복합체로 4개이다.

표 9-7 TCA 회로의 조절 효소

효 소	⊕ 촉진	⊖ 저해
Pyruvate dehydrogenase complex	AMP, NAD+, CoA	ATP, acetyl CoA, NADH
Citrate synthase	ADP	NADH, succinyl CoA, citrate, ATP
Isocitrate dehydrogenase	ADP	ATP
α-Ketoglutarate dehydrogenase comps	−	Succinyl CoA, NADH

4. TCA 회로의 대사적 의의

TCA 회로에서는 다량의 ATP가 얻어지므로 연료물질의 산화로 필요한 에너지를 공급하는 것이 중요한 생리적 기능이다. 이러한 분해대사로서의 의의와 더불어 TCA 회로의 중간물질들은 여러 아미노산으로부터 형성되고 옥살로아세트산을 거쳐 글루코오스 합성에 이용될 수 있게 하므로 합성적 측면에서도 중요한 기능을 발휘한다.

일부 아미노산의 분해로 생성된 푸마르산은 옥살로아세트산이 되어 글루코오스로 전환될 수 있으므로 TCA 회로는 당신생합성에도 관여한다. 또한 중간물질인 α-케토글루타르산이나 옥살로아세트산은 아미노기 전이반응으로 각각 글루탐산과 아스파르트산으로 전환되므로 비필수 아미노산의 합성에서도 역할을 한다. 또 succinyl CoA는 heme 합성재료로도 이용된다.

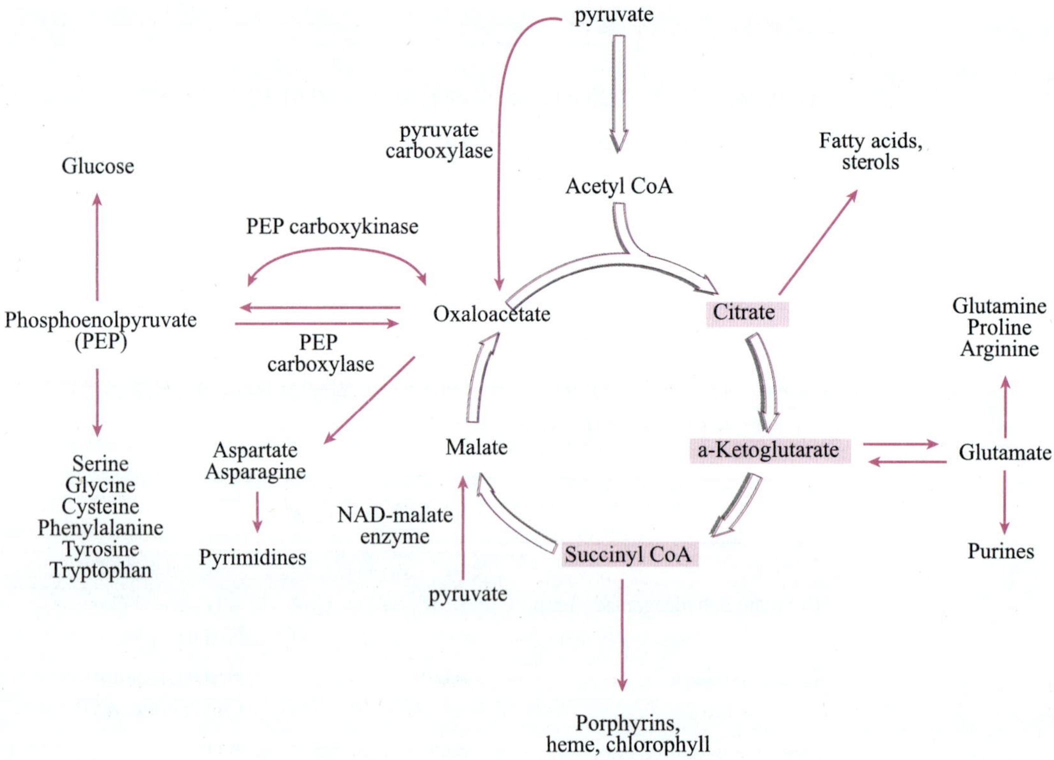

그림 9-15 탄수화물, 지방 및 아미노산의 상호전환

5. 글리옥실산(Glyoxylate) 회로

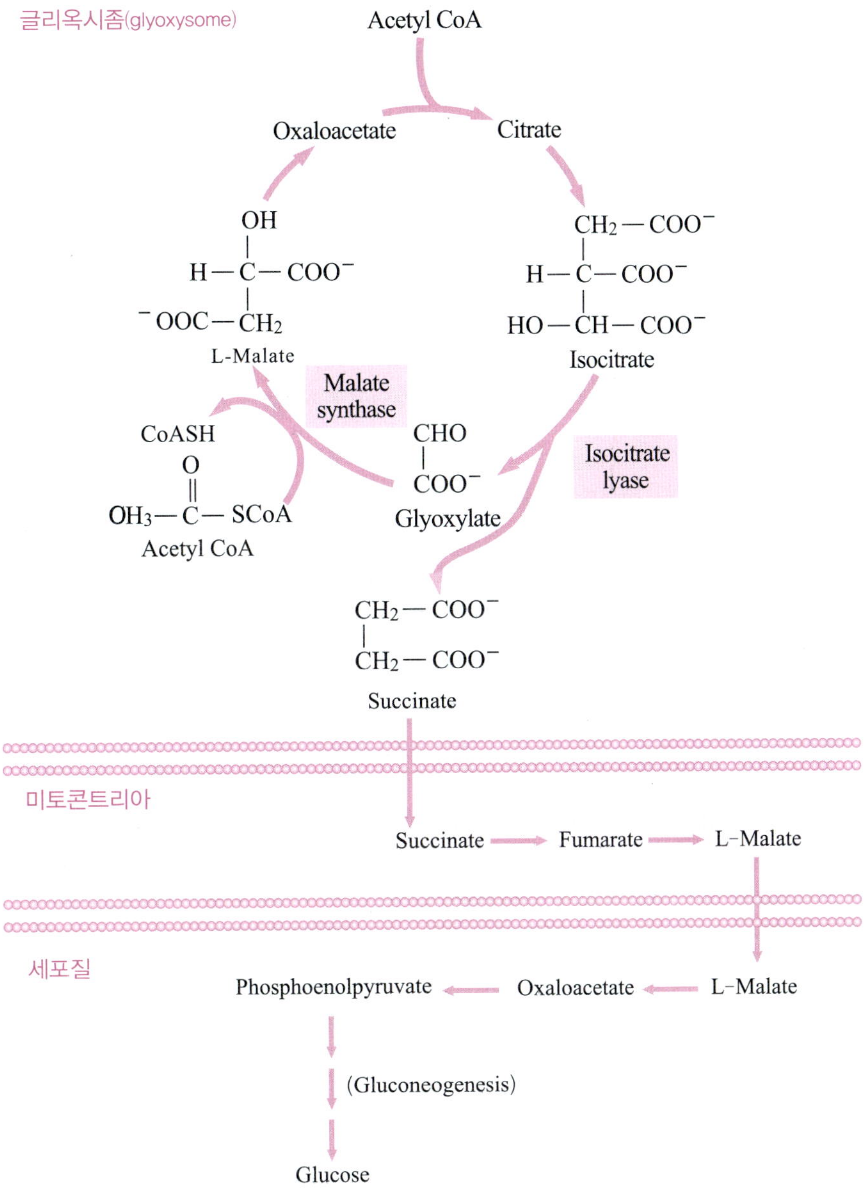

그림 9-16 Glyoxylate 회로

표 9-8 Glyoxylate 회로 단계

단 계	반 응	효 소
1	Acetyl CoA + oxaloacetate + H_2O $\rightleftharpoons$ citrate + CoA	Citrate synthase
2	Citrate $\rightleftharpoons$ isocitrate	Aconitase
3	Isocitrate $\rightleftharpoons$ succinate + glyoxylate	Isocitrate lyase
4	Glyoxylate + acetyl CoA + H_2O $\rightleftharpoons$ malate + CoA	Malate synthase
5	Malate + NAD^+ $\rightleftharpoons$ oxaloacetate + NADH + H^+	Malate dehydrogenase

식물, 진균, 원생동물과 박테리아는 2개의 탄소를 갖고 있는 화합물인 에탄올, 아세트산, 아세틸 CoA를 이용하여 성장할 수 있다. 이와 같이 TCA 회로가 약간 변형된 회로 반응을 글리옥실산(glyoxylate) 회로라고 한다. 특히 식물에서 이 회로는 글리옥시솜(glyoxysome)이라고 하는 세포내 소기관에서 일어난다.

글리옥실산 회로는 5개의 반응으로 구성되는데 그 첫 두 반응은 TCA 회로와 유사하다. 그러나 옥살로아세트산과 아세틸 CoA 분자로부터 시트르산 생성과 이소시트르산으로의 시트르산의 이성질화 반응은 글리옥시솜 특이 효소에 의해 촉매된다. 그리고 다음 두 반응은 글리옥실산 회로에 매우 특이한 반응이다.

이소시트르산은 이소시트르산 분해효소에 의해 숙신산과 글리옥실산으로 분리된다. 2탄소의 글리옥실산은 두 번째 아세틸 CoA와 반응하여 말산을 형성한다. 말산이 옥살로아세트산으로 전환될 때 이 회로는 끝난다. 결국 글리옥실산 회로를 갖고 있는 생물은 2탄소를 가진 분자를 이용해 살 수 있다.

Question

1. 해당경로와 당신생의 기질, 생성물, 대사목적, 대사장소 등을 비교하시오.

2. 글리세롤 인산 셔틀과 말산-아스파르트산 셔틀의 차이점을 설명하시오.

3. 오탄당 인산경로의 대사적 의의를 설명하시오.

4. TCA 회로의 주요 기능을 설명하시오.

5. 글리옥실산 회로를 설명하시오.

Chapter 10.

단백질 대사

SECTION 1 개 요

1. 단백질과 아미노산

세포를 구성하는 단백질은 수명에 따라 노화되고 분해되어 아미노산이 된다. 이들 아미노산은 혈액을 거쳐 세포 내로 들어간다. 유래가 다른 이들 아미노산은 세포 내에서 단백질의 합성에 이용된다. 단백질의 합성은 그 단백질이 필요한 세포에서 만들어진다.

Guide
음식물 중의 단백질은 소화됨으로써 아미노산으로 되어 소장에서 흡수된 후에 혈관으로 들어간다.

각 단백질은 20종류의 아미노산을 재료로 해서 DNA의 정보에 따라 세포내 리보솜에서 만들어진다. 아미노산은 여러 가지 질소함유 화합물의 합성이나 에너지 생산에도 이용된다. 또 아미노산의 일부는 세포 밖으로 나가서 간 · 콩팥(kidney)에 흡수되어 포도당신합성에도 이용된다.

2. 아미노산의 공급과 이용

체중 60kg의 성인을 예로 들어 단백질과 아미노산의 하루 동안의 공급과 이용에 대한 개요를 그림 10-1에 나타냈다.

체내에는 체중의 약 15%에 해당하는 9kg의 단백질이 있지만 그 2% 전후인 약 200g 정도가 매일 분해되어 아미노산으로 되는 한편, 거의 같은 양의 단백질이 매일 만들어진다. 하루에 약 250g의 아미노산이 이용되는데, 그 중 약 200g은 단백질 합성에 이용된다.

나머지 약 50g은 질소함유 화합물의 합성이나 에너지 생산에 이용되기 때문에 약 50g의 단백질을 음식물로부터 보충할 필요가 있다. 이 경우, 음식물 중의 단백질이 모두 소화 · 흡수되는 것이 아니기 때문에 하루에 약 60g의 단백질을 섭취하는 것이 바람직하다.

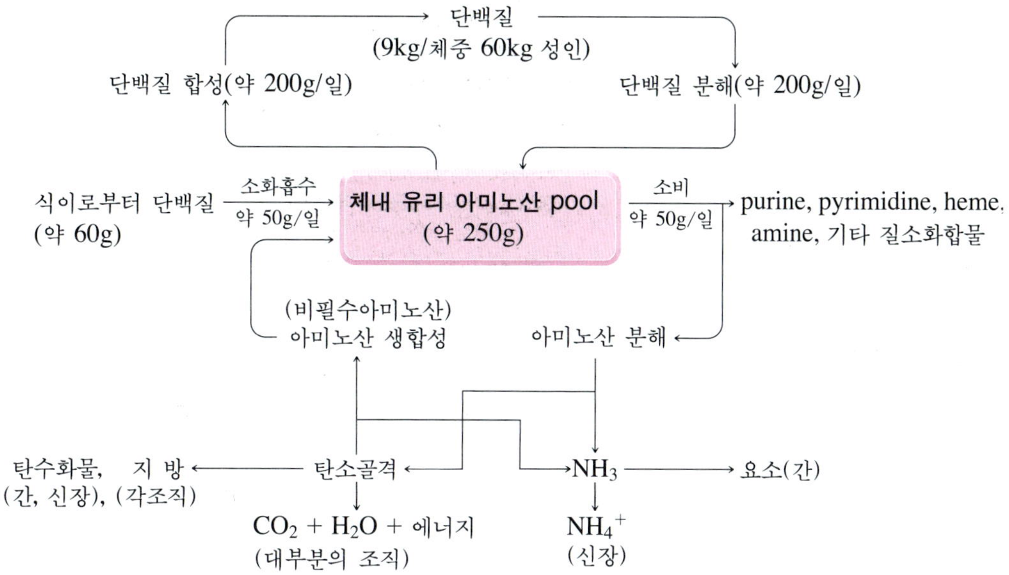

그림 10-1 아미노산의 공급과 이용

3. 아미노산이 체내에서 이용되는 방법

음식물 중 단백질의 소화 · 흡수에 의해 생기는 아미노산과 생체내 단백질의 분해에 의해 생기는 아미노산은, 주로 네 가지로 이용된다.

첫 번째는 단백질 합성의 원료로 이용된다.

두 번째는 아미노기가 떨어져서 **α**-케토산(α-keto acids)이 되는 이화단계이다. **α**-케토산은 구연산회로의 대사중간체가 되어서 분해됨으로써 에너지를 발생하거나 포도당을 신합성하기도 한다. 이 경우에 아미노기가 떨어져서 생기는 암모니아(ammonia ; NH_3)는 NH_4^+로 변환된다. 이 독성의 물질은 요소회로(urea cycle)에서 요소(urea)로 변환되어 체외로 배설된다.

세 번째는 푸린염기, 피리미딘 염기, 포르피린, 포스포크레아틴, 생리활성 아민 등 각종 질소함유화합물을 합성하는 것이다.

네 번째는 아미노산이 다른 아미노산의 합성원료가 되는 것이다.

단백질의 합성에 대해서는 제 15장에서 다루기로 한다. 여기서는 음식물에서 섭취한 단백질의 소화와 흡수, **α**-케토산의 생성과정과 이용, 요소회로(urea cycle), 각종 질소함유화합물을 합성 및 아미노산의 합성에 관하여 다루고자 한다.

SECTION 2 단백질의 소화와 흡수

단백질이 섭취되면 단백질을 가수분해하는 많은 효소들이 작용하게 된다. 음식물이 위(stomach)로 들어가면 위액분비를 자극하여 산도가 증가한다. 산도가 증가하여 위액 중의 펩시노겐(pepsinogen)이 H^+에 의해 제한적으로 분해되어 활성형의 펩신으로 되면 산성 영역(pH 1~2)에서 단백질이 소화되기 시작한다.

펩신은 위에서 글로불린, 알부민, 헤모글로빈, 카제인 등 일부 단백질을 소화한다. 일부 소화된 단백질이 십이지장으로 운반되면 pH 7~8로 중화되며 췌액의 분비를 자극한다. 췌액에는 단백질 소화효소가 효소전구체(zymogen) 형태이다. 이 효소전구체는 활성이 없다.

> *Guide*
> **효소전구체**
> (zymogen)
> 갓 생성되어 아직 활성화되지 않은 물질. 이것이 세포밖으로 나와서 다른 물질의 작용을 받아 비로소 활성화되어 효소로 작용한다.

췌액 중의 트립시노겐은 소장에서 분비된 엔테로키나아제(enterokinase)에 의해 활성형의 트립신으로 된다. 그리고 활성화된 트립신은 키모트립시노겐이나 프로카르복시펩티다아제 및 프로엘라스타아제(proelastase) 등의 지모겐(zymogen)을 각각 활성형의 키모트립신, 카르복시펩티아제, 엘라스타아제로 전환시켜 단백질을 소화한다. 이들 단백질 소화효소는 단백질 내의 특정부위 펩티드 결합을 가수분해한다. 각 효소의 기질특이성을 표 10-1에 나타내었다.

펩신, 트립신, 키모트립신 등은 단백질 펩티드 사슬의 내부의 펩티드를 가수분해하는 엔도펩티다아제(endopeptidase)들이다. 그리고 카르복시펩티다아제, 아미노펩티다아제, di- 및 tri- peptidase 등은 펩티드 사슬의 말단에서 아미노산을 하나씩 가수분해하는 엑소펩티다아제들이다.

작은창자 내강의 유리아미노산은 작은창자점막 상피세포의 세포막에 있는 운반담체(transporter)를 거쳐서 흡수된다. 한편, 아미노산 수가 네 개 이상인 펩티드도 세포막에 존재하는 여러 종류의 아미노펩티드분해효소(aminopeptidase)에 의해 가수분해되어 유리아미노산과 디펩티드(dipeptide), 트리펩티드(tripeptide) 등으로 된다.

펩티드 중 디펩티드와 트리펩티드는 그대로 작은창자점막 상피세포의 세포막에 있는 운반담체를 거쳐 흡수된다. 작은창자점막 상피 내에 흡수된 펩티드는 아미노펩티드분해효소(세포막에 있는 것과 다른 효소)에 의해 더욱 가수분해되어 유리아미노산이 된다. 작은창자점막 상피세포 내의 유리 아미노산은 문맥을 거쳐서 간으로 들어가고 전신의 세포로 운반된다.

표 10-1 단백질 소화효소의 기질특이성

효소	효소전구체	Peptide결합 작용부위
펩신(Pepsin)	펩시노겐 (pepsin ogen)	R_1=Trp, Phe, Tyr, Met, Leu R_2=임의의 아미노산 잔기
트립신(Trypsin)	트립시노겐 (trypsinogen)	R_1=Arg 또는 Lys R_2=임의의 아미노산 잔기
키모트립신 (Chymotrypsin)	키모트립시노겐 (chymotrypsinogen)	R_1=Phe, Tyr, Trp R_2=임의의 아미노산 잔기
카르복시펩티드분해 효소 A (Carboxypeptidase A)	프로카르복시펩티 다아제 (procarboxypeptidase) A	R_1=임의의 아미노산 R_2=C-말단이 Arg, Lys, Pro이 아닌 아미노산
카르복시펩티드분해 효소 B (Carboxypeptidase B)	프로카르복시펩티 다아제 (procarboxypeptidase) B	R_1=임의의 아미노산 R_2=C-말단이 Arg, Lys, Pro
엘라스타제(Elastase)	프로엘라스타아제 (proelastase)	R_1=중성 아미노산 잔기 R_2=임의의 아미노산

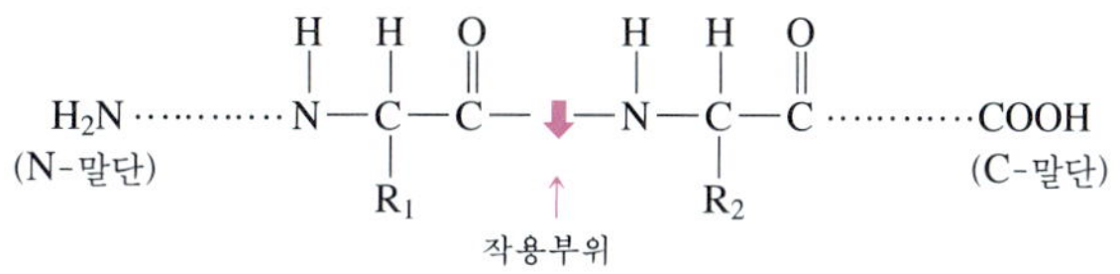

SECTION 3 아미노산의 이화작용

아미노산의 이화작용이 탄수화물과 지방의 이화작용과 다른점은 아미노기를 제거해야 한다는 것이다. 일반적인 식사환경에서 아미노산은 중요한 연료물질이 아니나, 아래와 같은 몇 가지 조건에서는 중요한 물질대사 에너지를 공급한다.

① 섭취된 아미노산이 단백질 및 기타 분자의 합성에 필요 이상으로 존재하는 경우. 사람은 아미노산을 저장할 수 없다.

② 정상적인 단백질 분해가 일어나서 자유아미노산이 방출하는 경우

③ 기아 또는 당뇨병을 치료하지 않은 경우, 구조단백질 또는 촉매단백질이 분해되어 아미노산이 에너지원이 되는 경우

각 아미노산은 고유의 이화작용 과정을 거치는데, 첫 단계는 아미노기 제거(탈아미노화, deamination)이다. 그 후 아미노산의 이화작용은 두 가지 경로를 따른다. 하나는 아미노기가 요소로 바뀌는 과정이고, 다른 하나는 남아 있는 탄소 골격의 분해이다.

기본적으로 모든 아미노산에서 아미노기가 먼저 제거되고 남은 탄소골격은 시트르산 회로의 중간산물로 들어가게 된다. 제거된 아미노기는 최종적으로 간에서 요소(urea)로 바뀌게 되는데 그 과정은 조직에 따라 조금씩 다르다.

1. 아미노기 전달반응

아미노산의 이화작용의 단계를 그림 10-2에 나타내었다. 대부분 아미노산 분해의 초기 단계는 아미노기의 제거이다.

아미노기 전달(transamination)에 의해 아미노기는 α-케토산(α-keto acid), 주로 α-케토글루타르산(α-ketoglutarate)으로 전달된다.

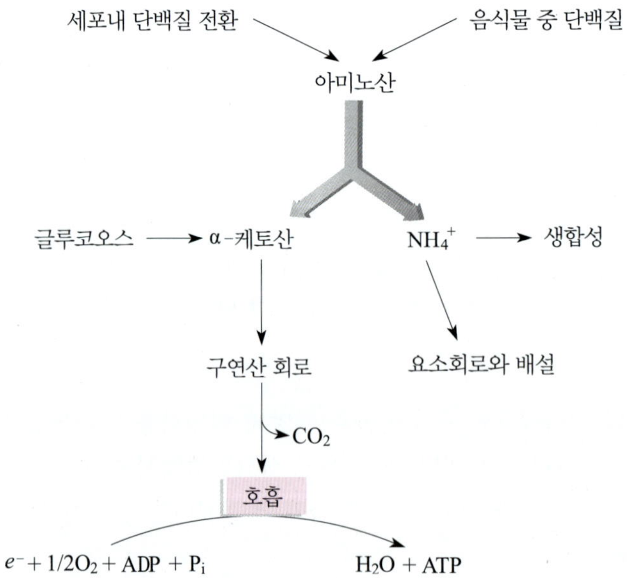

그림 10-2 아미노산의 이화작용단계

아미노산이 아미노전달효소(트랜스아미나아제, transaminase)의 작용을 받아 α–케토글루타르산(α–ketoglutarate ; 혹은 피루브산)에게 아미노기(–NH_2)를 전달하면 아미노산은 α–케토산(α–keto acid)이 되고 α–케토글루타르산(혹은 피루브산)은 글루탐산(혹은 알라닌)이 된다. 예로서 한 단계 과정으로 알라닌과 아스파르트산은 각각 피루브산과 옥살아세트산으로 분해된다.

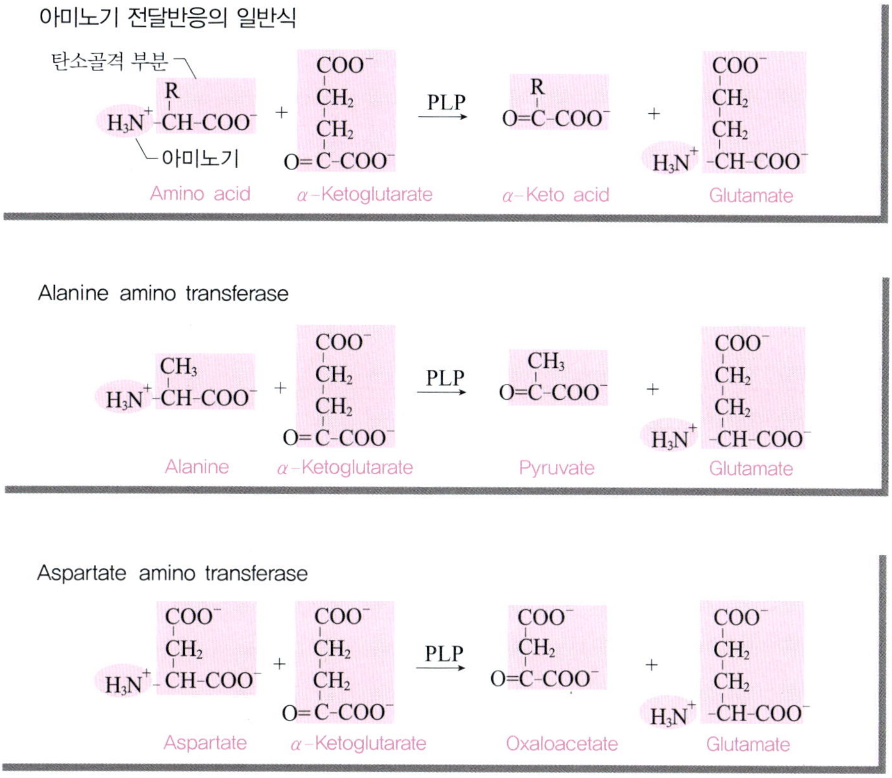

그림 10-3 알라닌과 아스파르트산의 아미노기 전달반응

아스파르트산아미노전달효소(aspartate aminotransferase ; AST)와 알라닌아미노전달효소(alanine aminotransferase ; ALT)는 임상적으로 중요하다. 이들 효소는 세포질과 미토콘드리아에 존재한다.

이들 효소는 표 10-2와 같이 여러 기관에 존재하며 활성도 다양하다. 특정한 기관의 조직이 손상되어 세포가 분해되면 AST와 ALT가 세포로부터 혈액으로 방출된다. 그러므로 이들 아미노전달효소(transaminase)의 특이적인 활성을 측정하면 손상된 기관을 추측할 수 있다.

심근조직은 매우 높은 농도의 AST를 함유하므로 심근경색(myocardial infarction)이 일어나면 혈청내 AST 농도가 증가한다. 마비를 일으킨 후 24~36시간 사이에 AST 농도가 가장 높게 나타나며, 4~5일 후에는 감소한다. 심근경색 이외의 다른 질병에서도 아미노전달효소의 농도가 높아진다(표 10-2).

표 10-2 여러 기관에서의 아미노전달효소(transaminase)의 활성도

기관	AST	ALT
심 장	156000	7000
간	142000	44000
골격근	99000	4800
신 장	91000	19000
혈 청	20	16

주) 단위는 Karamen Unit/g wet tissue

아미노기 전달의 목적은 다양한 α-아미노산으로부터 아미노기를 제거한 다음에 글루탐산으로 모으는 것이다. 그런 다음, 글루탐산은 계속되는 질소 대사작용의 아미노기 공급원으로 작용한다. 또한 이 글루탐산은 글루탐산 탈수소효소(glutamate dehydrogenase)의 작용을 받아 그 아미노기를 암모니아로 해서 유리시킴과 동시에 α-케토글루타르산을 생성하기도 한다.

이 α-케토글루타르산은 다시 아미노기 전달반응으로 아미노산에서의 아미노기를 받게 됨으로써 활동한다. 생성된 암모니아는 요소회로에서 요소(urea)로 변화된다.

많은 종류의 아미노기 전달효소는 피리독살인산(pyridoxal phosphate, PLP)을 보결원자단으로 가진다. PLP는 비타민 B_6인 피리독신(pyridoxine)에서 유래한다. PLP는 아미노기 전달효소와 결합하였을 때 전달되는 아미노기의 중간 운반체 역할을 하는데, 아미노산으로부터 아미노기를 받아들인 후 이를 α-케토산에 준다.

Guide

α-케토산
카르복실기(-COOH) 옆에 α 위치의 탄소가 케톤기로 된 화합물의 총칭으로 「R-CO-COOH」로 나타낸다. 예를 들면, 피루브산 CH_3-CO-COOH나 옥살아세트산 HOOC-CH_2-CO-COOH 등이다.

PLP는 두 가지 형태 사이에서 변화하는데 하나는 알데히드기를 가지는 피리독살인산이고 다른 형태는 피리독사민인산(pyridoxamine phosphate, PMP)이다. PMP로부터 α-케토글루타르산으로의 아미노기 전달에 의해 PLP로 된다. 아미노기 전달반응으로 아미노산에서 생기는 α-케토산은 아미노산의 종류마다 구조가 다르다.

아미노산에서 생기는 각종 α-케토산은 구연산회로 대사중간체로써 활동하거나 글루코오스 · 지방산 · 콜레스테롤 · 케톤체의 합성원료가 된다. 또 아세틸CoA를 거친 구연산회로에서 대사되어 에너지 생성에 사용되기도 한다.

2. 탄소 골격(α-케토산)의 시트르산 회로로의 유입

앞에서 α-아미노산에서 아미노기가 제거되는 단계를 살펴보았다. 여기서는 아미노산의 탄소골격인 α-케토산과 시트르산 회로와의 관계를 살펴보기로 한다. 20개의 아미노산은 피루브산(pyruvate), 아세틸-CoA(acetyl-CoA), 아세토아세틸-CoA(acetoacetyl-CoA), 시트르산 회로의 중간대사산물인 α-케토글루타르산(α-ketoglutatarate), 숙신산-CoA(succinyl-CoA), 푸마르산(fumarate), 옥살로아세트산(oxaloacetate) 등으로 분해한다. 이들 각 물질들은 시트르산 회로에 직접 들어가서 연료가 된다(그림 10-4).

피루브산 혹은 시트르산 회로의 중간대사산물로 분해하는 아미노산은 글루코오스를 합성하는 데 쓰일 수 있다. 이와 같은 아미노산을 당생성 아미노산(glucogenic amino acid)이라 한다. 류신(leucine)과 리신(lysine) 이외의 아미노산이 여기에 속한다.

아세토아세틸-CoA, 아세틸-CoA로 분해되는 아미노산은 케톤체(ketone body)와 지질을 만드는 데 쓰일 수 있기 때문에 케톤생성 아미노산(ketogenic amino acid)이라고 한다. 여기에는 이소류신, 류신, 트리프토판, 리신, 페닐알라닌, 티로신 등 6가지의 아미노산이 있다. 그림 10-4는 아미노산 이화작용에서 각 탄소골격이 시트르산 회로에 들어가는 과정이다.

임상적으로 중요성을 가지는 페닐알라닌과 티로신의 이화과정을 살펴보기로 하자. 페닐알라닌의 이화작용은 아미노기 전달이 첫 단계에서 일어나지 않는다는 점에서 다른 것과는 상이하다. 그 대신 처음에 히드록실화되어 티로신을 생성한다(그림 10-5).

고리의 치환된 히드록실기의 산소원자는 산소(O_2)에서 온 것이다. 티로신은 아미노기 전달반응에 의해 *p*-히드록시페닐피루브산(*p*-hydroxyphenylpyruvate)으로 되고 다시 호모겐티스산 산화효소(hompgentisate oxidase)에 의해 고리가 절단된다. 이 경로는 푸마르산과 아세토아세트산의 형성으로 끝나게 된다.

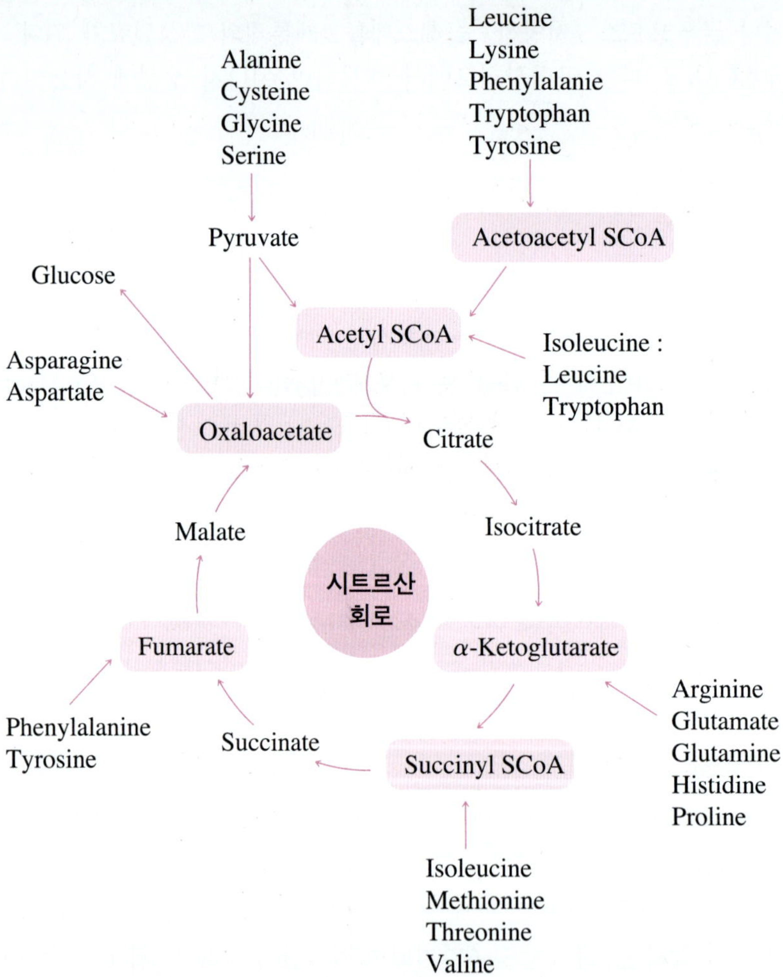

그림 10-4 각 탄소 골격의 구연산(citric acid) 회로로의 유입

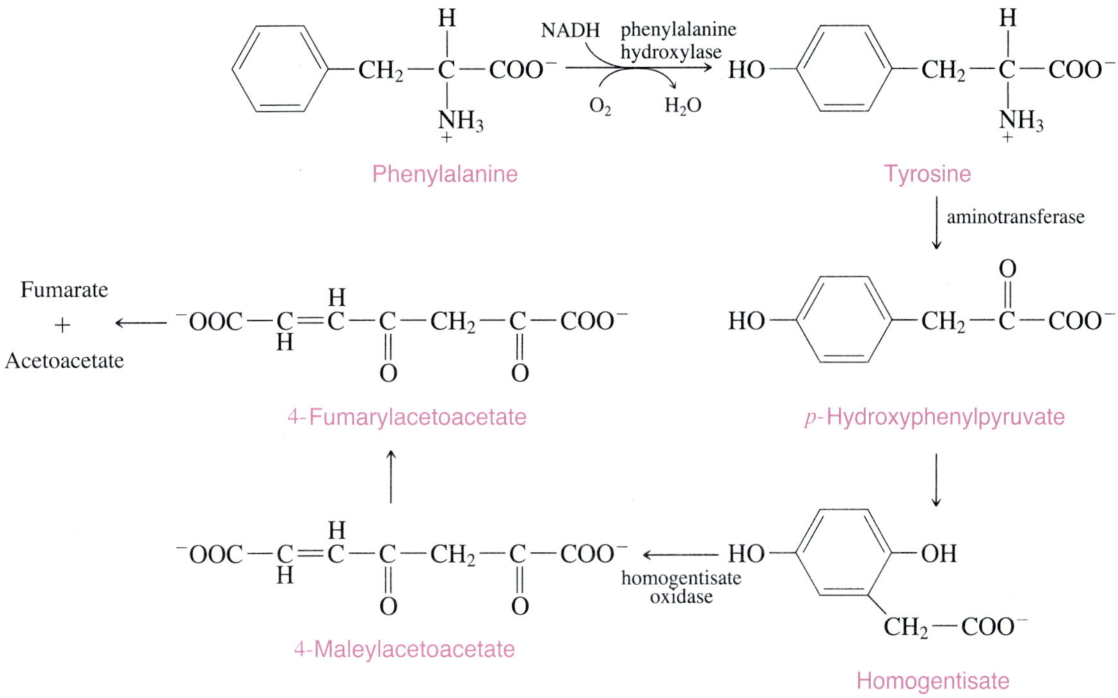

그림 10-5 페닐알라닌과 티로신의 이화작용

3. 아미노산의 이화작용과 관련된 선천성 유전질환

1900년대 초반에 개로드(Archibald Garrod)는 몇몇 질병이 정상기능을 하기에 충분치 않은 양이거나 적절한 형태의 효소를 생산할 수 없는 사람에게서 발생한다고 주장하였다. 이러한 질병은 단백질을 만드는 유전자의 돌연변이에서 일어난다. 개로드는 이러한 유전병은 몇몇 중간대사산물이 조직이나 혈장에 축적되고 결국 환자의 소변으로 배출되기 때문에 진단될 수 있음을 알았다.

페닐알라닌 히드록실화효소(phenylalanine hydroxylase)의 결핍은 페닐케톤뇨증(phenylketouria, PKU)을 유발한다. 이 질병은 15,000명당 한 명 정도로 발생하며 알캅톤뇨증(alcaptouria)보다 심각한 질병이다. PKU환자는 높은 농도의 페닐알라닌 혈중 농도를 나타내며, 이 페닐알라닌은 비정상적인 분해경로를 거치게 된다. 페닐알라닌은 비특이적인 아미노기 전달효소에 의해 바로 페닐피루브산(phenylpyruvate)으로 변한다.

이 물질은 뇌세포에 영향을 미친다. 치료되지 않으면, PKU는 정신장애로 이어져서 조기 사망에 이르게 된다. 이 질병을 발견하기 위해 생후 6~14일경에 검사를 수행한다. PKU로 진단된 신생아는 페닐알라닌과 아스파르탐(aspartame ; 아스파르트산과 페닐알라닌 메틸에스테르의 디펩티드)으로 감미한 음식물의 섭취를 제한하여야 한다.

호모겐티스산 산화효소(homogentisate oxidase)(그림 10-5 참조)의 결핍은 알캅톤뇨증(alcaptouria)을 일으킨다. 중간대사산물인 호모겐티스산이 혈액에 축적되어 소변으로 배출된다. 공기 중에 노출되면 호모겐티스산은 검은색의 색소로 중합되므로 소변이 검게 변한다. 미국에서 약 200,000명당 한 명 꼴로 나타나는데, 이 장애는 검은색 소변으로 생기는 당황스러움 이외에는 인체에 아무런 해가 없다.

단풍당밀뇨증(maple syrup urine disease)은 소수성 분지사슬 아미노산인 발린과 이소류신 및 류신의 분해에 관련된 효소의 결핍으로 생기는 유전병이다. 결핍된 효소는 분지사슬 α-케토산 탈수소복합체이다.

α-케토산은 산화될 수 없으므로 혈액 내에 축적되어 소변으로 배설된다. 이 병을 가지는 환자는 이들 세 종류의 아미노산 섭취를 제한하여야 한다. 치료되지 않으면, 환자는 정신장애와 조기 사망에 이르게 된다.

SECTION 4 요소의 생성

아미노산의 이화작용 과정에서 제거된 아미노기는 전달반응에 의해 글루탐산으로 모아진다. 아미노기 전달반응과 글루탐산 탈아미노반응이 연합되어 아미노산으로부터 아미노기의 제거가 짝지어진 촉매과정으로 이루어지게 된다.

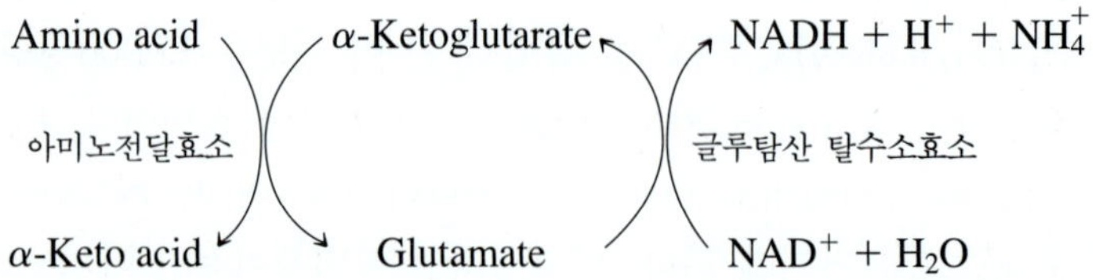

이렇게 제거된 아미노기는 세포에 유독한 질소 형태인 NH_4^+로 방출된다. NH_4^+의 유독성은 대부분 글루탐산 탈수소효소에 영향을 미치기 때문에 일어난다.

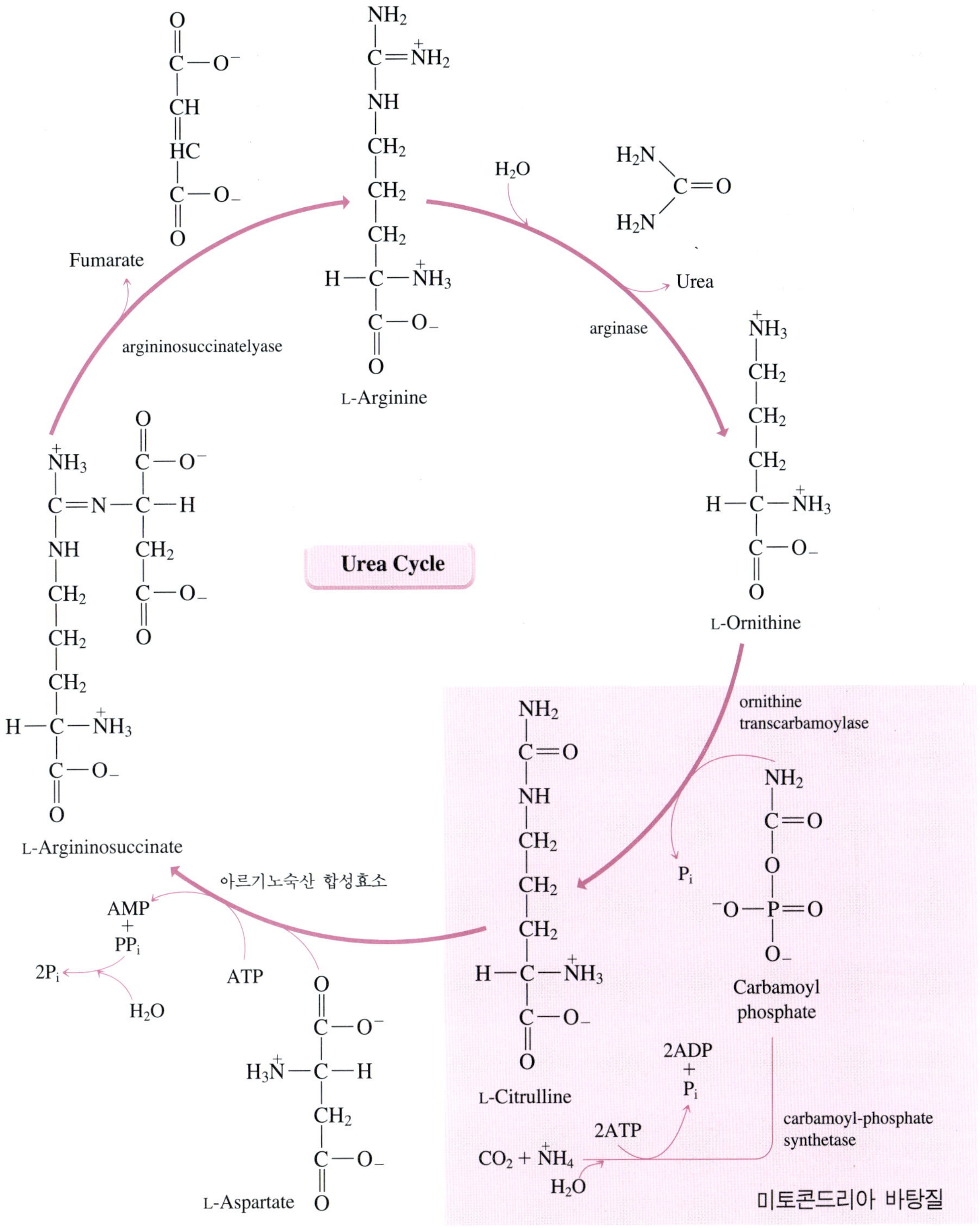

그림 10-6 요소회로(urea cycle)

$$\alpha\text{-케토글루타르산} + NADH + H^+ + NH_4^+ \rightleftharpoons \text{글루탐산} + NAD^+ + H_2O$$

높은 농도의 NH_4^+는 이 반응의 평형을 오른쪽으로 이동시켜 시트르산 회로에서 이용할 수 있는 α-케토글루타르산의 농도를 낮춘다. 이것은 특히 글루코스의 호기성 대사에 의존하는 발생 중인 뇌세포에는 해롭다.

모든 척추동물은 암모늄이온을 요소로 만들 수 있는 일련의 효소를 가지고 있다. 이 일련의 반응을 요소회로(urea cycle)라 하는데, 1932년에 크레브스(Hans Krebs)에 의해 처음 보고되었다. 이 과정은 5단계의 순환적인 경로에 의해 만들어진다(그림 10-6).

Guide

사람이나 척추동물은 여분의 암모늄이온을 요소의 형태로 배출한다. 아미노산에서 아미노기 전달반응으로 이탈한 아미노기는 암모늄이온이 되고 최종적으로 간에서 요소(urea)로 바뀐다.

간세포의 미토콘드리아(mitochondria) 내에서는 카르바모일인산합성효소(carbamoyl phosphate synthetase)의 작용으로 암모니아와 이산화탄소에서 카르바모일인산(carbamoyl phosphate)을 합성한다. 이것이 오르니틴(ornithine)과 반응하여 시트룰린(citrulline)으로 되고 세포질로 나와서 아스파르트산과 결합하여 아르기노숙신산(argininosuccinate)이 된다.

아르기노숙신산은 푸마르산을 방출하고 자신은 아르기닌(arginine)이 된다. 아르기닌이 아르기나아제(arginase)의 작용으로 가수분해를 받아서 오르니틴(ornithine)으로 될 때 요소를 방출한다.

오르니틴이 미토콘드리아로 들어가면 이 회로가 한 바퀴 돌게 되며 이 과정에서 4mol의 ATP가 소비된다. 요소회로의 조절은 일차적으로 카르바모일인산의 합성단계에서 일어난다. 또 그림 10-6에서 알 수 있듯이 암모니아 1몰에서 요소 1몰을 만드는 데는 4몰의 ATP가 소비된다. 즉, 카르바모일인산(carbamoyl phosphate) 생성에 2몰의 ATP가 사용되고 아르기니숙신산(argininosuccic acid) 생성에 2몰의 ATP가 사용된다.

$$CO_2 + NH_4^+ + 4ATP + \text{Aspartate} + 2H_2O \rightleftharpoons \text{urea} + 2ADP + 2Pi + AMP + PPi + \text{fumarate}$$

생성된 요소는 간세포에서 혈중으로 나간 후에 콩팥의 토리에서 여과되고 요 성분으로 배출된다. 또 근육에서는 아미노산의 아미노기를 받아서 생긴 글루탐산은 알라닌아미노 전달효소의 작용으로 아미노기가 피루브산으로 옮겨져서 알라닌(alanie)을 생성한다.

이것이 혈중을 거쳐 간에 흡수되고 알라닌아미노 전달효소의 작용으로 알라닌은 피루브산으로 되고 α-케토글루탐산은 글루탐산(glutamate)을 생성한다. 이 글루탐산에서 암모니아가 유리되고, 이것은 요소회로에서 요소가 된다.

Guide

요소의 합성에 필요한 5개의 효소 중 카르바모일인산을 생성하는 효소와 오르니틴을 시트룰린으로 변화시키는 효소는 간세포의 미토콘드리아에 존재하고, 그 밖에 3개의 효소는 시토솔(cytosol)에 존재한다.

또 간과 근육 이외의 대부분 조직에서는 아미노산의 아미노기를 받아 생긴 글루탐산으로부터 암모니아가 유리된다. 그 암모니아는 글루타민(glutamine)의 아미드기(−$CONH_2$)의 형태로 바뀌어 혈중을 거쳐 간에 흡수된다. 글루타민은 간에서 가수분해되어 암모니아가 생성되고 그 암모니아가 요소로 바뀐다.

간에서 암모니아가 요소로 바뀌는데 간에 장애가 있으면 암모니아의 배설 이상이 생긴다. 중증간염이나 간경변 등의 심한 간장애에서는 요소생성이 일어나기 어렵기 때문에 암모니아가 체내에 축적되어 고암모니아혈증이 됨으로써 간성뇌증을 일으키기도 한다. 또 요소의 합성에 필요한 5개 효소는 각각 결핍증이 있는데, 어떤 경우에서도 고암모니아 혈증을 나타낸다.

SECTION 5 아미노산에서 질소함유 화합물의 합성

아미노산은 생체 내에 필요한 각종 질소함유 화합물(질소를 포함한 화합물)의 원료가 된다. 아미노산에서 합성되는 질소함유 화합물에는 포르피린, 핵산 염기, 포스포크레아틴, 생리활성 아민, 타우린, 글루타티온, 일산화질소 등이 있다.

1. 포르피린의 합성

헤모글로빈이나 시토크롬 등의 헴단백질(hemoprotein)의 구성성분인 헴은 포르피린(porphyrin)의 이가철화합물(Fe^{2+}착화합물)이다. 포르피린 합성은 모든 세포에서 일어나는데 헤모글로빈이 만들어지는 미성숙(유약) 적혈구 및 시토크롬 P−450이 만들어지는 간세포 등에서 특히 합성이 활발하다.

아미노산의 일종인 글리신(glycine)이 구연산회로 대사중간체의 하나인 숙시닐−CoA(succinyl−CoA)와 축합해서 먼저 δ−아미노레브산(δ−amino-levulinic acid)이 생긴다(그림 10−7).

포르피린 합성의 조절은 이 단계에서 일어난다. 이것이 2분자 축합해서 포르포빌리노겐(porphobilnogen)이라는 화합물이 되고 이어서 이것이 4분자 축합해서 최종적인 고리 형태인 프로토포르피린 IX(protoporphyrin IX)가 될 때까지 계속된다.

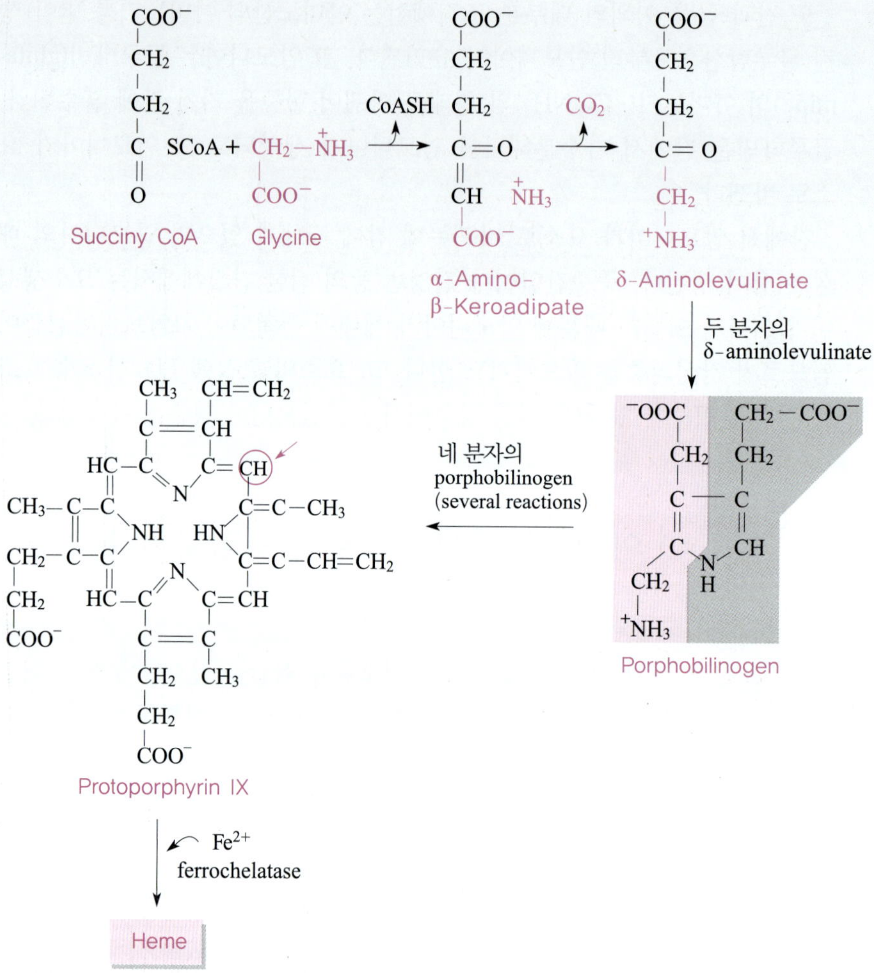

그림 10-7 숙시닐-CoA와 글리신으로부터 프로토포르피린 IX와 헴이 합성되는 과정

헤모글로빈의 분해는 재사용될 수 있는 철을 방출하고 단백질을 재생시키기 때문에 중요한 대사이다. 사람 적혈구의 평균 수명은 120일인데, 노쇠한 적혈구는 순환계에서 제거되어 비장(spleen)에서 분해된다.

이 과정에서 방출된 헴(heme)은 고리가 열리면서 분해되어 빌리루빈(bilirubin)을 생성하게 된다. 노란색의 빌리루빈 때문에 소변의 특징적인 색깔이 나타난다.

헴 대사작용의 결함은 헴 분해산물의 축적을 유발시키는데 이를 포르피린증(porphyrias)이라 한다. 포르피린증의 공통적인 증상은 황달(jaundice)이다.

밖으로 드러나는 황달의 증세는 과다한 빌리루빈 축적으로 인해 피부와 눈의 흰자위가 노란색으로 변하는 것이다. 황달은 종종 미숙아에서 많이 나타나는데 이는 빌리루빈에 탄소화물을 연결하는 효소가 상대적으로 결핍되어 생긴다.

2. 퓨린 염기와 피리미딘 염기의 합성

핵산의 구성성분인 퓨린 염기(purine base)와 피리미딘 염기(pyrimidne base)는 아미노산을 주된 합성원료로 해서 만들어진다(그림 10-8).

퓨린 염기(아데닌과 구아닌) 골격부분의 합성에는 아스파르트산과 글루타민 및 글리신이 원료로 사용된다. 또 피리미딘 염기(우라실, 시토신 및 티민) 골격부분의 합성원료로 아스파르트산과 NH_4^+가 필요하다.

The origin of each atom in the biosynthesis of the (a) pyrimidine and (b) purine rings.

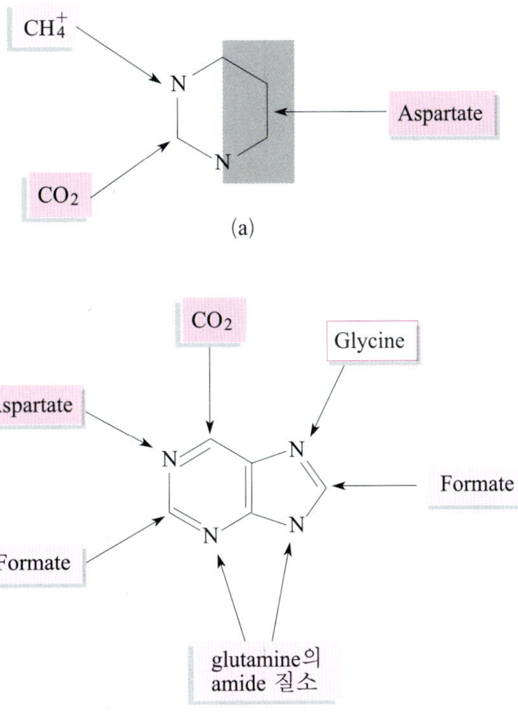

그림 10-8 퓨린 염기(a)와 피리미딘 염기(b)의 합성원료가 되는 아미노산

3. 포스포크레아티틴의 합성

포스포크레아티틴의 원료는 아르기닌과 글리신이다. 우선, 간에서 두 원료가 반응함으로써 구아니디노아세트산(guanidinoacetate)이 생긴다. 이것은 *S*-아데노실메테오닌(S-adenosylmethionine)에 의해 메틸화되어 크레아틴(creatine)이 된다. 크레아틴은 혈중을 거쳐서 골격근이나 뇌 등에 흡수되어 크레아틴키나아제(creatine kinase ; CK)에 의해 포스포크레아틴으로 변한다.

이 마지막 반응은 고에너지 화합물인 ATP(아데노신삼인산)을 소비해서 다른 고에너지 화합물인 포스포크레아틴을 만드는 반응이다(포스포크레아틴의 합성 경로, 그림 10-9 참조).

Guide

포스포크레아틴(phosphocreatine)(크레아틴인산(creatine phosphate)라고도 한다)은 골격근이나 뇌 등에 포함된 에너지 저장물질(고에너지 화합물)이다.

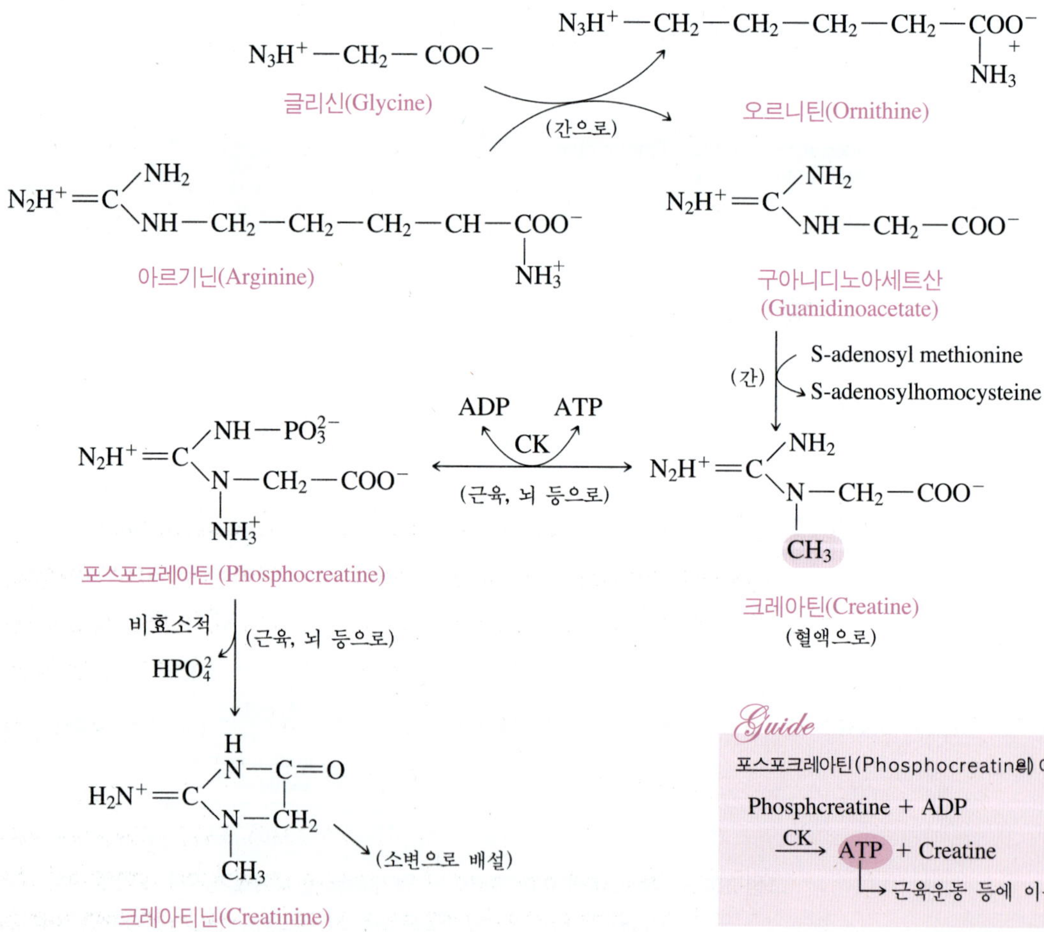

Guide

포스포크레아틴(Phosphocreatine의) 이용

Phosphcreatine + ADP $\xrightarrow{CK}$ ATP + Creatine

→ 근육운동 등에 이용

그림 10-9 포스포크레아틴(phosphocreatine)의 합성

크레아틴키나아제(CK)는 급성심근경색, 초기심근질환, 뇌질환 등에 진단적 가치가 있다.

운동에 의해 골격근 등에서 ATP의 소비가 진행되면 저장되어 있던 포스포크레아틴은 크레아틴키나아제(CK)의 작용에 의해 ADP와 반응해서 ATP를 생성한다. 골격근 속의 포스포크레아틴의 농도는 매우 높고 정상의 상태에서는 25~30mmol/L이다. 이것은 ATP농도의 4~6배에 해당한다.

포스포크레아틴의 일부는 비효소적으로 인산을 방출해서 크레아티닌(creatinine)으로 변화한다. 크레아티닌은 혈중을 거쳐 콩팥의 토리(사구체)에서 여과되어 세뇨관에서 거의 대부분 재흡수되지 않고 오줌으로 배출된다. 하루 배출량은 성인 남자는 약 1.5~2.0g이고 성인 여자는 약 1.0~1.5g이다.

크레아티닌은 인체에 필요하지 않은 노폐물로서 거의 대부분이 사구체에 의해 여과 배설, 세뇨관에서 전혀 재흡수되지 않고 배설된다. 사구체 여과기능에 대한 좋은 지표가 된다. 혈액 중의 크레아티닌 농도는, 남성은 0.7~1.2mg/dL이고 여성은 0.5~0.9mg/dL이다.

토리콩팥염이나 콩팥기능상실 등의 콩팥장애가 있으면 소변으로의 배설이 정체되기 때문에 혈중농도가 상승한다. 혈중농도 10mg/dL 이상은 인공투석을 고려할 필요가 있다. 이렇게 혈중크레아티닌 농도는 콩팥장애의 유무 및 진행 정도를 밝히는 데 좋은 지표가 된다.

4. 생리활성 아민의 합성

Guide

아민(amine)의 종류와 기능

아민에는 카테콜아민(아드레날린, 노르아드레날린, 도파민), 히스타민, 세라토닌, γ-아미노부티르산, 폴리아민 등의 생리활성 아민(또는 생체아민)으로 불리는 것이 있고 미량으로 중요한 생리활성을 나타낸다.

아미노산 혹은 아미노산 유도체인 카르복실기(-COOH)가 CO_2로써 제거되면 아민(amine)이 된다.

그림 10-10에 생리활성 아민이 생성되는 예를 나타내었다. 히스타민(histamine)은 알레르기반응 야기, 평활근 수축, 위산분비촉진 등의 작용을 하며, 뇌의 어떤 영역에서는 신경전달물질로써도 작용한다.

세로토닌(serotonine), **γ**-아미노부티르산(**γ**-aminobutyric acid ; GABA), 도파민(dopamine)은 모두 신경전달물질로서 작용한다. 또 세로토닌은 혈소판이나 소화관에도 포함되어 있으므로 혈소판이 혈관벽에 점착할 때 방출되어 모세혈관을 수축시킴으로써 지혈에 관여한다.

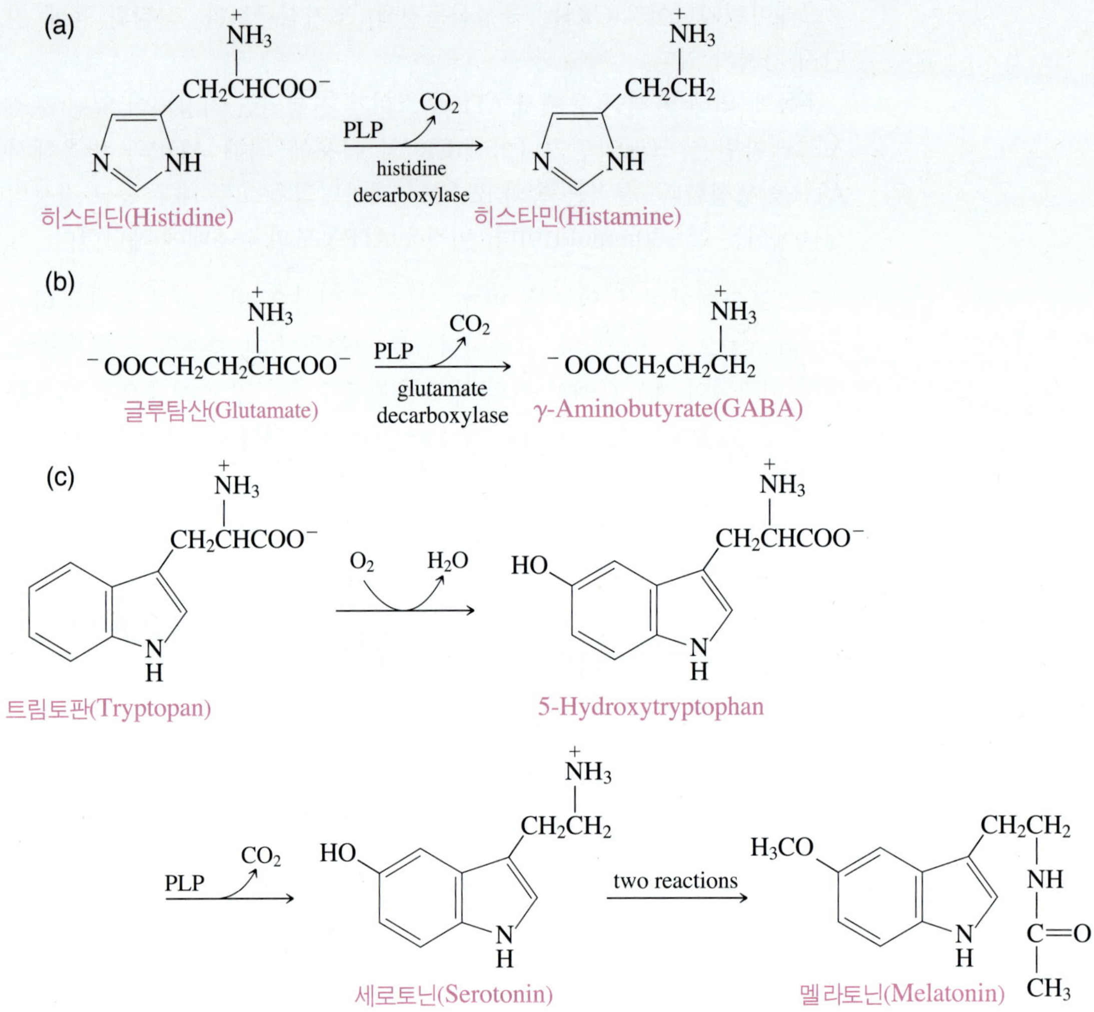

그림 10-10 아미노산의 탈탄산반응에 의한 생리활성 아민의 생성

5. 타우린의 합성

타우린(taurine)은 주로 간에서 만들어지는데 모든 조직이나 세포 속에 존재하고 세포내 삼투압의 유지, 심장근육이나 간의 보호 및 신경전달 등에 관여한다. 또 태아 · 신생아에게는 필요한 영양소로 인식되어 가루우유(유아용 조제분유)에 첨가되어 있다. 타우린은 시스테인으로부터 만들어진다.

6. 글루타티온의 합성

글루타티온(glutathione)은 3개의 아미노산으로 된 펩티드로 생체 내에서 가장 많이 존재하는 술프히드릴기(sulfhydryl group, 티올기라고도 한다 ; –SH) 함유 화합물이다. 모든 조직과 세포에 존재한다.

글루타티온은 시스테인, 글루탐산, 글리신을 재료로 해서 만들어진다. 또 글루타티온은 –SH기가 특히 중요한 작용이기 때문에 그것을 나타내는 의미로 'GSH' 라는 약호로 나타내기도 한다.

GSH(환원형 글루타티온)은 효소나 단백질의 –SH기에 의한 환원성을 나타내며, 글루타티온 과산화효소의 작용으로 과산화수소나 지질과산화물과 반응하여 그것을 제거함으로써 항산화작용를 발휘한다.

GSH가 환원제로서 활동하면 GSH는 GS–SG(산화형 글루타티온)로 변화한다. 또 GSH는 어떤 종의 효소의 보조효로로써 작용하거나 간에서 약물과 포합체를 형성해서 해독형이 되는 역할을 하기도 한다.

7. 일산화질소의 합성

일산화질소(nitric oxide ; NO)라고 하는 기체상의 화합물이 생체 내에서 만들어지는 것을 처음으로 알게 된 것은 혈관내피세포에서이다. 일산화질소가 혈관평활근을 이완시켜 혈관을 넓힘으로써 혈압을 저하시키는 작용을 지닌다는 사실이 확인되었다.

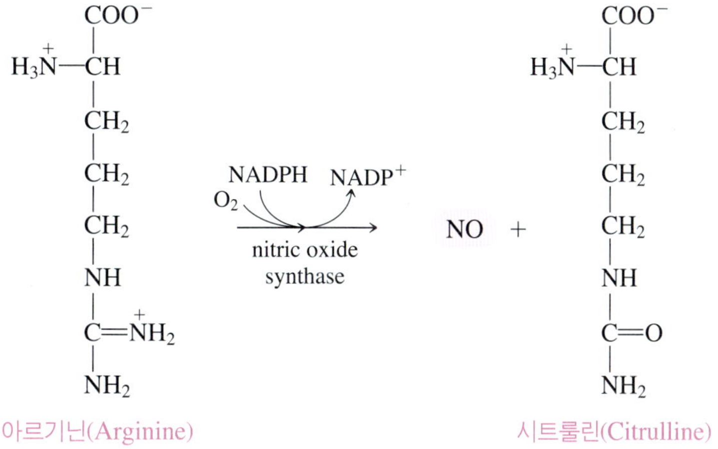

그림 10-11 아르기닌으로부터 일산화질소(NO)의 생성

그 후에는 여러 세포에서 만들어지고 다채로운 작용이 있다는 사실을 알게 되었다. 예를 들면, 중추신경에서 신경전달 수식을 하고 말초신경에서 신경전달 또는 호중구나 큰 포식세포에서는 살균 · 살세포 등의 작용를 한다. 일산화질소는 아르기닌을 원료로 해서 그림 10-11과 같이 만들어진다.

SECTION 6 아미노산에서의 다른 아미노산 합성

정상적인 생명유지에 필요한 양을 충족시킬 수 있는 속도로 체내 합성할 수 없기 때문에 음식물로 섭취하지 않으면 안 되는 아미노산을 필수아미노산(essential amino acid)이라고 한다. 그 이외의 아미노산을 비필수아미노산(noessential amino acid)이라고 한다.

비필수아미노산의 주된 합성원료가 되는 것은 다른 아미노산 혹은 글루코오스나 트리글리세리드의 대사중간체이다. 여기에서 아미노산을 원료로 해서 다른 아미노산이 만들어지는 몇 가지 예를 기술한다.

또 아미노산 이외의 것이 원료가 되어 아미노산이 만들어지는 예로는 해당계 대사중간체인 피루브산이 아미노산기를 전달받아 생성되는 알라닌이 있고 시트르산 회로 대사중간체인 옥살아세트산이 아미노기를 전달받아 생성되는 아스파르트산이 있다.

이들의 반응과는 반대로 알라닌과 아스파르트산 등에서의 α-케토글루타르산으로 아미노기 전달에 의한 글루탐산의 생성이나 3-포스포글리세르산(3-phosphoglycerate)에서 여러 단계의 반응으로 생성되는 세린 등도 있다.

1. 글리신과 세린의 상호변환

글리신(glycine)과 세린(serine)은 테트라히드로엽산(tetrahydrofolate, FH_4)과의 사이에서 탄소원자 한 개(1탄소단위)를 주고받음으로써 상호적으로 교환할 수 있다(그림 10-12).

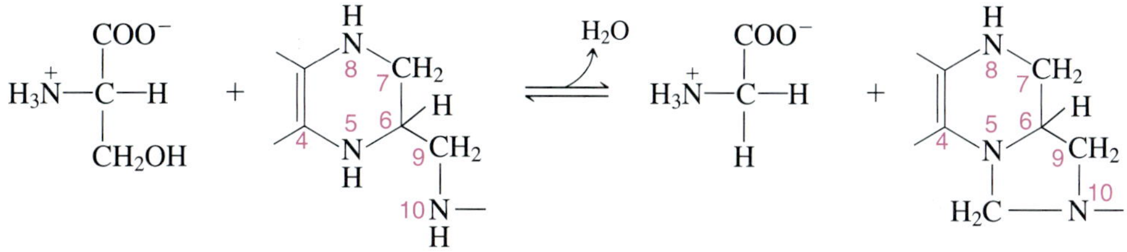

세린(Serine) 엽산(Tetrahydrofolate) 글리신(Glycine) N^5, N^{10}-Methylene-tetrahydrofolate

그림 10-12 세린과 글리신의 상호변화

2. 글루타민, 아스파라긴의 합성

글루타민(glutamine)은 아래의 반응에 의해 글루탐산에서 만들어진다. 또 아스파라긴(asparagine)은 아스파르트산(aspartic acid)에 글루타민의 아미노기가 전이됨으로써 생긴다. 또 글루타민 및 아스파라긴은 아미드 결합(–CO–NH_2)의 가수분해에 의해 각각 글루탐산(glutamate) 및 아스파르트산(asparatate)으로 바뀔 수 있다.

$$\text{아스파르트산} + \text{글루타민} + \text{ATP} \rightleftharpoons \text{아스파라긴} + \text{글루탐산} + \text{AMP} + \text{PPi}$$

Question

1. 아래 용어들을 간단히 정의하시오.
   (a) Transamination
   (b) Pyridoxal phosphate
   (c) Urea cycle
   (d) 고암모니아혈증
   (e) PKU
   (f) 필수아미노산

2. 다음 효소들의 반응을 적으시오.
   (a) AST
   (b) ALT
   (c) Carbamoylphosphate synthetase
   (d) Phenylalanine hydroxylase

3. 단백질의 소화에 대해 설명하시오

4. 아미노산의 탄소골격 부분과 구연산회로와의 관련성에 대하여 정리하시오.

5. 당원성 아미노산이란 어떤 것인가를 설명하시오

6. 케토원성 아미노산이란 어떤 것인가를 설명하시오.

7. 아미노산에서 생기는 암모니아가 요소로 변화하는 과정을 정리하시오.

8. 포스포크레아틴(크레아틴인산)의 합성과 분해에 대하여 설명하시오.

9. 아미노산에서의 다른 아미노산의 합성에 대하여 정리하시오.

Chapter 11.

지질대사

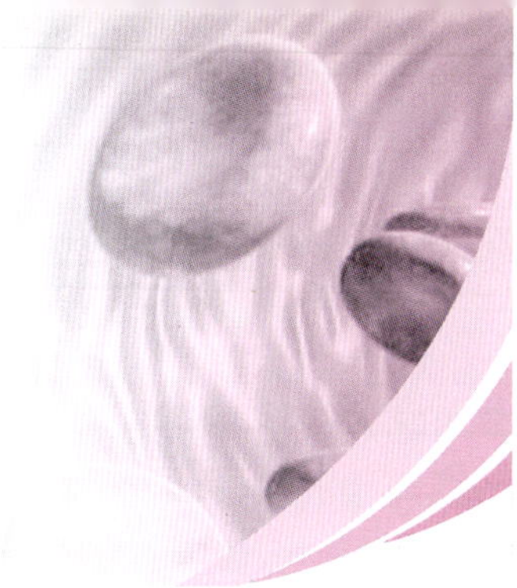

음식의 약 20%를 차지하는 지질의 대부분은 트라이아실글리세롤이며 기타 콜레스테롤 및 인지질 등이 소량 존재한다. 소화기관에서 효소의 작용을 받아 분해되고 소장점막세포에서 흡수된 지질은 에너지원으로 이용되거나 다른 지질을 합성하거나 스테로이드 호르몬의 합성에 필요한 전구물질로 이용되기도 한다.

또한 지방조직에 저장된 트라이아실글리세롤은 부신피질자극호르몬, 아드레날린, 글루카곤 등의 호르몬에 의하여 활성화된 호르몬 민감성 리파아제(hormone-sensitive lipase)의 작용으로 분해된다. 체내에서 다양한 작용을 하는 지질은 혈액에서 지질단백질이라는 지질운반체에 의하여 필요한 조직이나 세포로 운반되어 대사된다.

SECTION 1 지방산 대사

트라이아실글리세롤은 췌장에서 분비된 리파제와 담즙산의 작용을 받아 십이지장에서 분해되어 지방산과 글리세롤을 생성한다. 생성된 지방산은 미토콘드리아에서 β-산화, α-산화, ω-산화 분해과정을 거쳐 체내에 에너지를 공급한다. 또한 지방산 분해로 인하여 케톤체가 생성되고, 필수지방산을 제외한 포화 및 불포화지방산은 체내 합성 경로를 통하여 공급된다.

1. 지방산의 산화

지방산의 산화는 세포의 미토콘드리아에서 일어난다. 산화와 관계가 있는 효소의 대부분은 미토콘드리아 매질에 존재함으로 매질로 이동이 일어나기 위하여 변환되어야 한다. 지방산의 이동을 위한 β-산화 첫 단계는 세포질(cytosol)에서 ATP와 아실-CoA 합성효소(acyl-CoA synthetase)의 작용으로 지방산을 활성화하는 것이다.

이때 ATP는 피로인산과 AMP로 분해되면서 생성된 에너지를 지방산 활성화에 공급하여 아실-CoA(acyl-CoA)를 생성한다.

지방산 + ATP—아실-CoA 합성효소 ⟶ 아실-CoA + AMP + PPi

활성화된 지방산은 운반체 카르니틴(carnithine)에 의하여 미토콘드리아 내부로 이동된다. 아실-CoA(acyl-CoA)의 아실기는 카르니틴 아실전이효소 I(carnitine acyltransferase I)의 작용에 의하여 아실카르니틴(acylcarnitine)으로 되어 미토콘드리아 외막을 통과한 다음 카르니틴-아실카르니틴 자리옮김효소(carnitine-acylcarnitine translocase)와 내막에 부착된 카르니틴 아실전이효소 II의 작용을 받아 생성된 아실-CoA는 미토콘드리아 기질로 이동된다(그림 11-1).

아실-CoA + 카르니틴 - 카르니틴 아실전이효소 I
⟶ 아실카르니틴 + 코엔자임 A
아실카르니틴 + 코엔자임 A - 카르니틴 아실전이효소 II
⟶ 아실-CoA + 카르니틴

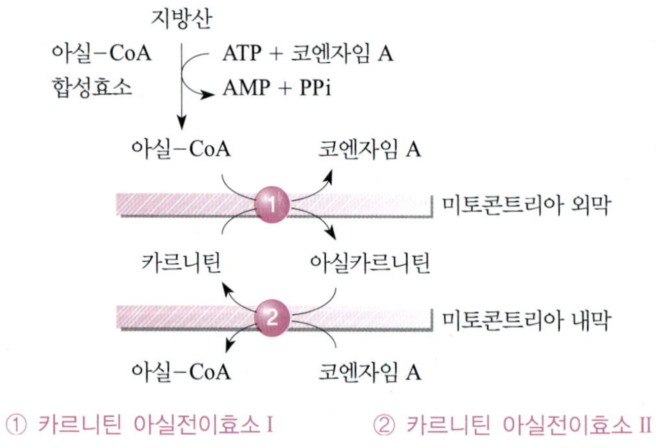

그림 11-1 지방산의 활성화

유리된 카르니틴은 자리옮김효소의 작용을 받아 미토콘드리아 막을 통과하여 세포질로 되돌아가서 새로운 지방산 활성화에 참여한다.

카르니틴 아실전이효소 I 및 II의 작용으로 활성화되어 미토콘드리아 기질로 들어온 지방산 아실-CoA는 탈수소반응, 가수분해반응, 탈수소반응, 티올분해반응 등의 반응이 순서대로 연속적인 반복 반응을 함으로써 지방산의 β-산화가 일어난다(그림 11-2).

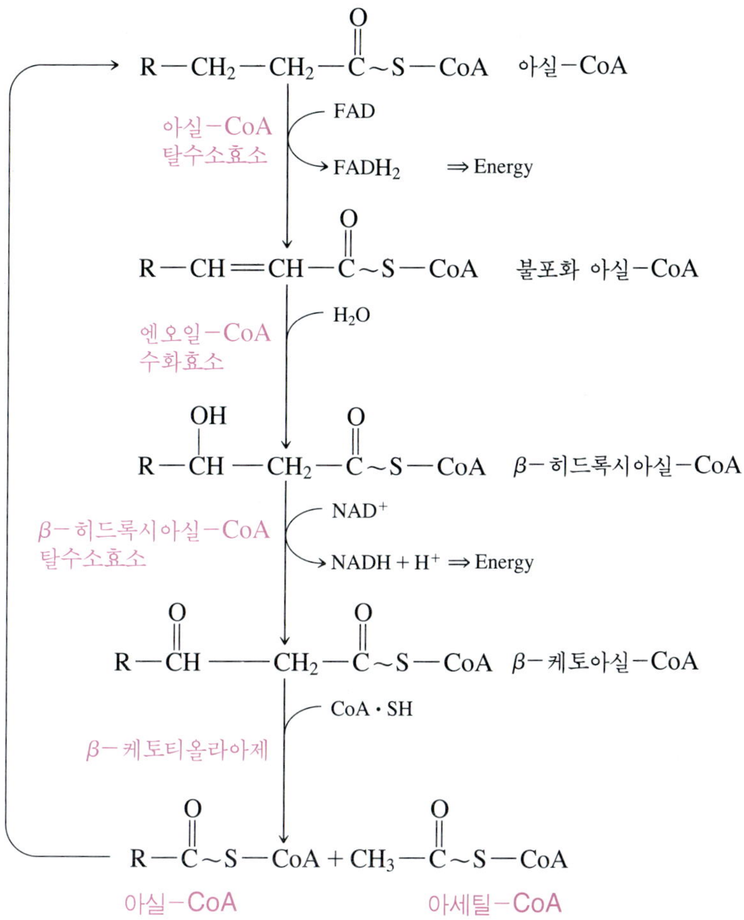

그림 11-2 미토콘드리아 매질에서 지방산의 β-산화반응

두 번째 단계는 FAD를 수소수용체로 하는 아실-CoA 탈수소효소(acyl-CoA dehydrogenase)에 의하여 촉매된 아실-CoA의 탈수소반응이 일어나서 불포화 아실-CoA가 형성된다.

세 번째 단계는 불포화 이중결합을 포화시키기 위하여 H_2O를 첨가하고 크로토네이즈(crotonase)라고 불리우는 엔오일-CoA 수화효소(enoyl-CoA hydratase)의 촉매작용에 의하여 *β*-히드록시아실-CoA(*β*-hydroxyacyl-CoA)가 형성되고 수소수용체로는 NAD^+가 이용된다.

네 번째 단계는 *β*-히드록시아실-CoA 탈수소효소(*β*-hydroxy-acyl-CoA dehydrogenase)의 촉매반응에 의하여 *β*-위치에 있는 수산기를 산화시켜 일어나는 두 번째 탈수소반응으로, *β*-케토아실-CoA(*β*-ketoacyl-CoA)와 NADH가 생성된다.

마지막으로 다섯 번째 단계는 티올라아제(thiolase)에 의하여 β-케토아실-CoA는 아세틸-CoA(acetyl-CoA)와 탄소 2개가 적은 아실-CoA를 생성한다.

이때 생성된 아실-CoA는 다시 네 개의 연속된 반응을 거치며 지방산의 β-산화가 반복하여 일어난다.

생성된 아세틸-CoA는 미토콘드리아의 TCA 회로에 들어가서 완전히 분해되는 대사과정을 거치면서 에너지를 생성한다. 탄소수가 16개인 포화지방산 팔미트산의 전체적인 β-산화반응의 결과는 다음과 같다.

$$C_{15}H_{31}COOH + 8\ CoA-SH + ATP + 7\ FAD + 7\ NAD^+ + 7H_2O \longrightarrow$$
$$8\ CH_3CO-SCoA + AMP + PPi + 7\ FADH_2 + 7\ NADH^+ + 7\ H^+$$

따라서 팔미트산의 β-산화 및 TCA 회로를 거치며 생성하는 총 에너지는 다음과 같다.

표 11-1 팔미트산의 β-산화반응 결과

대사	산화결과		ATP
생성	acetyl-CoA TCA 회로	8 10 ATP	+80
	7 FADH	(7×1.5ATP)	+10.5
	7 NADH	(7×2.5ATP)	+17.5
소비	아실-CoA 활성화		−2
총 계			+106

불포화지방산의 산화는 포화지방산의 β-산화처럼 카르복실기에서부터 반응이 시작하나 시스 이중결합을 처리하기 위하여 이성화효소 및 환원효소가 추가로 필요하다.

시스 이중결합을 트랜스 이중결합으로의 재배열은 엔오일-CoA 이성화효소(enoyl-CoA isomerase)에 의하여 촉매되고 트랜스 이중결합의 환원은 H_2O와 엔오일-CoA 환원효소(enoyl-CoA reductase)을 작용시켜 히드록시-아실CoA를 생성한 다음에 β-산화과정에 따라 정상적으로 분해된다(그림 11-3).

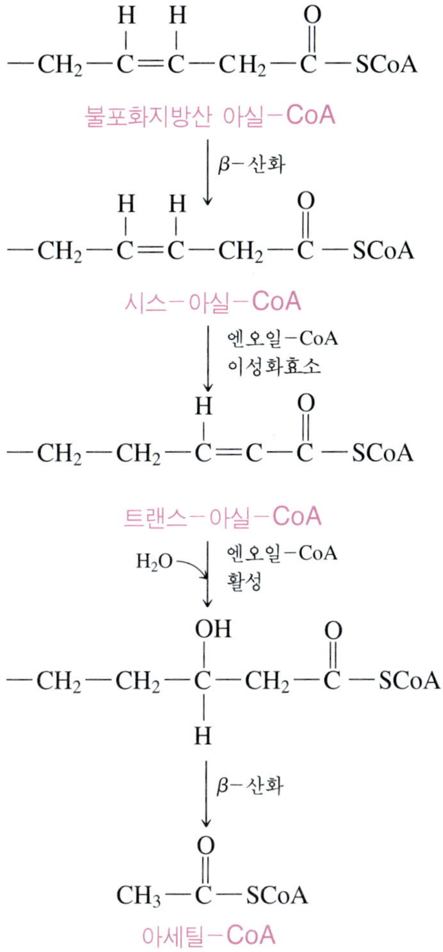

그림 11-3 불포화지방산의 β–산화반응

동물에 존재하는 지방산의 탄소는 대부분이 짝수이지만 식물이나 해양동물에서는 홀수의 지방산도 존재한다. *β*–산화의 최종산물로 생성된 프로피오닐–CoA(propyonyl–CoA)는 프로피오닐–CoA 카르복실라아제(propionyl–CoA carboxylase)의 촉매작용으로 메틸말로닐–CoA를 생성한다.

또 메틸말로닐–CoA 에피머화효소(methylmalonyl–CoA epimerase) 및 메틸말로닐–CoA 뮤테이스(methylmalonyl–CoA mutase)의 이성화반응(isomerization)에 의하여 숙시닐–CoA(succinyl–CoA)로 되고, TCA 회로에서 숙신산를 거쳐 옥살로아세트산으로 산화되어 글루코오스 합성에 이용된다(그림 11–4).

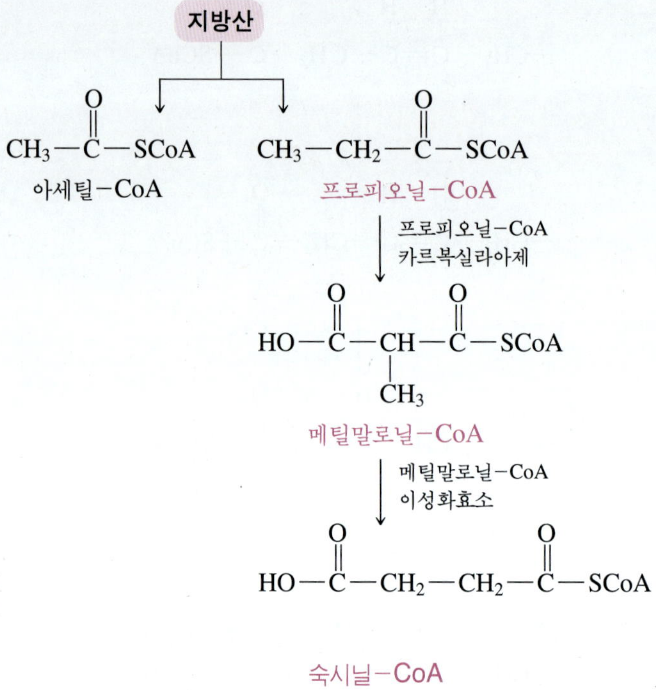

그림 11-4 홀수 지방산의 β-산화반응

지방산의 α-산화는 지방산의 α탄소가 산화되고 CO_2로 손실되어 탄소사슬이 짧아진 다음에 β-산화를 일으키는 것이다. 주로 동물의 뇌세포에 존재하는 스핑고지질의 지방산에서 일어난다.

ω-산화는 탄소수가 6~18개의 지방산에서 일어나며 카르복실기에서 가장 먼 반대쪽 메틸기의 ω탄소가 산화되어 디카르복실산이 생성된 다음에 β-산화를 일으키는 반응으로 간이나 신장의 소포체에서 일어난다.

2. 지방산의 생합성

간과 지방세포의 세포질에서 일어나는 지방산 합성경로의 첫 번째 단계는 아세틸-CoA의 카르복실화 반응으로 ATP가 이용되며 아세틸-CoA 카르복실라아제(acetyl-CoA carboxylase)의 촉매작용으로 CO_2와 반응하여 말로닐-CoA(malonyl-CoA)를 생성하는 반응이다(그림 11-5).

아세틸-CoA 카르복실라아제는 지방산합성을 통제하는 중요한 비가역적 조절효소로 작용하며 고농도의 시트르산이 카르복실라아제를 활성화시키는 데 필요하다. 보효소 비오틴(biotin)은 아세틸-CoA 카르복실라아제의 보결분자단으로 카르복실기 운반 역할을 한다.

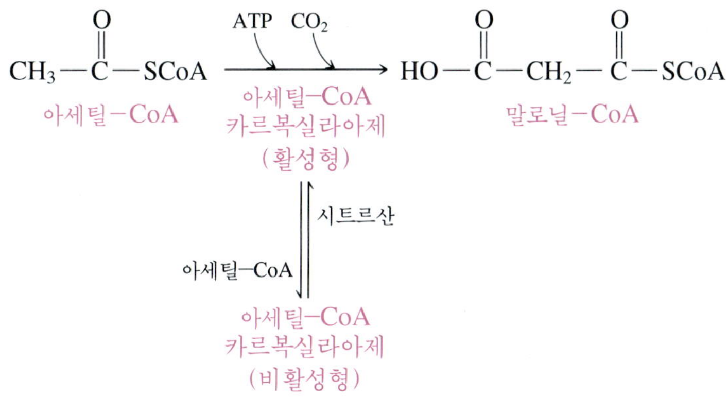

그림 11-5 아세틸-CoA의 활성화

지방산 생합성은 지방산 합성효소(fatty acid synthesis, FAS)가 관여한다. 지방산 합성효소에 대하여 많은 연구가 이루어져 세균이나 식물 등에서는 아실기 운반단백질(acyl carrier protein, ACP)이 아실기와 결합하여 지방산 생합성에 관여하고, 효모나 포유류 등은 지방산합성 효소복합체의 형태로 지방산 생합성에 작용한다.

생합성의 두 번째 단계는 아세틸아실전이효소(acetyltransacylase)와 말로닐아실전이효소(malonyltransacylase)의 촉매반응에 의하여 아세틸-CoA 및 말로닐-CoA의 아실기가 ACP와 결합하여 아세틸-말로닐-ACP(acetyl-malonyl ACP)가 생성된다(그림 11-6).

세 번째 단계는 ACP복합체에서 아세틸-CoA의 아세틸기가 말로닐-CoA의 메틸기와 축합하고, 말로닐-CoA의 카르복실기가 CO_2로 제거되는 반응으로 β-케토아실-ACP 합성효소(β-ketoacyl ACP synthase)에 의하여 촉매되어 β-케토아실-ACP(β-ketoacyl ACP)을 생성한다.

다음은 케토화합물의 환원단계로 β-케토아실-ACP 환원효소(β-ketoacyl ACP reductase)와 수소공여체 NADPH의 작용을 받아 3번 탄소의 케톤기가 환원되어 β-히드록시아실-ACP(β-hydroxyacyl ACP)가 만들어진다.

그 다음에 수화효소의 작용으로 탈수가 일어나 α,β-불포화아실-ACP(crotonyl ACP)을 생성한다. α, β-불포화아실-ACP는 엔오일-ACP 환원효소와 NADPH에 의한 두 번째 환원작용을 받아서 포화 아실-ACP가 생성된다. 생성된 포화 아실-ACP에 축합, 환원, 탈수 및 두 번째 환원반응이 연속하여 일어남으로써 2개의 탄소사슬이 길어지는 아실-ACP가 생성되고 마지막으로 티오에스터라아제(thioesterase)의 작용으로 ACP와 탄소수가 짝수인 긴 사슬의 지방산이 생성된다.

2개의 탄소가 늘어나는 반응을 7회 반복하여 생성된 탄소수가 16개인 팔미트산의 전체적인 생합성 반응은 다음과 같다.

$$\text{아세틸CoA} + 7\,\text{말론닐CoA} + 14\,\text{NADPH}^+ + 14\,\text{H}^+ \longrightarrow \text{팔미트산} + 7\,\text{CoASH} + 14\,\text{NADP}^+ + 16\,\text{H}_2\text{O}^+$$

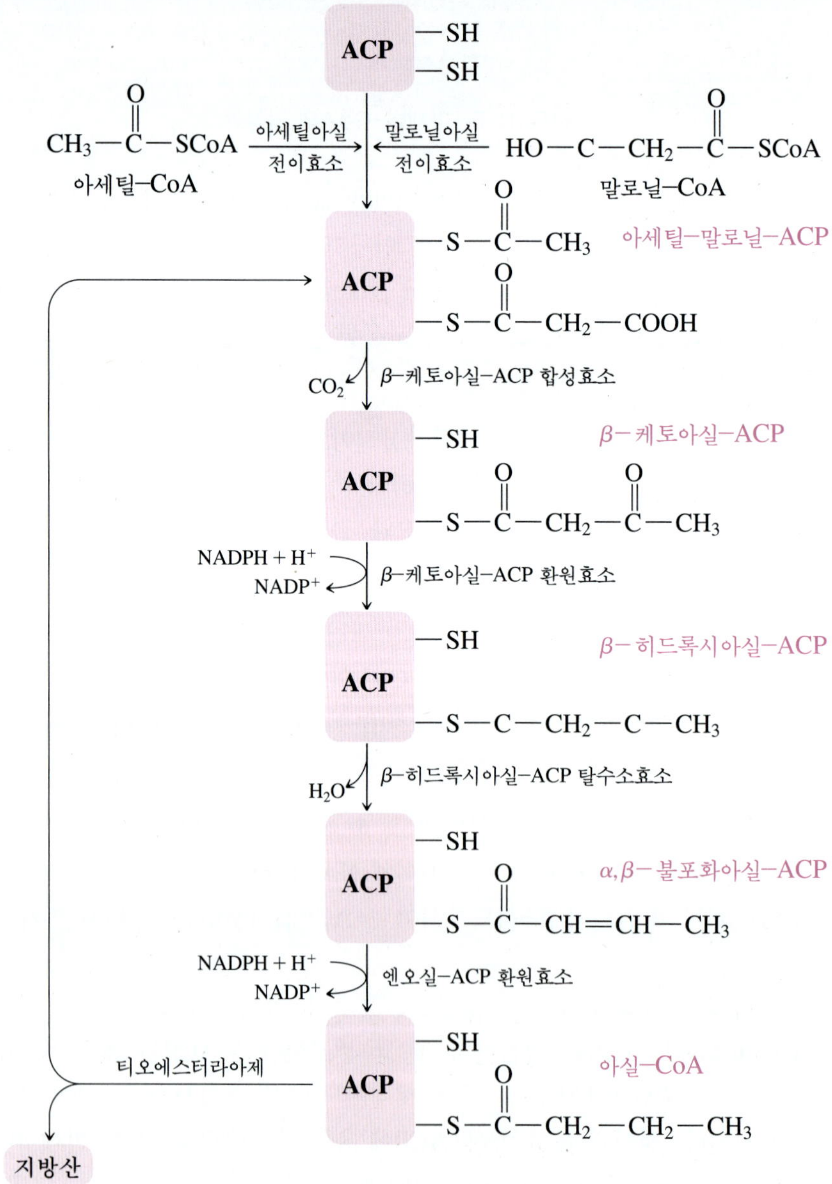

그림 11–6 지방산 합성

3. 케톤체 생성

케톤체들은 지방산의 분해대사 과정에서 생성된다. 지방의 분해가 적절한 균형을 이루면 아세틸-CoA는 TCA 회로에 들어가서 에너지 생성에 이용된다. 그러나 탄수화물이 없거나 적절하게 사용하지 못하면 지방산의 과도한 분해가 일어나고 케톤체로 알려진 아세토아세트산(acetoacetate), β-히드록시부티르산(β-hydroxybutyrate), 아세톤(acetone)이 생성된다(그림 11-7).

간세포의 미토콘드리아 매질에서 2분자의 아세틸-CoA는 아세틸-CoA 티올라아제(thiolase)의 촉매작용에 의하여 아세토아세틸-CoA(acetoacetyl-CoA)를 생성한 다음에 아세틸-CoA 한분자와 축합을 하여 β-히드록시-β-메틸글루타릴-CoA(β-hydroxy-β-methylglutaryl-CoA, HMG-CoA)를 생성한다.

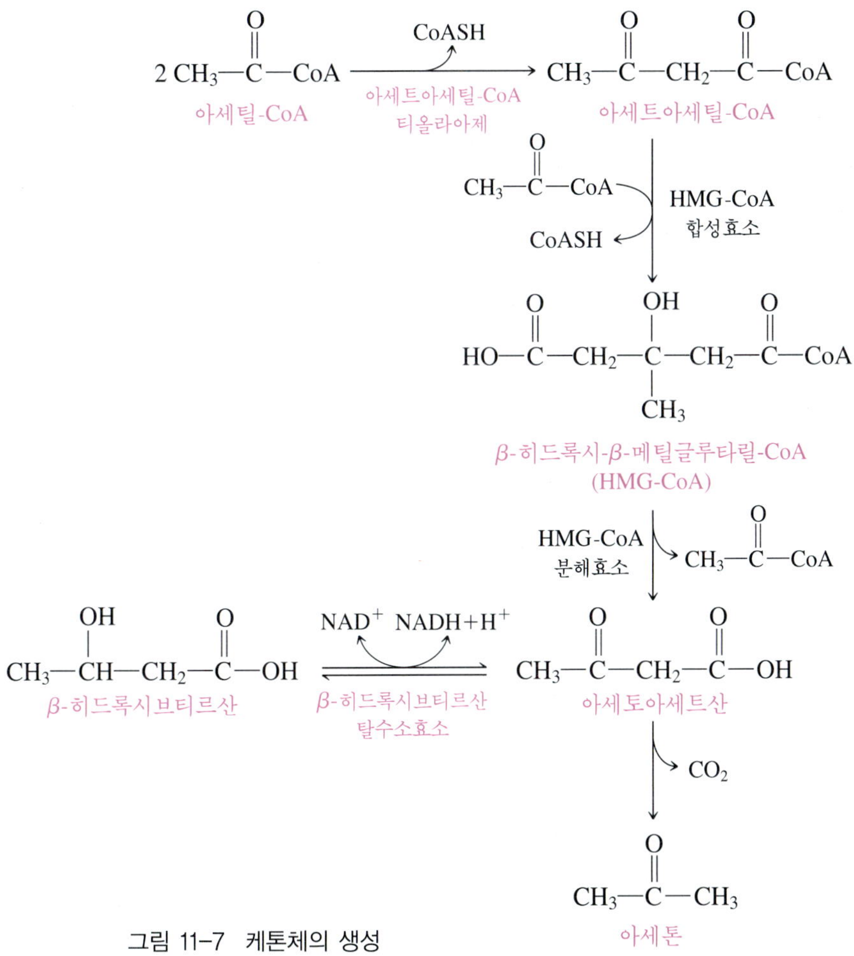

그림 11-7 케톤체의 생성

HMG-Co 분해효소(HMG-CoA lyase)의 작용으로 HMG-CoA는 아세틸-CoA와 아세토아세트산으로 전환된다. 생성된 아세토아세트산은 β-히드록시부티르산 탈수소효소(β-hydroxy-butyrate dehydrogenase)반응에 의하여 β-히드록시부티르산이 생성되고 아세톤은 탈탄산반응에 의하여 생성된다.

아세토아세트산, β-히드록시부티르산은 심장근육, 신장의 피질 및 뇌에서 정상적으로 이용되는 중요한 에너지원이며 아세톤은 폐를 통하여 배출된다.

일반적으로 케톤체의 혈액농도는 약 2~4 mg/dL이며 20% 아세토아세트산, 78% β-히드록시부티르산, 2% 아세톤의 비율로 존재하나 개인에 따라 비율의 차이가 있으며 혈액에서 증가된 케톤체는 혈액의 pH를 산성화(acidosis)시키며 케톤증(ketosis)의 원인이 된다.

4. 프로스타글란딘의 합성

프로스타글란딘은 아라키돈산으로부터 생성되는 고리화합물이다. 프로스타글란딘 합성의 첫 단계는, 아라키돈산이 사이클로옥시게나아제(cyclo-oxygenase)의 촉매작용으로 프로스타글란딘 G_2(PGG_2)으로 전환된다. 히드로페록시에이코사테트라엔산(hydroperoxyeicosatetraenoic acid, HPETE)의 생성은 혈구세포에 분포하는 리폭시지네이스(lipoxygenase)의 촉매작용으로 생성된다. 생성된 PGG_2가 환원되어 수산기를 형성하면서 PGH_2로 전환된다. PGH_2는 PG 합성효소의 촉매작용을 받아 GE_2와 PGI_2 및 트롬복산을 생성한다.

Guide
히드로페톡시에이코사 테트라엔산(HPETE)
글루타티온과 반응하여 염증 혹은 알레르기 반응 등의 생리활성을 나타내는 물질로 알려져 있다.

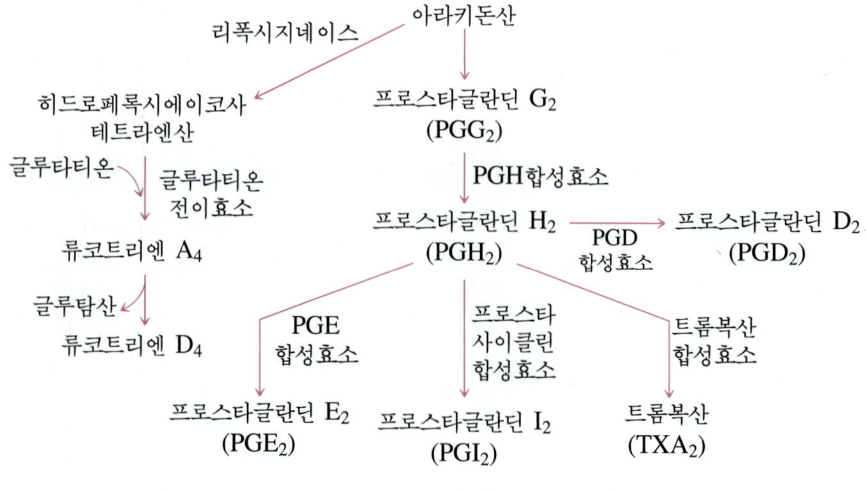

그림 11-8 프로스타글란딘의 합성

SECTION 2 아실글리세롤 및 인지질 합성

간이나 지방조직 등에 저장된 트라이글리세라이드는 여러 종류의 리파제 작용으로 가수분해되어 지방산과 글리세롤을 생성하고 ACTH, 성장호르몬, 갑상선호르몬, 부신수질호르몬 및 글루카곤에 의하여 가수분해가 항진되고 인슐린에 의하여 억제된다.

호르몬에 의하여 생성이 조절된 지방산의 주된 작용은 에너지원으로 이용되거나 다른 지방질 합성의 시작물질로 이용된다.

1. 아실글리세롤 합성

트라이글리세롤 합성의 첫 단계는 지방산 분해로 생성된 글리세롤(glycerol)이 ATP와 글리세롤 키나아제(glycerol kinase)의 작용으로 3번 탄소에 인산기가 결합한 글리세롤-3-인산(glycerol-3-phosphate)의 생성이다. 생성된 글리세롤-3-인산와 지방산 아실-CoA는 글리세롤-3-인산 아실전이효소(glycerol-3-phosphate acyltransferase)의 작용을 받아 1-아실글리세롤-3-인산(1-acylglycerol-3-phosphatete)이 생성된다.

그 다음 지방산 아실-CoA와 1-아실글리세롤-3-인산 아실전이효소(1-acylglycerol-3-phosphatete acyltransferase)의 작용으로 1,2-디아실글리세롤 인산(1,2-diacylglycerol phosphatete)이 되며, 이것을 포스파티드산(phosphatidic acid)이라고 부른다(그림 11-9).

포스파티드산은 포스파티드산 인산가수분해효소(phosphatidate phosphohydrolase)의 촉매작용에 의하여 1,2-디아실글리세롤으로 전환된다. 디아실글리세롤은 지방산 아실-CoA와 반응을 하여 트라이아실글리세롤 혹은 다양한 인지질을 합성하는 데 전구물질로 이용된다.

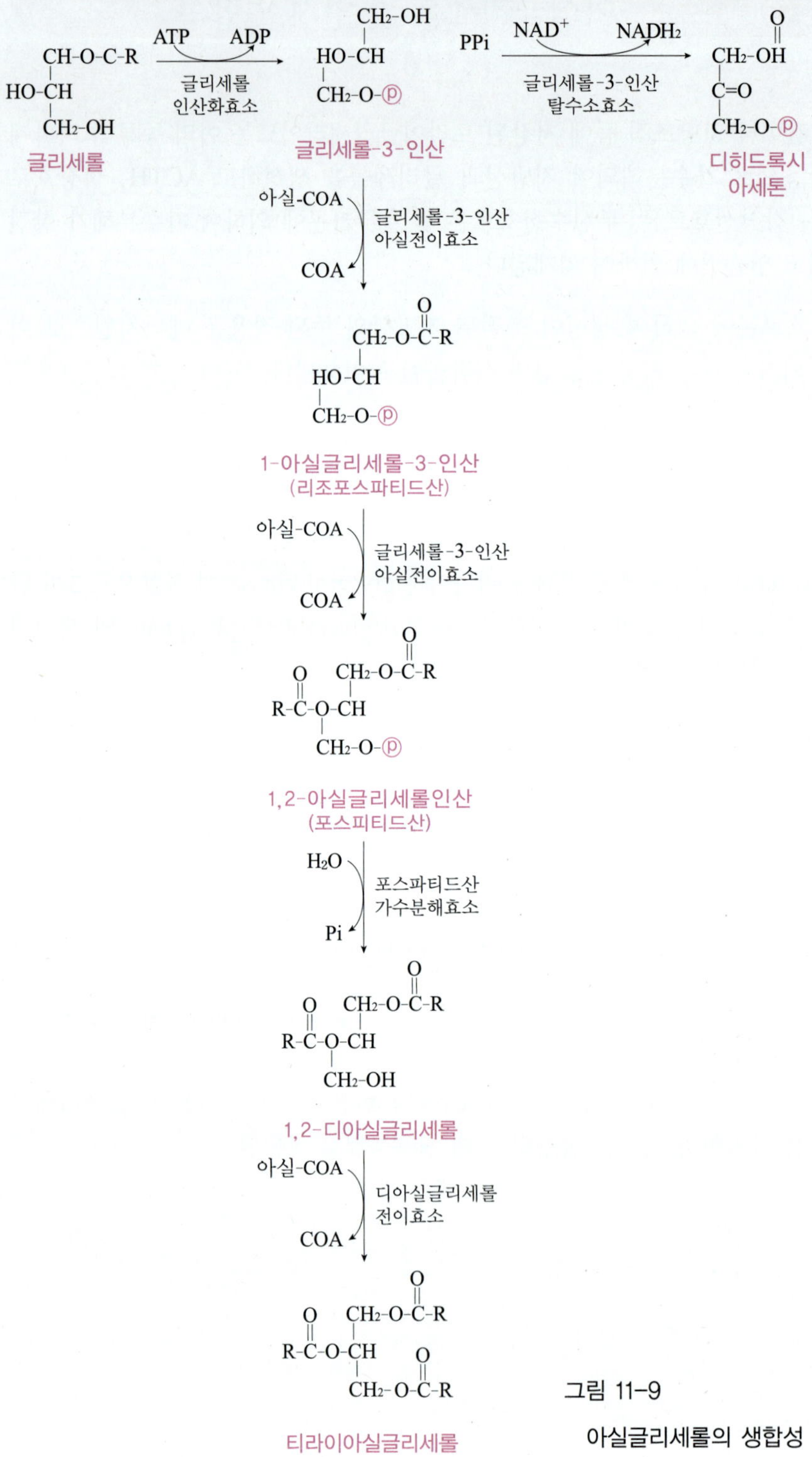

그림 11-9

아실글리세롤의 생합성

2. 인지질 합성

생체막의 주된 구성성분이며 신경전달과 효소의 조절작용을 나타내는 다양한 인지질의 합성은 간세포에서 일어나며 포스파티드산과 1,2-디아실글리세롤을 이용하는 두 가지 경로가 있다(그림 11-10).

포스파티딜콜린과 포스파티딜에탄올아민을 생성하는 반응의 첫 단계는 콜린과 에탄올아민이 ATP및 CTP와 반응하여 CDP-포스포콜린(CDP-phosphocholine)과 CDP-포스포에탄올아민(CDP-phosphoethanolamine)을 생성하는 것이다.
포스파티딜콜린은 CDP-포스포콜린과 1,2-디아실글리세롤의 반응에 포스포콜린 디아실글리세롤 전이효소(phosphocholine diacylglycerol transferase)의 촉매작용으로 생성되고 CDP-포스포에타올아민과 1,2-디아실글리세롤의 반응에는 포스포에탄올아민 디아실전이효소(phosphoethanolamine diacylglycerol transferase)가 촉매하여 포스파티딜에탄올아민을 생성한다.

포스파티딜세린은 CDP-1,2-디아실글리세롤과 세린의 반응에 포스피티딜세린 합성효소(phosphatidylserine synthetase)가 작용하여 생성되고, 포스파티딜이노시톨은 CDP-1,2-디아실글리세롤과 이노시톨의 반응에 포스피티딜이노시톨 합성효소가 촉매하여 생성된다.

포스파타딜글리세롤-인산(phosphatidylglycerol phosphate)과 포스파타딜글리세롤은 CDP-1,2-디아실글리세롤에 포스파티딜 글리세롤-인산 합성효소(phos-phatiylglycerol phosphate synthetase)와 포스파티딜 글리세롤-인산 탈인산효소(phosphatiylglycerol phosphate phosphatase)의 촉매작용으로 생성되고, 카디오리핀은 포스파티딜글리세롤 2분자가 카디오리핀 합성효소와 작용하여 생성된다.

생성된 인지질은 다양한 포스포리파아제(phospholipase)의 촉매작용으로 분해된다(그림 11-11).
인지질의 1번과 2번 탄소의 지방산은 포스포리파아제 A_1 및 A_2에 의하여 분해되어 지방산 대사에 이용되며, 포스포리파아제 C는 에스터 결합을 분해하여 1,2-디아실글리세롤을 생성하고, 포스포리파아제 D는 포스파티드산을 생성한다.

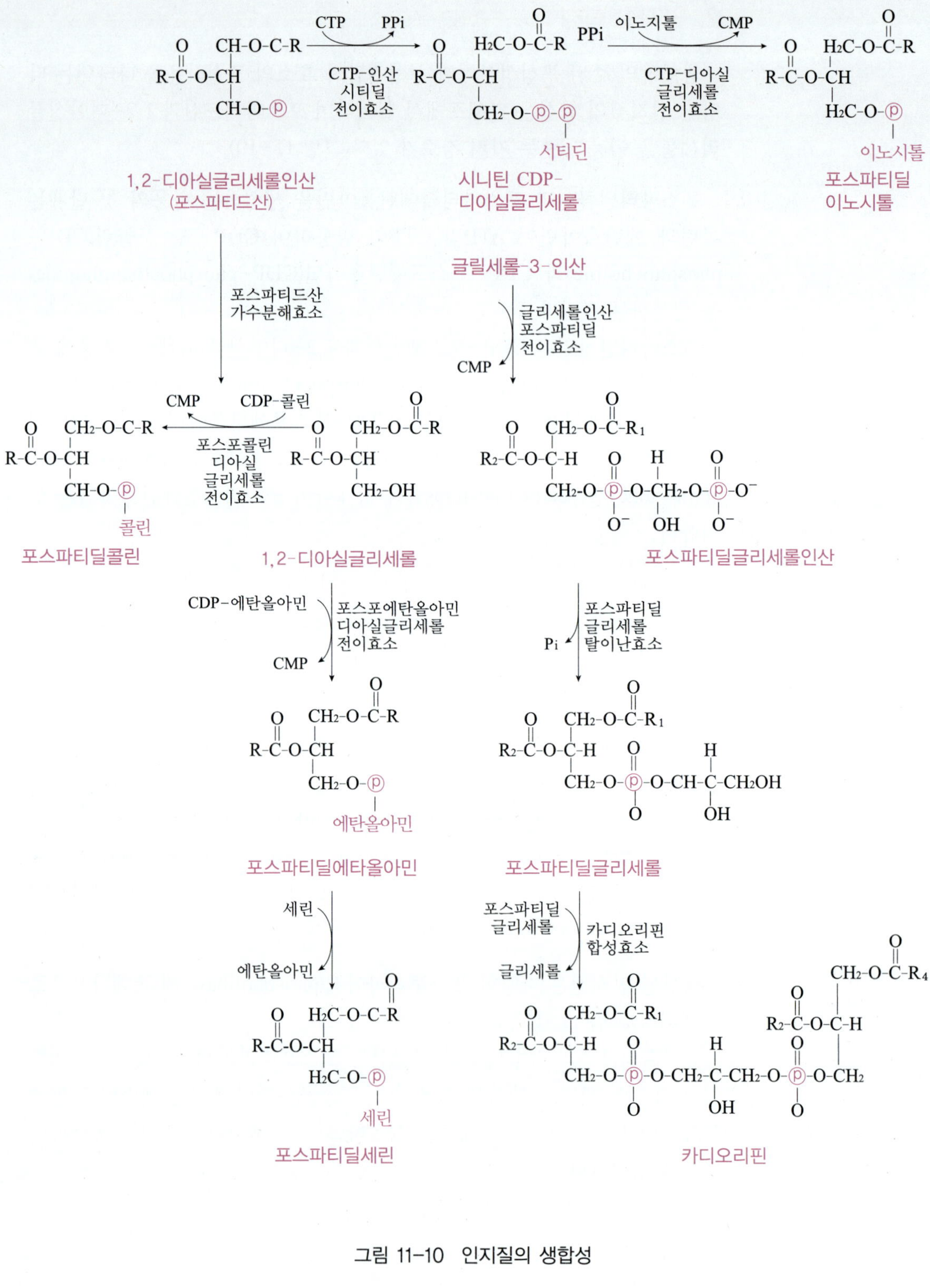

그림 11-10 인지질의 생합성

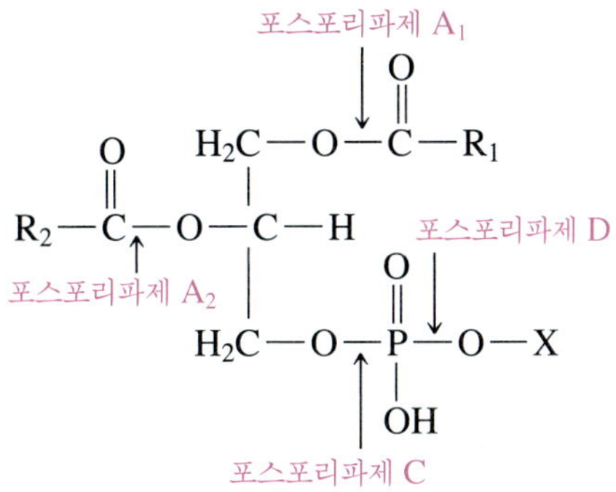

그림 11-11 포스포리파제의 작용

SECTION 3 콜레스테롤 대사

동물 세포막의 주성분으로 뇌의 신경세포 및 부신에 널리 분포하는 콜레스테롤은 성호르몬, 부신피질호르몬, 담즙, 비타민 D 등의 생합성 과정에서 전구물질로 작용한다.

1. 콜레스테롤의 합성

콜레스테롤은 간에서 하루에 약 1.5~2 g이 합성되고 LDL에 의하여 세포로 운반되어 대사되는데, 세포질에서 일어나는 콜레스테롤 생합성의 첫 단계는 아세틸-CoA 3개가 결합하여 히드록시 메틸 글루타릴-CoA(hydroxy methyl glutaryl-CoA, HMG-CoA)를 생성하는 축합반응이다(그림 11-12).

두 개의 아세틸-CoA는 티올라아제의 작용으로 아세토아세틸-CoA를 생성한 다음에 아세틸-CoA와 반응하여 HMG-CoA를 생성하는데 HMG-CoA 합성효소에 의하여 일어난다.

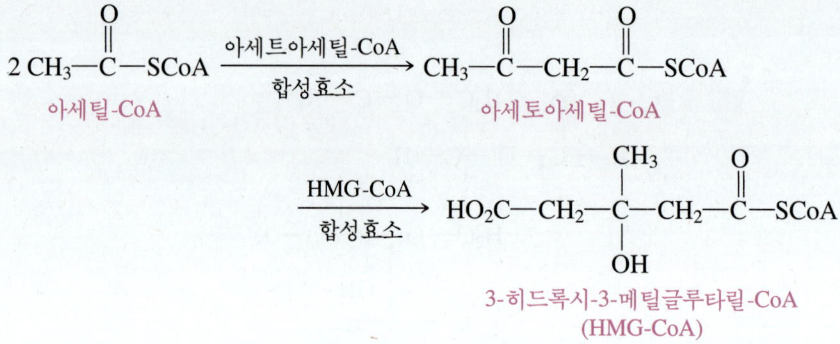

그림 11-12 HMG-CoA의 생합성

다음은 HMG-CoA가 환원되어 메발론산(mevalonic acid)을 생성하는 단계로 HMG-CoA 환원효소의 촉매작용에 의하여 일어나며, 이 효소는 콜레스테롤 합성단계에서 첫 조절효소이며 콜레스테롤에 의하여 억제되는 알로스테리효소(allosteric enzyme)이다.

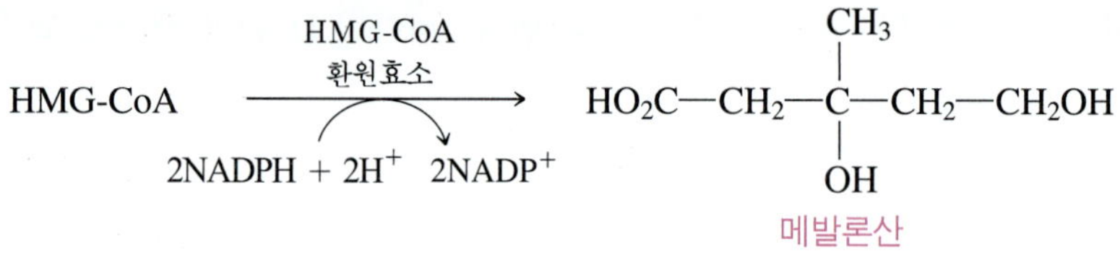

두 번째 단계에서는 메발론산에 2개의 인산기가 결합하여 이소펜테닐 피로인산(isopentenyl pyrophosphate)과 디메틸아릴 피로인산(dimethylallyl phosphate)으로 전환시킨 다음에 탈탄산반응으로 이소프렌 단위가 생성된다.

생성된 이소프렌들은 서로 연결되어 게라닐 피로인산(geranyl pyrophosphate)과 파네실 피로인산(farnesyl phosphate)을 거쳐서 이소프렌 단위 6개가 축합된 스쿠알렌(squalene)이 만들어진다(그림 11-13).

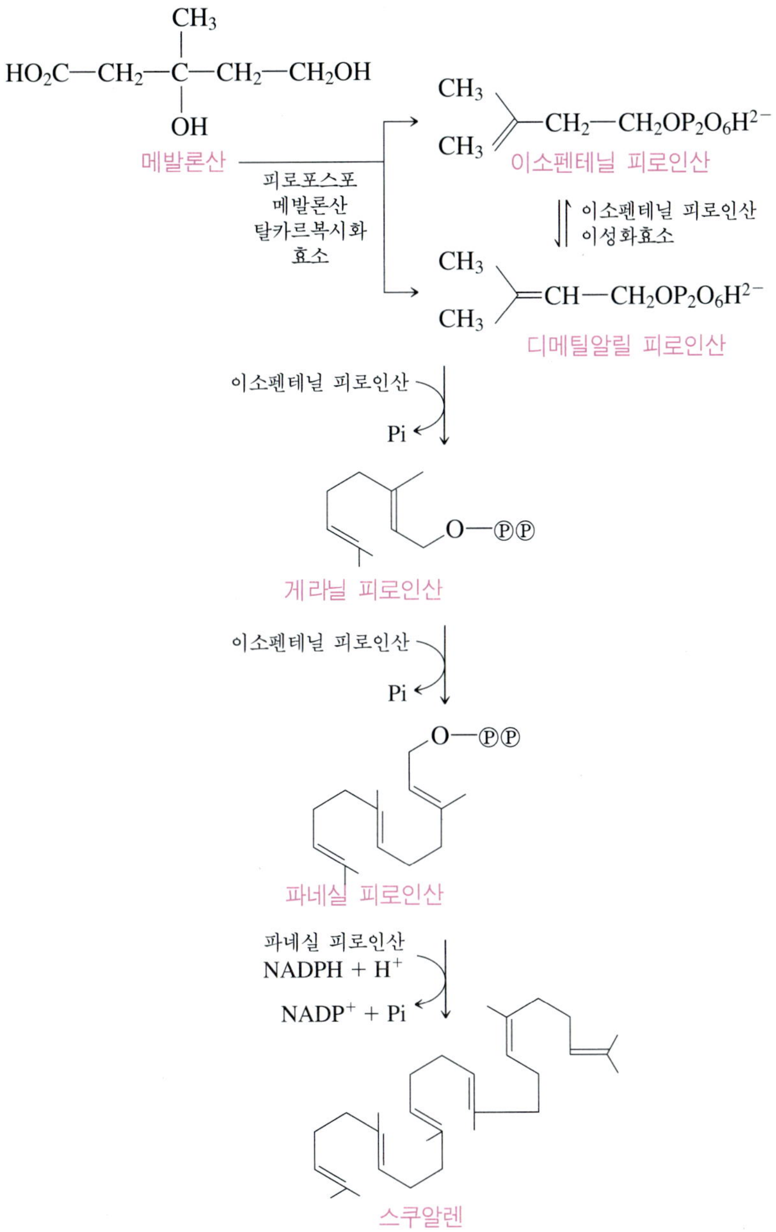

그림 11-13 스쿠알렌의 생합성

마지막 단계는 스쿠알렌에서 8, 14번 탄소의 메틸기가 닫힌 구조를 형성하고 3번 탄소에 히드록시기가 결합하여 라노스테롤(lanoserol), 지모스테롤(zymosterol), 데모스테롤(demosterol)을 거쳐 콜레스테롤이 생성된다(그림 11-14).

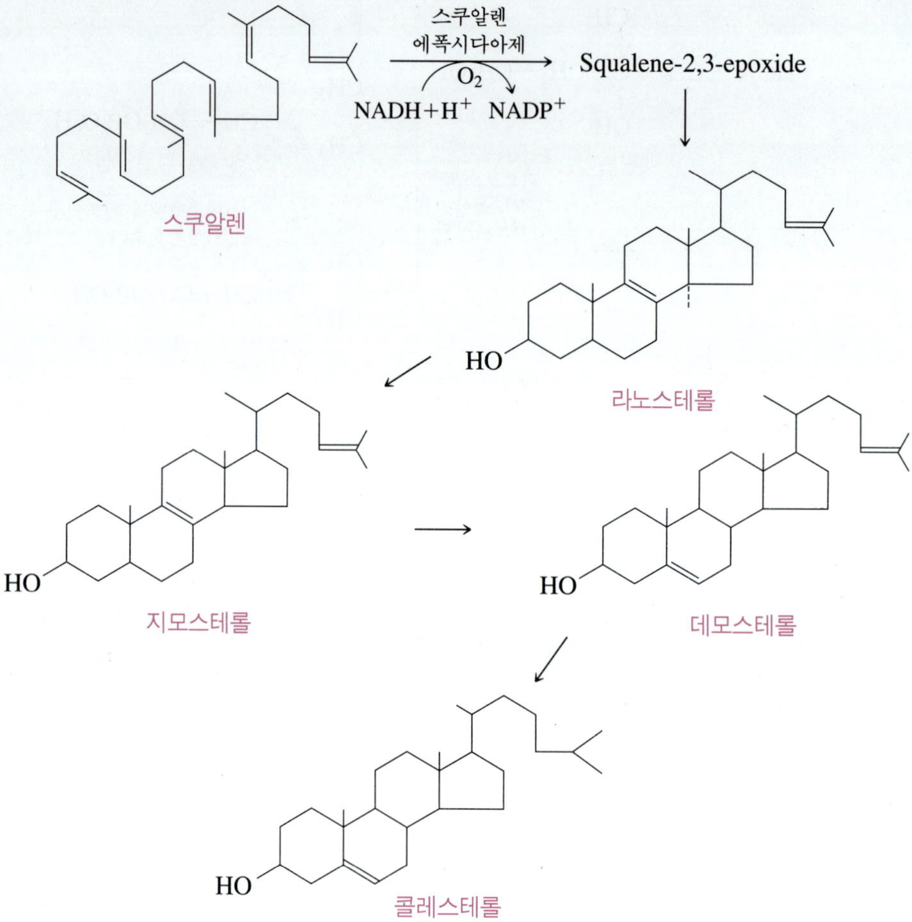

그림 11-14 콜레스테롤의 생합성

콜레스테롤 에스터는 혈액을 순환하는 콜레스테롤의 주요 형태로서 3번 탄소에 지방산이 에스터 결합을 하고 있으며, 또 한편 간에서 생성되어 혈액으로 분비된 레시틴콜레스테롤 아실전이효소(lecithine cholesterol acyltransferase, LCAT) 혹은 세포의 아실-CoA콜레스테롤 아실전이효소(acyl-CoA cholesterol acyltransferase, ACAT)의 촉매작용에 의하여 생성된다.

2. 담즙산의 생성

담즙산은 지질의 소화에서 코리파제(colipase)로 작용하거나 섭취된 지방의 용해에 중요한 역할을 한다.

콜레스테롤의 80~90%는 간 및 십이지장에서 담즙산으로 분해되어 혈액의 콜레스테롤 농도를 감소시키는 역할을 한다.

간에서 합성되거나 간세포로 유입된 콜레스테롤은 수산화효소(hydrolase)의 작용을 받아 7-히드록시콜레스테롤(7-hydroxycholesterol)로 된 다음에 코엔자임 A와 $NADPH_2$의 환원작용을 받아 콜릴-CoA(choyl-CoA)와 케노데옥시콜릴-CoA(chenodeoxychoyl-CoA)를 생성한다(그림 11-15).

생성된 담즙산 CoA에 글리신과 타우린이 결합하여 수용성의 1차 담즙산으로 알려진 글리코콜산(glycocholic acid)과 타우로콜산(taurocholic acid)을 각각 생성하여 담즙의 성분으로 담낭에 저장된다.

담낭에서 십이지장으로 분비된 글리코콜산은 장내세균의 환원작용을 받아 2차 담즙산으로 불리우는 데옥시콜산(deoxycholic acid)과 리토콜산(lithocholic acid)이 된다. 생성된 데옥시콜산의 대부분은 장점막에서 흡수되어 문맥을 거쳐 간으로 유입되는 장간순환을 하지만, 리토콜산은 불용성의 형태로 분변을 통하여 체외로 배설된다.

3. 스테로이드 호르몬의 합성

동물에서 스테로이드 호르몬은 중요한 생리작용을 하는 물질이다. 스테로이드 생합성의 첫 단계는 콜레스테롤이 히드록시스테로이드 탈수소효소(hydroxysterid dehydrogenase)와 이성화효소의 촉매작용에 의해 프레그네놀론(pregnelone)으로 전환되는 반응이며 부신피질자극호르몬(adrenalcorticotropic hormone, ACTH)에 의하여 합성은 활성화된다(그림 11-16).

프레그네놀론의 산화와 이중결합 이동에 의하여 만들어진 프로게스테론(progesterone)은 성호르몬 혹은 부신피질 호르몬 합성의 전구물질로 작용한다.

남자의 정소에서 분비되는 테스토스테론(testosterone)은 대표적인 남성호르몬이며, 여자의 난소에서 분비되는 에스트로겐(estrogen)이나 프로게스테론 등이 대표적인 여성호르몬이다.

부신피질에서 분비되는 호르몬은 당질대사에 관여하는 호르몬을 글루코코르티코이드(glucocorticoid)라고 하며 데옥시코티솔(deoxycortisol), 코르티코스테론(corticosterone), 코티솔(cortisol) 등이 속한다.

그리고 전해질대사에 관여하는 호르몬을 전해질코르티코이드(mineralcorticoid)라고 하며, 신장에서 나트륨(Na)의 재흡수와 칼륨(K)의 재분비를 촉진하는 알도스테론(aldosterone)이 대표적인 호르몬이다.

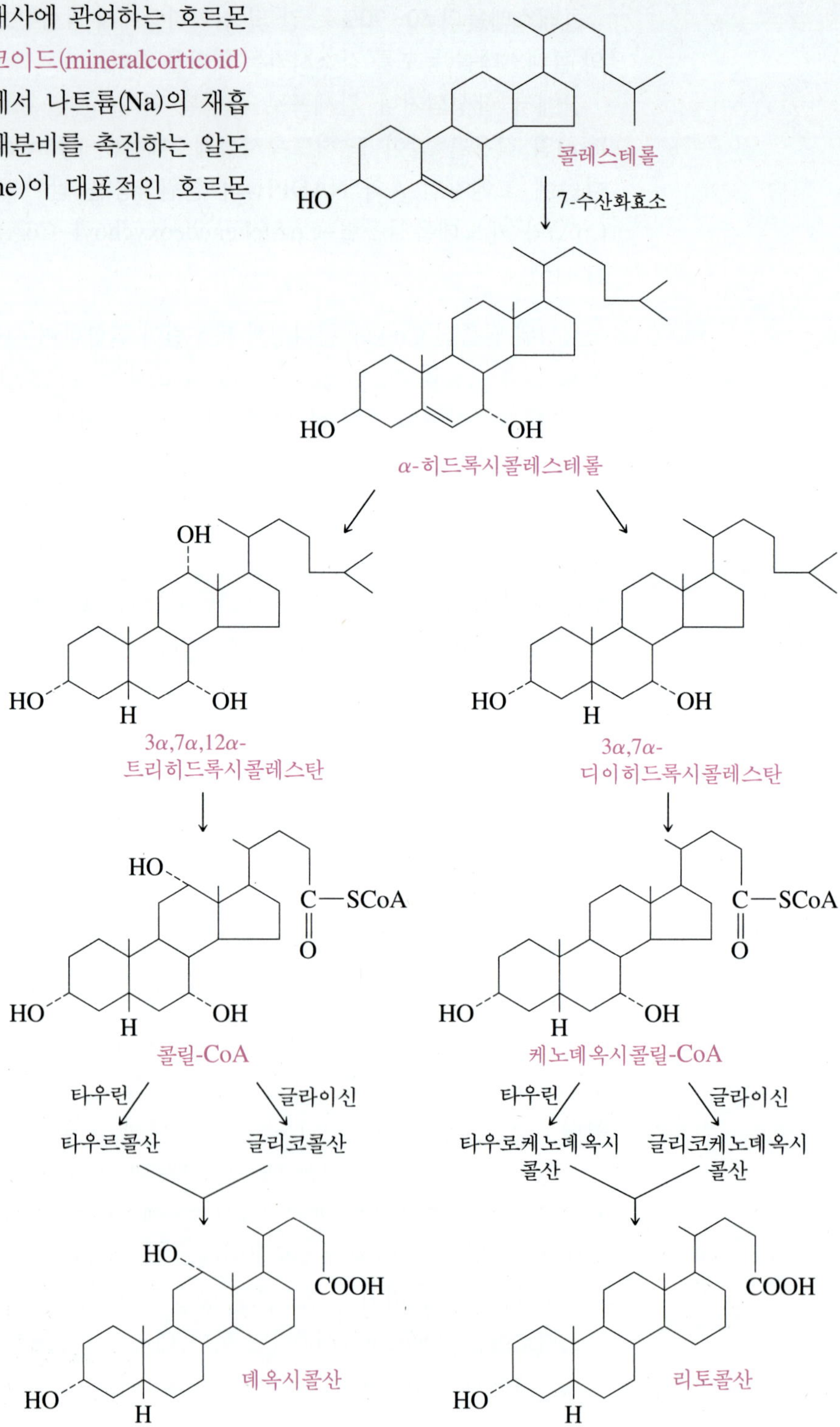

그림 11-15 담즙산 생성

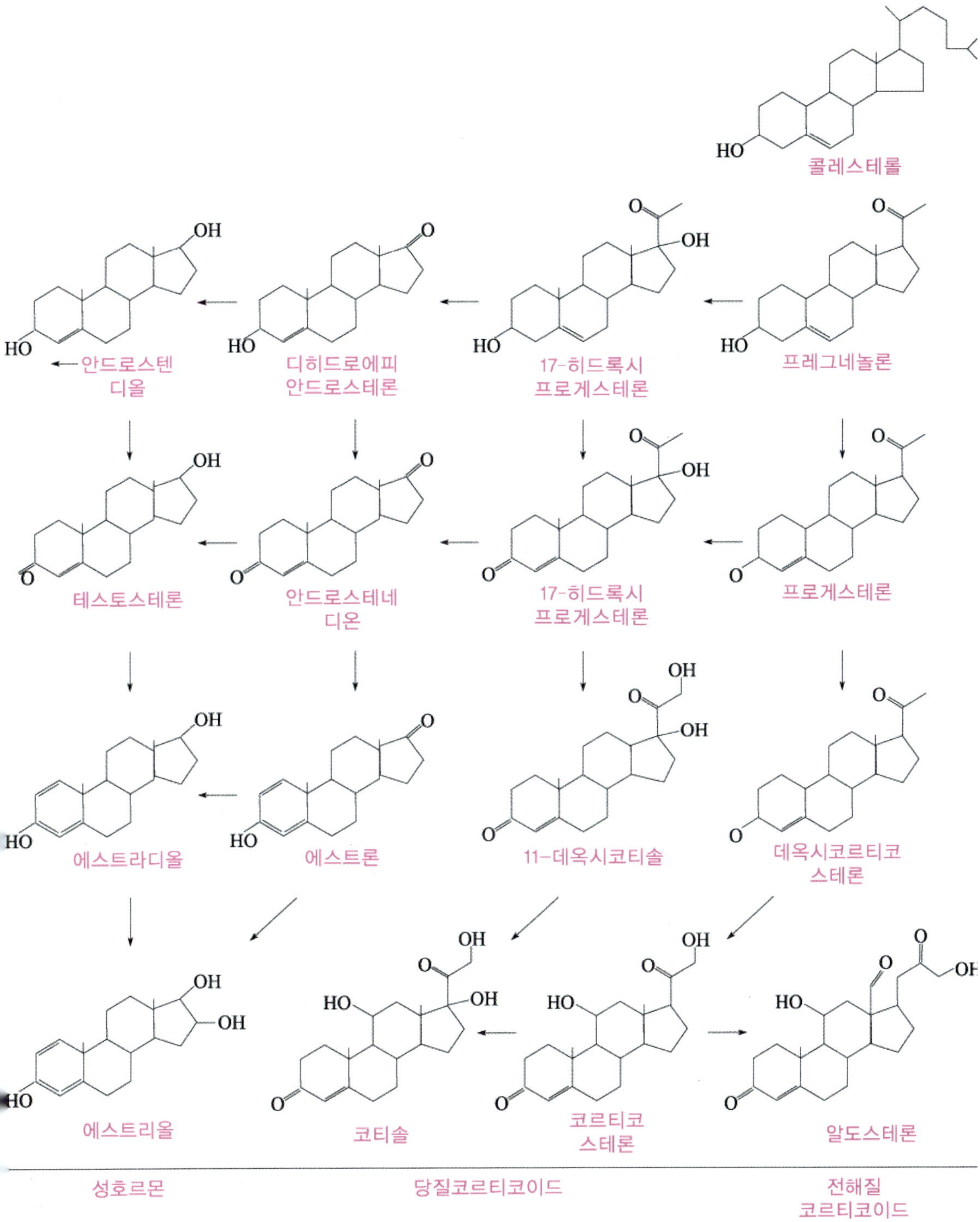

그림 11-16 스테로이드 호르몬의 생성

4. 지질단백질 대사

분자량이 작은 지방산은 혈장 알부민과 결합하여 순환하지만, 트라이글리세롤이나 인지질이나 유리콜레스테롤 및 콜레스테롤 에스터 등의 혈장 지질은 단백질과 결합하여 지질단백질의 형태로 세포 및 조직으로 운반되어 대사에 중요한 역할을 한다.

초원심분리법으로 분류한 지질단백질의 종류는 킬로미크론, 초저밀도지질단백질, 저밀도지질단백질, 고밀도지질단백질이다.

(1) 킬로미크론 (chvlomi-cron)

킬로미크론은 음식에서 유래된 지질을 운반하며 소장점막세포에서 합성되어 혈액으로 분비되는 지질단백질이다. 킬로미크론의 주된 지질성분은 약 85%를 차지하는 중성지방이며, 약 2%의 다양한 아포지질단백질이 포함되어 있는데 주목할 만한 아포지질단백질은 A, B-48, C 등이다.

전기영동에서 킬로미크론 분획은 시작점에 위치하며 정상인에서는 관찰되지 않는다.

트라이아실글리세롤은 소장에서 리파아제의 작용으로 분해되어 생성된 지방산을 점막세포에서 흡수한 뒤에 트라이아실글리세롤으로 재합성한 다음, 아포지질단백질 A 및 아포지질단백질 B-48가 결합한 미성숙 킬로미크론으로 되어 림프액으로 분비된다.

순환하는 미성숙 킬로미크론은 고밀도지질단백질에서 유래된 아포지질단백질 C와 결합하여 성숙 킬로미크론이 되어 혈액으로 분비된다.

혈액을 순환하는 킬로미크론은 혈관 상피세포에서 분비하는 지질단백질 리파아제(lipoproteinlipase, LPL)의 작용을 받는다. 이로써 중성지방은 지방산과 글리세롤로 분해되어 간 혹은 지방조직으로 운반하여 에너지원으로 이용되거나 중성지방으로 재합성되어 저장된다.

중성지방의 분해로 크기가 작아진 킬로미크론 잔유물(chylomicron remnant)은 간으로 운반되어 처리되고, 킬로미크론 잔유물에 남아 있는 콜레스테롤은 간에서 담즙산으로 분해되어 담낭을 거쳐서 십이지장에 분비된다.

(2) 초저밀도지질단백질 (very low density lipoprotein, VLDL)

초저밀도지질단백질은 간에서 생성된 트라이아실글리세롤의 주된 운반체로써 콜레스테롤과 인지질 및 아포지질단백질 등으로 구성되어 있다. 트라이아실글리세롤은 약 45~60%, 아포지질단백은 B-100, C, E이며 pre β 분획에서 볼 수 있다. 간에서 합성되어 분비된 초저밀도지질단백질은 아포지질단백질 B-100과 결합하여 미성숙 초저밀도지질단백질이 되며 고밀도지질백질에서 유래된 아포지질단백질 C 및 아포지질단백질 E와 결합하여 성숙 초저밀도지질단백질이 된다.

초저밀도지질단백질의 트라이아실글리세롤은 지방조직과 근육에서 지질단백질리파아제의 작용으로 분해되고 아포지질단백질 C는 제거되어 초저밀도지질단백질 잔유물인 중간밀도지질단백질(intermediate density lipoprotein, IDL)이 된다. 중간밀도지질단백질은 몇 시간 내에 신속히 분해되어 아포지질단백질 B-100을 가지는 저밀도지질단백질이 된다.

(3) 저밀도지질단백질 (low density lipoprotein, LDL)

저밀도지질단백질은 간성 리파아제(hepatic lipase)의 작용을 받은 중간밀도지질단백질에서 생성된다. 저밀도지질단백질은 약 20% 아포지질단백질, 약 40%의 콜레스테롤 에스터, 약 15%의 유리콜레스테롤을 함유하며 다른 조직이나 세포로 콜레스테롤을 운반한다.

(4) 고밀도지질단백질 (high density lipoprotein, HDL)

고밀도지질단백질에서 단백질의 비율은 약 50%이고 인지질은 약 25~30%, 콜레스테롤은 약 20%이다. 간에서 합성된 고밀도지질단백질은 유리형 콜레스테롤 때문에 원판 형태를 나타내는 미성숙 고밀도지질단백질로서 혈액으로 방출된 다음에, 유리형 콜레스테롤과 레시틴은 레시틴 콜레스테롤 아실전이효소(lecithin cholesterol acyltransferase, LCAT)의 작용을 받아 콜레스테롤 에스터와 리조레시틴으로 된다.

생성된 콜레스테롤 에스터는 소수성이므로 아포지질단백질A-II와 결합하여 고밀도지질단백질의 내부로 들어가서 구형으로 된 다음에 간으로 운반된다.

간으로 운반된 고밀도지질단백질의 콜레스테롤 에스터는 콜레스테롤에스테르분해효소의 가수분해 작용을 받은 다음에 담즙산으로 분해됨으로써 고밀도지질단백질은 혈관세포 및 조직세포의 콜레스테롤 농도를 감소시켜 동맥경화, 고혈압 및 관상동맥심질환을 예방하는 역할을 한다.

(5) 고지혈증 (hyperlipidemia)

고지혈증은 혈장 지질단백질의 트라이아실글리세롤과 콜레스테롤이 비정상적으로 증가한 경우를 의미하며, 유전적 원인에 의하여 발병하는 일차성 고지혈증(원발성 고지혈증)과 당뇨병과 같은 다른 질병에 의하여 발생하는 이차성 고지혈증으로 나눌 수 있다.

1970년에 WHO는 고지혈증을 5가지 유형으로 분류하였다(표 11-2).

고지혈증 및 지질단백질이 비정상적으로 증가한 고지질단백질혈증(hyperproteinemia)을 나타내는 환자의 '공복시 혈청'은 외관상의 특징으로 백색의 혼탁을 나타내거나 흐린 미색의 얇은 기름막을 형성한다.

표 11-2 고지혈증의 분류

<table>
<tr><th colspan="2">유 형</th><th>지단백질 증가</th><th>지질 증가</th><th>특 징</th></tr>
<tr><td colspan="2">Type I</td><td>킬로미크론</td><td>트라이아실글리세롤</td><td>지질단백질리파아제의 결핍
아포지질단백질 C-II의 결손</td></tr>
<tr><td rowspan="2">Type Ⅱ</td><td>Type Ⅱa</td><td>저밀도지질단백질</td><td>콜레스테롤</td><td>저밀도지질단백질 수용체의 결손</td></tr>
<tr><td>Type Ⅲb</td><td>저밀도지질단백질
저밀도지질단백질</td><td>트라이아실글리세롤
콜레스테롤</td><td></td></tr>
<tr><td colspan="2">Type Ⅲ</td><td>초저밀도지질단백질</td><td>트라이아실글리세롤</td><td>혈청혼탁, 유백색의 층</td></tr>
<tr><td colspan="2">Type Ⅳ</td><td>초저밀도지질단백질</td><td>트라이아실글리세롤</td><td>혈청혼탁</td></tr>
<tr><td colspan="2">Type Ⅴ</td><td>킬로미크론,
초저밀도지질단백질</td><td>트라이아실글리세롤</td><td>아포지질단백질
C-II의 결손</td></tr>
</table>

Question

1. 지방산과 산화가 일어나는 세포 소기관은?

2. β-산화반응으로 생성되는 팔미트산의 총에너지(ATP)는?

3. 간과 지방세포에서 지방산 생합성이 일어나는 세포 소기관은?

4. 지방산 생합성의 첫 단계에서 아실기 운반 단백질(ACP)과 결합하는 지방성분은?

5. 케톤체 증가로 인하여 케톤증(ketosis)을 일으킨다. 그 원인은?

6. 간에서 생성되는 케톤체의 종류는?

7. 프로스타글란딘 생성과 관계가 있는 지방산은?

8. 인지질 합성과 관련이 있는 장기는?

9. 인지질 합성에서 시작물질로 작용하는 2가지 지방성분은?

10. 인지질 가수분해효소의 종류를 나열하시오.

11. 콜레스테롤 합성 첫 단계에서 알로스테리 효과(allosteric effect)를 나타내는 효소는?

12. 콜레스테 에스터 형성에 관여하는 효소는?

13. 담즙산의 생성 장기 및 체내 작용은?

14. 부신피질에서 분비되는 호르몬의 종류 및 작용은?

15. 관상동맥심질환과 역상관 관계를 나타내는 지질단백질은?

16. 음식에서 유래하는 킬로미크론이 생성되는 곳은?

17. 고지혈증(hyperlipidemia)일 때 나타나는 혈청의 외관상 특징은?

Chapter 12. 핵산 대사

SECTION 1 퓨린 대사

1. 퓨린 생합성

퓨린 고리는 많은 전구체로부터 여러 단계의 생합성경로를 거쳐 합성된다. 그림 12-1에 퓨린 고리를 구성하는 9개 원자들의 기원을 나타내었다. 글리신(glycine), CO_2, 테트라하이드로엽산(tetrahydrofolate, FH_4,THF)유도체는 탄소원자를 공급하고 글리신, 글루타민(glutamine), 아스파르트산(aspartate)은 질소원자를 공급한다.

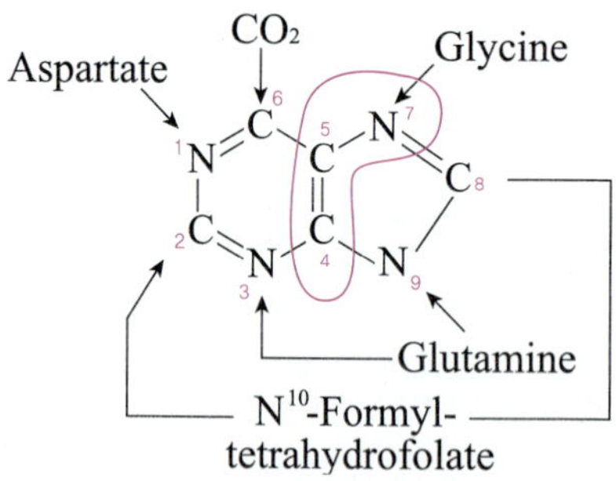

그림 12-1 퓨린 고리를 구성하는 원자의 기원

퓨린 신생합성은 HMP경로에서 유래한 리보오스-5-포스페이트(ribose-5-phosphate)에서부터 시작하여 여러 단계의 생합성경로를 거쳐 일어난다. 우선 리보오스-5-포스페이트는 ATP와 반응하여 5-포스포리보실-1-피로인산(5-phosphoribosyl-1-pyrophosphate, PRPP)를 만든다.
(그림 12-2)

PRPP에 다른 화합물의 원자가 결합해 이노신일인산(inosine-5′-monophosphate, IMP)이 생성된다. IMP는 IMP 탈수소효소(IMP dehydrogenase)에 의해 산화되어 크산로신일인산(xanthosine-5′-monophosphate(XMP))가 되고 이것이 glutamine의 amide기에 의해 amine화되는 과정을 거쳐 구아노신일인산(guanosine-5′-monophosphate, GMP)가 생성된다.

AMP는 IMP가 AMP 합성효소(adeneylosuccinate synthetase)에 의해 AMPS가 되고, 아데닐로숙신산(adenylosuccinate, AMPS)에서 famarate가 제거되어 AMP가 된다(그림 12-3).

이렇게 생성된 GMP와 AMP는 각각 2단계의 인산화를 통해 아데노신삼인산(adenosine triphosphate, GTP)와 구아노신삼이산(guanosine triphosphate, ATP)가 된다.

리보뉴클레오티드에 리보뉴클레오티드 환원효소(ribonucleotide reductase)가 작용하여 2′위치의 히드록시기가 수소로 치환되면 디옥시리보뉴클레오티드(deoxyribonucleotide)가 합성된다.

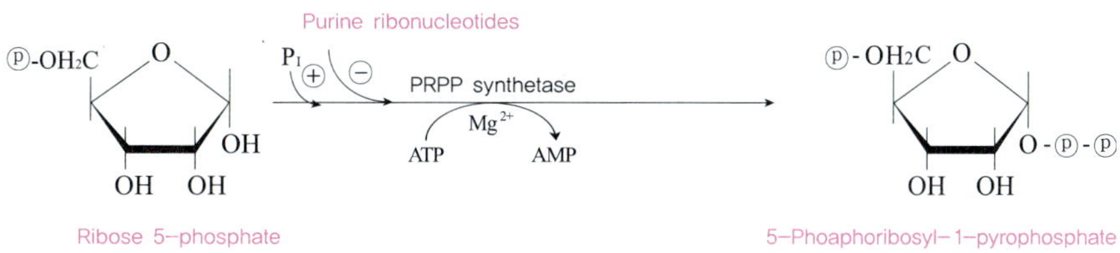

그림 12-2 5-phosphoribosyl-1-pyrophosphate(PRPP)의 합성

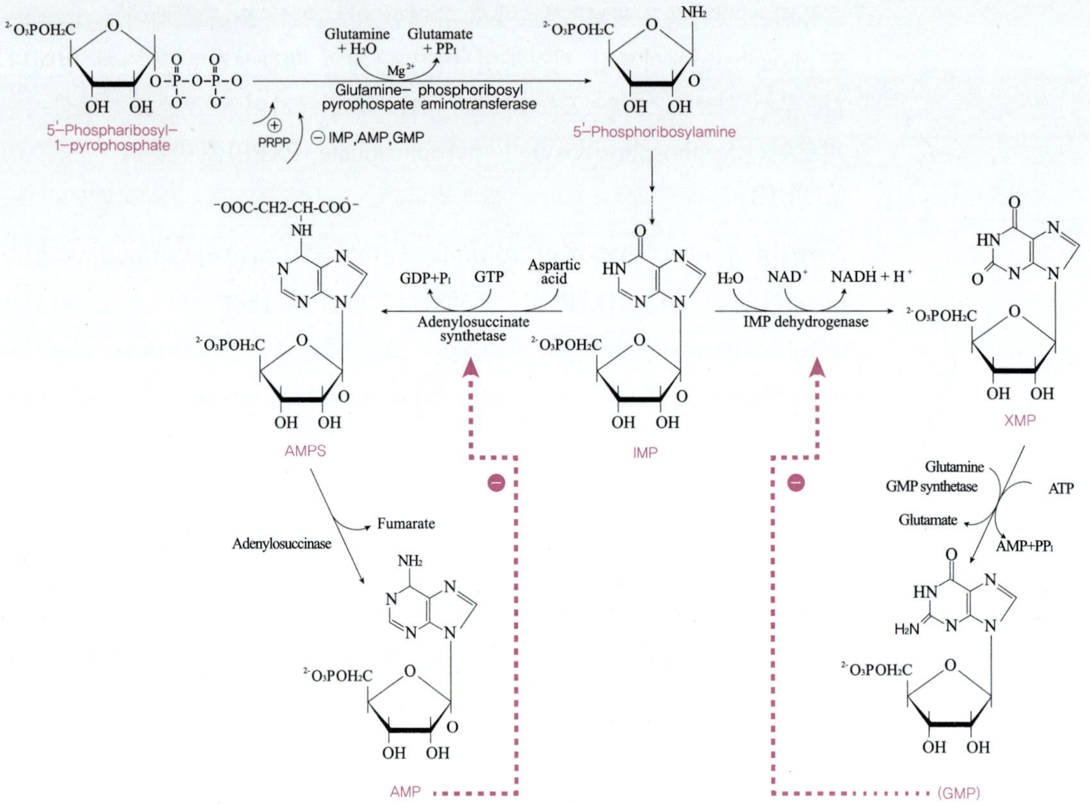

그림 12-3 퓨린 뉴클레오티드의 생합성 경로

PRPP가 5-포스포리보실아민(5-phosphoribosylamine)이 되는 반응은 IMP, GMP, AMP 등의 퓨린 뉴클레오티드에 의해 되먹임 저해(feedback control)를 받는다. IMP가 아데닐로숙신산이 될 때, 최종생성물인 AMP를 되먹임 저해한다. 또한 GMP는 IMP가 XMP가 될 때 되먹임을 저해한다.

2. 퓨린의 분해

사람과 원숭이 뿐만 아니라 개, 조류 등에 있어서 퓨린 유도체의 최종 대사생성물은 요산(uric acid)이다.

퓨린 뉴클레오티드(purine nucleotide)는 탈아미노 효소(deaminase) 및 뉴클레오티다스에 의하여 뉴클레오시드로 되고, 이것은 퓨린 뉴클레오시드 포스포리라아제(purine nucleoside phosphorylase)에 의해 염기와 리보오스-1-포스페이트(ribose-1-phosphate)로 가인산분해되며 염기들은 크산틴(xanthine)을 거쳐 요산으로 대사된다(그림 12-4).

Guide

- **뉴클레오티다스 (nucleotidase)** 뉴클레오티드를 뉴클레오시드와 인산으로 분해하는 효소.
- **아데노신일인산 (IMP)** IMP의 경우도 아데노신일인산 → 이노신 → 하이포크산틴 → 크산틴을 거쳐 요산이 된다.

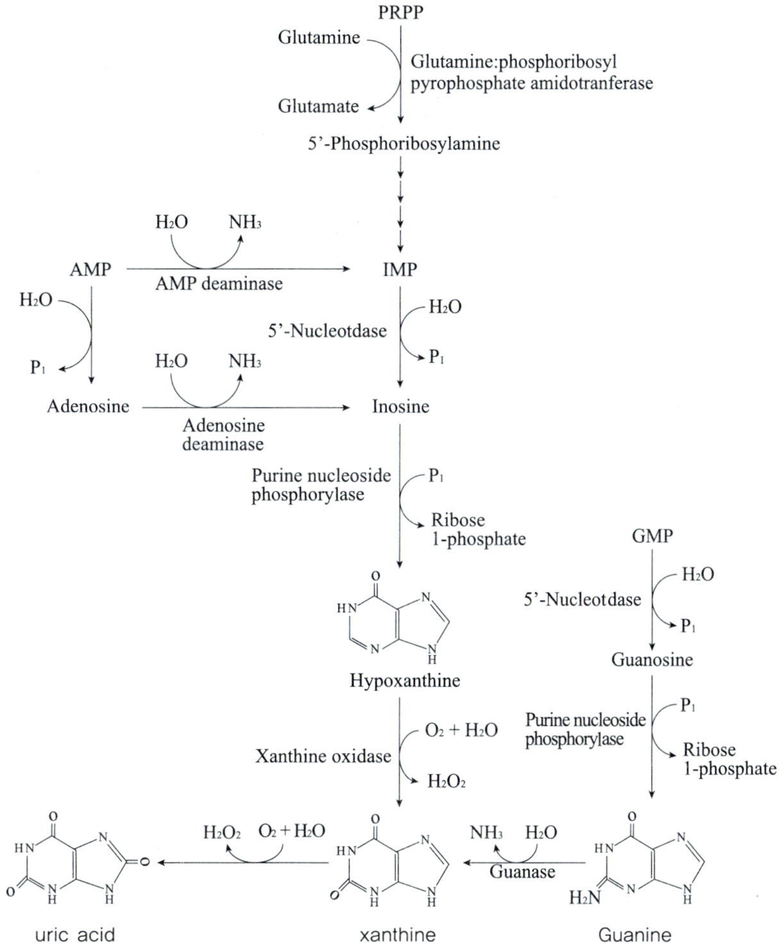

그림 12-4 퓨린 뉴클레오티드의 분해 경로

3. 퓨린 재생경로

핵산의 분해 초기에 생성되거나 또는 식이로부터 얻은 아데닌, 구아닌 및 하이포크산틴(hypoxanthine)이 PRPP와 반응하여 AMP, GMP 및 IMP가 생성되며 이들은 핵산구성요소로 재이용된다. 이것을 재생경로라 한다(그림 12-5, 12-6).

GMP와 IMP의 분해와 그 분해과정 중에 생기는 염기를 재이용한 뉴클레오티드의 재생경로 과정을 묶어 보면 그림 12-7과 같다.

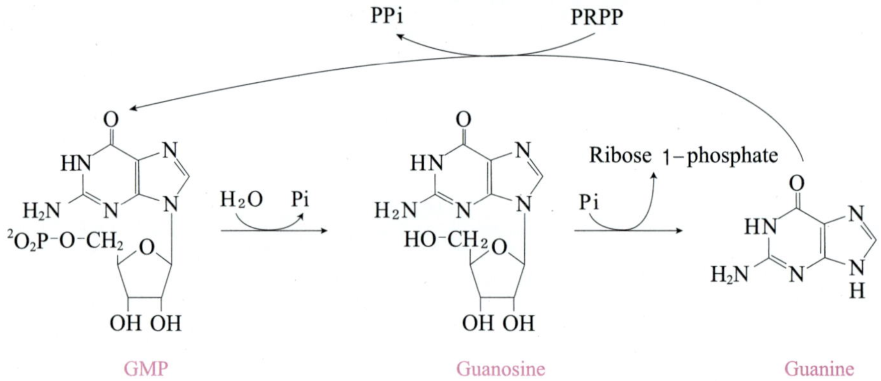

그림 12-5 구아노신일인산(GMP)의 분해와 재생

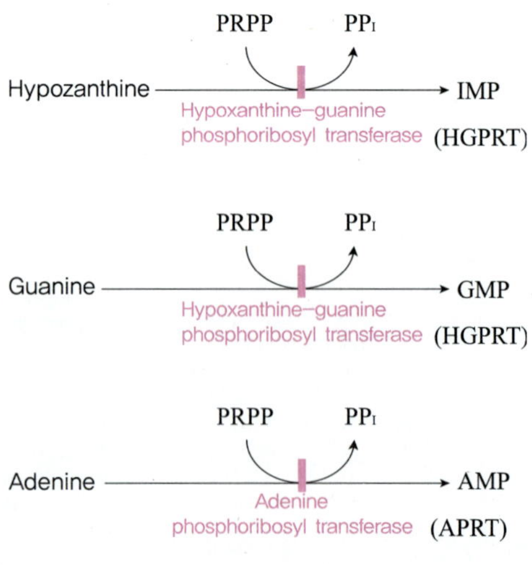

그림 12-6 퓨린 뉴클레오티드 생합성의 재생경로

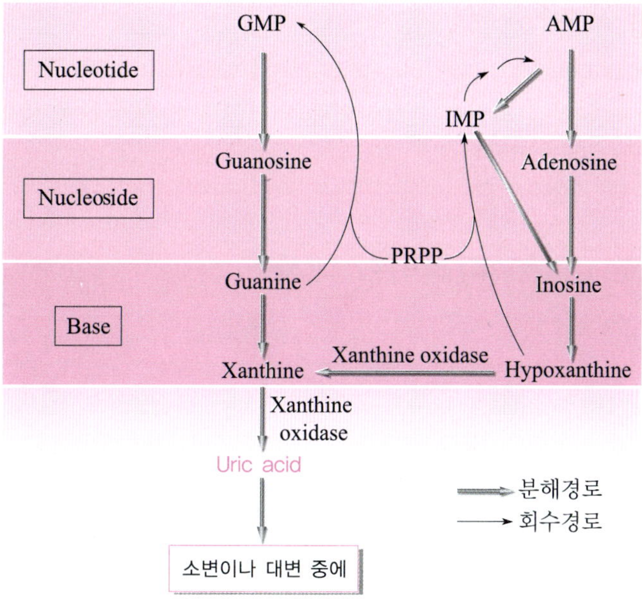

그림 12-7 퓨린 뉴클레오티드의 분해와 회수

4. 퓨린 대사장해

퓨린 대사장해에 의해 과요산혈증(hyperuricemia), 통풍(gout), 크산틴뇨증(xanthinuria), 레쉬-니한증후군(Lesch-Nyhan syndrome) 등이 일어난다.

(1) 과요산혈증

퓨린 뉴클레오티드의 과다생성과 과다섭취 및 흡수증가, 세포성분의 붕괴에 의한 핵단백질이나 핵산의 분해촉진 등으로 요산의 과다 생성, 요 생성저하, 그리고 요로폐쇄 등에 의한 배설저하 등이 일어난다.

(2) 통풍

요산의 합성은 증가하고 배설은 감소되어 관절의 연골, 힘줄, 주위조직에 요산나트륨 결정이 침착되어 일어나는 급성관절염이다.

(3) 크산틴뇨증

크산틴 산화효소(Xanthine oxidase)의 결여로 인하여 크산틴이 요산으로 변화되지 못해 소변으로 배설되는 증상이다.

(4) 레쉬-니한증후군

Hypoxanthine-guanine phosphoribosyl transferase(HGPRT)가 결핍되어 나타나며 임상적 특징은 과요산혈증과 인지장애, 행동장애 등이다.

SECTION 2 피리미딘 대사

1. 피리미딘 생합성

피리미딘 고리의 신생합성에는 아스파르트산, NH_3 및 CO_2가 필요하며 이들이 피리미딘 고리에서 어느 부분을 구성하게 되는가를 그림 12-8에 나타내었다.

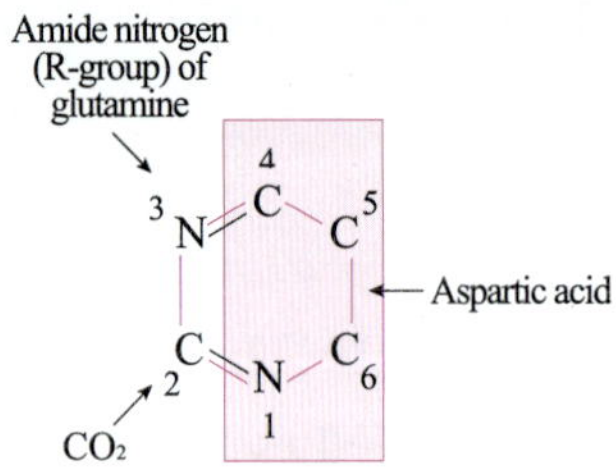

그림 12-8 피리미딘 고리를 구성하는 원자의 기원

피리미딘 고리의 합성은 글루타민 으로부터 유래한 NH_3와 CO_2가 카르바모일인산 합성효소(carbamoyl phosphate synthetase II)의 작용으로 카르바모일인산(carbamoyl phosphate)를 형성하는 반응으로부터 시작된다. 카르바모일인산과 아스파르트산은 카르바모일 아스파르트산(carbamoyl aspartate)으로 생성되고, 이어서 탈수반응과 산화반응으로 오로트산(orotate)이 생성되고, 이것은 5-포스포리보실, 1-피로인산(PRPP)로부터 인산화된 리보오스(ribose phosphate)를 얻어 오로티딜산(orotidylate, OMP)이 된다. OMP는 탈탄산반응에 의해 우리딘일산(uridine-5′-phosphate, UMP)이 된다(그림 12-9).

시티딘 뉴클레오티드는 UMP에서부터 만들어지지 않고 우리딘삼인산(uridine triphosphate, UTP)에서 만들어진다.

즉, UMP가 인산화되어 UTP가 된 다음, CTP 합성효소(CTP synthetase)에 의해 4위치가 아미노화되면 시티딘삼인산(cytidine−5′−triphosphate, CTP)가 생성된다(그림 12−10).

그리고 디옥시티미딘일인산(deoxythymidine−5′−phosphate, dTMP)는 디옥시우리딘일인산(deoxyuridine−5′−phosphate, dUMP)이 메틸화되어 생성된다(그림 12−11).

포유류에서 카르바모일인산를 형성하는 반응을 촉매하는 효소인 카르바모일인산 합성효소는 UTP 및 퓨린 뉴클레오티드에 의해 저해되고, PRPP에 의해서 활성이 증가된다

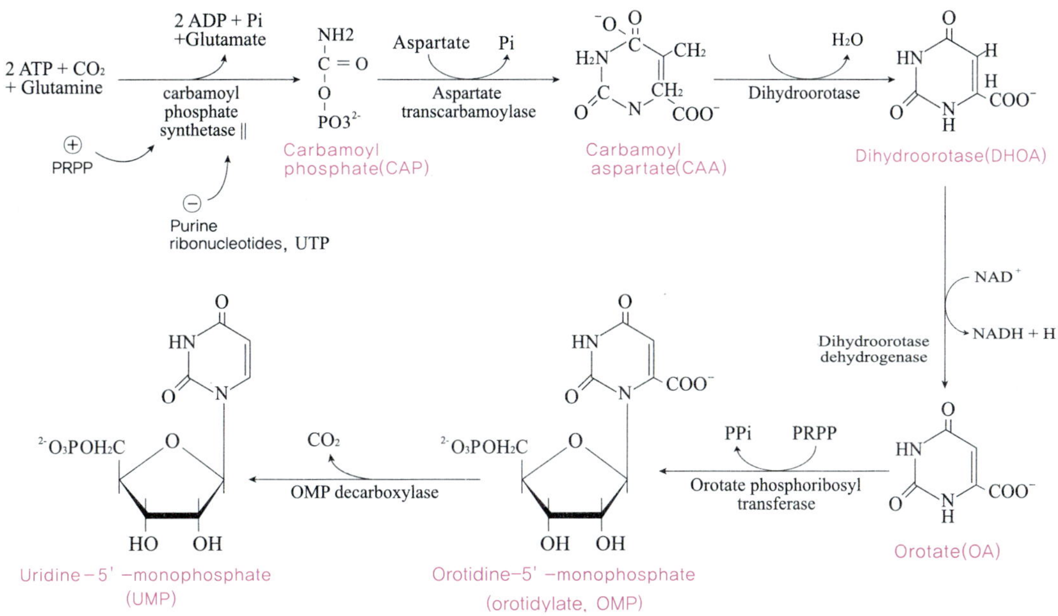

그림 12−9 피리미딘 뉴클레오티드의 생합성 경로

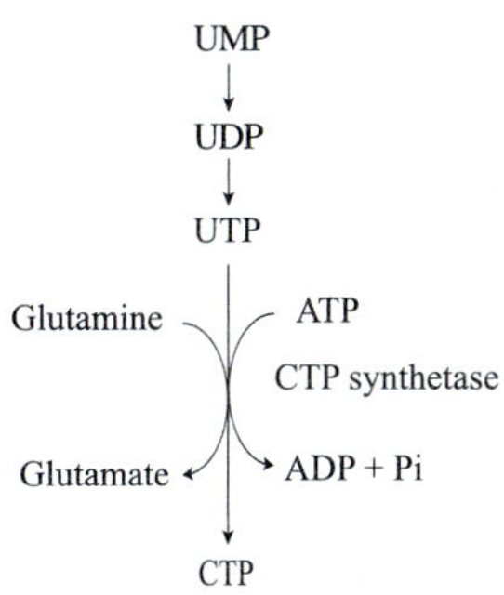

그림 12−10 UTP로 부터의 CTP 합성

2. 피리미딘 분해

피리미딘 뉴클레오티드는 뉴클레오시드를 거쳐 유리염기(우라실과 티민)로 전환되고 더욱 분해되면 우라실은 β-알라닌(β-alanine), NH_3 및 CO_2가 되며 티민은 β-아미노이소낙산(β-aminoisobutyrate), NH_3 및 CO_2가 된다(그림 12-12).

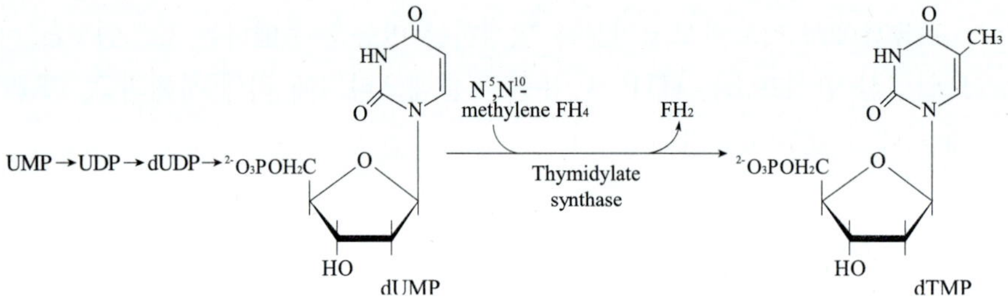

그림 12-11 dUMP로 부터의 dTMP 합성

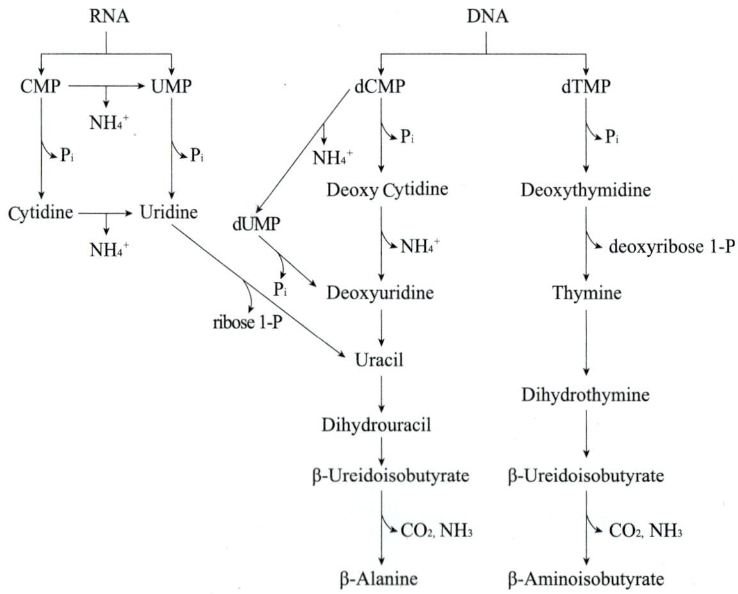

그림 12-12 피리미딘 뉴클레오티드의 분해경로

3. 피리미딘 재생경로

핵산의 분해로 생긴 피리미딘 염기는 PRPP와 반응하여 피리미딘 뉴클레오시드일인산(pyrimidine nucleoside monophosphate)을 생성한다(그림 12-13). 유리 피리미딘 염기들로 뉴클레오티드를 재생하기보다는 뉴클레오시드로부터 각각의 뉴클레오티드로 전환시키는 재생경로가 더 활발하다.

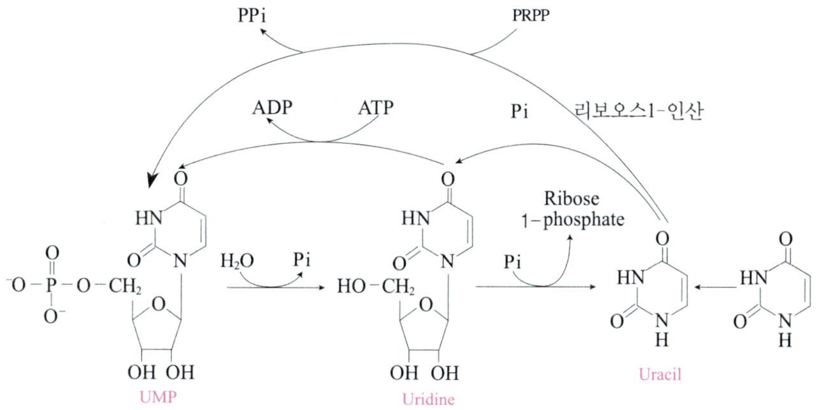

그림 12-13 우리딘 일인산(UMP)의 분해와 재생

4. 피리미딘 대사장해

오로트산이 우리딘일산(UMP)으로 되는 과정에서 필요한 효소는 오로트산을 오솔티딜산(OMP)으로 전환시킬 때 필요한 OPRT(Orotate phosphoribosyl transferase)와, OMP를 UMP로 전환시킬 때 필요한 ODC(OMP, decarboxylase)이다.

효소는 두 개이지만 하나의 단백질이 두 효소의 활성을 가졌으므로, ODC가 저해되면 축적되는 물질은 OMP가 아니라 오로트산이다. 따라서 OPRT와 ODC 중에서 하나 또는 모두가 결핍되면 유전성 질환인 오로틴산뇨증(orotic aciduria)이 일어나며 임상적 특징은 성장지연, 심한 빈혈 및 오로트산의 배설 증가 등이다.

Question

1. 퓨린 골격의 기원을 설명하시오.

2. 피리미딘 골격의 기원을 설명하시오.

3. 퓨린 뉴클레오티드의 생합성 경로를 설명하시오.

4. 피리미딘 뉴클레오티드의 생합성 경로를 설명하시오.

5. 퓨린 유도체의 분해대사를 설명하시오.

6. 피리미딘 유도체의 분해대사를 설명하시오.

7. 퓨린과 피리미딘 생합성에 공통으로 이용되는 물질은 무엇인가?

Chapter 13.

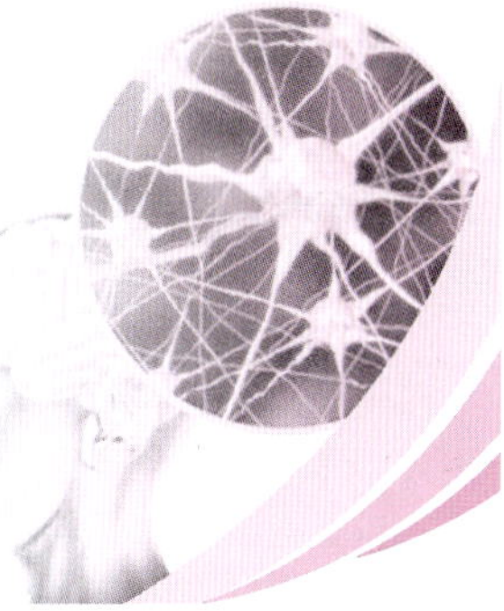

물질대사의 역할

다세포 생물체의 경우, 하나의 세포가 모든 생화학적 경로를 나타내는 생화학적 기구를 가지고 있지는 않다. 시간에 따라 다른 역할을 나타내거나, 필요에 따라 다른 세포를 이용하기도 한다. 생물체의 일상적인 생화학적 과정을 거치면서 자신을 유지하기 위해서는 수많은 반응들이 조절되고 협조되어야 한다.

생물체는 내적 · 외적 조건에 따른 변화에 적응할 수 있다. 생물체의 효소 반응은 영양소와 에너지 면에서 볼 때 반응이 시간마다 최대 비율로 진행되는 것은 낭비이기도 하다. 물질대사 과정의 협조는 사람이나 동물과 같은 다세포성 생물체에서는 필수적인데, 그들 내에 여러 기관들과 조직들이 전체 생물체를 잘 유지하는 데에 중요한 역할을 수행하기 때문이다.

이 장에서는 생물체 내의 대사경로가 어떻게 연결되어 있으며 상호협력하는지를 주요 세포의 생화학적 요구와 역할이라는 측면에서 살펴보기로 한다. 또한 생물체들이 주요 대사경로 대신에 대체경로를 활성화하여 다양한 조건에 반응하는 현상, 그리고 주요 에너지 생체분자인 탄수화물, 지방, 아미노산의 물질대사를 종합하여 각각의 대사 역할을 살펴보자.

SECTION 1 물질대사의 전체적인 전략

1. 물질대사

물질대사는 생화학적 목적에 따라 두 종류로 나뉜다.

이화작용(catabo-lism)은 분해 경로로 규정되며, 지방 · 탄수화물 · 아미노산과 같은 생체분자들이 CO_2와 H_2O로 산화되며 고에너지를 가진 분자(NADH, NADPH, $FADH_2$, ATP)를 생산한다. 동화작용(anabolism)은 작은 전구체가 더 크고 때로는 복잡한 생체분자로 합성되는 과정이며, 필요한 에너지는 고에너지를 가진 분자에 의해서 공급된다.

에너지 물질대사를 요약하여 그림 13-1에 나타냈다. 이들은 탄수화물, 지방, 아미노산의 에너지 물질대사와 관련하여 중요한 경로들이다.

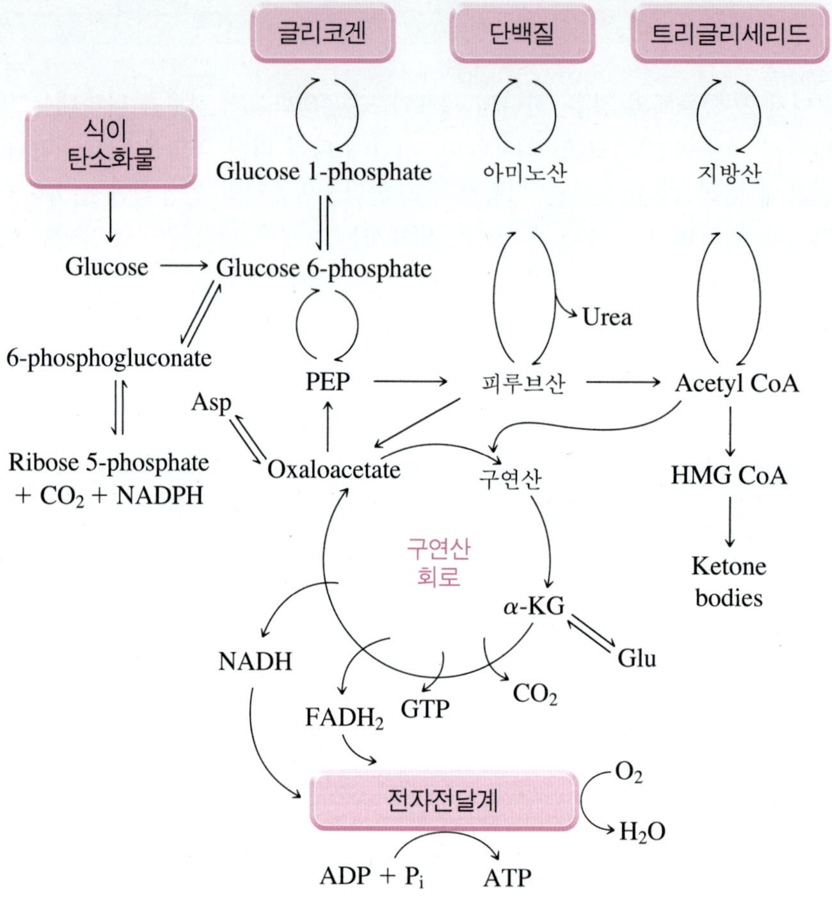

그림 13-1 연료물질대사의 주요 경로

(1) 해당과정 (glycolysis)

해당과정은 무산소성의 물질대사이다. 즉, 산소를 필요로 하지 않지만, 산소성 대사과정(피루브산 탈수소효소복합체, 시트르산 회로, 산화적 인산화)으로 진행하기 위해 한 분자의 글루코오스를 두 분자의 피루브산(pyruvate)으로 분해하는 과정이다.

세포 내에서 무산소성 물질대사가 일어나는 동안, 글루코오스의 산화로 생성된 피루브산은 락트산(lactate)으로 환원된다. 해당과정의 효소는 세포질에 존재하며 신경세포와 근육세포에 많은 양이 집중되어 있다.

(2) 글루코오스 신생합성 (gluconeogenesis)

피루브산, 락트산, 글리세롤, 몇몇의 아미노산과 같은 세 개의 탄소를 포함하고 있는 전구체는 글루코오스를 생성하는 데 사용된다. 대부분의 해당 반응이 글루코오스 신생합성과 가역적으로 진행되나 반응과정은 일치하지 않는다. 대부분 글루코오스 신생합성은 간에서 일어나며, 필요량을 초과한 글루코오스가 글리코겐으로 저장된다.

(3) 포스포글루콘산 경로 (phosphogluconate pathway) [리보오스 인산경로 (ribose phosphate pathway)]

글루코오스를 리보오스 5-인산으로 산화하면서 NADPH를 만드는 탄수화물 물질대사의 특수화된 경로이다. 관련된 효소들은 간세포와 지방조직의 세포질에 존재하며, 지방산 합성, 항산화 작용, 해독작용 등에 필요한 NADPH를 생성한다.

(4) β-산화 (β-oxidation)와 지방산 (fatty acid)의 합성

식이 지방 또는 트리아실글리세롤에서 방출되는 지방산은 아세틸-CoA로 분해되는 과정에서 많은 양의 NADH와 $FADH_2$를 발생시킨다. β-산화에 관여하는 효소는 근육, 심장, 지방조직 내에 있는 세포의 미토콘드리아에 위치하고 있다.

간이나 지방조직의 세포질에서 지방산 합성은 아세틸-CoA에서 시작하는데 먼저 카르복실화(carboxylation)에 의하여 말로닐-CoA(malonyl-CoA)로 활성화되어야 한다. 지방산은 혈청 알부민(serum albumin)과 VLDL에 의해서 혈관을 따라 운반된다.

(5) 아미노산의 분해와 합성

단백질 합성이나 특수화된 물질대사에 필요하지 않은 아미노산은 연료 물질대사의 주요과정에 쓰일 탄소 골격으로 분해된다. 아미노산은 아미노기 전달반응(transamination)과정에 의해 α-케토산으로 전환되고, 이는 시트르산 회로에서 분해된다.

아미노산의 탄소 골격이 대사 과정으로 진입할 수 있는 여러 지점이 있는데, 피루브산, 아세틸-CoA, α-케토글루타르산, 숙시닐-CoA, 푸마르산, 옥살로아세트산 등이 이에 해당한다. 아미노기는 주로 글루탐산으로 변환되고, 요소회로에 의해 요소로 바뀐 후에 몸 밖으로 빠져나간다.

(6) 구연산 회로 (citric acid cycle)

이 중요한 회로는 해당과정에서 생성된 피루브산이 피루브산 탈수소효소 복합체를 거치면서 생성된 아세틸-CoA를 비롯하여 지방산의 β-산화와 아미노산의 산화에 의해 생성된 아세틸-CoA를 모으면서 시작된다. 8개의 효소반응단계를 거치는 과정에서 아세틸-CoA는 세 개의 NADH와 한 개의 $FADH_2$ 및 GTP를 생성한다.

또한 시트르산 회로는 동화작용에 사용되는 작은 구성 물질을 제공하는 역할을 하기도 한다. 예를 들면, α-케토글루타르산이 글루탐산으로 바뀌어지거나, 옥살로아세트산이 아스파르트산이나 포스포엔올피루브산으로 변형되기도 한다.

(7) 산화적 인산화 (oxidative phosphorylation)

미토콘드리아에서 발생하는 복잡한 과정이 실제로는 두 가지 반응으로 ① NADH와 $FADH_2$(위의 경로에서 만들어진)의 전자를 산소에 전달, ② ADP를 인산화하여 ATP를 생성이다. 이 과정에서 산화환원 보조인자들 ($NADH/NAD^+$, $FADH_2/FAD$)이 재순환되며 많은 양의 ATP가 생성된다.

2. 대사경로를 연결하는 중간물질

그림 13-1에 나타나 있는 주요 물질대사 과정의 통합은 다양한 경로가 어떻게 서로 연관되어 있는지를 보여준다. 비록 각 경로들이 다른 생화학적 목적을 가지고 있지만, 몇몇의 공통 중간대사물질을 공유하면서 연결되어 있다. 경로를 연결하는 대사물질을 분기점(branch point)이라 부른다.

많은 반응들이 이런 교차 지점에서 모아지고 나누어진다. 이런 전략적 지점에 있는 주요 대사물질들은 글루코오스 6-인산, 피루브산, 아세틸-CoA, 옥살로아세트산이다.

(1) 글루코오스 6-인산 (glucose 6-phosphate)

특히 간에서, 탄수화물의 물질대사를 위한 주요 대사적 연결부위이다. 해당과정, 글리코겐 대사, 특수화된 6-포스포글루콘산 경로를 연결한다. 글루코오스는 헥소키나아제(hexokinase ; 근육과 간) 또는 글루코키나아제(glucokinase)의 작용에 의해 인산화된 후에 글리코겐으로 저장되거나 또는 바로 사용될지 결정된다.

간과 지방조직에서 글루코오스 6-인산은 NADPH의 생성을 위해서 6-포스포글루쿈산 경로로 사용될 수도 있다.

(2) 피루브산 (pyruvate)

해당과정과 피루브산 탈수소효소복합체에 시트르산 회로와 같은 산소성 물질대사를 연결하는 다리 역할을 한다. 또한 근육 락트산의 이용을 위한 시작점으로, 그리고 글루코오스 생성 아미노산(glucogenic amino acid)의 탄소 골격으로 사용될 수도 있다.

동화작용의 관점에서 보면 피루브산은 옥살로아세트산과 포스포엔올피루브산을 거치는 글루코오스 신생합성이나 시트르산 회로의 중간물질을 공급하기 위한 보충대사반응(anaplerotic reaction)의 시작점으로 작용한다.

(3) 아세틸-CoA (acetyl-CoA)

이 대사물질은 탄수화물, 지방산, 아미노산의 분해대사에서 공통으로 생성되는 물질이다. 아세틸-CoA는 시트르산 회로를 거치면서 CO_2와 H_2O로 분해된다. 동화작용에서 아세틸-CoA는 지방산과 스테로이드 합성의 시작점이다. 옥살로아세트산이 적어서 아세틸-CoA가 시트르산 회로로 진입하기 어려운 대사적 환경에서는, 아세틸-CoA가 케톤체 합성을 증가시키기도 한다.

(4) 옥살로아세트산 (oxaloacetate)

시트르산 회로의 중간물질이기도 한 이 대사물질은 아미노산 대사, 글루코오스 대사, 피루브산 대사와 연관되어 있다. 옥살로아세트산은 아미노산인 아스파르트산과 아스파라긴의 탄소 골격이 된다. 또한 포스포엔올피루브산과 피루브산을 거치는 글루코오스 신생합성에 사용된다.

SECTION 2 기관별 물질대사의 특성과 통합

1. 기관의 물질대사 개요

다양한 기관에서 유일하게 간(liver)만이 대부분의 경로를 수행할 수 있다. 일반적으로 각각의 주요 기관들은 그들만의 독특한 효소에 의해서 자신만의 물질대사와 특정 생화학적 기능을 가진다.

여기서 살펴볼 것은 다양한 세포 형태 간의 업무 분담이다. 각 기관은 사용되는 물질대사 연료의 형태나 저장되는 형태, 그리고 다른 기관으로 이동될 수 있는 물질대사 연료에 따라서 특수화되었다. 이렇게 물질이 공유되기 위해서는 혈류에 의하여 기관 사이에 지속적으로 물질대사산물이 교환되어야 한다.

혈액은 물질대사를 조절하는 호르몬뿐만 아니라 글루코오스, 지방산, 기타 지질, 아미노산, 산소와 같은 대사물질을 수송한다. 혈액은 또한 요소와 CO_2같은 불필요한 산물을 세포로부터 제거하기도 한다. 그림 13-2는 연료의 물질대사가 일어나는 기관들 사이의 상호작용을 나타낸다.

그림 13-2에서 뇌, 골격근, 심근, 간, 지방조직 등 다섯 형태의 기관에서의 물질대사를 살펴보자. 그리고 이 절 뒷부분에서 생리학적, 그리고 환경적 교란이 기관 사이의 대사적 상호 연관성을 어떻게 변형시키는지 알아보기로 한다.

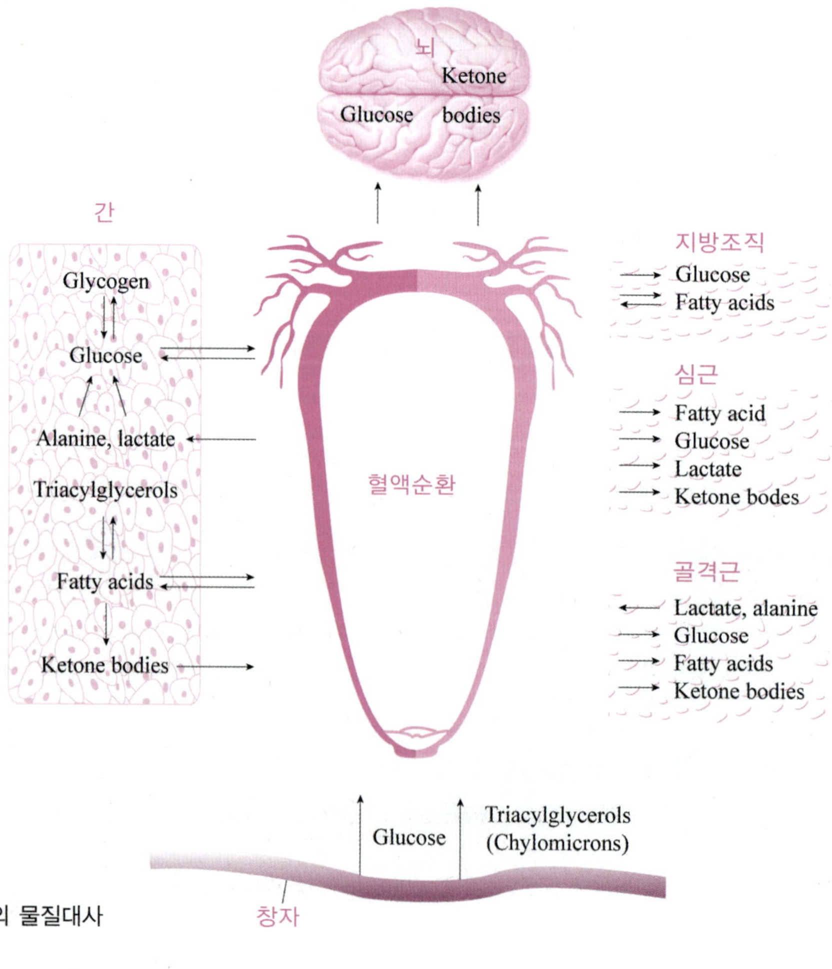

그림 13-2

주요 기관의 물질대사

(1) 뇌 (brain)

1.2~1.3kg 정도밖에 되지 않는 뇌는 60~70kg의 인간 신체의 작은 부분을 차지하고 있다. 그러나 뇌세포는 신체의 총 에너지 요구량 중 최소 20%를 사용하고 있다. 산소성 물질대사에 의해 분해되는 글루코오스는 뇌세포가 선호하는 연료이다. 뇌는 하루에 약 100~120g의 글루코오스를 소비하며 몸이 소비하는 총 산소의 15~20%를 사용한다.

에너지의 대부분은 ATP의 생산에 이용되며, 이는 신경 자극 전달을 위한 막 전위(membrane potential)를 유지하는 데 사용된다(Na^+−K^+ATPase펌프). 쉬고 있든지 움직이든지 뇌는 글루코오스와 산소를 필요로 한다.

뇌세포는 글리코겐을 저장하지 않으므로 혈류를 통해서 글루코오스를 꾸준히 공급받아야 한다. 굶주림이나 질병과 같은 물질대사의 어려운 환경에서 일부 뇌세포는 케톤체(ketone body)를 에너지원으로 사용한다. 케톤체는 간에서 아세틸−CoA로부터 생성되어 혈류를 운반된다.

(2) 골격근 (skeletal muscle)

근조직의 물질대사는 세 가지 중요한 점에서 뇌와 다르다.

첫째, 근육은 글루코오스, 지방산, 때로는 아미노산 등 다양한 연료를 사용한다. 둘째, 근육은 활성 수준에 따라서 다양하게 에너지를 필요로 한다. 마지막으로 근육은 글리코겐의 형태로 글루코오스를 저장할 수 있다. 근육세포는 휴식 시에는 혈류에 의해 공급되는 지방산을 주로 이용하고, 근 수축 시에는 글리코겐으로부터 생성된 글루코오스를 주로 이용한다.

근육세포는 인산기를 가수분해시키는 글루코오스 6−포스파타아제(glucose 6−phosphatase)가 없기 때문에 다른 세포와 글루코오스를 공유할 수 없다. 크게 힘들지 않은 일을 하는 동안에는 지방산이 아세틸−CoA로 분해되는데, 신체의 총 산소 소비의 30%까지 이용한다. 근육의 활동이 평균이상일 때는 글루코오스의 무산소성 대사로 인해 락트산(lactate)의 양이 증가한다.

근육이 최대로 활동하는 동안이나 에너지가 긴급히 필요할 때 근육세포는 고에너지 화합물인 포스포크레아틴(phosphocreatine)에 있는 에너지를 이용할 수 있으나, 이 물질의 양이 적어서 1분도 지속되지 못한다.

$$\text{포스포크레아틴} + \text{ADP} \xrightleftharpoons{\text{크레아틴키나제}} \text{크레아틴} + \text{ATP}$$

근육세포는 단백질을 분해해서 생성된 아미노산을 물질대사 연료로 이용할 수 있다. 그러나 단백질, 특히 효소의 막대한 손실은 근육 기능에 해를 미칠 수 있다.

(3) 심근 (heart muscle)

심근은 기능과 물질대사 관점에서 골격근과 여러 가지로 다르다. 심장의 활성 수준은 근육보다 훨씬 작고, 심근은 글리코겐이 없거나, 있다고 하더라도 매우 적은 양을 저장한다. 또한 심근은 우선적으로 산소성 물질대사로 작동한다. 심장은 몸이 쉬고 있을 때 에너지를 얻기 위해 지방산의 산소성 물질대사에 의존한다. 그러나 더 많은 에너지가 필요할 때는 글루코오스, 락트산, 피루브산, 케톤체 등을 이용할 수 있다. 이들 연료 분자들은 혈류를 통해 심근으로 공급된다.

(4) 간 (liver)

대부분의 다른 조직들은 이화작용에 중점을 두고 있으나, 간은 이화작용과 동화작용의 역할을 동시에 수행한다. 간은 지방산 · 글루코오스 · 아미노산, 케톤체 등을 합성하여 혈류를 통해 다른 조직으로 이동시키며, 글루코오스 · 락트산 · 지방산 · 아미노산 등의 다양한 연료 분자를 효소를 이용해 분해하기도 한다. 간은 글루코오스를 글리코겐으로 저장함으로써 필요할 때 글루코오스를 혈류로 방출시키기도 한다.

간은 혈중 글루코오스 농도를 조절하는 중요한 역할을 수행한다. 이는 간의 독특한 효소인 글루코키나아제(glucokinase)를 통해서 가능하다. 혈중 글루코오스 농도가 높을 때, 특히 식사 후에 간은 글루코오스를 인산화시켜 글리코겐으로 저장한다. 혈중 글루코오스 농도가 낮을 때는 글리코겐 포스포릴라아제에 의해서 글리코겐의 분해가 시작된다.

이때 생성된 글루코오스 1-인산은 글루코오스 6-인산으로 바뀐다. 이는 글루코오스 6-포스파타아제에 의해 가수분해되어 인산기는 물에 전달되고 글루코오스는 혈류를 통해 다른 조직으로 공급된다.

(5) 지방조직 (adipose tissue)

지방세포로 구성된 지방조직은 연료 분자를 장기간 저장할 수 있는 중요한 기관이다. 70kg의 사람의 지방조직에 저장된 트리아실글리세롤(triacylglycerol)은 몸에 저장된 총 에너지의 약 50~70%에 해당한다.

이는 적절한 활동을 하면서 추가적인 음식물의 섭취가 없어도 1~2개월 동안 에너지를 공급할 수 있는 양이다. 지방세포는 트리아실글리세롤의 합성과 분해가 가능하도록 대사체계가 갖추어져 있다. 저장된 지방산이 가수분해되어 분비되는 것은 리파아제(lipase)에 의해 촉매되며 이는 호르몬에 의해 조절된다.

지방산은 혈류로 방출되어 다른 세포에 의해 이용된다. 지방산이 연료로 사용되지 않으면 트리아실글리세롤 형태로 저장된다. 포스포글루콘산 경로(phosphogluconate pathway)는 지방산 합성에 필요한 NADPH를 합성한다.

2. 간에서의 통합된 대사 경로

간의 물질대사에 있어서 두드러진 특징은 에너지 물질대사를 위해서 다른 조직에 분자를 공급하는 것이다. 간은 혈류를 통해서 글루코오스를 공급하여 골격근의 물질대사를 돕는다. 간은 또한 심장이나 지방조직에 지방산을 공급하고, 골격근 · 뇌 · 심장에는 연료 분자인 케톤체를 공급하기도 한다. 에너지가 부족한 세포에 고에너지 대사물질을 공급한다.

(1) 코리 회로 (Cori cycle)

골격근은 특히 활발한 근수축 시에 글루코오스를 피루브산(pyruvate)으로 산화시키는 해당과정을 통해 에너지를 얻는다. 매우 활동적인 근육에서 무산소성 물질대사가 진행되는 동안, 피루브산은 탈카르복실화에 의해 아세틸-CoA를 생성하는 대신에 락트산(lactate)으로 환원된다.

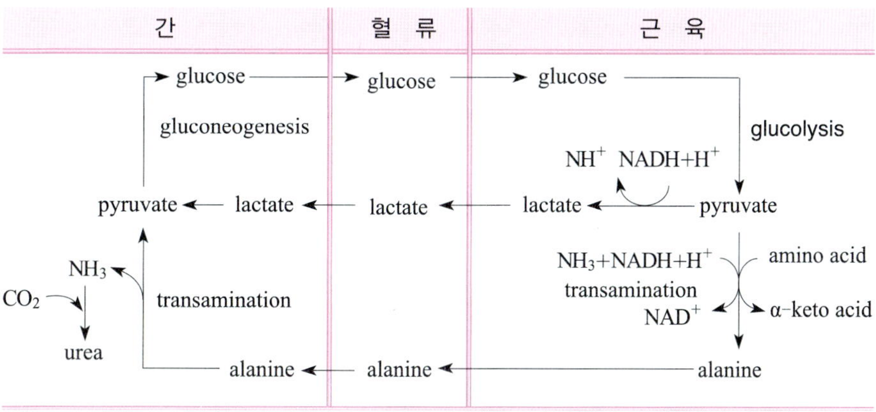

그림 13-3 코리 회로

활동적인 근육에서 많은 양의 NADH가 있는 경우에 이 과정이 선호된다. 축적된 락트산은 근육으로부터 방출되고 혈류를 통해 간에 의해 흡수되어 글루코오스 신생합성에 사용된다.

근육에서 간으로 이동된 락트산은 피루브산으로 산화되어 글루코오스 합성에 이용된다. 골격근과 간세포 사이에 공유된 이러한 물질대사과정을 코리 회로(Cori cycle)라 부른다(그림 13-3).

(2) 글루코오스-알라닌 회로 (glucose-alanine cycle)

간과 골격근 사이에 연관된 다른 경로는 글루코오스-알라닌 회로이다. 이 경로는 아미노산인 알라닌이 근육에서 간으로 이동된다. 근육의 해당과정에서 생성된 피루브산은 이미노기 전달반응(transamination)에 의하여 알라닌으로 전환된다.

$$\text{피루브산} + \text{글루탐산} \xrightleftharpoons{\text{아미노기 전달효소}} \text{알라닌} + \alpha\text{-케토글루타르산}$$

혈류를 따라 간으로 이동된 알라닌은 아미노기 전달반응을 거쳐서 피루브산을 합성하고 이는 다시 글루코오스 신생합성에 사용된다. 만들어진 글루코오스는 다시 골격근으로 돌아와서 에너지 물질대사에 사용된다.

SECTION 3 호르몬에 의한 물질대사의 조절

세포나 조직에서 발생하는 많은 물질대사 활성은 정확한 협조(coordination)와 조절(control)을 요한다.

혈액 중 글루코오스의 양(혈당량)은 어느 정도 좁은 범위에서 유지되어야 한다. 식사 후 여러 시간을 쉬고 있을 때의 혈당농도는 평균 4.5mM(혈액 100ml당 약 80mg)이며, 일반적으로 섭취하는 양인 탄수화물(90g) · 단백질(30g) · 지방(20g)을 포함한 식사를 한 직후의 혈당량은 6~7mM(혈액 100ml당 약 100~125mg)로 다소 높게 나타난다.

반면에 몇 시간 동안 적절한 활동을 한 후의 혈당량은 약 3.5mM로 감소한다. 몇 주 동안의 굶주림 이후에도 혈당량은 3mM 범위 아래로 감소하지 않는다. 호르몬인 인슐린과 글루카곤은 상호 보완적으로 작용하여 혈당량을 약 4.5mM로 유지하도록 해준다.

1. 인슐린

51개의 아미노산으로 구성된 폴리펩티드이며 분자량이 5,800이다. 인슐린은 혈당이 증가되면 췌장의 베타세포에서 합성되어 혈액으로 분비된다.

분비 후 나타나는 몇 가지 생화학적 효과는 다음과 같다.

① 글루코오스를 얻기 위하여 근육과 지방조직의 투과성을 증가시킴
② 간에서 글리코겐의 합성과 해당과정을 촉진함
③ 지방조직에서 트리아실글리세롤의 가수분해를 억제함
④ 간과 지방조직에서 트리아실글리세롤의 합성을 촉진함
⑤ 피루브산 탈수소효소복합체의 활성을 증가시킴

표 13-1 주요 호르몬의 생화학적 작용

호르몬	촉진되는 생화학적 작용	억제되는 생화학적 작용
인슐린	• 글루코오스에 대한 근육과 지방조직의 투과성 • 해당과정 • 글리코겐의 합성 • 트리아실글리세롤의 합성	글루코오스신생합성 글리코겐의 분해 혈당량
글루카곤	• 간과 지방조직에서 cAMP 합성 • 글리코겐의 분해 • 혈당량	• 글리코겐의 합성 • 해당과정
에피네프린	• 골격근에서 cAMP 합성 • 트리아실글리세롤의 가수분해 • 글리코겐의 분해 • 혈당량	• 글리코겐의 합성

2. 글루카곤

글루카곤은 29개의 아미노산으로 구성된 폴리펩티드이며 분자량은 3,500이다. 췌장의 랑게르한스섬(islets of Langerhans)의 알파세포에서 합성되고 분비된다. 인슐린과는 대조적으로 글루카곤은 "기아 상태(starved state)" 를 알리는 신호로 작용하며 혈당량을 증가시키는 기능을 한다. 글루카곤은 혈당량이 정상보다 감소했을 때에 분비된다.

글루카곤의 표적 기관은 간이며, 간세포를 자극하여 글리코겐의 분해(글리코겐 포스포릴라아제에 의한)를 증가시키고 혈액 내로 글루코오스를 분비한다. 글루카곤의 메시지는 신호전달 과정을 통해서 간세포 내로 보내진

다. 주된 작용은 아데닐산 고리화효소(adenylate cyclase)를 활성화하여 고리형 AMP(cAMP)를 증가시키는 것이다.

$$ATP + H_2O \xrightleftharpoons{\text{아데닐산고리화효소}} \text{cyclic AMP} + PPi$$

3. 에피네프린

에피네프린(아드레날린)은 탄수화물과 지방산의 물질대사를 조절하는 카테콜아민(catecholamine)이다. 에피네프린은 부신속질(adrenal medulla)에서 환경적 또는 대사적 스트레스에 반응하여 분비된다.

에피네프린의 세포내 활성은 신호전달을 통해서 나타난다. 에피네프린의 근육세포에 있는 특정 수용체에 결합하면 아데닐산 고리화효소를 활성화하여 고리형 AMP를 생성한다.

근육세포에서 고리형 AMP의 양이 증가하면 리파아제가 활성화되어 트리아실글리세롤로부터 지방산을 만들고 또한 글리코겐 포스포릴라아제를 자극하고 글리코겐 생성효소를 억제하여 글루코오스의 양을 증가시킨다.

최종 결과는 에너지 대사를 위해서, 특히 에너지를 긴급히 필요로 하는 시기에, 글루코오스나 지방산의 양을 증가시키는 것이다. 에피네프린의 작용은 인슐린의 분비를 억제하고 글루카곤의 분비를 촉진하여 증진된다. 에피네프린은 또한 지방조직에 작용하여 고리형 AMP의 양을 증가시킨다.

SECTION 4 스트레스에 대한 물질대사 반응

물질대사의 조절, 협조, 특성에 관한 세부 사항을 앞에서 살펴봤다. 위의 내용은 하루 3회의 식사와 8시간의 휴식, 그리고 적절한 운동 등의 대사적 조건에서 기술되었다. 그러나 사람은 칼로리의 섭취가 적을 때 또는 많은 양의 에너지를 요하는 극단적인 수준의 활동에서도 생활해야 한다.

물질대사 협조(coordination)의 유연성으로 인해 물질대사 체계는 여러 가지 방법으로 변형된다. 사람과 동물은 물질대사에 스트레스를 유발하는 여러 상황에 빠르게 적응할 수 있다.

대표적인 교란 상태의 예는 단식이나 굶주림 및 운동이나 질병 등이다.

먼저 정상적인 생활방식에서의 물질대사를 서술하고 이어서 물질대사가 스트레스에 반응하는 조절작용을 비교 할 것이다.

1. 일반적인 생활 방식

물질대사를 변화시키는 요인을 서술하기 전에 정상적인 식사 주기의 생화학적 현상을 설명한다.

탄수화물 등의 음식을 섭취하면 다음과 같은 현상이 순서대로 나타난다.

① 식후 얼마 안 되어 혈당량이 증가하기 시작한다. 주로 글루코오스인 단당류는 창자에서 흡수되어 혈류를 통해 뇌, 간, 골격근으로 분배된다.
② 혈당량이 증가하면 인슐린의 분비가 촉진되고 글루카곤이 억제된다. 이로 인해 글루코오스가 간에서 흡수되어 글리코겐의 합성이 증가하고 분해가 억제된다.
③ 간에서 지방산의 합성이 촉진되어 트리아실글리세롤의 저장량이 증가한다. 트리아실글리세롤은 또한 혈류 내의 VLDL에 의해 운반되어 지방조직에 저장된다.
④ 근육에 있는 풍부한 글루코오스가 글리코겐으로 저장된다.

식후 몇 시간이 지나면, 혈당량은 떨어지기 시작하고 다음과 같은 현상이 나타난다.

① 인슐린의 분비가 감소하고 글루카곤의 분비가 촉진된다.
② 일정한 혈당량을 유지하기 위해서 간에 저장된 글리코겐이 분해한다.
③ 지방세포에서 인슐린의 억제 작용이 사라지면서 리파아제의 활성이 나타난다.
④ 인슐린의 양이 감소하면 근육과 간, 그리고 지방세포에서 글루코오스의 흡수가 감소하여 해당 작용이 늦어진다.
⑤ 글루코오스 신생합성에 의해 생성된 글루코오스가 간에서 뇌로 이동한다.

2. 물질대사를 변화시키는 요인

(1) 기아 및 단식

음식물의 섭취가 며칠 동안 정지되었다면 어떠한 현상이 일어날까? 신체의 물질대사는 어떻게 이런 종류의 스트레스에 대응하는가?

첫째 방어선은 만약의 경우를 대비하여 저장해 두었던 연료를 사용하는 것이다.

표 13-2는, 평균적인 사람에 있어서 글리코겐 · 트리아실글리세롤 · 단백질의 형태로 저장된 대사 에너지의 총량을 보여준다.

표 13-2 글리코겐, 트리아실글리세롤 및 단백질의 형태로 저장된 대사 에너지의 총량

조직/연료형태	대략적인 저장연료(kJ)	연료가 소진될 때까지 걸리는 시간		
		기아(일)	걷기(일)	마라톤(분)
지방조직/트리아실글리세롤	337,000	34	11	4,012
간/글리코겐	1,500	0.15	0.05	18
근육/글리코겐	6,000	0.6	0.2	71
유리글루코오스(혈액 등)	320	0.03	0.01	4
총체 단백	150,000	15	5	1,786

연료가 지속될 수 있는 시간을 여러 종류의 활동에 따라 계산하였다. 그림 13-4는 지속적인 기아 현상 동안 나타나는 글루코오스, 지방산, 케톤체 혈장농도의 변화이다.

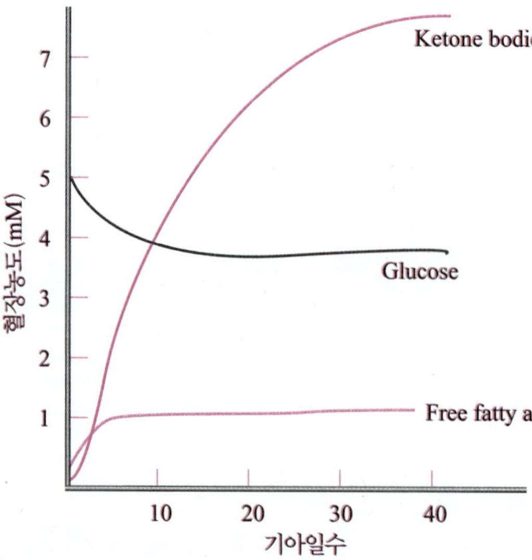

그림 13-4 기아 상태에서 나타나는 글루코오스, 지방산 및 케톤체 혈장농도의 변화

① 보통 사람의 트리아실글리세롤 저장량은 활동량에 따라서 1~2개월 또는 그 이상 지속하는 데 충분한 양이다. 지방산이 분해되면 아세틸-CoA의 양이 증가하여 케톤체의 생산이 유도된다.
② 근육과 간의 총 글리코겐(7500 kJ, 약 1800cal)은 활동량에 따라서 12~18시간밖에 지속되지 않는다. 근육과 심장 그리고 간과 같은 조직은 글리코겐과 글루코오스의 양이 감소할 때 연료로 지방산을 사용하기 시작한다. 그러나 뇌는 적절한 기능을 발휘하기 위해서 글루코오스를 필요로 한다. 간은 뇌의 글루코오스 요구를 충족시킬 수 없으나 케톤체를 생산하여 보상할 수 있다.
③ 150,000 kJ까지 생산할 수 있는 잠재력을 지닌 근육 단백질은 에너지가 부족할 때 풍부한 에너지원으로 사용된다. 아미노산의 산화를 통해 약간의 도움이 제공되기는 하나, 근육의 단백질이 과다하게 분해되면 주요 효소가 손실되고 근육 조직의 낭비가 유발될 수 있다. 단백질이 사용되는 속도는 시간에 따라서 크게 변한다. 단식을 시작한 후 3일째에는 하루에 약 150g의 단백질이 분해된다.

(2) 체중 감량

사람이 과다한 체중을 줄이기 위해 다이어트를 하는 동안에도 위에서 나열한 현상을 경험할 수 있다. 아마도 대부분 가장 널리 사용되는 다이어트 음식은 고단백질, 저탄수화물, 저지방으로 구성될 것이다. 이러한 음식은 우리의 몸으로 하여금 단식 또는 기아에서와 같은 생화학적 조절을 거치도록 하나 좀더 온건하고 통제 가능한 방법으로 진행되도록 하는 것이다.

(3) 당뇨병 (diabetes mellitus)

당뇨병 환자는 단식이나 체중 감량을 하는 사람에게서 나타나는 물질대사의 결과를 대부분 경험한다. 당뇨병은 글루코오스는 풍부하나 세포가 이를 이용할 수 없다. 그 이유는 인슐린이 부족하거나(I형) 또는 인슐린 반응 메커니즘이 손상되었기 때문이다(II형). 글루코오스의 대사가 실질적으로 정지되면(뇌와 간은 제외), 물질대사 회로는 연료로 트리아실글리세롤을 사용하여 적응한다.

주요 경로는 지방산의 β-산화, 글루코오스 신생합성, 케톤체 대사 등이다. 치료하지 않은 I형 당뇨병 환자는 케톤증을 나타낸다.

Question

1. 주형 DNA의 서열이 5′−ACTGATTGGCAT-3′이다. tRNA의 안티코돈의 서열은?

① 5′−ACUGAUUCCGTA−3′
② 5′−ATGCCAATCAGT−3′
③ 5′−ATGCCAATCAGT−3′
④ 5′−ATGCCAATCAGT−3′

2. DNA가 5′−에서 3′−으로 합성하는 이유는?

① 3′ 말단에 hydroxyl기가 있으므로
② DNA의 polymerase는 5′−말단에서 3′말단 polymerizing 활성이 있기 때문에
③ 3′−말단에서 5′−말단으로 DNA polymerase가 교정기능이 있으므로
④ RNA의 polymerase는 5′−말단에서 3′말단 polymerizing 활성이 있기 때문에

3. 지외선에 노출이 심하면 DNA도 영향을 받는다. 자외선을 많이 조사 받았을 때 생길 수 있는 것은?

① 염기유사체의 형성
② DNA 염시사이의 삽입에 의한 변형
③ 탈아미노 변이
④ primidine dimer

4. 정상인에서 80개의 아미노산으로 구성된 단백질이 활성을 가지고 있는데 특정 환자의 단백질을 살펴 보았더니 50개의 아미노산으로 구성된 단백질을 가지고 있었다. 다음 중에서 가능한 이유로 가장 타당한 것은?

① 염기치환에 의한 silent mutation이 생겼다.
② 염기결손에 의한 missense mutation이 생겼다.
③ 점 돌연변이에 의해서 nonsense mutation이 생겼다.
④ 염기첨가에 의해서 missense mutation이 생겼다.

5. Thymine을 가지고 있는 RNA는?

① mRNA
② rRNA
③ tRNA
④ hnRNA

Chapter 14.

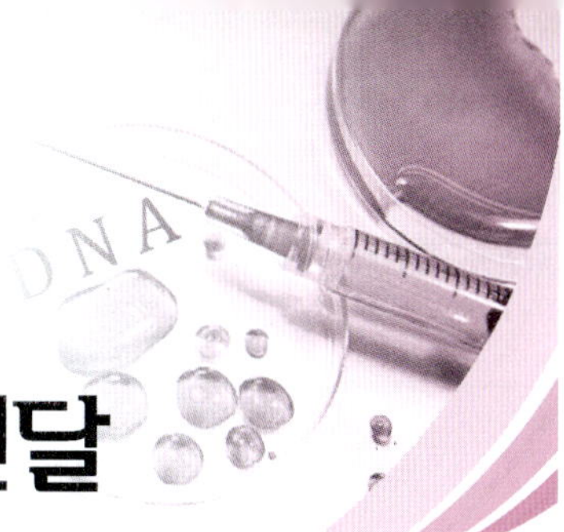

유전정보 보존과 전달

1950년대의 생물체를 구성하는 DNA, RNA 및 단백질 등의 거대분자에 대한 연구는 생명과정의 근본적 성질, 즉 생물학적 정보의 흐름을 이해하는 기초를 이룩하였다. 이 후의 계속된 연구는 유전정보와 그것의 복제 및 생체계내에서의 전달에 대하여 분자적인 수준에서 이해할 수 있게 하였다.

특히 DNA에 대한 분자적 연구는 재조합 DNA를 만들고 그것의 유전정보를 세포에서 발현시킬 수 있는 기술을 확립하게 하였으며 이 분야의 생물학적 연구는 생물공학의 시대를 열게 하였다.

세포내의 DNA는 어머니쪽 유전자의 반과 아버지쪽 유전자의 반이 난자와 정자의 형태로 합쳐진 하나의 완전한 유전자를 갖는 세포로 이루어진다. 이렇게 부모의 유전자가 자식들에게 전달되는 과정을 유전(inheritance)이라고 하고 유전자(gene)라는 유전정보가 있으며, 유전자 집합체를 데옥시라이보핵산(Deoxyribonucelic acid, DNA)이라고 한다.

Chromosomal DNA는 진핵생물 핵속의 염색체 뿐만아니라 미토콘드리아 및 식물세포의 엽록체에도 존재하며 핵이 없는 원핵생물은 하나의 염색체를 가지고 있으며 또 다른 DNA 조각인 plasmid 형태의 DNA도 있다. DNA는 세포가 분열 할 때마다 정확히 복제되어야 하며 DNA가 담고있는 유전정보는 필요에 따라 선택적으로 발현이 되어야 한다.

유전정보는 DNA를 주형(template)으로 하여 RNA의 합성을 전사(transcription)하고 단백질로 번역(translation)되어 발현되며 이를 분자생물학의 중심원리(central dogma)라 한다. 세포에서 유전정보의 복제와 전달, 발현과정이 정확하게 일어나야 생물은 정상적으로 생존할 수 있다.

여러 가지 요인들에 의해 DNA에 손상이 일어나면 이 과정들이 비정상적으로 되어 돌연변이(mutation)가 일어나거나 치명적이 되므로 세포는 손상된 DNA를 복구하는 DNA 회복기구(repair mechanism)를 가지고 있다.

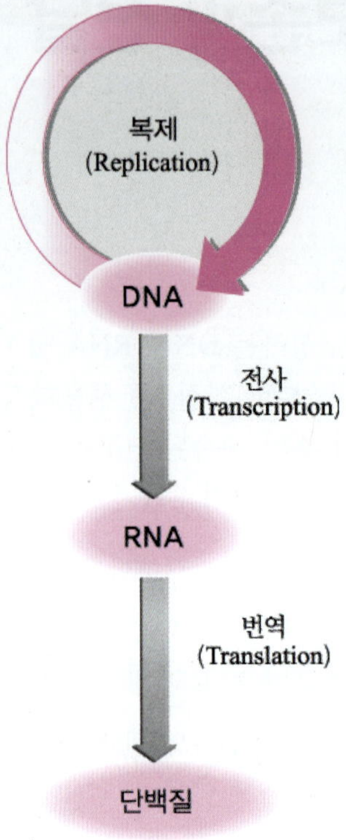

그림 14-1 분자 생물학의 중심원리

SECTION 1 DNA 복제와 회복

DNA분자가 어떻게 자신을 정확하게 복제하고 한 세대에서 다음 세대로 똑같은 유전정보를 전달할 수 있는가에 대한 해답은 DNA분자가 상보적인 염기쌍에 의한 이중나선으로 된 독특한 구조를 가지는 것에 있다. 복제되는 동안에 DNA분자의 이중나선은 풀려지고 상보적인 염기쌍은 서로 분리된다. 이 때 새로운 상보적인 염기가 들어가서 새로운 가닥을 형성한다.

> *Guide*
> 복제(replication) 이중 사슬의 주형 DNA(template DNA)를 기초로 하여 같은 DNA를 만드는 과정을 말한다.

DNA 복제는 세포분열전에 일어나며 모든 생물에서의 복제과정은 유사하다. 이중나선 DNA 가닥이 서로 분리되어 각각의 가닥은 합성을 위한 주형 DNA로 이용이 되어 합성 후에 생긴 가닥 하나는 주형 DNA이고 다른 한 가닥은 주형을 바탕으로 합성된 새로운 가닥이 되기 때문에 이를 반보존적 복제(semiconservative replication)라 하며, 1958년 Meselson과 Stahl 실험에 의해 증명되었다.

DNA 복제에는 많은 단백질과 효소들이 관여하며, 이러한 복잡성은 DNA복제과정에서 정확히 유전정보가 복사되도록 하는데 필요하다. 또 세포는 손상되거나 결손된 DNA분자를 원상태로 회복할 수 있는 효소계도 가지고 있다.

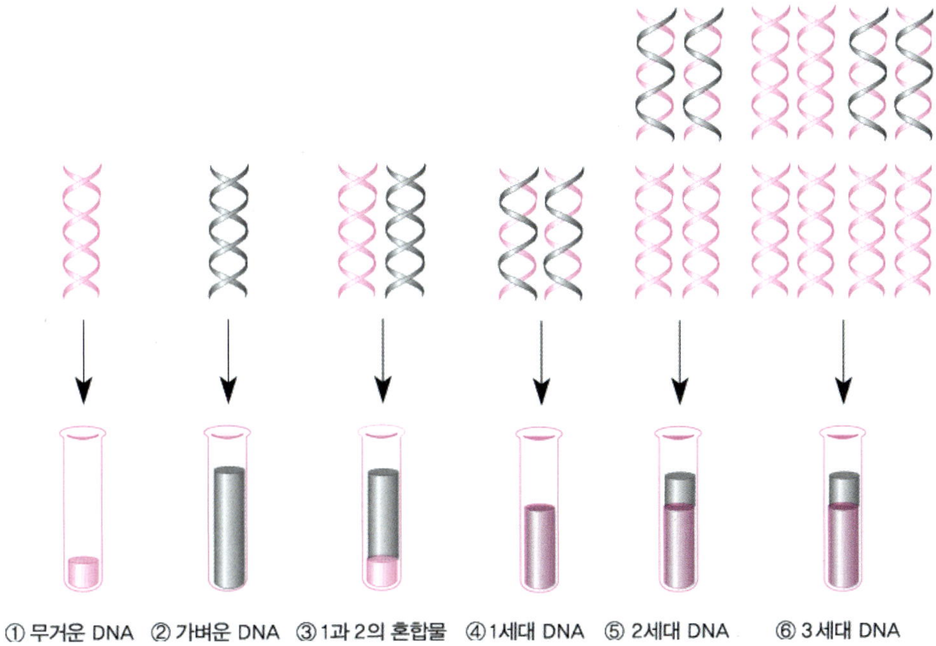

그림 14-2 Meselson-Stahl 실험

1. 원핵생물 DNA복제 (합성)

(1) DNA복제과정

원핵생물의 DNA 복제는 대장균(*Escherichia coli*)에서 처음 밝혀졌으며 대장균의 복제과정을 중심으로 설명하고 있다. 고등동물의 DNA 합성과정은 대장균에 비해 덜 밝혀졌으나 대장균과 유사한 과정으로 합성할 것으로 생각한다. 일단 DNA 복제가 시작되면 전체 유전체(genome)가 완전히 두 개로 복제될 때까지 계속되며 이때 여러단계의 복잡한 과정과 많은 효소와 인자들이 필요하다.

1) 상호보완적 DNA 가닥의 분리

DNA 중합효소는 단일가닥의 DNA만을 주형(template)으로 사용하여 복제를 하기 때문에 상보적 이중가닥의 DNA 사슬은 단일가닥으로 분리가 되어야 복제가 가능하다. 원핵생물의 DNA 복제는 복제개시점(origin of replication)이라 알려진 AT-rich 염기로 구성된 짧은 복제단위(replication unit, replicon)에서 시작, 조절되며 한 개의 개시부위를 갖는 특징적인 염기서열이 있다. 그러나 진핵생물에서는 여러 개의 복제개시점이 존재하여 동시다발로 여러 부위에서 복제가 이루어지기 때문에 긴 사슬을 빠른 속도로 복제할 수 있다.

2) 복제포크(replication fork)의 형성

DNA 복제가 일어나는 부위는 두가닥 DNA의 뒤틀림이 풀리면서 단일가닥이 형성되는 부위이며 복제포크(replication fork)라 한다. 복제포크는 복제개시점에서 양쪽 두 부위에서 생기며 두 곳에서 동시에 복제가 일어나기 때문에 양방향합성(bidirectional systhesis)이라고 한다.

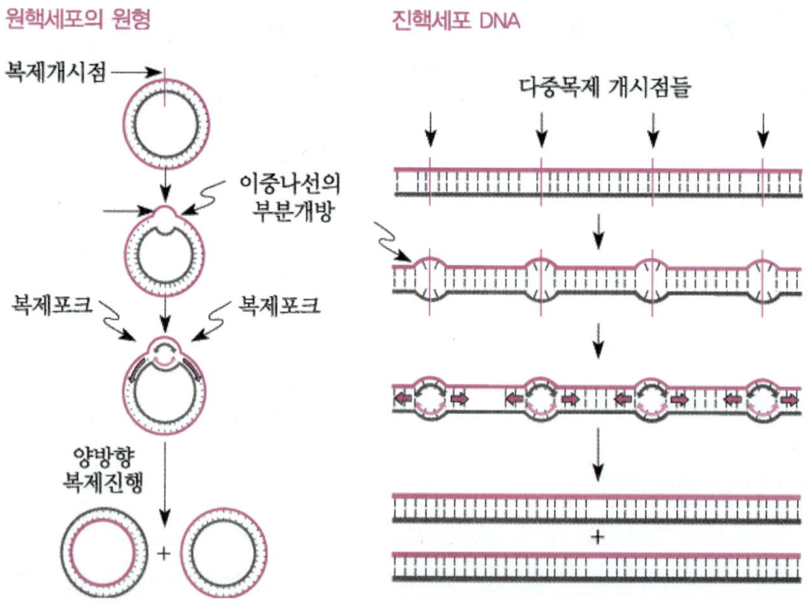

그림 14-3 DNA의 복제기점과 복제포크.

① 이중 DNA 풀림

ATP를 사용하여 이중가닥 DNA를 단일가닥으로 풀어주는 기능은 나선효소(Helicase) 이다. 단일가닥결합단백질(SSB, protein)이 단일가닥에 결합하여 DNA의 재결합을 방지하는 동시에 분해로부터 보호하는 기능을 한다.

대장균에서는 DnaB 유전자의 생성물인 DnaB 단백질이다. 또한 dnaA 단백질은 AT-rich 부위의 복제개시점에 부착하여 ATP를 소비하면서 일부 dsDNA를 ssDNA를 만든다.

② 프라이머 합성

DNA 복제개시에는 시발체로 사용될 약 10개 염기로 구성된 RNA 조각인 프라이머가 필요하며 RNA 중합효소인 프리메이즈(primase)의 합성에 의한다. RNA polymerase는 dnaG 유전자 생성물로 60 kDa polypeptide이고, 복제포크에서 primase와 helicase가 DNA에 결합된 복합체를 프리모좀(primosome)이라 한다.

3) DNA 합성

DNA 중합효소(DNA polymerase III)의 작용에 의하여 5′→3′으로 DNA를 합성하며 DNA 중합효소는 Pol I, II, III형이 있다. DNA pol III는 선도가닥과 지연가닥을 동시에 합성하며 DNA pol I은 오카자키 절편 사이의 gap를 채우고 RNA 시발체를 제거하는 기능을 한다.

DNA pol II의 기능은 DNA pol I의 기능과 유사한 것으로 알려져 있으며, DNA Pol I, II, III 세 효소 모두 5′→3′ 중합활성 외에 3′→5′ 외부핵산효소(exonuclease)의 기능을 가지고 있다. 외부핵산효소는 폴리뉴클레오티드의 가닥 끝에서 뉴클레오티드를 제거하는 기능을 말하며, 특히 DNA pol I은 5′→3′ exonuclease 활성도 가지고 있다.

표 14-1 대장균 DNA polymerase의 성질

특 성	Polymerase		
	I	II	III
분자량	110,000	120,000	180,000
세포당 분자수	400	100	10
중합활성(turnover number)	1,000	50	15,000
기 능			
5′→3′ polymerization (합성기능)	+	+	+
5′→3′ exonuclease (시발체제거)	+	−	−
3′→5′ exonuclease (교정기능)	+	+	+
합성속도(nt/sec)	600	30	<<30,000
replication	+	-	+
repair	+	+	-

DNA 중합효소에 의한 사슬의 연장은 DNA pol III에 의해 촉진되며 염기의 3′-끝에 주형 염기와 상보적인 삼인산데옥시라이보뉴클레오사이드(5′-deoxyribonucleoside triphosphate)를 한번에 하나씩 첨가하여 사슬이 신장된다.

새로운 데옥시라이보뉴클레오티드가 첨가될 때마다 첨가되는 염기의 삼인산에 존재하는 파이로인산(PPi)이 유리되며 이들은 바로 2개의 Pi로 가수분해가 되는 에너지 소모반응이다.

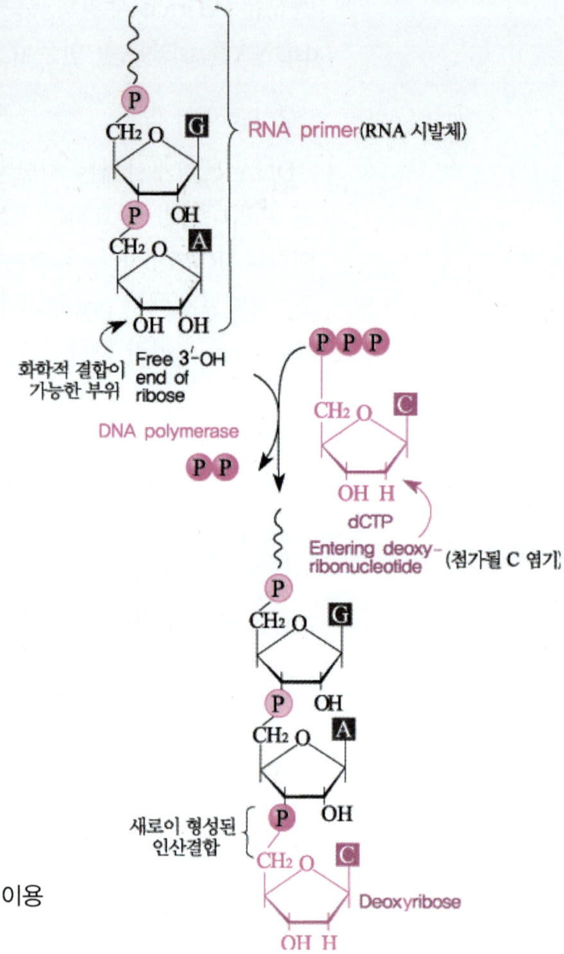

그림 14-4
DNA 합성과정의 시작을 위한 RNA시발체의 이용

① DNA 복제의 방향

복제포크가 형성된 두 개의 단일 DNA 가닥을 주형으로 두 가닥 모두에서 복제가 일어나며 그들의 합성은 항상 중합효소의 기능 때문에 주형 DNA를 3′→5′ 방향으로 읽고 5′→3′ 방향으로 새로운 DNA를 합성한다. 서로 반대방향으로 된 영평형(antiparallel)의 주형 DNA를 기초로 합성되는 가닥은 DNA 중합효소가 5′→3′ 방향으로 합성하는 특징 때문에 약간 다른 기전으로 합성한다.

- 선도가닥(leading strand) : 새로이 합성되는 DNA가 fork 쪽으로 향하여 합성되는 가닥을 말하며 주형 DNA는 3′→5′ 방향이므로 합성사슬이 끊김없이 이어져 합성된다.

• 지연가닥(lagging strand) : DNA가 5′→3′ 방향이어서 새로이 합성되는 방향은 복제포크와 반대방향으로 불연속적으로 합성된다. 방향성과 중합효소의 특징으로 1000~2000bp 크기의 조각으로 합성하며 이를 오카자키 절편(Okazaki fragment)이라고 한다.

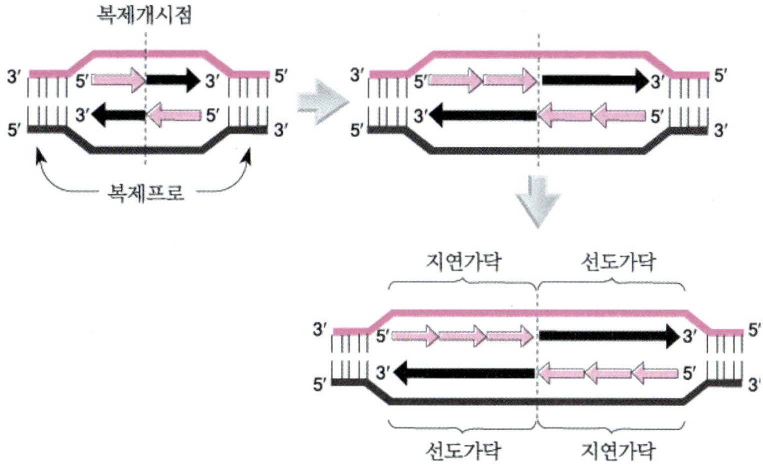

그림 14-5 불연속적 DNA합성

② 합성된 DNA 교정(proofreading)

DNA 중합효소에 의한 복제과정은 주형 DNA와 정확하게 똑같이 모든 염기를 합성해야 한다. 실제로 DNA pol III는 주형 DNA 염기를 잘못 판독하여 돌연변이가 생길 수 있으며 이러한 오류는 개체에게 해로우며 심지어 생존에 위협이 되기도 한다.

돌연변이의 출현을 막고 복제의 정확성을 위해 DNA pol III는 교정기능을 갖는 3′→5′ exonuclease 활성이 있다. 즉 주형 DNA의 염기와 다른 염기가 합성이 되면 DNA pol III의 3′→5′ exonuclease 활성에 의해서 하나에서 열 개까지의 염기가 제거되고 DNA pol III의 polymerizing activity에 의해서 정확한 염기를 합성한다.

4) 프라이머 제거

지연가닥에서 DNA pol III에 의한 사슬의 신장은 앞부분 오카자키 절편의 RNA 시발체에 근접할 때까지 계속된다. 앞 부분 오카자키 조각의 시발체를 만나면 DNA pol III는 없지만 DNA pol I에 있는 5′→3′ exonuclease 활성에 의해서 RNA 시발체 염기가 하나씩 제거된다. DNA pol I에 의해서

RNA 시발체가 제거되면서 5′ →3′ polymerizing 활성에 의해 제거된 부위의 염기를 신장한다. 결국 DNA pol I은 DNA pol III에 합성된 앞부분 오카자키 조각의 5′-과 DNA pol I이 시발체를 제거하면서 합성한 뒤 오카자키 조각의 3′- 사이의 틈(nick)에 위치하게 된다.

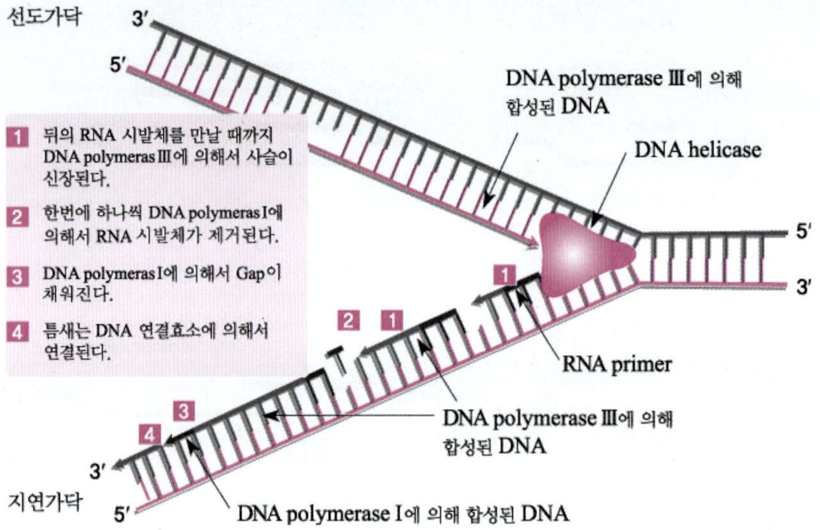

그림 14-6 DNA 폴리머레이스 I에 의한 RNA 시발체의 제거와 형성된 틈의 복구

5) DNA 절편 연결

DNA 복제가 완성 되었을 때 DNA 연결효소(DNA ligase)를 사용하여 새로 합성된 DNA 절편을 연결한다. 특히 지연가닥(lagging strand)에서 오카자키 절편을 연결하기 위해 활성이 높다.

6) 코일의 조정

자이레이스(gyrase, topoisomerase II)는 DNA가 풀어질 때 풀어지는 앞부분에 뒤틀림을 완화시켜주는 역할을 한다. 즉 이 효소에 의해서 negative supercoiling이 생기게 되어 이중나선의 풀림을 방해하는 DNA 가닥의 얽힘을 막는 역할을 하며 topoisomerase I, II가 있다.

topoisomerase I은 한가닥의 DNA를 절단하여 DNA 나선을 풀고 다시 결합하기 때문에 2회의 변화가 있으며 topoisomerase II는 두 가닥의 DNA를 절단한 후 나선을 풀고 다시 결합하기 때문에 1회의 변화가 있다.

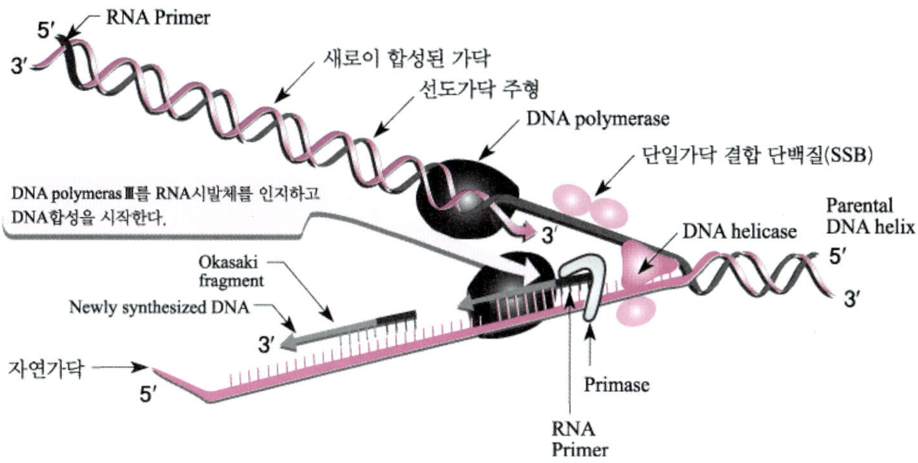

그림 14-7 선도가닥과 지연가닥의 연장

2. 진핵생물 DNA복제(합성)

진핵생물의 DNA 복제는 원핵생물의 복제와 매우 유사하다. 진핵생물과 원핵생물의 복제과정의 차이점은 앞장에서 언급했듯이 진핵생물은 많은 복제개시점이 있어 큰 크기의 DNA를 빠른 시간에 합성하는 반면, 원핵생물은 하나의 복제개시점을 가지고 있다.

진핵생물은 5종류(α, β, γ, δ, ϵ)의 DNA 중합효소가 있으며 존재 위치도 다르다. 원핵생물에서 DNA pol I에 의하여 RNA 시발체가 제거되는 진핵생물에서는 RNase H 및 FEN1(또는 MF1)에 의해서 제거된다.

(1) 진핵세포의 세포주기

진핵생물은 DNA 복제가 일어나기 전의 G1기(Gap 1), DNA 복제기인 S기(S phase), DNA 복제후 간기인 G2기(Gap 2) 및 세포분열기인 M기(Mitosis)의 세포주기를 가지고 있는데 이들은 체크포인트(checkpoint)에 의해서 정확히 조절된다.

1) 복제시기

박테리아는 급속히 성장하기 때문에 복제가 세포주기 전반에 걸쳐 이루어지나 진핵세포에서는 S기(S phase)에만 일어난다. 앞주기가 끝나야 다음 주기를 시작하며 싸이클린(cyclin)과 싸이클린의존키나아제(cyclin-dependent kinases ; Cdk)가 조절한다.

2) 복제율

원핵세포보다 약 10배 낮으며 매 복제분기점 마다 50nt/sec를 복제한다. 진핵세포는 다중복제개시점(multiple replicon)이 있어 거대한 게놈을 몇 시간에 복제한다(그림 14-3 참조).

3) 오카자키 조각

원핵세포의 오카자키 단편이 1,000~2,000bp인 반면 진핵세포의 오카자키 단편은 100~200bp이다.

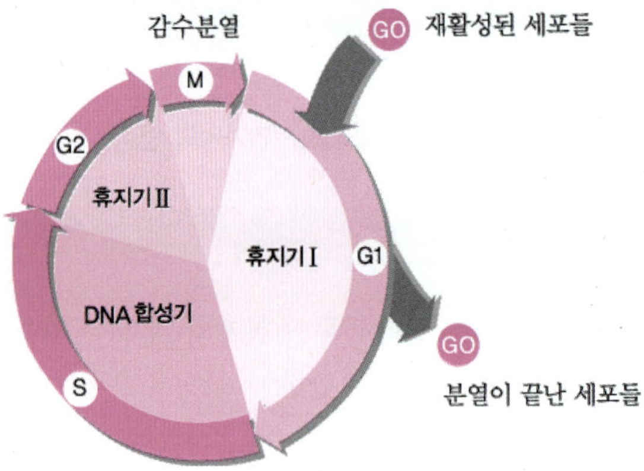

그림 14-8 진핵세포의 세포주기

(2) 진핵세포 DNA polymerase

진핵생물에 존재하는 5종류(α, β, γ, δ, ϵ)의 DNA 중합효소는 각각의 고유기능을 수행한다.

1) DNA pol α

여러개의 소단위(subunit)로 구성되어 있으며 선도가닥과 지연가닥의 DNA 합성을 개시한다. 소단위 하나는 프라이머 합성효소(primase)의 기능이 있어 RNA 시발체를 합성하며 가닥의 신장은 원핵세포의 DNA pol III와 유사하게 중합효소 δ 복합체에 의해서 촉매된다.

2) DNA pol β

두 개의 중합효소 β, 복합체는 DNA pol III와 다르게 이형체(dimer)를 형성하지 않고 각각 선도가닥과 지연가닥을 합성한다.

오카자키 단편의 RNA 시발체 제거는 중합효소 δ 복합체와 관련된 FEN1 (또는 MF1)이 제거한다. 원핵세포의 SSB 단백질(single strand binding protein)과 유사한 복제단백질 A(replication protein A)가 있어 나선의 재형성을 막으며 3′ → 5′ exonuclease 활성으로 DNA의 교정기능을 한다.

3) DNA pol **β, γ, ε**

DNA 중합효소 β는 DNA 수선(repair)에 관여하고 DNA 복합체중합효소 **ε**는 3′ → 5′ exonuclease 활성으로 DNA 복제와 수선에 관여하고 있으며 DNA 복합체중합효소 **γ** 는 미토콘드리아 게놈의 복제를 촉매한다.

표 14-2 DNA 중합효소들의 특징

특 징	α	β	δ	ϵ	γ
위치	핵	핵	핵	핵	미토콘드리아
5′ → 3′ exonuclease 활성	−	−	−	−	−
3′ → 5′ exonuclease 활성	−	−	+	+	+
primase 활성	+	−	−	−	−
replication	+	−	+	+	+
repair	−	+	−	−	−

(3) 텔로머레이즈(telomerase)와 복합체(ribonucleoprotein)

진핵세포의 genome은 선형(linear) DNA의 형태이므로 복제시 지연가닥에서 마지막 5′ 끝의 RNA 시발체가 제거되면서 중합효가 결합되었던 부위를 채울 수가 없게 된다. 그리고 이 끝부분은 각종 핵산분해효소(nucleases)에 쉽게 노출되어 분해되기 쉽기 때문에 이를 보호하기 위하여 단백질과 비부호화 DNA 복합체(protein-noncoding DNA complex)가 있는데 이를 텔로미어(telomere)라 한다.

① 사람의 체세포는 분열할 때마다 끝분절의 길이가 짧아지게 되고 한계 길이까지 짧아지게 되면 세포분열을 할 수 없게 되어 세포가 노화되나 암세포, 줄기세포 및 생식세포는 끝부분이 짧아지지 않기 때문에 세포가 노화되지 않는데 그 이유는 텔로머레이즈(telomerase)라는 라이보핵단백질(ribonucleoprotein)이 끝분절의 길이를 유지하기 때문이다.

② 텔로머레이즈 구성은 역전사효소(reverse transcriptase)의 기능이 있는 단백질과 프라이메이스가 합성한, 끝분절 염기와 상보적 염기서열인 프라이머 역할을 하는 RNA 조각이 있다.

③ 사람의 텔로미어의 염기서열은 TTAGGG이다.

④ 끝분절에 텔로머레이즈가 텔로미어 염기서열을 신장시키고 RNA 프라이머가 상보적으로 결합한 후 DNA polymerase에 의해 사슬이 신장되고 RNA 프라이머가 제거되어 끝분절의 길이가 유지된다.

⑤ 텔로미어의 프라이머 부분이 복제가 않되면 즉, 텔로머레이즈의 활성이 저하되면 chromosome이 짧아지게 되어 노화(senescent)가 진행된다.

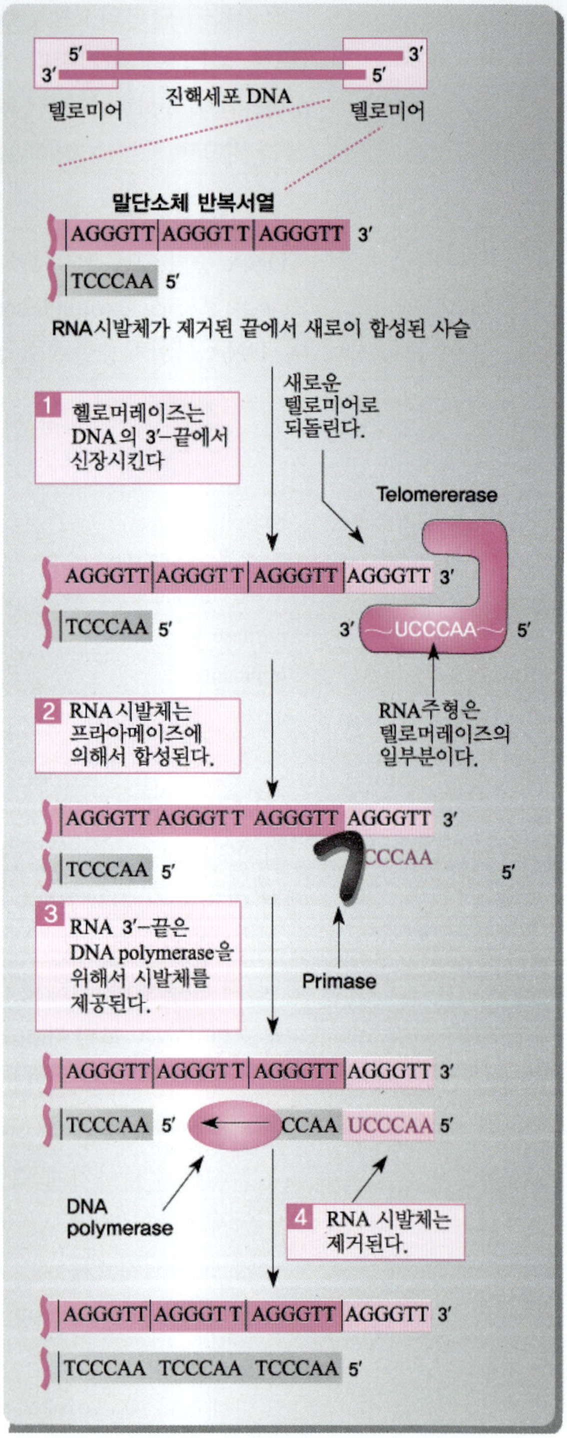

그림 14-9 텔로머레이스의 작용기전

SECTION 2 DNA의 수선 (DNA Repair)

DNA는 많은 화학적 인자와 환경인자에 의해 손상될 수 있으며 이것을 그대로 두면 유전자에 돌연변이가 일어난다. 단백질의 아미노산 서열은 유전자의 염기서열에 의하여 결정되므로 돌연변이 유전자에 의해 생성된 단백질도 원래의 기능과 다르게 되어 암이 발생하거나 치명적으로 작용하는 경우도 있다.

따라서 세포들은 이러한 손상된 DNA를 원상으로 회복하는 기구를 가져 유전자를 안전하게 정상적으로 유지할 수 있게 된다.

1. 돌연변이

점 돌연변이는 염기의 치환(substitution), 결실(deletion), 첨가(insertion) 등에 의해 1개의 DNA 염기변화에 의해서 일어나는 돌연변이다.

Guide
트랜스버전
(transversion)
피리미딘이 퓨린으로 또는 퓨린이 피리미딘으로 치환되는 염기쌍치환 돌연변이. 교차형 염기변이.

(1) 염기 치환 (substitution)

하나의 염기쌍이 치환되거나 대치되는 것으로 첨가는 염기가 서열에 삽입되는 것을 말하고 결실은 염기가 서열에서 빠져나가는 것을 말한다.

① 퓨린이 퓨린으로 피리미딘(pyrimidine)이 피리미딘으로 치환된 것을 transition이라 하며 퓨린이 피리미딘으로 혹은 피리미딘이 퓨린으로 치환된 것을 transversion이라 한다.

② 유전자의 첨가 또는 결실은 번역 격자(frame shift)를 변화시켜 심각한 문제를 초래할 수 있다.

- silent mutation
  염기쌍 변화가 아미노산에 아무런 영향을 주지 않는 변이
- missense mutation
  아미노산의 변화가 있는 변이
- nonsense mutation
  변이에 의해서 정지코돈(UAA, UAG, UGA)으로 바뀌는 변이
- 그밖의 frameshift mutation
  1개의 염기의 첨가나 결실이 번역틀(frame shift)을 변화시켜 아미노산 서열이 바뀌는 변이가 있다.

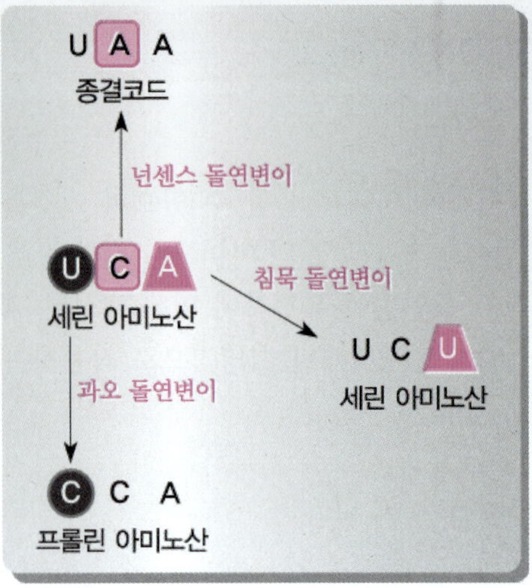

그림 14-10

mRNA 사슬의 부호영역에서의 단일 뉴클레오타이드의 변화가 초래할 수 있는 가능한 결과

2. 돌연변이 유발원 (mutagen)

(1) 자외선 (UV radiation)

피리미딘 이합체를 형성한다(예, thymine-thymine dimer).

(2) 염기유사체 (base analog)

염기유사체가 염기서열 대신 삽입되어 돌연변이를 유발한다[(Pyrimidine 염기유사체(5-bromouracil, 5-chlorouracil)와 purine염기유사체(2-aminopurine, 2,6-diaminopurine)].

(3) DNA 삽입물 (intercalating agent)

DNA 염기사이에 끼어들어 복제시 염기의 첨가 혹은 결실변이를 유도한다 (아크리딘 색소: acridine orange, proflavin 등, 알킬화제: Dimethylsulfonate[DMS], methylmethanesulfonate[MMS], N-methyl-N' -nitro-N-nitrosoguanidine[NMNG] 등).

(4) NH_2OH, HNO_2

염기의 아미노기를 탈락시키는 탈아미노 변이를 유발한다.

3. 돌연변이 복구

(1) 광학활성화

Photolyase가 청색파장을 이용하여 pyrimidine 이 합체를 제거한다.

(2) 절제 수복 (excision repair)

자외선에 의한 이량체는 UV에 특이한 엔도뉴클리에이스(endonuclease)가 이량체를 인식 제거하고 DNA polymerase가 손상되어 제거된 염기를 채운 후 DNA ligase에 의해서 사슬이 연결된다.

(3) 미스매치 수복 (mismatch repair)

대장균에서 DNA가 복제 시 잘못 합성된 염기는 천개의 염기 마다 아데닌 잔기에 메틸화 되어 있는 부모 가닥을 확인하여, Mut 단백질이 메틸화가 되지 않은 딸 가닥을 잘라낸 후 polymerase와 DNA ligase에 의해서 사슬이 연결된다.

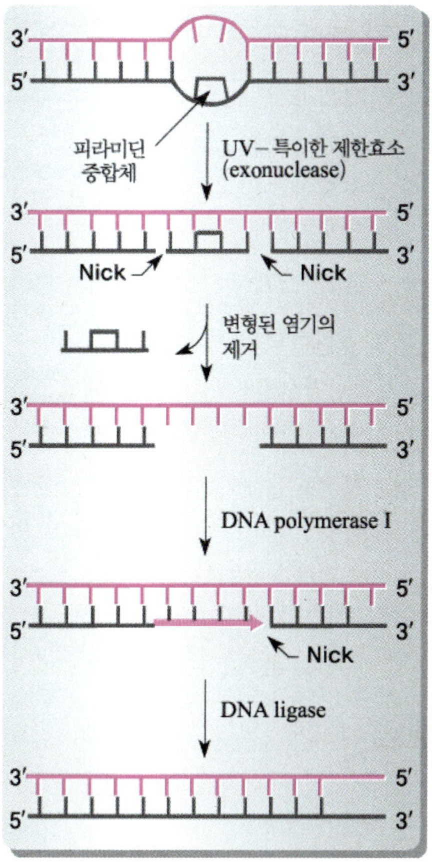

그림 14-11

피리미딘 이합체의 절제복구(*E.coli*)

(4) 재조합 수복 (recombination repair)

유전자의 재조합 과정 및 방사선 또는 산화성 자유 라디칼은 이중 나선 DNA를 절단하여 틈(break)을 생성할 수 있는데 기존의 방법으로 복구를 할 수 없다. 일치하지 않는 끊어진 부위의 복구는 단순히 끊어진 부위를 단백질이 다시 결합시키는 복구로 오류가 많고 돌연변이가 심하다.

일치하는 재조합 수복은 온전한 가닥을 이용하여 손상된 가닥을 복하는 방법으로 감수분열 시 상동염색체간의 재조합을 담당하는 효소들을 사용하기 때문에 오류가 적다.

(5) 변이염기 수복 (base excision repair)

사이토신 염기는 탈아미노 반응이 일어나면 우라실로 바뀌는데 이는 저절로 혹은 탈아미노화제나 알킬화제에 의해서 생성될 수 있다. 또한 이들은 아데닌과 구아닌 염기에서 탈아미노 반응을 일으킨다.

사이토신의 탈아미노 반응이나 사이민 대신에 우라실로 변이된 염기는 uracil-N-glycosylase에 의해 인식되고 염기가 제거되어 피리미딘 제거에 의해 아피리미딘, 퓨린제거에 의해 아퓨린 자리가 생성된다.

AP-endonuclease(apyrimidic-, apuric-)에 의해서 염기가 소실된 부분을 인식하고 5′ 위치를 절단한다. deoxyribophophate lyase가 염기가 없는 당과 인산을 제거하고 polymerase와 DNA ligase가 복구를 완성한다.

(6) 직접 수복 (direct repair)

메틸화로 변형된 염기의 메칠기를 직접 제거하여 복구한다.

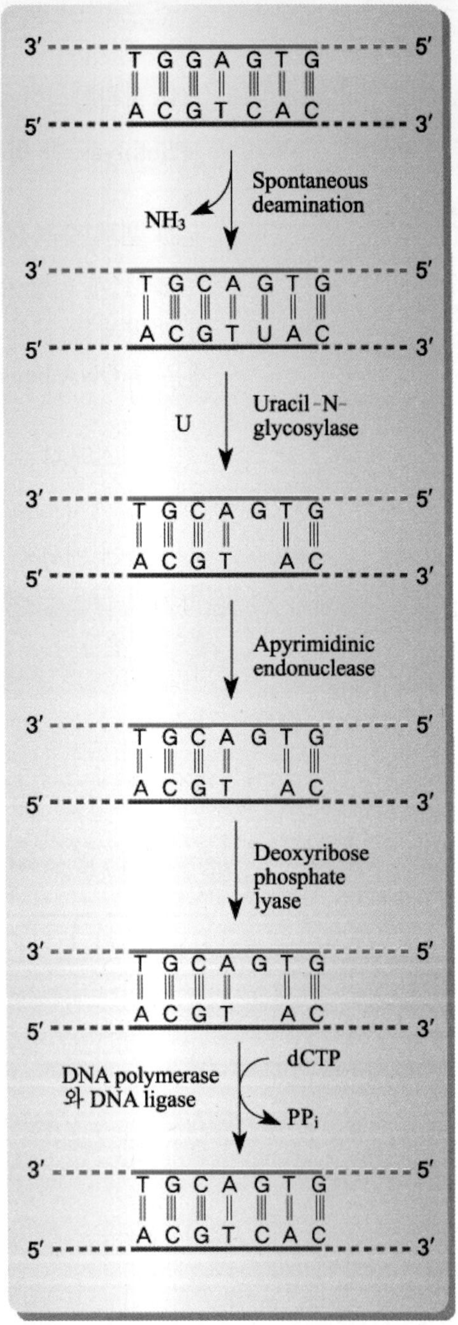

그림 14-12 염기변이의 복구

SECTION 3 유전자 재조합

유전정보를 가지고 있는 거대분자인 DNA는 인간의 손으로 시험관내에서 자유로이 절단하거나 붙여 어떤 생물의 염색체 중에 삽입하여 특정의 유전자를 증식시키고 발현시키는 것이 가능해졌다.

첫 번째는 제한효소의 발견(restriction endonuclease)으로 DNA를 마음대로 작은 조각으로 만들 수 있으며, 두 번째는 유전자 클로닝 및 PCR 기술의 발전으로 원하는 유전자를 증폭할 수 있게 되었으며 세 번째는 탐침자(probe)의 합성으로 원하는 유전자를 동정할 수 있기에 가능해졌다.

유전자를 인위적으로 조작하여 어떤 생물의 유전자에 다른 생물의 유전자를 삽입하고 그 유전자를 단일 clone으로 증식시키거나 발현시키는 것을 DNA 재조합 또는 유전자 조작이라고 한다.

1. DNA 재조합에 사용되는 효소

DNA를 특정한 위치에서 절단하고 다시 결합하는 것이 세균 효소(제한효소)군의 발견으로 가능해졌는데 이 효소는 이중사슬의 특정한 DNA 염기서열 4~6개를 인식하고 DNA를 절단하기 때문에 작은 조각의 원하는 DNA 절편을 얻을 수 있다.

(1) 제한효소의 특이성

제한효소는 각 효소마다 특정 DNA 염기서열 4~6 개의 염기쌍을 인식하여 회문구조(palindrome) 또는 역반복배열 형태로 DNA를 자르며 이중사

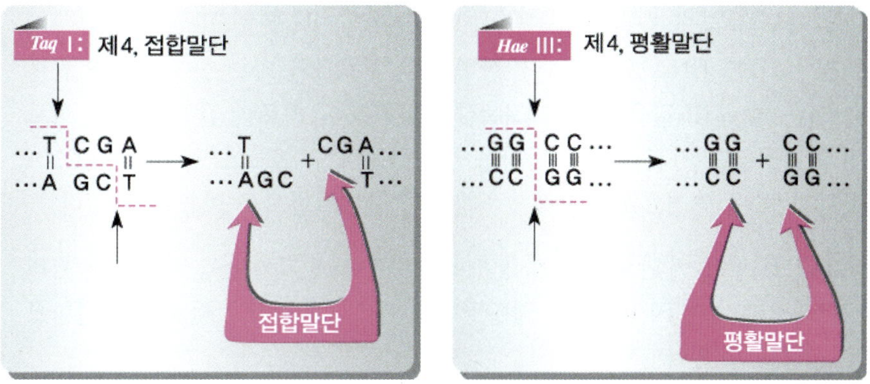

그림 14-13 *Taq* I과 *Hae* III 제한효소의 특이성

슬을 반대 방향에서 읽을 때 같은 염기배열을 갖는 특징을 가진다.

(2) 제한효소의 명칭

일반적으로 분리된 균주의 개체명에 따라 명명을 했다. 이름의 첫 번째 글자는 분리된 세균의 속명(genus)이고 그 다음 글자는 종명(species)이다. 그리고 동일 균주에서 두 종류 이상의 효소는 발견된 순서에 따라 마지막 이름에 숫자로 표기하였다. 예를 들어 *Hind* III는 균주의 속명 Haemophilus의 첫문자 H, in은 종명 influenza와 d는 균주의 이름에서, 그리고 III는 3종류가 분리되었기에 구별하는 번호이다.

표 1-3 제한효소의 종류

미생물명	제한효소명	염기배열
Bacillus amyloliquefaciens H	*Bam*HI	5′ - CCAG↓GATCCAGC - 3′ 3′ - GGTCCTAGG↑TCG - 3′
Escherichia coli RY13	*Eco*RI	TCCG↓AATTCGGAA AGGCTTAA↑GCCTT
	*Eco*RV	CCAGAT↓ATCAAT GGTCTA↑TAGTTA
Haemophilus aegyptius	*Hae*III	ATTGG↓CCGTT TAACC↑GGCAA

↑ ↓ : 절단부위

(3) 접착말단과 평활말단 (sticky or cohesive end & blunt end)

제한효소가 DNA를 절단하면 한쪽 끝은 3′-OH와 다른 한쪽은 5′-P를 형성한다. *Hind* III 같은 제한효소는 잘린 끝부분이 서로 엇갈린 형태인 상보적 염기서열을 가진 접착성 말단을 형성하고 같은 효소로 잘린 다른 DNA 조각과 DNA 연결효소(ligase)를 사용하여 공유결합으로 연결할 수 있다.

Hae III 같은 제한효소는 절단면이 가지런한 평활말단을 가지는데 특히 박테리오페이지 T4 ligase는 평활말단을 가진 DNA 조각들도 공유결합으로 연결할 수 있다.

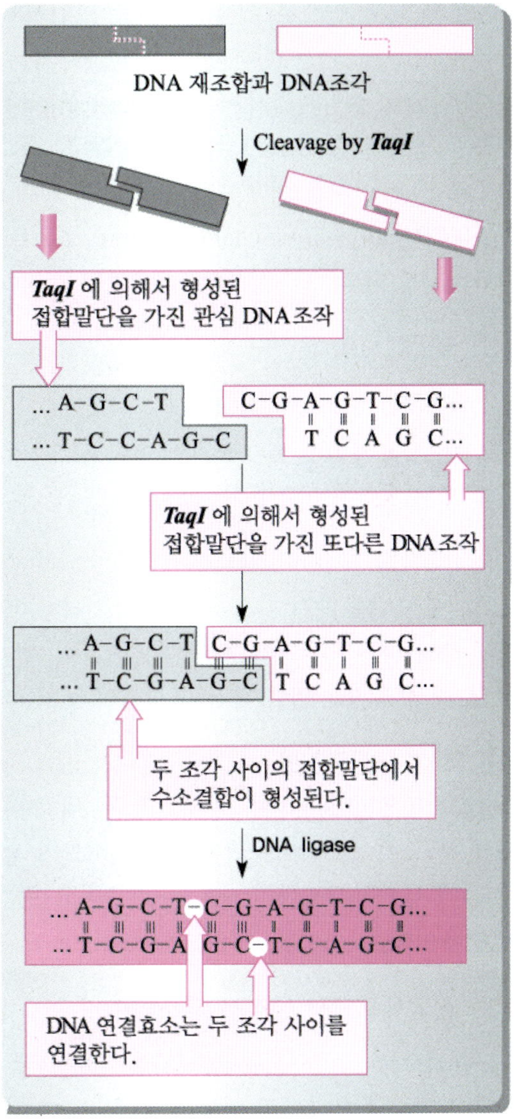

그림 14-14

제한효소를 이용해 형성된 접합말단 DNA 조각의 재조합

2. DNA 재조합과 DNA cloning

제한효소를 이용하여 어떤 생물의 DNA를 랜덤하게 여러크기로 절단하고, 절단된 DNA단편은 같은 제한효소로 절단된 백터 DNA의 클로닝 위치에 삽입하여 만든 혼성 DNA 혹은 재조합 DNA는 복제를 위하여 대장균과 같은 세포 안으로 도입시키면 DNA의 증폭(복제)이 가능하게 된다.

이렇게 세포 안으로 외부 DNA를 도입하는 과정을 세균에서 형질전환(transformation)이라고 하며, 진핵생물에서는 주로 바이러스 등을 이용하여 핵 안으로 주입시키기 때문에 transfection 이라고 한다.

숙주 세포 안으로 도입된 외부 DNA는 숙주세포가 증식함에 따라 독립적으로 많은 클론을 형성하기 때문에 증폭이 된다. 최근에는 중합효소연쇄반응(PCR; polymerase chain reaction)으로 DNA를 실험실 수준에서 직접 증폭하기도 한다.

(1) 세균에서의 유전자 재조합

1) 형질전환 (transformation)

외부 DNA 절편을 세균에게 도입시켜 유전자 재조합이 발생하고 새로 도입된 유전자는 자손에게 전달된다.

2) 형질도입 (transduction)

외부 DNA를 가지고 있는 박테리오페이지가 다른 세균을 감염시킬 때 외부 DNA가 전달되어 유전자재조합이 발생되고 감염된 세균은 외부 DNA 때문에 원래 없던 형질이 새로이 생기는 것을 말한다.

3) 접합 (conjugation)

플라스미드(plasmid)를 가지고 있는 세균과 없는 세균이 섬모(pili)를 통해서 플라스미드가 이동되어 플라스미드가 없는 세균이 플라스미드를 갖게 되어 유전자재조합이 생기는 경우이고 병원에서 항생제 내성이 발생이 이 경우이다.

(2) 진핵세포에서 유전자 재조합

일반적으로 생식세포를 형성하는 감수분열 제1분열 전기에 유전자재조합이 발생하여 유전자의 비분리 등에 기여한다.

(3) DNA 클로닝 (DNA cloning)

1) 벡터 (vector)

벡터는 외부 DNA 조각을 받아들일 수 있는 DNA 조각이다. 특징은

① 숙주세포에서 독립적으로 복제되어야 한다. ② 제한효소 절단 부위가 있어 외부 DNA를 도입힐 수 있어야 하며, ③ 항생제 유전자 같은 선별 마커를 한 개 이상 가지고 있어 외부 DNA 도입 균주를 구별할 수 있어야 한다. 많이 사용되는 벡터는 플라스미드와 세균 및 동물 바이러스가 있다.

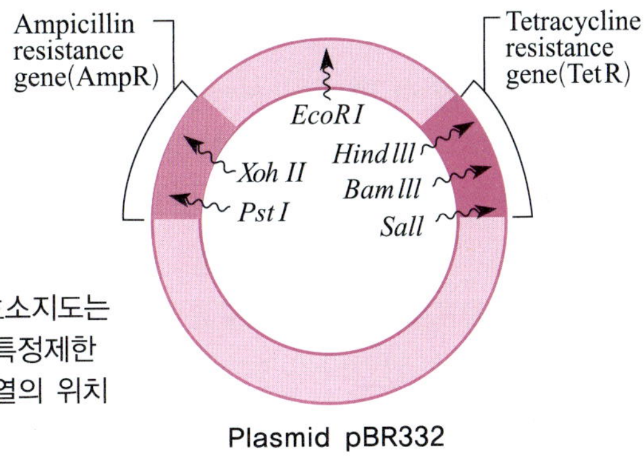

그림 14-15

플라스미드 pBR322의 제한효소지도는 항생제내성 유전자의 위치와 특정제한 효소에 의해 인식되는 염기서열의 위치를 보여주고 있다.

2) 탐침자 (probe)

제한효소를 사용하여 긴 DNA 분자를 절단하면 아주 많은 DNA 절편이 생긴다. 많은 DNA 절편들 속에서 연구하고자 하는 유전자를 함유하고 있는 DNA절편을 탐침자를 이용하여 찾을 수 있다.

즉 이미 알고 있는 유전자 조각의 끝에 ^{32}P로 방사능 표지를 하던지 혹은 화학발광 물질을 접착시킨 탐침자를 이용하여 제한효소로 절단한 다양한 크기의 DNA 조각과 혼성화(hybridization)를 시켜 연구하고자 하는 긴 DNA를 찾을 수 있다.

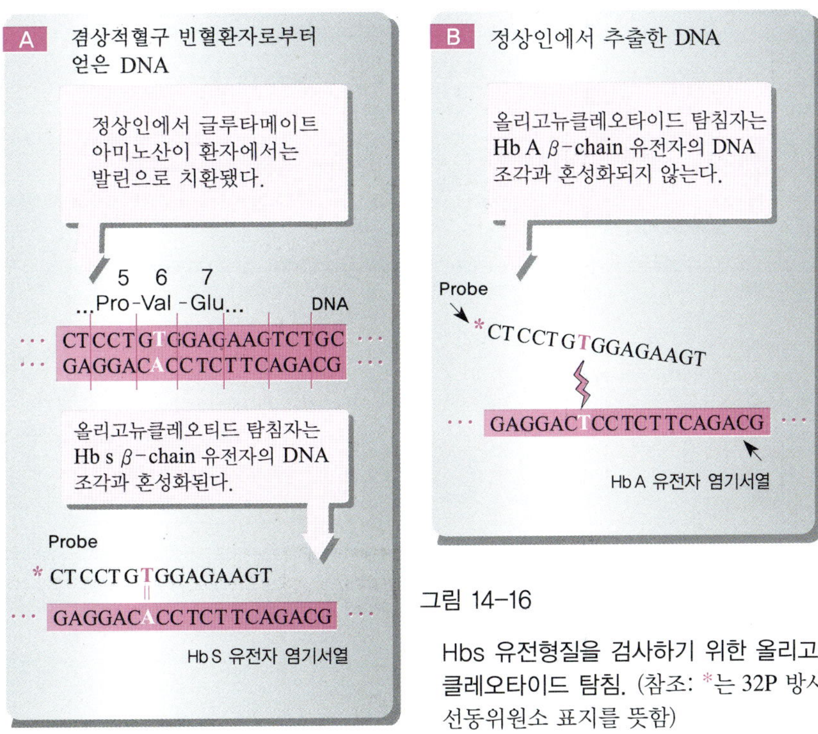

그림 14-16

Hbs 유전형질을 검사하기 위한 올리고뉴클레오타이드 탐침. (참조: *는 32P 방사선동위원소 표지를 뜻함)

3) DNA cloning 과정

DNA를 재조합하기 위해서는 ① 벡터를 제한효소로 처리한다. ② 증폭하고자하는 또는 단백질을 발현하고자 하는 긴 유전자의 양쪽 끝을 linker를 사용하던지 혹은 평활말단(blunt end)을 만들어 벡터를 자른 제한효소와 붙이기 좋은 형태로 만든다. ③ 시험관 내에서 제한효소로 자른 벡터와 삽입하고자 하는 DNA와 DNA 연결효소(DNA ligase) 및 ATP를 이용하여 벡터에 외부 DNA가 삽입되어 연결되도록 한다. ④ 연결효소를 처리한 DNA 혼성물 DNA는 대장균에 삽입을 시켜 증식을 한 후 벡터의 항생제 인식 마커를 사용하여 선별한다.

제한효소로 처리된 벡터가 다시 연결되었거나 혹은 외부 원하는 유전자가 삽입이 안된 벡터를 가지고 있는 대장균과 원하는 유전자를 삽입한 벡터를 가지고 있는 대장균을 분리한다. 이 대장균을 배양액에서 증식을 하여 원하는 외부 유전자를 가지고 있는 많은 양의 플라스미드 DNA를 정제하여 연구에 사용할 수 있다.

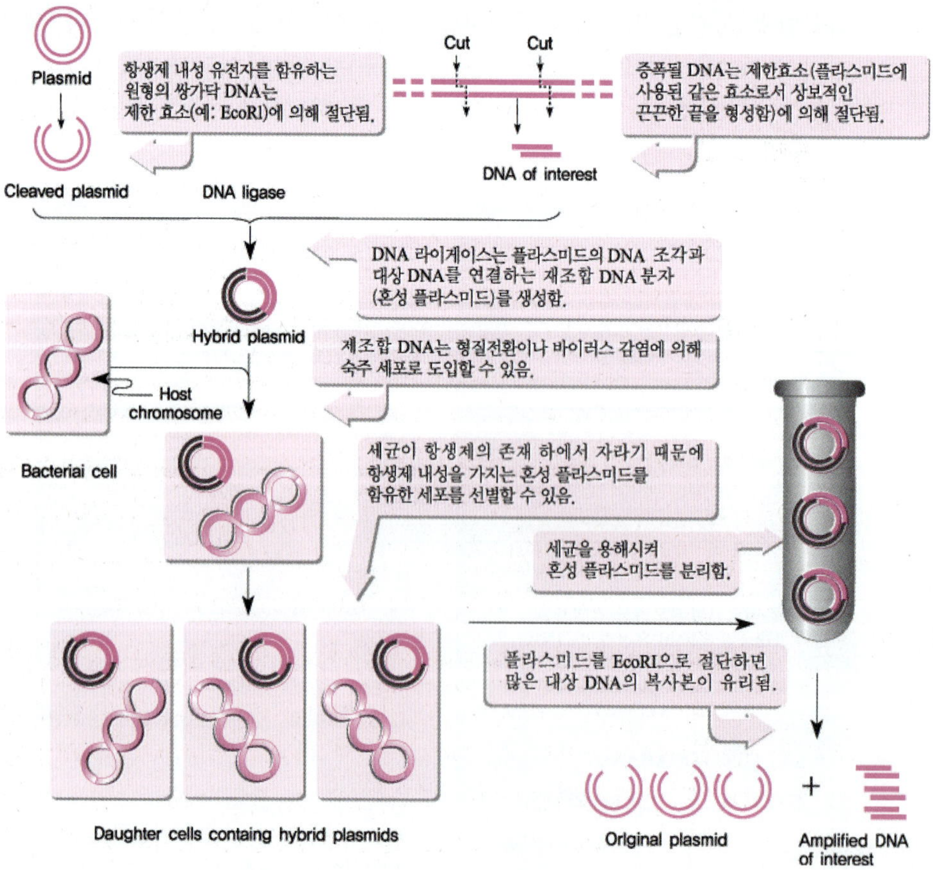

그림 14-17 유전자 클로닝의 요약

대장균에서 발현 벡터에 외부 유전자를 삽입하고 있는 플라스미드는 대장균이 증식을 하면서 외부 유전자의 단백질을 합성함으로써 단백질을 정제하여 외부 유전자가 합성한 단백질을 얻을 수 있다.

SECTION 4 유전자의 전사와 가공

1. RNA의 전사

생명체의 유전정보를 가지고 있는 DNA의 유전정보를 mRNA사슬로 합성하는 과정을 전사(transcription)라 하며 DNA의 유전정보가 mRNA에 전사되어 mRNA의 유전암호로 되며 RNA polymerase에 의해 촉매된다. RNA는 라이보즈 당과 4개의 염기(아데닌, 구아닌, 사이토신, 우라실) 그리고 인산으로 구성되어 있다.

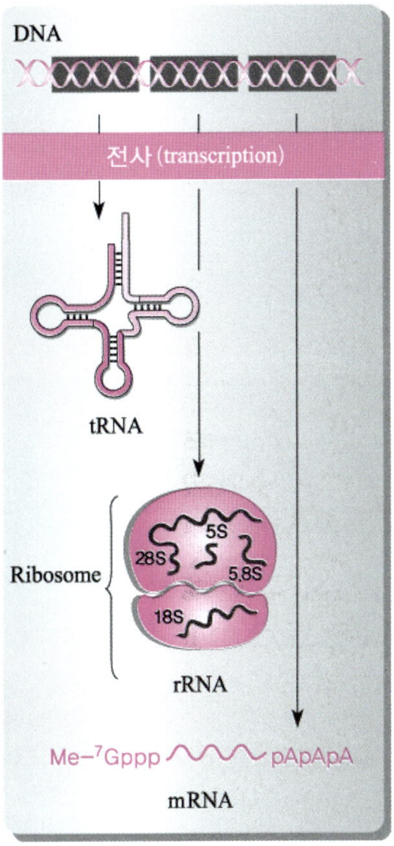

그림 14-18
전사에 의한 유전 정보의 발현

(1) RNA의 구조 및 종류

단백질 합성에는 전령 RNA(mRNA), 전달 RNA(tRNA) 그리고 라이보소체 RNA(rRNA) 3종류의 RNA가 관여하며 DNA는 당이 디옥시라이보스인데 반해 리보오스를, 그리고 DNA에서는 염기가 G, A, T, C인데 반하여 G, A, C, U를 갖고 있으며, DNA에 비해 크기도 작고 단일가닥으로 존재한다. 또한 진핵생물의 핵 내에서 액손의 제거에 관여하는 것으로 알려진 작은 핵 RNA(snRNA)가 있다.

1) 전령 RNA (messenger RNA, mRNA)

mRNA는 핵 DNA의 유전정보를 전달하기 위해서 핵질에서 합성되어 세포질에서 단백질 합성을 위한 아미노산 암호를 제공한다.

구조적인 특징으로 ① 한 개의 mRNA가 1개 이상의 단백질 합성을 위한 정보를 제공하면 폴리시스트론(polycistron)이라고 하고 단지 한 개의 단백질 합성을 위한 정보를 제공하면 모노시스트론(monocistron)이라고 한다. ② 진핵생물의 mRNA는 앞부분(5′−head)에 7-메틸구아노신(7-methyl-guanosine)이라는 캡(cap)을 가지고 있어 구조적인 안정과 메틸화를 통한 번역개시 암호로 사용된다. 끝부분 꼬리(3′-tail)에 아데닌 뉴클레오타이드가 40~200개 있는 poly-A-tail 구조는 mRNA의 구조적인 안정화와 핵으로부터 쉽게 세포질로 이동하는데 도움을 준다.

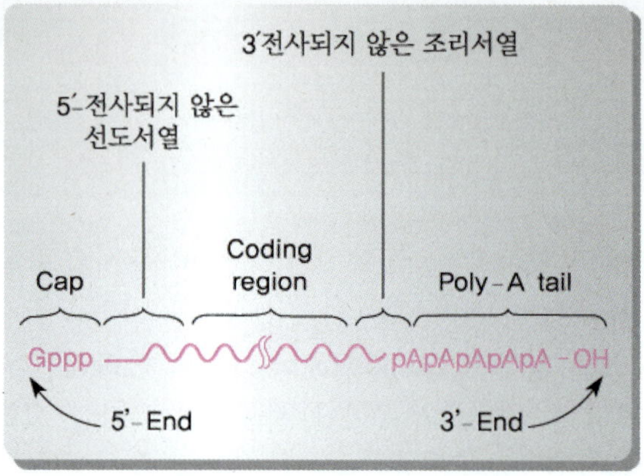

그림 14-19

진핵세포 전령 RNA의 구조

2) 전달 RNA (transfer RNA, tRNA)

크기가 가장 작은 RNA로 3개의 염기로 구성된, mRNA에 있는 codon에 상보적인 anticodon이 있으며 codon 염기에 해당하는 아미노산 20종류를 3 말단에 하나씩 특이적으로 가지고 있다. mRNA의 codon 염기에 따라 해당하는 아미노산을 가지고 와서 합성사슬에 아미노산을 전달한다.

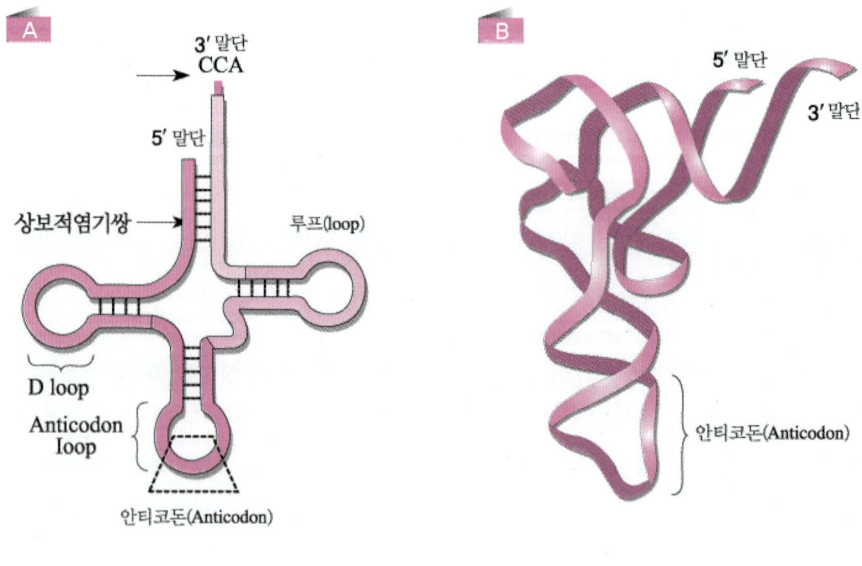

그림 14-20

A tRNA의 특징적인 이차구조. B 세포에서 발견되는 접힌(삼차) 구조의 tRNA. D=dihy-drouracil. ψ=pseudouracil

3) 라이보소체(ribosomal RNA, rRNA)

rRNA는 여러 단백질과 결합한 형태로 발견되며 핵 인에서 합성되고 단백질 합성의 장소로 작용한다. 세포내 RNA의 약 80%를 차지하며 원핵세포에 3종류 RNA(23S, 16S, 5S)가 있으며 진핵세포에는 28S, 18S, 5.8S, 5S RNA 4종류가 있다. 특히 단백질 합성에 촉매로 작용하는 rRNA를 라이보자임(ribozyme)이라고 한다.

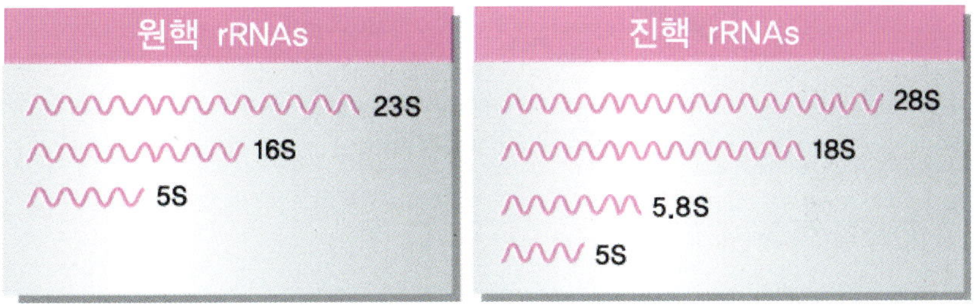

그림 14-21 원핵세포와 진핵세포의 라이보솜 RNA들

이 효소는 주형으로 이중나선 DNA 중의 한 사슬을 필요로 하므로 진핵세포에서의 전사반응은 세포핵에서 일어난다. 세포핵에서 rRNA합성은 핵인에서 일어나고 mRNA나 tRNA는 핵질에서 합성된다.

원핵세포는 세포질의 한쪽에 위치하고 있는 DNA에서 일어나며 plasmid는 염색체와 독립적으로 스스로 전사된다. 또 4종류의 ribonucleoside tri phosphate(ATP, GTP, CTP, UTP)와 Mg^{2+}를 필요로 하며 primer는 필요로 하지 않는다.

RNA polymerase에 의한 RNA합성과정은 유전자의 전사 개시점 인식(recognition), RNA합성이 시작되는 개시(initiation), 새로운 염기들이 중합되어 길어지는 신장(elongation), RNA사슬 합성이 끝나 방출되는 종료(termination)의 4단계로 구분할 수 있다.

2. 전사 (Transcription)

DNA 유전정보를 mRNA로 복사하는 과정을 전사(transcription)라 하며 DNA주형의 정보를 인식하여 전사가 시작되고 또 종료한다.

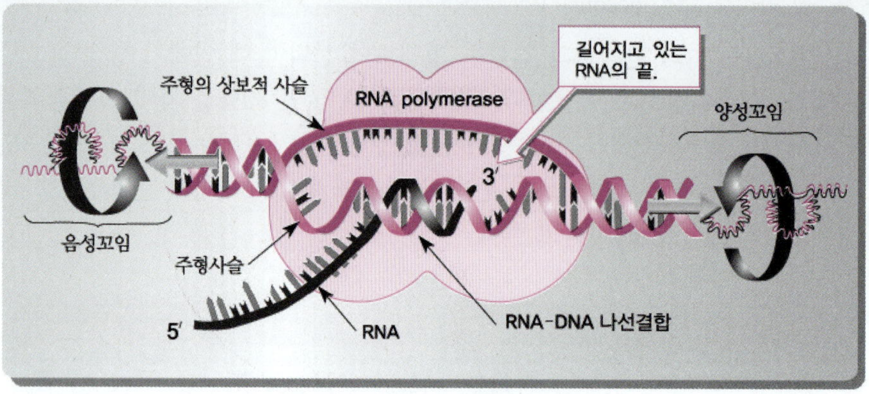

그림 14-22 전사과정

(1) 전사의 특징

전사는 전사개시부위인 DNA에 있는 프로모터(promoter)부위에 RNA 중합효소가 결합하여 일어나는데 primase에 의해서 primer가 합성되는 반면 나머지 모든 RNA는 RNA polymerase에 의해서 시작하고 합성되고 종료된다.

전사는 sense DNA가닥과 antisense DNA 가닥 중에서 antisense DNA 가닥을 주형으로 서로 상보적인 염기를 신장하나 A 염기는 U로 전사되어 결국 sense DNA 가닥과 비교하면 T 염기가 U 염기로 치환된 RNA 사슬이 합성된다.

1) RNA polymerase

① 원핵생물 RNA polymerase : 중심효소(2α, 1β, $1\beta'$, 1Ω 소단위)와 σ subunits이 결합하여 haloenzyme를 형성한다.
Primase : 원핵생물 및 진핵생물의 DNA 복제과정에서 primer를 합성한다.

② 진핵생물 RNA polymerase

- RNA polymeraseI : rRNA의 전구체를 합성한다.
- RNA polymerase II : mRNA의 전구물질과 소핵(snRNA)RNA를 합성
- RNA polymerase III : tRNA 및 작은 5S rRNA 및 snRNA 합성

2) 프로모터 염기서열의 특징

① 원핵생물 promoter : RNA polymerase의 시그마 소단위(σ factor)가 인지하는 부위 −10(TATAAT, pribnow box), −35서열(TTGACA)이 있다.

② 진핵생물 promoter : 전사인자(CTF, SP1, TF IID)가 결합하는 CAAT box(cis-acting genetic elements, CTF자리), −70−80(GC box, SP1자리), −25(TATA box, TF IID자리) 가 있으며, RNA polymerase II와 상호작용한다. RNA polymerase II는 단독이 아닌 TF IIF에 의해 촉진자를 인식하고 다른 일반전사인자(TF II)는 개시 복합체의 조립과 polymerase를 불러오는데 필요하다.

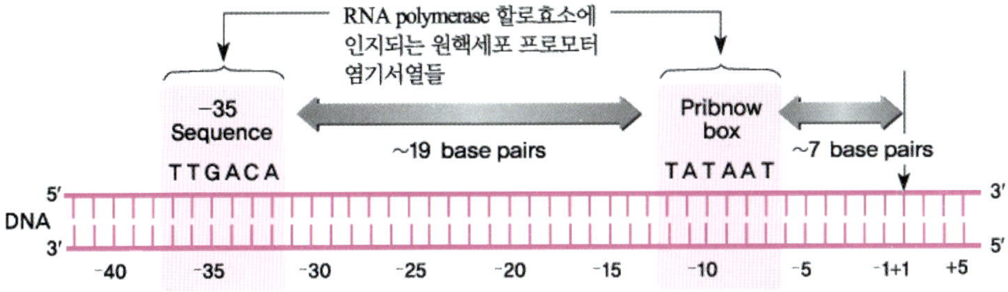

그림 14-23 원핵생물 프로모터부위의 특징적인 염기서열들

3) 전사개시 복합체 형성

① 원핵생물

- 전사개시 : RNA 중합효소가 프로모터에 결합하여 프로모터부위의 DNA 나선이 풀리게 되고 RNA 합성이 시작된다.
- 그 후 시그마 소단위(σ subunit)는 RNA 폴리머레이즈가 촉진자부위를 인식하게 하고 프로모터 부위를 벗어나 RNA는 신장된다. 전사가 시작되면 시그마 인자는 분리된다.
- rho 인자(ρ factor)는 대장균에서 종료인자로 전사의 종료에 관여한다. 대장균에서는 rho 의존 종결(rho dependent termination)과 rho 비의존 종결(rho independent termination) 두 가지가 있다.

rho비의존 종결은 전사종결부위에 역 반복서열이 존재하여 전사된 RNA에서 상보적으로 염기가 결합하여 머리핀 구조(stem & loop structure) 및 3′ 말단에 poly-U의 종결 구조를 갖는다.

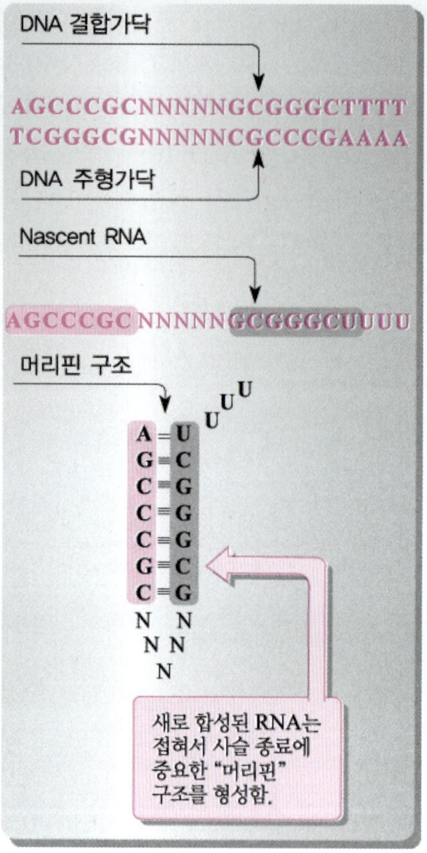

그림 14-24 전사된 RNA의 종료

② 진핵생물

- TF IID가 TATA box에 결합하면 다른 단백질이 프로모터 주위에 결합
- TF IID, TF IIA, TF IIB, TF IIF, RNA polymerase, TF IIE, TF IIH 복합체 형성
- TF IIH가 RNA polymerase를 인산화, 전사개시

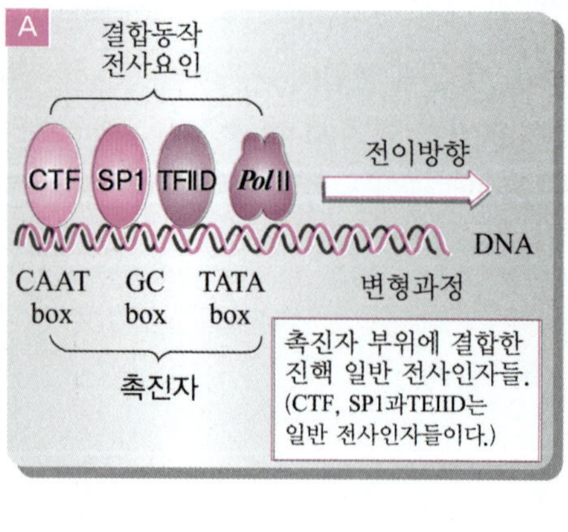

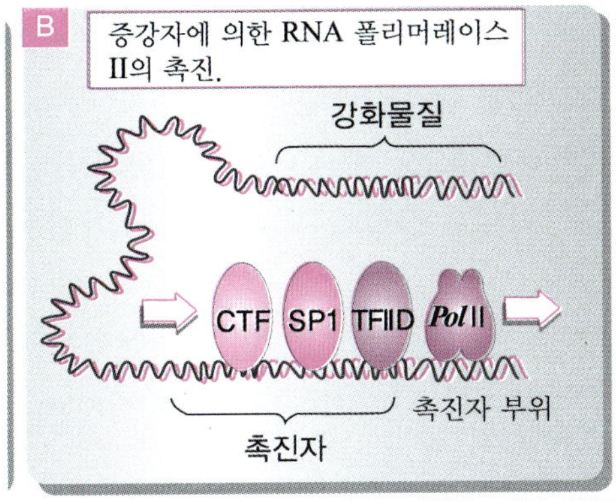

그림 14-25 촉진자 부위에 결합한 진핵 일반 전사인자들. CTF, SP1과 TFIID는 일반 전사인자들이다.

4) 진핵생물 전사관련 인자들

① 인핸서(enhancer) : 활성화단백질(activator)이 결합하여 전사활성을 증가시키는 DNA 서열로 프로모터로부터 수백, 수천 킬로베이스 멀리 있다.

② 사일런서(silencer) : 전사활성을 억제하는 DNA 서열

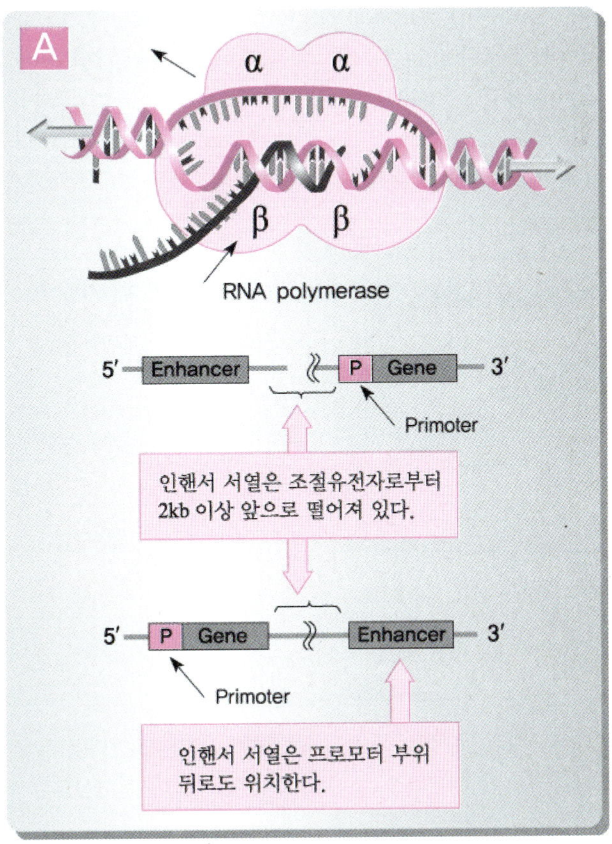

그림 14-26 인핸서(enhancer) 서열

3. 전사 후 RNA의 가공

원핵세포와 진핵세포의 tRNA와 rRNA는 일반적으로 DNA주형으로부터 RNA 형태로 기능을 못하는 1차 전사물(primary transcript)은 라이보뉴클리에이즈(ribonuclease)의 절단에 의해서 변형이 된 후 고유의 기능을 갖는다.

원핵생물의 일차 전사물 mRNA는 일반적으로 변형없이 기능을 가지고 있으나 진핵생물의 일차 산물인 전구mRNA는 전사후변형(posttranscriptional modification) 과정을 거쳐 기능을 갖게 된다.

원핵생물은 여러 유전자가 모인 오페론 단위인 폴리시스트론 mRNA(polycistronic mRNA)로 전사되어 하나의 mRNA에서 많은 종류의 단백질이 합성되고 진핵생물은 하나의 mRNA에서 하나의 단백질을 합성하는 모노시스트론 mRNA(monocistronic mRNA) 오페론을 갖는다.

(1) 전달 RNA (transfer RNA, tRNA)

원핵생물과 진핵생물의 tRNA는 일차전사물인 전구물질의 변형에 의해서 만들어진다. 인트론은 anticodon의 loop에서 제거되며 5′–끝의 16 n.t는 RNase P에 의해서 절단되고 3' - 끝은 nucleotidyltransferase에 의해 –UU 염기 대신 –CCA 염기로 변형이 된다.

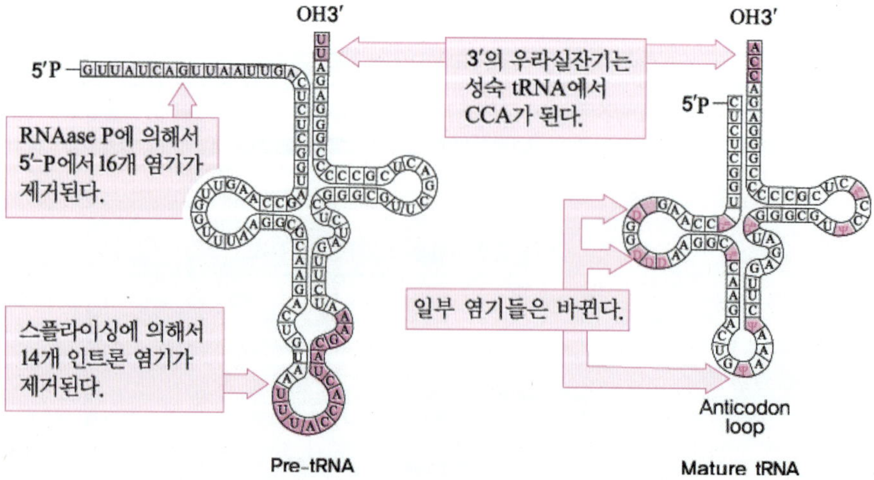

그림 14-27 전달 RNA의 전사후 가공

(2) 라이보소체 RNA (ribosomal RNA, rRNA)

진핵생물과 원핵생물에서 RNA polymerase I의 일차 전사물인 전구라이보소체 RNA(pre-rRNA)는 RNAase의 절단에 의해 기능을 갖는 rRNA로 변형된다.

전구라이보소체 RNA는 원핵생물의 경우 23S, 16S rRNA를 만들고 진핵생물의 경우 28S, 18S, 5.8S rRNA를 만들며, 변형 전 혹은 변형과정 중에 라이보소체를 구성하는 일부 단백질이 결합된다. 그러나 원핵생물의 5S rRNA는 RNA polymerase III에서 전사되어 다른 변형과정으로 형성이 된다.

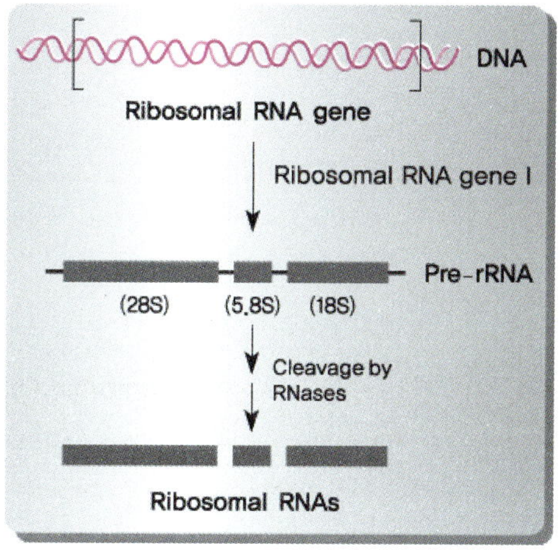

그림 14-28 라이보소체 RNA의 가공

(3) 전령 RNA (messenger RNA, mRNA)

원핵생물의 일차 전사물은 polymerase III에서 전사되어 특별한 변형과정 없이 기능을 가지고 있으나 진핵생물에서는 cytoplasmic mRNA를 포함하는 다양한 많은 종류의 일차 전사물인 이질핵 RNA(heterogeneous RNA, hnRNA)는 핵에서 변형과정이 이루어 진다.

1) 5′-캡핑 (5′-capping)

hnRNA의 5 ‘-말단에 guanyltransferase와 guanine-7-methyltransferase에 의해 7-메틸구아노신삼인산이 결합

➔ 세포내에 있는 RNA 분해효소로부터 mRNA 보호하여 안정화에 기여하고 리보솜이 mRNA를 인식하는 것을 돕는다.

2) 폴리 A-꼬리 (poly A tailing)

DNA로부터 전사되지 않고 polyadenylate polymerase에 의해서 ATP를 기질로 사용하여 전사체 3′- 끝의 AAUAAA 신호서열 뒤에 50~200개의 아데닌 뉴클레오타이드(poly-A)가 첨가된다.

➡ 세포내에 있는 RNA 분해효소로부터 mRNA 보호하여 안정화에 기여하고 핵으로부터 쉽게 빠져나게 하고 cytoplasm에서는 poly-A 꼬리는 점점 짧아진다.

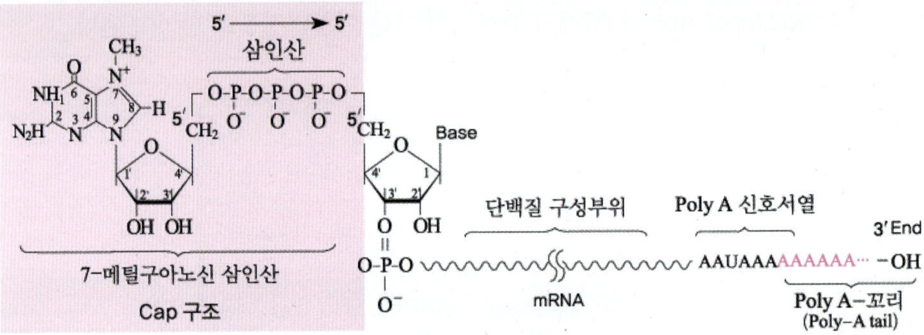

그림 14-29 전령 RNA의 구조

3) RNA 스플라이싱 (RNA splicing)

진핵생물 유전자는 중간에 단백질을 암호화하지 않은 인트론(intron)이 있으며 핵 내에 있는 DNA에서 전사된 일차 RNA(hnRNA)가 인트론이 제거되어 단백질 암호화 부위인 액손(exon)만 연결된 mRNA가 세포질로 이동된다.

① 스프라이시로좀(spliceosome)이 올가미 구조를(lariat structure)형성하여 인트론을 제거하고 액손을 연결하며 이 과정을 스플라이싱이라고 한다.

② 소핵 RNA(snRNA): snRNA는 당백질과 결합하여 소핵라이보핵단백질(small unclear ribonucleoprotein particle, snRNP, or snurp)을 형성하여 인트론 양 끝에 공통 염기서열을 형성하여 인트론 제거를 도와준다.

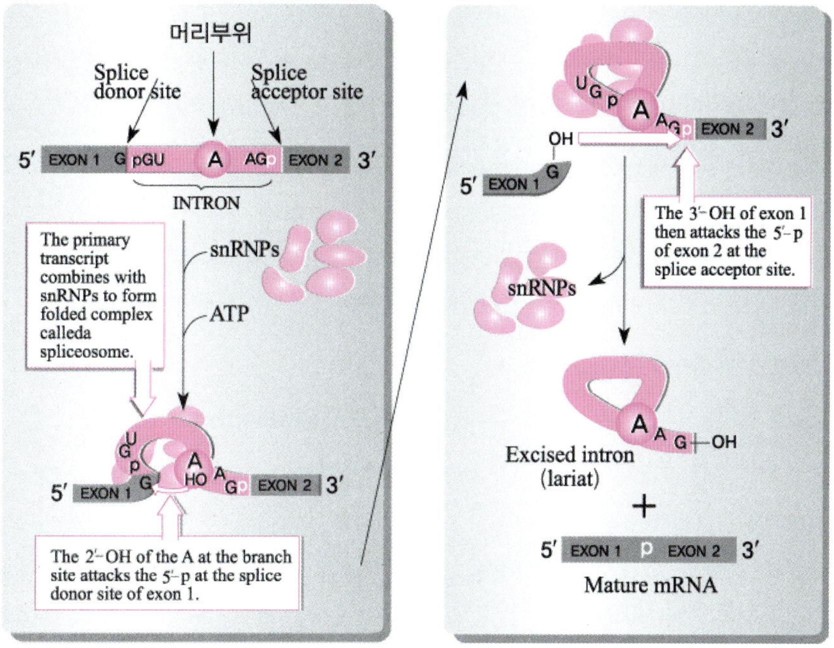

그림 14-30 인트론의 제거. snRNP-소핵라이보핵산 단백질 덩어리 (small nuclear ribonucleoprotein particle)

4) 선택결합(Alternative splicing)

진핵세포에서 하나의 유전자에서 전사된 일차 전사체에 여러 형태의 결합(splicing)이 일어나 많은 종류의 mRNA가 형성된다. 즉 한 개의 유전자에서 결합 상태에 따라 많은 종류의 단백질이 합성된다.

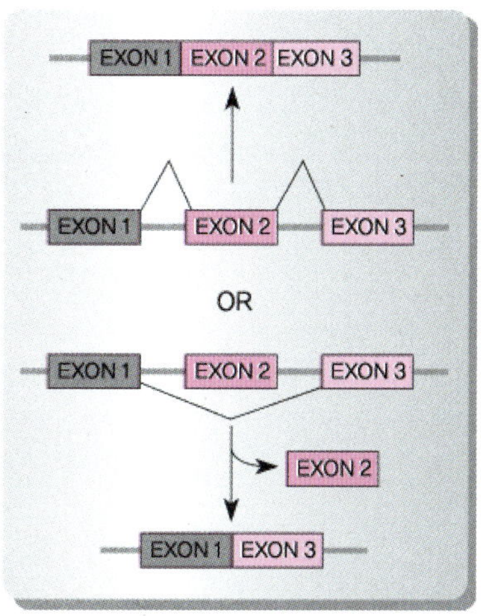

그림 14-31 선택결합

5) 액손 셔플링 (exon shuffling)

단백질을 암호화 하고 있는 적은 수의 액손이 유전자 재조합과정으로 서로 섞이면서 새로운 단백질이 생겼다는 가설.

6) 전사 후 변형 (posttranscriptional modification)

전사가 일어난 다음 RNA 구조가 변형되는 현상으로 5′-capping, poly A-tailing, 인트론의 제거되는 스플라이싱 그리고 tRNA가 전사된 뒤에 염기나 리보오스의 화학적 변이 모두를 말한다.

7) 자가스플라이싱 (self splicing)

효소의 활성이 있는 RNA 분자인 라이보자임(ribozyme)에 의한 스플라이싱으로 인트론이 효소의 역할을 한다.

8) RNA 교정 (RNA editing)

전사가 끝난 후 주로 U 잔기가 결실, 삽입 또는 치환되는 경우이며 guide RNA(gRNA)가 관여한다.

Question

1. 생화학이란 무엇을 연구하는 학문인가?

2. 생체를 구성하는 주요원소는?

3. 물분자를 구성하는 결하과 물분자-물분자간의 결합은 무엇인가?

4. 극성과 비극성을 간단히 설명하시오.

5. 생체막의 기능을 간단히 설명하시오.

6. 능동적 이동과 수동적 이동의 가장 큰 차이점은?

7. 세포소기관의 기능을 간단히 설명하시오.

8. 개체의 유전정보가 축적되어 있는 것은?

9. 에너지의 공급원으로 작용하는 세포소기관은?

10. 단백질의 가공을 통해 세포밖으로 방출시키는 세포소기관은?

Chapter 15.

단백질 합성과 유전자 발현

유전정보는 DNA → RNA → protein으로 전달된다. 하나의 유전자는 특정한 하나의 효소 또는 폴리펩티드(polypeptide)를 합성하여 생물의 표현형을 지배하고, 이것을 1유전자 1 폴리펩티드설이라 한다.

단백질 생합성은 번역(translation)에 의해서 mRNA의 4종류 염기가 20개의 아미노산으로 바뀌는 과정을 말하며, 그 과정은 합성개시(initiation), 사슬연장(elongation) 및 종료(termination)로 나눈다.

유전정보 발현은 항상 똑같이 일어나지 않고 환경, 개체내의 생리적 조건에 적응하여 항상성을 유지하며 생명을 영위하기 때문에 생물체는 다양한 유전자 발현 조절 기구를 가지고 있다.

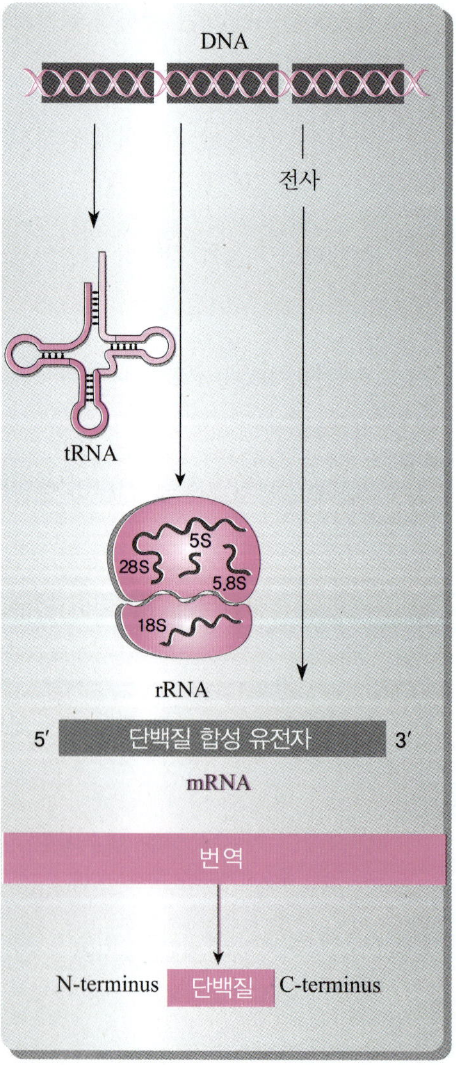

그림 15-1 단백질 합성 또는 번역

SECTION 1 단백질 생합성

1. mRNA 유전암호

mRNA는 특정단백질 생합성에 필요한 유전정보를 전달한다. 3개의 뉴클레오타이드는 하나의 아미노산을 암호화하고 있으며, 이를 코돈(codon)이라고 한다. 즉 코돈은 3개의 염기로 구성된 mRNA의 유전암호이고 $64(4^3=64)$개의 코돈조합을 이룰 수 있다.

Guide

코돈(codon)
단백질의 구조 유전자인 DNA 또는 RNA의 염기배열상에 짜여진 유전정보가 단백질의 아미노산 배열로 나타날 때 1개의 아미노산을 규정하는 염기서열내의 3염기.

(1) 코돈의 일반적 성질

1) triplet codon : 3개의 이웃한 염기가 하나의 아미노산을 결정한다.

2) 시작코돈 : AUG : 메티오닌 아미노산을 암호하고 있으며 단백질 합성 개시 코돈(암호)이다.

3) 정지코돈 : UAA, UGA, UAG는 단백질 합성 정지 코돈으로 암호하는 아미노산이 없다.

5′-BASE	MIDDLE BASE U	C	A	G	3′-BASE
U	Phe	Ser	Tyr	Cys	U
	Phe	Ser	Tyr	Cys	C
	Leu	Ser	Stop	Stop	A
	Leu	Ser	Stop	Trp	G
C	Leu	Pro	His	Arg	U
	Leu	Pro	His	Arg	C
	Leu	Pro	Gln	Arg	A
	Leu	Pro	Gln	Arg	G
A	Ile	Thr	Asn	Ser	U
	Ile	Thr	Asn	Ser	C
	Ile	Thr	Lys	Arg	A
	Met	Thr	Lys	Arg	G
G	Val	Ala	Asp	Gly	U
	Val	Ala	Asp	Gly	C
	Val	Ala	Glu	Gly	A
	Val	Ala	Glu	Gly	G

1 5′에 A로 시작하는 코돈으로 16개의 아미노산을 보여준다.

2 중간에 U를 가지고 있는 세로쪽 코돈으로 16개 아미노산을 보여준다.

3 3′끝에 G가 있는 코돈으로 16개의 아미노산을 보여준다.

4 AUG는 아미노산 Met이다.

그림 15-2 유전부호표에서 AUG코돈 찾는 방법

4) 61개의 코돈 : 64개의 코돈 중에서 정지코돈 3개를 제외한 61개 코돈이 아미노산을 암호화하고 있다.

(2) 코돈의 특성

1) 특이성(specificity) : 특정 코돈은 항상 같은 아미노산을 지정하고 있다.

2) 보편성(universality) : 코돈은 초기 진화단계에서 결정되어 모든 생물에 공통, 보편적이며 미토콘드리아나 엽록체에서는 예외가 있다(UGA → Trp).

3) 축퇴성(degeneracy) : 하나의 아미노산을 지정하는 코돈은 둘 이상(degenerate) 존재한다. Arg 코돈 6개 : CGU, CGC, CGA, CGG, AGA, AGG, 예외: 1개만 지정(AUG-Met, UGG-Trp)

4) 중첩이 없음 : 연속적인 염기서열을 시작시점에서 3개씩 중첩 없이 읽는다.

(3) 돌연변이

1) 점 돌연변이(point mutation) : 염기 하나가 변하여 돌연변이가 생기는 것을 말한다.

① 침묵 돌연변이(silent mutation) : 염기하나가 변화하였으나 원래와 같은 아미노산의 코돈으로 변한 것. 즉 아미노산의 변화가 없다.

② 과오 돌연변이(missense mutation) : 염기 하나가 변하여 원래와 다른 아미노산을 코돈하고 있다. 즉 전혀 다른 아미노산의 암호가 된다.

③ 넌센스 돌연변이(nonsense mutation) : 염기 하나의 변화로 인하여 종료 코돈이 생성된 것. 즉 원래 보다 짧은 단백질이 생성된다. 돌연변이에 의해 합성이 그 자리에서 멈춘다.

2) 삼염기 반복확장 돌연변이(trinucleotide repeat expansion mutation) : 염기 3개가 반복적으로 수가 증폭되어 생기는 것. 특정 한 종류의 아미노산 코돈이 많이 생성 된다.

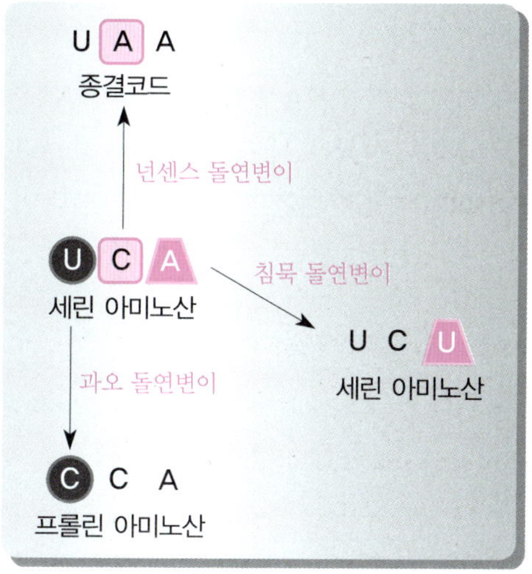

그림 15-3

mRNA사슬의 부호영역에서의 단일 뉴클레오타이드의 변화가 초래할 수 있는 가능성 결과.

3) 접합부 돌연변이(splice site mutation) : 전구 mRNA가 splicing 될 때 돌연변이가 생겨 인트론의 제거가 달리되어 생기는 돌연변이.

4) 해독틀 돌연변이(frame shift mutation) : mRNA에 하나 또는 두 개의 염기가 첨가 혹은 결실이 되어 3개의 염기가 하나의 아미노산을 코돈하는 틀이 바뀌어 생기는 돌연변이.

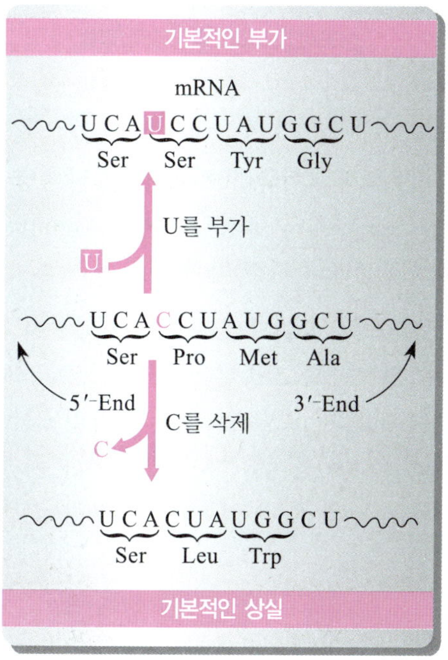

그림 15-4

염기의 첨가나 결손에 의하여 생성된 틀이동변이는 mRNA 판독틀의 변이를 일으킨다.

2. 단백질 번역

mRNA의 유전정보는 세포질에서 리보솜과 tRNA에 의해서 mRNA의 유전정보를 바탕으로 아미노산이 합성된다. 번역은 개시, 신장, 종결 3단계로 구성되며 mRNA 코돈에 따라 tRNA가 운반해온 아미노산을 펩타이드 결합을 하여 단백질을 합성한다.

Guide

안티코돈(대응코돈) 전달 RNA 분자 속에 존재하며, 세 개의 염기로 연결된 유전자. 특정한 아미노산을 리보솜에 전달하는 역할을 한다.

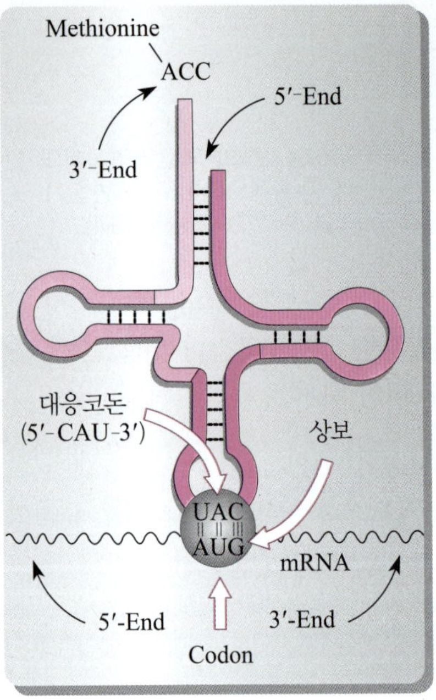

그림 15-5

메티오닌 전달 RNA의 대응 코돈(CAU)과 mRNA상의 메티오닌 코돈(AUG)의 상보적, 그리고 역평행적 결합

(1) 단백질 합성에 필요한 성분들

1) 리보솜(ribosome) : 두 개의 소단위[(원핵생물(30S, 50S), 진핵생물(40S, 60S)]로 구성되어 있으며, 세포질에서 합성되며 A site(aminoacyl 자리), P site(peptidyl 자리), E site(exit 자리)가 있다.

2) tRNA(transfer RNA) : 73~93개 뉴클레오타이드로 구성되어 있으며 부분적으로 4부분에서 이중가닥을 형성하고 20종류의 아미노산이 사람에서는 50종류(세균 30~40종류) 이상의 tRNA가 하나의 아미노산을 가지고 있다. tRNA 안티코돈(anticodon)은 mRNA에 있는 코돈과 상보적으로 결합하며 활성화된 tRNA는 3′ 말단 −CCA−에 아미노산이 결합되어 있다.

① 워블(wobble) 가설 : 안티코돈의 첫 번째 염기가 비교적 자유롭게 움직일 수 있기 때문에 코돈의 셋째 자리에 있는 여러 종류의 염기와 짝을 이룰 수 있게 되어 tRNA가 하나 이상의 코돈을 인식한다. 결국, 코돈의 셋째 염기가 다른 것으로 바뀌어도 동일한 아미노산을 지정할 수 있는 축퇴성이 생긴다.

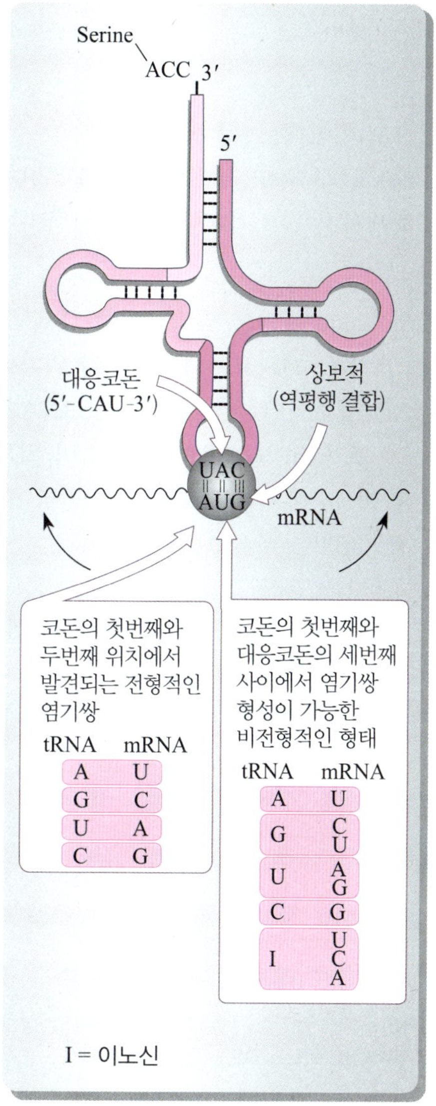

그림 15-6

불안정 구조 대응코돈의 5′-뉴클레오타이드(처음 뉴클레오타이드)와 코돈의 3′-뉴클레오타이드(마지막 뉴클레오타이드)간의 비전형적 염기쌍형성.

② 아미노아실 tRNA 합성효소 : tRNA에 아미노산의 결합은 amonoacyl-tRNA synthetase라는 효소가 각 아미노산마다 있어서 작용한다.

(2) 단백질 합성과정

mRNA와 결합한 리보솜은 개시코돈(AUG)에서 tRNA-Met를 상보적으로 결합하여 합성이 시작된다. tRNA에 의해 운반되어온 아미노산은 펩타이드결합으로 두 번째의 아미노산과 결합하고 tRNA는 리보솜을 떠나며 리보솜은 mRNA의 다음 코돈으로 이동한다. 정지코돈(UAA, UAG, UGA)을 만날 때까지 펩타이드 사슬이 신장되며 정지코돈에서는 해당하는 tRNA가 없어 합성이 정지된다.

1) 개시 (initiation)

개시코돈인 mRNA의 AUG에서 시작되며 아미노산은 Met이다.

① 30S 소단위체, mRNA, fMet-tRNA(개시 tRNA), 3개의 개시인자(IF1, IF2, IF3)가 관여하며(진핵생물은 eIF, 10개 이상) 에너지는 GTP(진핵생물 ATP)를 이용한다.

② 샤인-달가노 서열(Shine-Dalgarno sequence)은 대장균에서 퓨린(G, A)염기가 풍부한 서열이 mRNA의 AUG 개시코돈 상부 6-10 위치에 있으며 16S 리보솜소체 RNA에 SD 상보적인 서열이 있다. mRNA와 rRNA의 상보적 결합은 30S 라보소체가 mRNA의 AUG 가까이 위치를 잡는데 용이하게 한다. 한편 진핵생물에서는 SD 서열이 없고 eIF 도움으로 AUG 코돈을 만날 때 까지 ATP를 사용하여 이동한다.

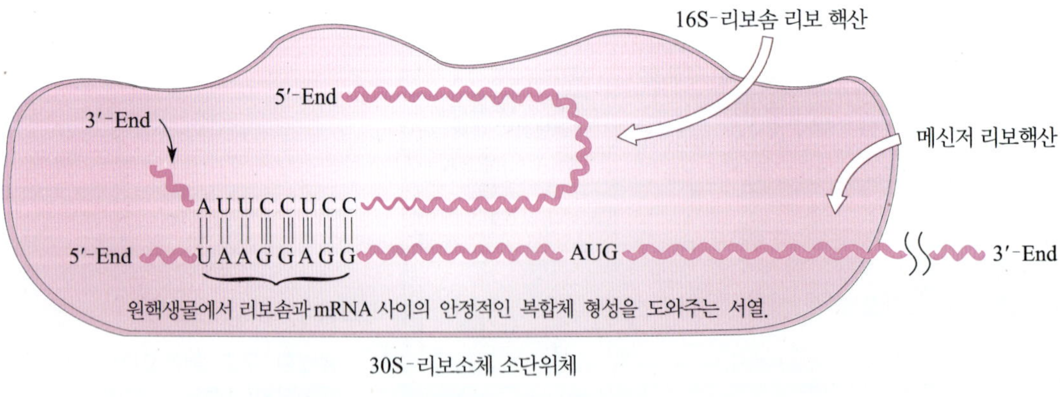

그림 15-7 원핵생물 mRNA의 샤인-달가노 서열과 16S rRNA의 상보적 결합. 전부호표에서 AUG코돈 찾는 방법

③ 개시코돈 AUG는 개시 tRNA(initiation tRNA)에 의해서 인식된다. 원핵생물에서는 IF-2가 GTP와 결합하여 촉진되나 진핵생물에서는 eIF2-GTP와 다른 eIF와의 결합에 의해서 형성된다. 개시 tRNA는

eIF−2에 의해서 인식되고 p site로 들어가는 유일한 tRNA인데 진핵생물에서는 methionine을, 세균과 미토콘드리아에서는 N−formyl-메티오닌을 운반하며 N−말단 Met은 단백질이 합성이 완성되기 전에 제거된다.

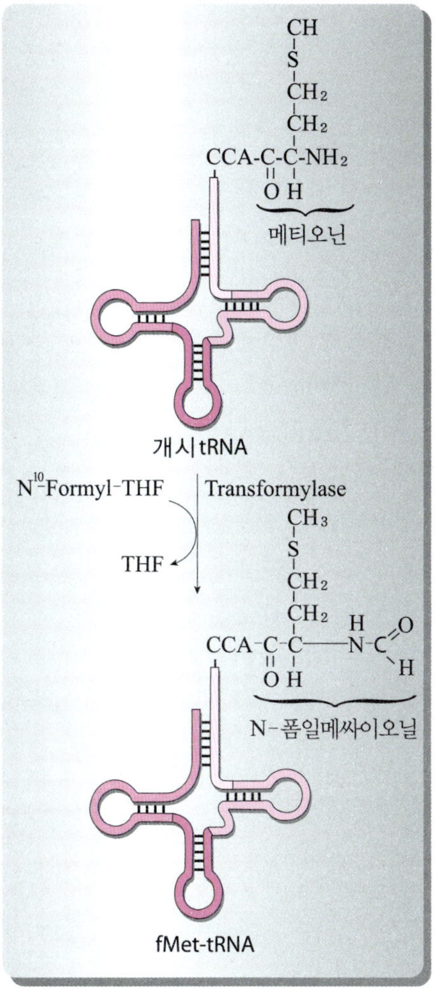

그림 15-8

개시 N-폼일메싸이오닐-tRNA (fMet-tRNA)의 생성

2) 신장 (elongation)

사슬의 연장은 아미노산의 반복적인 펩타이드 결합에 의해서 신장된다.

① GTP, 2 가지의 신장인자(EF−Tu, EF−Ts), peptidyltransferase(23S rRNA에 내재, ribozyme이라 불림)가 펩타이드결합을 촉진한다(EF−G).

② 대장균에서 A site에는 다음에 나타나는 aminoacyl−tRNA를 EF−Tu와 EF−Ts에 의해 촉진되고 진핵생물에서는 eEF−1α와 EF−1βγ가 GTP를 소모하여 교환한다.

③ 펩타이드 결합 형성 후 EF-G(진핵은 EF-G)와 GTP에 의해서 자리옮김(translocation)을 하는데 E site에 아미노산이 없는 자유 tRNA가 옮겨지고 A site에 있던 합성 중인 아미노산 사슬이 연결된 tRNA가 P site로 이동하여 A site에는 다음 tRNA-a.a가 들어오도록 비워있다.

3) 종결 (termination)

tRNA가 없는 코돈(UAA, UAG, UGA)에서 단백질 합성이 종결된다.

① GTP, RF(release factor)는 원핵생물 3가지(RF1, RF2, RF3)와 진핵생물에서는 eRF가 관여한다.

② 리보솜의 A site에 종료코돈이 위치하면 대장균에서 release factor(RF)가 코돈을 인지한다. RF-1은 UAA와 UAG를 인지하고 RF-2는 UAA와 UGA를 인지하여 새로이 합성된 단백질을 리보솜에서 분리시킨다.

③ RF-3-GTP는 GTP가 가수분해 되면서 RF-1과 RF-2를 유리시킨다. 진핵생물에서는 release factor eRF가 3개의 종결 코돈을 인지하고 eRF-3은 원핵생물의 RF-3과 같은 기능을 한다.

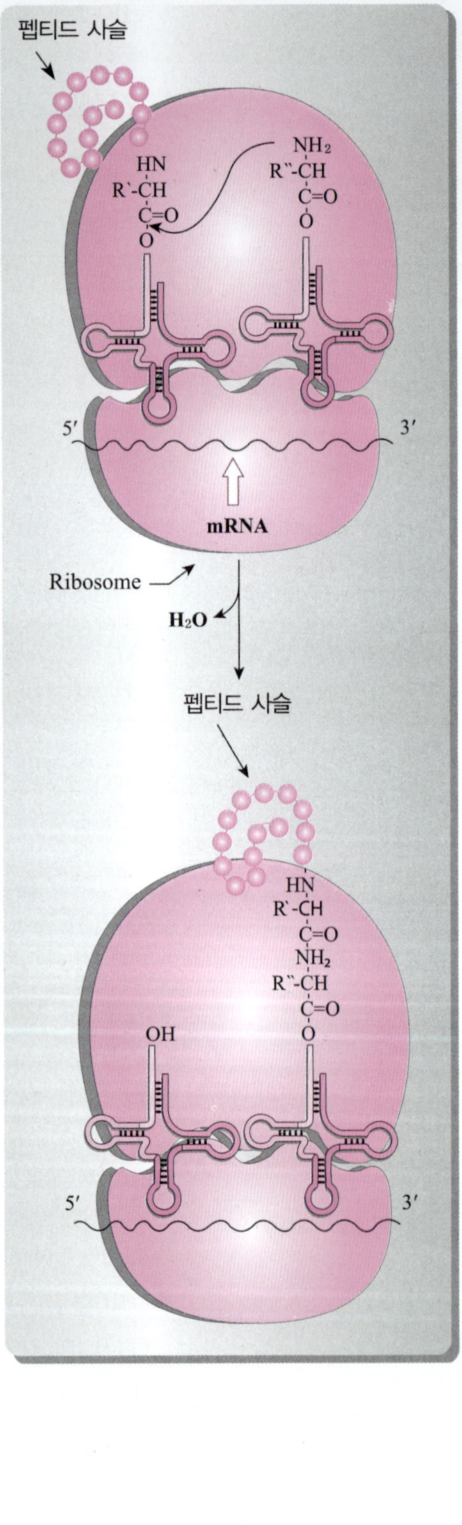

그림 15-9

리보솜에서 아미노산 사슬의 신장

(3) 단백질 합성의 특징

1) 원핵생물은 핵이 없어 전사와 번역이 세포질에서 동시에 일어나지만 진핵생물에서 전사는 핵에서, 번역은 세포질에서 일어난다.

2) 진핵생물은 포밀Met이 개시-tRNA에 의해 리보솜에 이동되어 개시에 사용되나 진핵세포에서는 Met이 결합된 개시 tRNA가 단백질 합성 개시에 사용된다.

3) 세균은 mRNA 개시코돈 AUG upstream에 SD서열이 있어 16S rRNA와 수소결합을 한다.

4) 스캐닝 가설(scanning hypothesis): 진핵세포의 mRNA의 5′- 말단이 번역개시 신호로 작용하여 5′-에서 읽어 내려갈 때 처음으로 나타나는 AUG가 단백질합성 개시코돈이 된다.

5) mRNA에는 polysome을 형성하는데 mRNA 길이 때문에 동시에 다수의 리보솜이 결합하여 아미노산이 N-말단에서 C-말단으로 합성된다.

6) 종료코돈은 아미노산을 지정하지 않으며 release factor(원핵 : RF1, RF2, RF3, 진핵:eRF)가 종료코돈을 인지하여 단백질 합성을 종결시킨다.

① 단백질 합성을 저해하는 항생제

- 스트렙토마이신(streptomycin), 클로람페니콜(chloramphenicol), 에리스로마이신(erythromycin) : 원핵생물의 단백질 합성 억제
- 퓨로마이신(puromycin) : 원핵생물 및 진핵생물에서 단백질 합성을 중간에 종결시켜 억제한다. 즉 조숙한 종결을 유발한다.
- 디프테리아 독소(diphthera toxin) : 진핵세포의 단백질 합성 억제한다.

(4) 번역 후 변형 (posttranslational modification)

단백질 합성이 종료된 후에 공유결합의 변형이 일어나는데 이를 번역 후 변형이라고 한다. 이 변형에는 번역된 서열의 부분적 제거, 단백질 활성에 필요한 화학작용기의 공유결합의 부가 등이 있다.

1) 샤페론에 의한 단백질 접힘 : 번역 후에 샤페론(chaperon) 단백질에 도움으로 올바른 접힘(folding)이 형성된다(예 : heat shock protein, chaperonin).

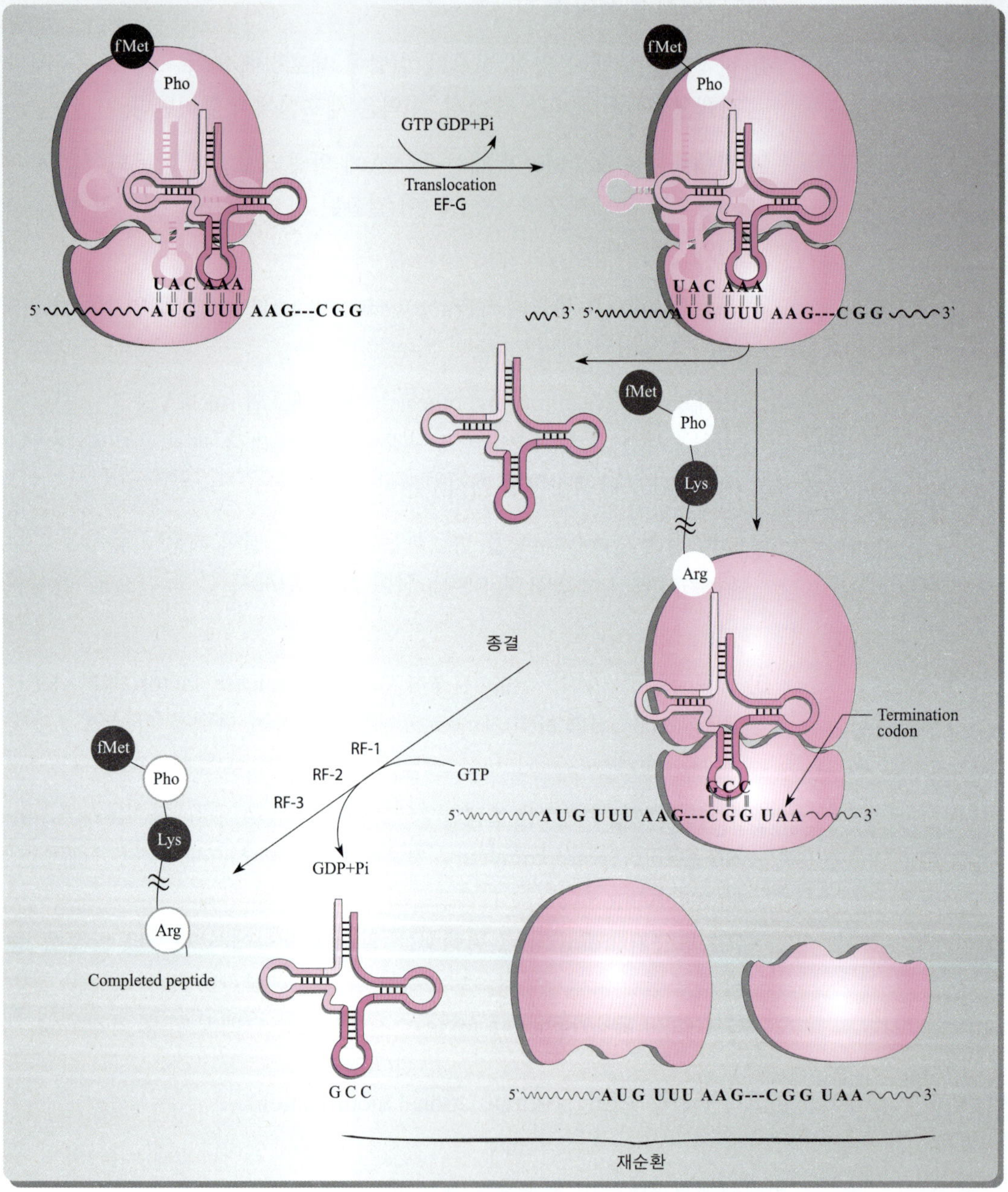

그림 15-10 원핵세포에서의 단백질의 합성

2) 사페론분자(molecular chaperon) : 변성된 단백질을 기능적인 구조로 재생시키거나 합성된 단백질이 활성이 없는 상태로 접히는 과정을 막아준다.

3) 신호가설(signaling hypothesis, trimming) : 분비단백질의 합성경로인 리보솜 → 소포체 → 골지체 → 세포막 → secretion 경로를 설명한다. 활성이 없는 전구물질을 합성한 후 endoproteinase에 의해 활성형이 된다.

① 단백질 합성 → signal sequence 노출 → 신호서열 인식 단백질(Signal Recognition Particle)이 신호서열에 결합 → 리보솜 조면소포체 막에 고정 → SRP 분리 및 단백질 합성 다시 시작 → 신호서열은 소포체 내강(lumen)으로 이동 → signal peptidase에 의해 제거 → 단백질은 소포체 내부에서 가공/변형(glycosylation 등) → 운반소낭으로 골지체로 이동하여 가공/ 변형 → exocytosis로 배출한다.

② 신호서열(signal sequence) : 소수성 아미노산으로 구성되어 지질이 풍부한 소포체 막을 통과하기 어려우며 새로 합성된 단백질의 최종 목적지를 결정하는 서열로 소포체 막 통과시 신호펩티데이즈(signal peptidase)에 의해서 제거된다.

4) 효소의 합성은 효소원(zymogen)인 전구물질로 합성되는데, 이는 자신의 활성에 의해 세포가 분해되는 것을 막기 위함이다.

5) 인산화(phosphorylation), 당화(glycosylation), 하이드록실화(hydroxylation) 같은 공유결합의 변형으로 활성을 갖거나 잃을 수 있다.

6) 결함이 있어 파괴 예정이거나 빠른 대사에 필요한 단백질은 유비퀴틴(ubiquitin)이 결합하여 26S 프로티아좀(proteasome)에 의해서 빠르게 분해된다.

SECTION 2 유전자 발현의 조절

1. 유전자 발현의 조절

유전자 발현은 유전자로부터 형성된 RNA나 단백질을 생성하는 여러 단계의 과정을 말하며 원핵세포과 진핵세포는 DNA에 결합하는 활성화단백질(activator) 및 억제단백질(repressor)을 이용하여 전사단계를 조절하여 유전자발현을 조절하는 일차적 조절 자리이다.

지속적으로 발현되는 하우스키핑 유전자(housekeeping gene)로 알려진 구조 유전자처럼 모든 유전자가 조절되는 것은 아니다. 특정 유전자 생성물의 양과 시기를 조절하여 세포의 분화, 형태발생 등 세포의 구조와 기능을 제어한다.

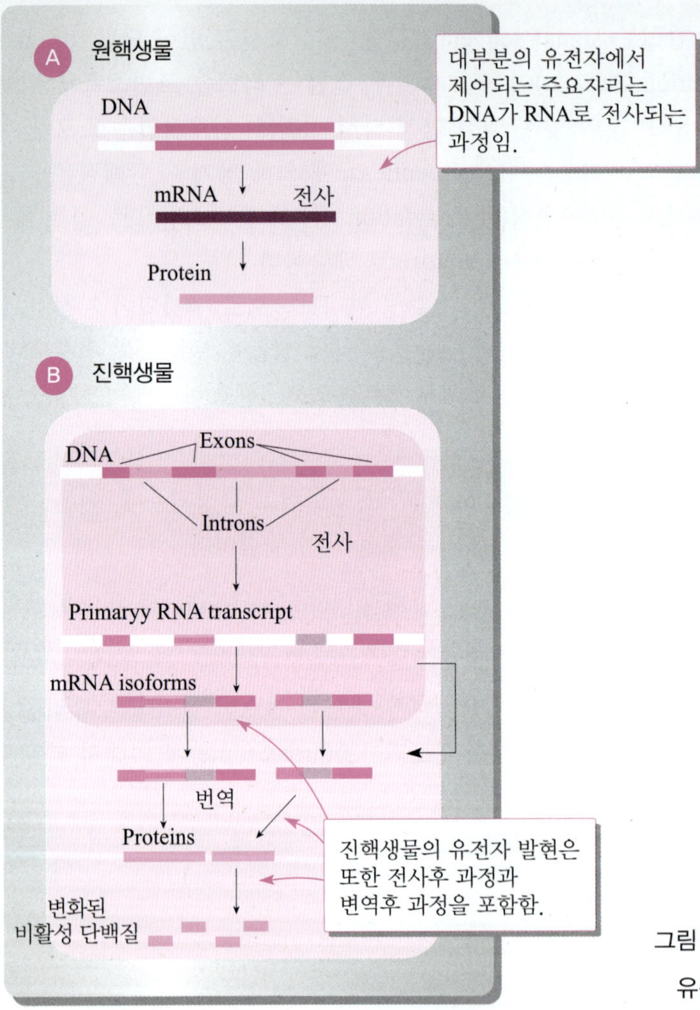

그림 15-11
유전자 발현의 제어

(1) 조절서열 및 분자 (regulatory sequences and molecules)

유전자 발현은 DNA의 조절서열에 의해 초기단계인 전사를 조절하며 원핵세포와 진핵세포는 DNA에 결합하는 활성단백질(activator)과 억제단백질(repressor)이 전사를 조절하여 이루어진다.

1) 시스작용요소(cis-acting elements) : 전사의 조절은 DNA의 조절서열에 의하여 제어되는데 발현유전자에 인접해 있어서 같은 염색체의 유전

자 발현에만 영향을 주는 서열을 말한다.

2) 트랜스작용요소(trans-acting element) : 조절작용인자 자체가 조절분자로서 자신의 합성자리에서부터 DNA 결합자리까지 세포전체에 확산이 될 수 있다. 즉 주로 단백질로 조절유전자가 아닌 다른 유전자에서 합성이 되어 DNA에 결합을 하게 되는데 zinc finger, leucine zipper, helix-turn-helix, 같은 구조요소(motif)를 통해서 조절되며 일반적으로 발현에 부정적인 영향을 준다.

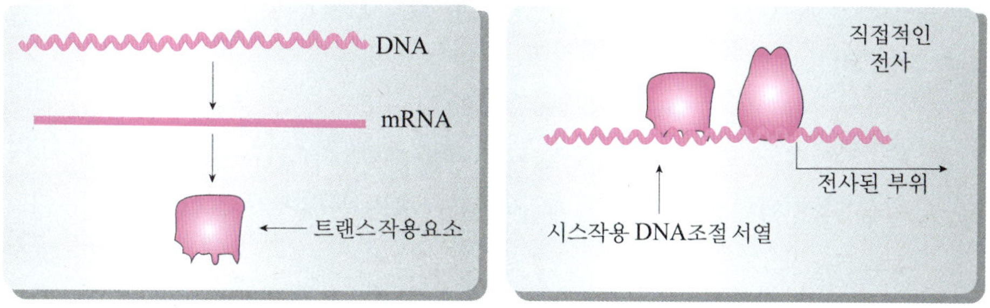

그림 15-12 트랜스 작용과 시스 작용에 의한 발현 조절

(2) 원핵생물에서의 유전자 발현조절

원생생물에서의 유전자 발현의 조절은 일차적으로 DNA의 시스작용 요소와 트랜스 작용 단백질에 의해서 전사수준의 조절이 이루어 진다.

1) 오페론(operon) : 원핵생물에서 기능적으로 관련이 깊은 유전자가 한 개의 polycistron을 한 단위로 오페론을 형성하여 발현조절이 이루어진다. 작동유전자와 구조유전자가 기능적 조합을 이루고 있어서 전사단위인 동시에 조절단위 이기도 하다.

2) 조절인자 : 합성의 유도와 억제는 3가지 인자에 의해서 결정된다.

① 작동유전자(operator) : 조절유전자의 산물인 억제단백질(repressor)이 부착하는 부위로 억제단백질이 부착하면 구조유전자의 발현이 억제된다.

② 구조유전자(structural gene) : 기능 단백질의 유전자로 이 유전자가 발현되면 폴리시스트론 mRNA(polycistronic mRNA)가 합성된다.

③ 조절유전자(regulatory gene) : 작동유전자에 결합을 하는 억제자(repressor)를 암호하고 있는 유전자로 항상 낮은 수준으로 발현된다.

3) 젖당 오페론(Lactose operon)

lac-operon은 젖당을 분해하는 효소를 암호화하고 있다.

① lacZ 유전자 : 젖당을 갈락토스와 포도당으로 분해하는 β-galactosidase 유전자

② LacY 유전자 : 세포안으로 젖당의 이동을 촉진하는 permease 유전자

③ lacA 유전자 : 기능이 잘 알려지지 않은 thiogalactoside transacetylase 유전자로 이들 단백질은 젖당을 분해해야 할 때 생성된다.

④ promoter 부위 : RNA polymerase가 결합하는 촉진자(p) 부위

⑤ operator-CAP 부위 : 조절단백질이 결합하는 자리인 작동자(o)와 CAP가 결합하는 자리

⑥ 구조유전자(lacZ, lacY, lacA)는 o자리가 비어있고 CAP 자리에 cAMP나 이화물질 활성화 단백질(CAP, CRP) 복합체가 결합할 때 발현된다.

- 음성적 조절(negative control) : 포도당만 있을 때 혹은 락토오스가 없는 배지에서는 억제물질(repressor)이 합성되어 작동유전자에 결합하여 lac 오페론이 발현되지 않으나, 락토오스가 있을 때는 락토오스와 억제자가 결합하여 억제자가 작동유전자에 결합을 못하게 되어 lac 오페론이 작동한다. 결국 polycistronic mRNA가 합성, 번역되어 락토오스 분해효소가 합성되고 이 효소에 의해서 배지에 있는 락토오스가 분해되면 전사는 다시 원래 상태로 억제자에 의해서 억제된다.
- 유도물질(inducer) : 억제자와 결합하여 억제제가 작동유전자에 결합을 방해하여 구조유전자의 발현을 유도하는 물질로 lac 오페론에서는 allolactose, IPTG가 있다(그림 15-13a).
- 양성적 조절(positive control) : 젖당이 사용가능한 유일한 당일 때, 포도당이 없는 상태에서는 adenylyl cyclase는 활성화 되어 cAMP를 만들어 CAP와 복합체를 형성한다. 이 복합체는 CAP 자리에 결합하고 촉진자 자리에서 RNA polymerase를 촉진한다. 결국 polycistronic mRNA를 발현시켜 효소가 합성된다(그림 15-13b).
- 포도당과 젖당이 함께 있을 때 : 젖당이 높은 농도로 있을지라도 lac 오페론은 무시할 정도이다. adenylyl cyclase는 포도당이 있을 때 비활성형이 되어 cAMP-CAP 복합체는 형성이 않되 CAP는 비어있게 된다. 결국 RNA polymerase는 전사를 개시할 수 없게 되어 유전자는 발현이 되지 않는다(그림 15-13c).

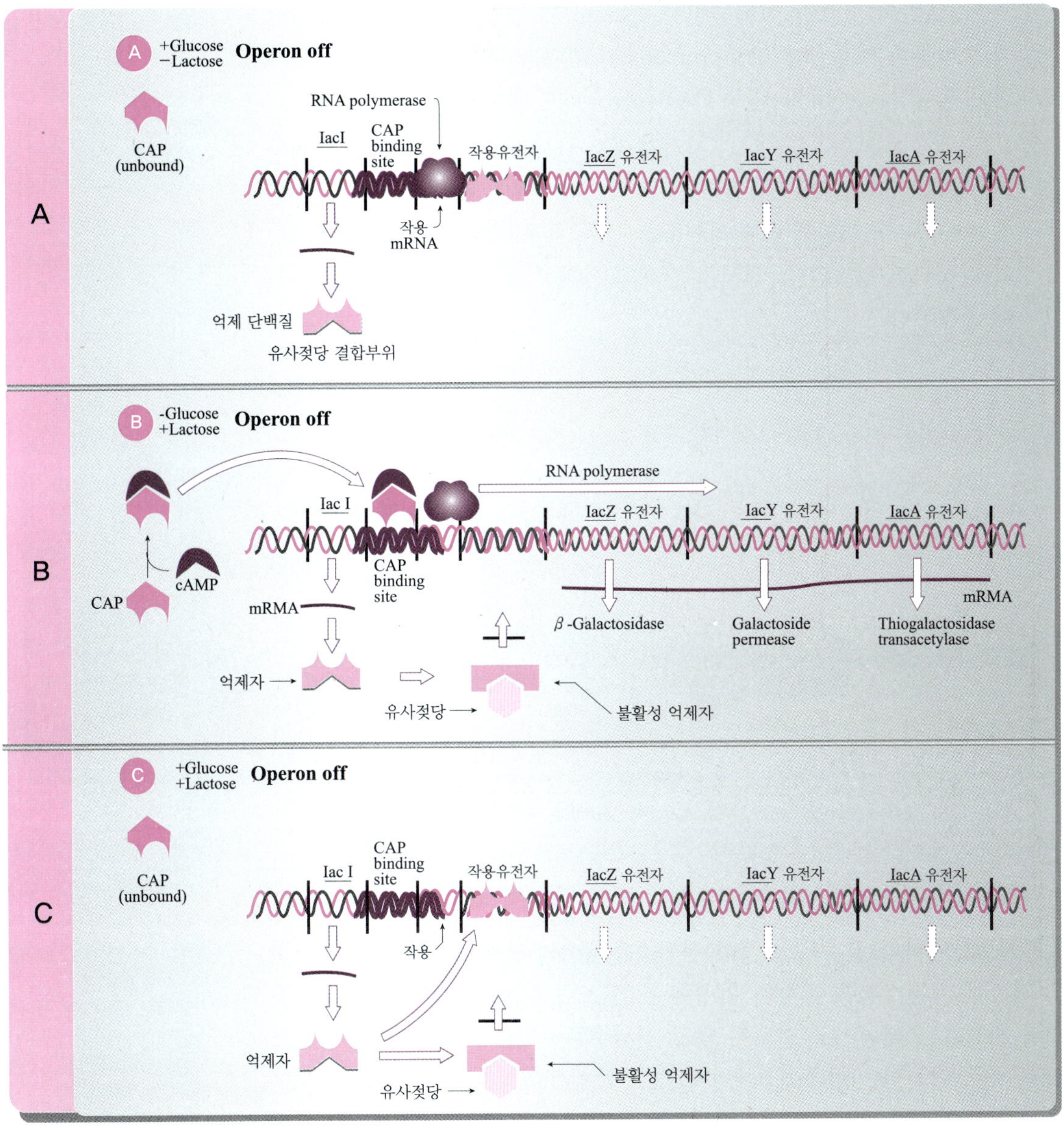

그림 15-13 Lactose operon (젖당 오페론)

4) 트립토판 오페론 (Trp-operon)

① 억제(repressor)에 의한 조절 : 트립토판이 없으면 억제물질(repressor)은 operator에 결합하지 못하여 오페론이 작동하여 트립토판 합성관련 유전자들이 발현되어 트립토판이 합성된다. 그러나 트립토판이 너무 많이 만들어지면 오페론은 불활성 되어 합성관련 효소를 만들지 않는다.

트립토판이 있으면 억제물질이 operator에 결합하여 전사가 중단되어 오페론이 억제된다. Trp promoter는 RNA polymerase에 대한 친화력이 높아 lac promoter처럼 CAP같은 활성단백질이 필요 없다.

② 감쇄(attenuation)에 의한 조절 : 전사감쇄는 전사와 번역이 동시에 일어나기 때문에 원핵세포에서 일어날 수 있으며 트립토판이 충분히 존재할 때 attenuator 서열에서 머리핀(hair-pin, stem-loop)구조(terminator)가 형성되어 정지된다. 전사는 감쇄와 함께 시작되더라도 완료되기 전에 종결된다.

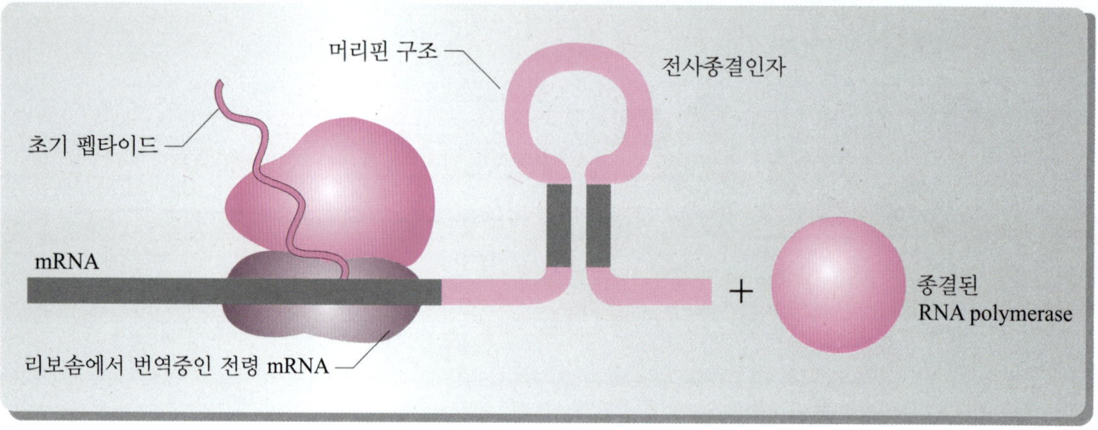

그림 15-14 감쇄에 의한 프립포판 오페론

(3) 진핵생물에서 유전자 발현조절

원핵생물에서의 일차적 조절이 전사수준에서의 조절, 다시 말해 시스작용 요소에 트랜스작용 분자의 활성에 대한 조절이었으나 진핵생물에서 유전자 발현은 오페론이 발견되지 않고 전사수준이외도 다양한 수준에서 조절이 이루어진다. mRNA의 전사후 조절인 mRNA의 splicing 조절, mRNA의 안정성, 번역 효율성 조절 등과 단백질 수준에서의 조절인 단백질의 안정성, 활성, 단백질의 표적화 등을 조절하는 기전이 있다.

1) 전사인자(transcription factor, TF), 트랜스작용에 의한 조절

트랜스 작용 분자에 의한 조절작용으로 DNA 결합영역과 전사활성화 영역인 적어도 2개의 결합도메인을 이용한 조절작용으로 acetyltransferase나 HAT(histon acetyltransferase) 같은 단백질이 결합하여 전사개시의 빈도를 조절할 수 있다.

① 보조활성인자가 전사활성 도메인에 결합
② RNA pol Ⅱ와 일반 전사인자 결합체인 전사개시 복합체를 형성
③ 전사 활성
④ 조절은 단백질과 단백질, 단백질과 DNA, DNA 결합 단백질 복합체에 의한 조절

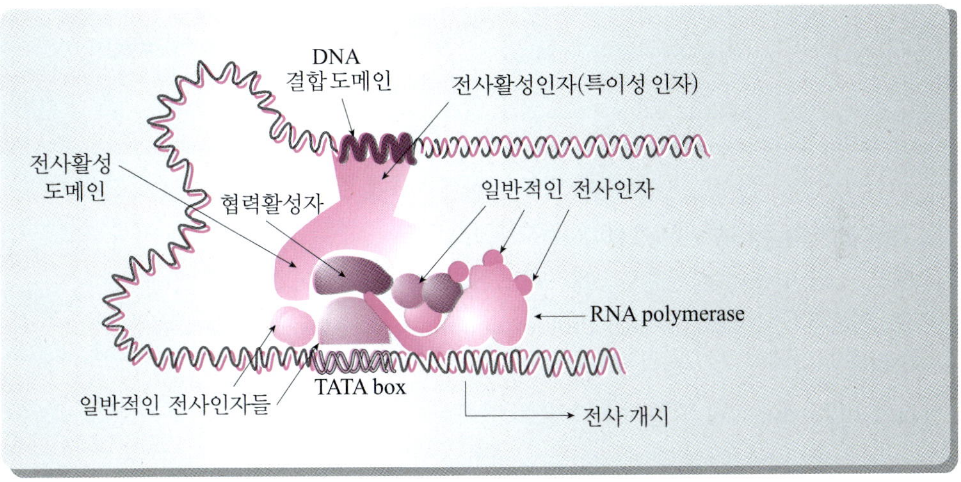

그림 15-15 트랜스 작용에 의한 발현조절

2) 시스 작용에 의한 조절

다세포로 구성되어 있는 진핵생물에서는 서로 다른 유전자에서 번역된 요소라 하더라도 이들은 서로 협동적으로 유전자의 발현에 영향을 미친다. HRE(hormone response element)는 트랜스 작용 단백질 인자에 결합하는 시스 작용 DNA 서열로 호르몬 신호에 반응하여 유전자의 발현을 조절한다.

① 세포내 수용체에 의한 조절

- 글루코코티코이드(glucocorticoid), 염류코타코이드(mineralocorticoid), 성호르몬 등의 수용체인 핵 수용체의 superfamily는 DNA 결합 친화도를 변화 시켜 전사 인자의 활성에 영향을 준다. 즉 호르몬이 수용체 결합에 의한 형태변화이다.
- 수용체-리간드 복합체는 핵내로 들어가 이합체를 형성한다.
- 보조활성자와 결합하여 시스작용, 즉 GRE(glucocorticoid response element)에서 zinc finger motif가 노출되어 DNA에 결합한다.
- GRE는 enhancer로서 유전자의 발현을 조절하는 거리와 상관없이 조절한다.

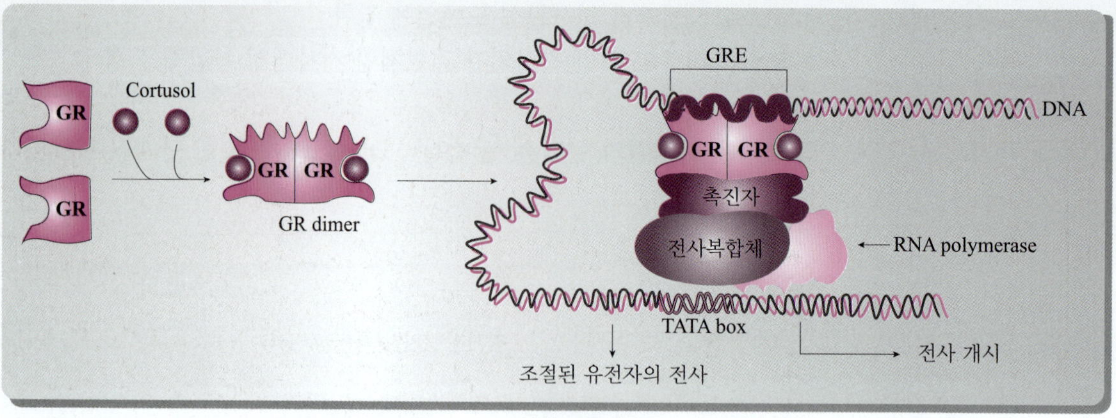

그림 15-16 시스 작용에 의한 발현 조절

② 세포 표면 수용체에 의한 조절

- 세포 표면 수용체는 인슐린, 에피네프린, 글루카곤 등이 있으며 펩타이드 호르몬인 글루카곤이 G-protein coupling receptor(GPCR)에 결합한다.
- protein kinase A에 의해서 cAMP로 변화한다.
- 트랜스 작용이 가능한 cAMP response element binding protein (CREB)은 인산화 되고 활성화한다.
- 활성화 된 CREB는 leucin-zipper motif를 통해 CRE(cAMP response element)에 결합하여 전사를 촉진한다.

③ 전사후가공에 의한 조절 (mRNA에 영향)

- 선택적 스플라이싱(splice-site choice)
  전구 mRNA로부터 protein isoform을 만들 수 있다.
  폴리아데닐화(polyadenylation)와 선택적 스플라이싱(alternative splicing)

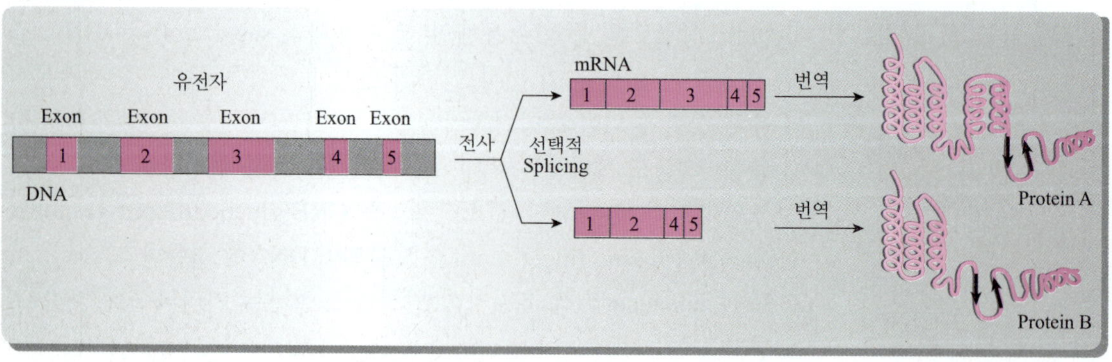

그림 15-17 전사 후 선택적 스플라이싱에 의한 조절

- mRNA editing
  mRNA의 염기 변형으로 인한 조절로, 간과 소장에서 만들어지는 apo B에서 창자에서의 apo B mRNA는 CAA(Gln) 코돈 C가 탈아미노 반응으로 U로 변화하여 종결 코돈 UAA 형성한다.
- 소장에서 합성된 apo B-48(48% 길이)는 간에서 합성된 apo B-100보다 짧다.

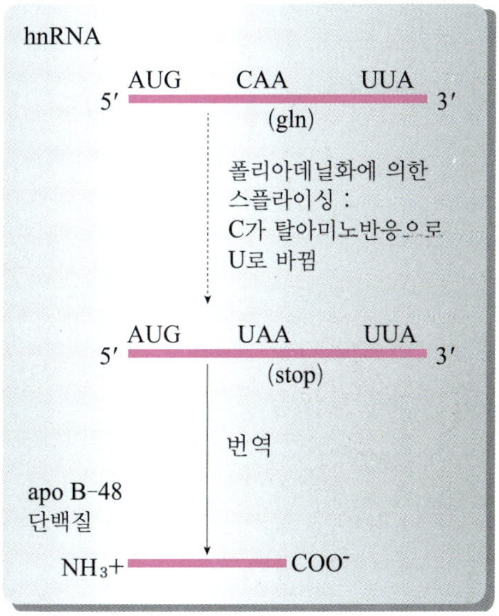

그림 15-18
mRNA 명기변형에 의한 조절

- RNA 방해 (RNA interference)
  dsRNA는 RNA의 비활성을 유발할 수 있다. dsRNA는 endonuclease에 의해서 siRNA(short interimg RNA) 21-24 nucleotide의 작은 조각을 생성하고, single siRNA 가닥은 단백질과 결합하여 RNA-induced silencing complex(RISC)를 형성한다. RISC의 endonuclease에 의해서 타겟 RNA를 분해한다

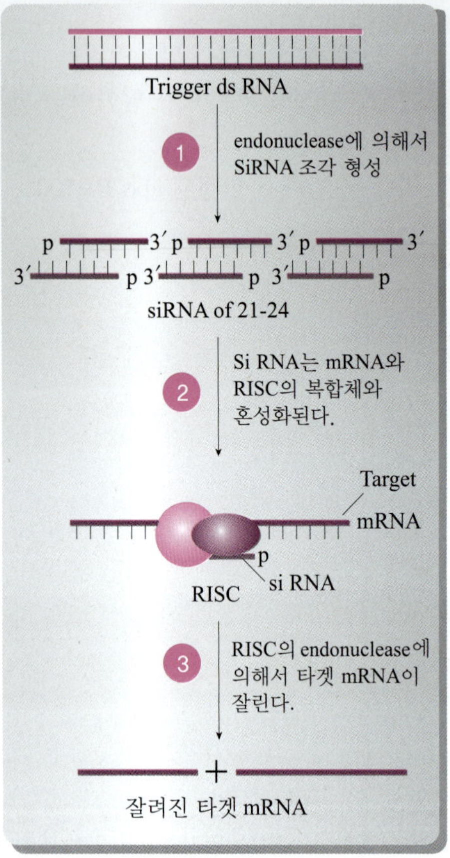

그림 15-19

Si RNA에 의한 조절

3) 염색질 구조변형에 의한 조절

① 이질염색질 (heterochromatin)

DNA의 프로모터 부위에 히스톤 단백질이 결합하여 nucleosome을 형성하여 이질염색질을 형성한다.

- 전사가 억제되어 발현되지 않는다
- euchromatin(염색질의 풀림, 유전자 활성), heterochromatin(염색질의 응축, 유전자 불활성)을 형성한다.

② 바소체 (Barr body)

포유류의 X 염색체 불활성화, 즉 여성의 XX 염색체 중에서 하나의 X 염색체가 응축되어 불활성 되어 광학현미경에서 Barr body를 관찰할 수 있다.

4) DNA 메칠화 (DNA methylation)

주로 사이토신 염기가 메칠화 되며 메칠화된 유전자는 불활성화 되고 메칠화가 안된 부위는 활성이 촉진된다.

5) 전사조절부위 (regulatory DNA sequence) 의한 조절

① enhancer

프로모터의 활성 증가, 전사인자 결합 촉진, 유전자 발현을 촉진시킨다.

② silencer

프로모터 활성 억제, 전사인자 결합 억제, 유전자 발현을 억제한다.

Question

1. 다음 methionine에 대한 설명으로 바른 것은?

① 모든 단백질의 합성개시 아미노산이다.
② 일반적으로 세포에서 분리된 단백질의 n-말단에서 관찰된다.
③ 합성 중인 단백질의 아미노산과 다른 코돈을 가지고 있다.
④ 진핵세포에서는 합성될 때 formyl-methionine

2. 코돈의 개수는 이론적으로 4^3=64개이다. 그러나 20개의 아미노산으로 단백질을 합성하는데 이는 코돈의 무슨 특징으로 설명이 가능한가?

① 특이성
② 보편성
③ 축퇴성
④ 코돈하고는 상관없다.

3. 다음 설명 중에서 바르지 못한 것은?

① 리보솜은 두 종류가 있으며 세포질에서 합성된다.
② 리보솜은 단백질의 합성장소이고 A, P, E 자리가 있다.
③ tRNA의 5′−말간은 CCA−a.a. 구조로 되어 있다.
④ 안티코돈의 첫 번째 염기는 비교적 자유롭게 움직일 수 있어 하나 이상의 코돈 인식이 가능하다.

참고 문헌

- 강윤세 외 14인. 생화학. 고문사. 1993.
- 고광삼 외 14인, "생화학", 고문사, 1993.
- 곽한식 외 7인, "생화학", 라이프사인언스, 2006.
- 권상용, 김정숙, 박규동, 양희태, 조남철, 조득문, 지의상. 생화학. 광문각. 2009
- 권헌영 외 4인, "생화학", 정문각, 1996.
- 권헌영, 김동운, 김정선, 도성탁, 류재두, 박화진, 이미화, 장철수, 정하승. 생화학. 정문각. 2009.
- 김광호 외 3인, "생화학", 지구문화사, 2005.
- 김광호 외 7인, "최신 생화학", 광문사, 1995.
- 김광호, 김재근, 채기수, 허윤행. 생명과학을 위한 생화학. 지구문화사. 2008
- 김종호 외 4인, "임상생화학", 고려의학, 1993.
- 라이프사이언스사 박인국 역 "생화학 길라잡이"
- 문인경 외 2인, "임상화학각론", 신광출판사, 2006.
- 박동기 외 6인, "생명과학을 위한 생화학(개정판)", 지구문화사, 1994.
- 윤교희, 양희태. 생화학. 효일. 2006.
- 이창규 외 17인 "최신 임상화학", 대학서림, 2001.
- 이창규 외 7인, "생화학", 보문서원, 1997.
- 채범석, "지방질대사", 아카데미서적, 1995.
- *Carl A. Burtis, Eward R. Ashwood, "Tietz Textbook of Clinical Biochemistry"(3rd edition), W.B. Saunders Company, 1998.*
- *Rex Montgomery, Robert L. Dryer, Thomas W. Conway, Arthur A. Spector, "Biochemistry: A Case-oriented Approach"(4th edition), The C. V. Mosby Company, 1983.*

찾아보기

ㅈ

ㅊ

ㅋ

ㅌ

ㅍ

ㅎ

Memo

Memo

알기 쉬운 생화학

2011 년 9월 1일 초판 발행
2012 년 9월 1일 개정 제2판 발행
2013 년 9월 1일 개정 제2판 2쇄 발행
2017 년 2월 20일 제2개정 제1쇄 발행
2020 년 3월 5일 제3개정판 발행

저 자 김나현 · 김 승 · 도성탁 · 박경미 · 신창호
유경혜 · 정무상 · 정지영 · 채기수 · 최명재

발행인 주 병 오 · 주 민 기

발행처 ㈜지구문화
JIGU CULTURE Co.Ltd

경기도 파주시 회동길 209
파주출판문화정보산업단지
영업부 (031) 955-7566 · 7577
편집부 (031) 955-7731
FAX (031) 955-7730

등록번호 1979년 7월 13일 제 9-57 호

ISBN 978-89-7006-870-1 정가 24,000 원

MEASUREMENTS AND CONVERSIONS

Prefixes

deci-	(d)	1/10	0. 1	1×10^{-1}
centi-	(c)	1/100	0. 01	1×10^{-2}
milli-	(m)	1/1000	0. 001	1×10^{-3}
micro-	(μ)	1/1, 000, 000	0. 000001	1×10^{-6}
nano-	(n)	1/1, 000, 000, 000	0. 000000001	1×10^{-9}
pico-	(p)	1/1, 000, 000, 000, 000	0. 000000000001	1×10^{-12}
kilo-	(k)		1, 000	1×10^{3}

Metric system

1 meter (m) = 100 centimeters (cm) = 1, 000 millimeters (mm) = 39. 37 inches

1 centimeter (cm) = 10 millimeters (mm) = 0. 01 meters (m)

1 millimeter (mm) = 1, 000 micrometers (㎛ ; also called micron, μ)

1 ㎛ = 10^{-6} m

1 angstrom (Å) = 1/10, 000 micrometer = 1×10^{-7} millimeters

1 liter (L) = 1, 000 milliliters (mL)

1 deciliter (dL) = 100 milliliters (mL) = 0. 1 liters (L)

1 cubic centimeter (cc)' = 1 milliliter (mL)

1 milliliter (mL) = 1, 000 microliters (μL) = 0. 03 fluid ounces

1 fluid ounce = 30 milliliters

1 gallon = 3. 79 liters

1 quart = 0. 95 liter or 32 fluid ounces

1 kilogram (kg) = 1, 000 grams (g)

1 gram (g) = 1, 000 milligrams (mg)

1 milligram = 1, 000 micrograms (μg)

Conversions

1 yard (yd) = 0. 92 meters	1 meter = 1. 09 yards
1 inch (in) = 2. 54 centimeters	1 centimeter = 0. 39 inches
1 liquid quart (qt) = 946 milliliters	1 liter = 1. 05 liquid quarts

1 fluid ounce (oz) = 8 fluid drams = 29. 57 milliliters (mL) = 28 grams (g)

1 pound (lb) = 453. 6 grams = 16 ounces   1 kilogram = 2. 2 pounds

International Units (IU)

To convert IU to :

- μg RE, divide by 3. 33 for retinol and by 10 for betacarotene
- μg vitamin D, divide by 40 or multiply by 0. 025
- mg α-TE, divide by 1. 5

Temperature

Freezing = 0 degrees Celsius (℃) = 32 degrees Fahrenheit (°F) = 273 degrees Kelvin (K)

To convert degrees Celsius (℃) to degrees Fahrenheit (°F) : (℃×9／5) + 32

To convert degrees Fahrenheit (°F) to degrees Celsius (℃) : (°F − 32)×5／9

Normal values of blood components

Substance or parameter	Normal range	Measured in
Calcium (Ca^{2+})	4. 3 − 5. 3 meq ／ L	Serum
Chloride (Cl^{-})	100 − 108 meq ／ L	Serum
Potassium (K^{+})	3. 5 − 5. 0 meq ／ L	Serum
Sodium (Na^{+})	135 − 145 meq ／ L	Serum
pH	7. 35 − 7. 45	Whole blood
Po_2	75 − 100 mm Hg	Arterial blood
Pco_2	35 − 45 mm Hg	Arterial blood
Osmolality	280 − 296 mosmol ／ kg water	Serum
Glucose, fasting	70 − 110 mg ／ dL	Plasma
Creatinine	0. 6 − 1. 5 mg ／ dL	Serum
Protein, total	6. 0 − 8. 0 g ／ dL	Serum

Modified from W. F. Ganong, Review of Medical Physiology, Appleton & Lange, Norwalk, 1995.